2019 年版 全国二级造价工程师职业资格考试培训教材

建设工程计量与计价实务
（土木建筑工程）

全国二级造价工程师职业资格考试培训教材编委会　编

江苏凤凰科学技术出版社

图书在版编目（CIP）数据

建设工程计量与计价实务．土木建筑工程/全国二
级造价工程师职业资格考试培训教材编委会编．—南京：
江苏凤凰科学技术出版社，2019.3
2019 年版全国二级造价工程师职业资格考试培训教材
ISBN 978-7-5713-0163-7

Ⅰ．①建…　Ⅱ．①全…　Ⅲ．①土木工程—建筑造价管
理—资格考试—教材　Ⅳ．①TU723.3

中国版本图书馆 CIP 数据核字（2019）第 039207 号

2019 年版全国二级造价工程师职业资格考试培训教材
建设工程计量与计价实务（土木建筑工程）

编　　　者	全国二级造价工程师职业资格考试培训教材编委会
项目策划	凤凰空间/杨　易
责任编辑	刘屹立　赵　研
特约编辑	杨　易

出版发行	江苏凤凰科学技术出版社
出版社地址	南京市湖南路 1 号 A 楼，邮编：210009
出版社网址	http：//www.pspress.cn
总经销	天津凤凰空间文化传媒有限公司
总经销网址	http：//www.ifengspace.cn
印　　刷	天津久佳雅创印刷有限公司

开　　本	787mm×1092mm　1/16
印　　张	19.5
版　　次	2019 年 3 月第 1 版
印　　次	2019 年 3 月第 1 次印刷

标准书号	ISBN 978-7-5713-0163-7
定　　价	70.00 元

图书如有印装质量问题，可随时向销售部调换（电话：022-87893668）。

全国二级造价工程师职业资格考试
培训教材编委会

（按姓氏笔画排序）

卫赵斌　马　楠　李　可　何　燕　张立宁
范良琼　孟　韬　柳　锋　潘天泉　鞠　竹

《建设工程计量与计价实务（土木建筑工程）》
编写人员

主　编：柳　锋　孟　韬　李　可　鞠　竹
副主编：卫赵斌　马　楠　何　燕　张立宁
范良琼　潘天泉

前　　言

根据中华人民共和国人力资源社会保障部《关于公布国家职业资格目录的通知》（人社部发〔2017〕68号），住房城乡建设部、交通运输部、水利部、人力资源社会保障部联合印发了《造价工程师职业资格制度规定》和《造价工程师职业资格考试实施办法》（建人〔2018〕67号），对我国造价工程师考试制度做出了重大调整，将原来的造价工程师分为一级造价工程师和二级造价工程师。为此，住房和城乡建设部、交通运输部、水利部组织有关专家制定了2019年版《全国二级造价工程师职业资格考试大纲》。该考试大纲是2019年及以后全国二级造价工程师考试命题和应考人员备考的依据。

新发布的考试大纲将全国二级造价工程师职业资格考试分为两个科目："建设工程造价管理基础知识"和"建设工程计量与计价实务"。两个科目分别单独考试、单独计分。参加全部2个科目考试的人员，必须在连续的2个考试年度内通过全部科目，方可取得二级造价工程师职业资格证书。

为了贯彻落实住房和城乡建设部标准定额司《关于印发造价工程师职业资格考试大纲的通知》中"抓紧组织开展造价工程师职业资格考试培训教材编写"精神，方便全国各省、自治区、直辖市有关部门开展二级造价工程师职业资格考试培训和命题工作，我们特别聘请了造价工程领域的相关专家组成编审委员会，严格按照2019年版《全国二级造价工程师职业资格考试大纲》编写了本套考试培训教材。本套考试培训教材包括《建设工程造价管理基础知识》《建设工程计量与计价实务（土木建筑工程）》《建设工程计量与计价实务（安装工程）》共三册。

本套教材可作为全国各省、自治区、直辖市的二级造价工程师职业资格考试培训教材，也可作为建设、设计、施工和工程咨询等单位从事工程造价管理工作的专业人员用书，还可作为高等院校工程造价专业的教学参考书。

《全国二级造价工程师职业资格考试培训教材》（2019年版）在使用中如存在不足之处，还望读者提出宝贵意见和建议，以便在再版时修订和完善。

此外，为了帮助广大考生更好地把握考试大纲要求和教材内容，快速掌握考试要点和重点内容，做好考前准备，最终顺利通过考试，我们还组织编写了《建设工程造价管理基础知识应试指南与模拟试题》和《建设工程计量与计价实务（土木建筑工程）应试指南与模拟试题》，作为本套考试培训教材配套的辅助用书供考生参考。

全国二级造价工程师职业资格考试培训教材编审委员会

2019年3月

目　　录

第一章 专业基础知识

第一节 工业与民用建筑工程的分类、组成及构造

一、工业与民用建筑工程的分类

建筑是根据人们物质生活和精神生活的要求，为满足各种不同的社会活动的需要，而建造的有组织的内部和外部的空间环境。建筑一般包括建筑物和构筑物两部分：其中建筑物是指满足功能要求并提供活动空间和场所的建筑，例如工厂、学校、住宅、影剧院等；构筑物是指仅满足功能要求的建筑，例如水塔、纪念碑等。

建筑物按照使用性质通常分为工业建筑和民用建筑两大类。工业建筑是指供人们进行工业生产活动的建筑物。民用建筑是指供人们从事非生产性活动使用的建筑物。民用建筑又分为居住建筑和公共建筑两类。

（一）工业建筑分类

1. **按厂房层数分类**

（1）单层厂房：指层数仅为一层的工业厂房，适用于有大型机器设备或有重型起重运输设备的厂房。

（2）多层厂房：指层数在二层及以上的厂房，通常层数为 2～6 层，适用于生产设备及产品较轻，可沿垂直方向组织生产的厂房，例如食品、电子精密仪器工业用厂房。

（3）混合层数厂房：指同一厂房内既有单层又有多层的厂房，多用于化学工业、热电站的主厂房等。

2. **按工业建筑用途分类**

（1）生产厂房：指进行产品的备料、加工、装配等主要工艺流程的厂房，例如机械制造厂中有铸工车间、热处理车间、机械加工车间和装配车间等。

（2）生产辅助厂房：指为生产厂房服务的厂房，例如机械制造厂房的修理车间、工具车间等。

（3）动力用厂房：指为生产提供动力源的厂房，例如发电站、变电所、锅炉房等。

（4）仓储建筑：指储存原材料、半成品、成品的房屋，通常称为仓库。

（5）仓储用建筑：指管理、储存及检修交通运输工具的房屋，例如汽车库、机车库、起重车库、消防车库等。

（6）其他建筑：例如水泵房、污水处理建筑等。

3. **按主要承重结构的形式分类**

（1）排架结构型：排架结构型由屋架（或屋架梁）、柱、基础等组成，其屋架（或屋架梁）与柱顶铰接，柱下端则嵌固于基础中，构成平面排架，各平面排架再经纵向结构构件连

接组成为一个空间结构。排架结构是单层厂房的常用结构形式。

（2）刚架结构型：刚架结构的基本特点是柱和屋架合并为同一个刚性构件。柱与基础的连接通常为铰接，如吊车吨位较大，也可做成刚接。一般重型单层厂房多采用刚架结构。

（3）空间结构型：空间结构型是一种屋面体系为空间结构的结构体系。这种结构体系充分发挥了建筑材料的强度潜力，使结构由单向受力的平面结构，成为能多向受力的空间结构体系，提高了结构的稳定性。一般常见的有膜结构、网架结构、薄壳结构、悬索结构等。

4. 按车间生产状况分类

（1）冷加工车间：这类车间是指在常温状态下，加工非燃烧物质和材料的生产车间，如机械制造类的金工车间、修理车间等。

（2）热加工车间：这类车间是指在高温和熔化状态下，加工非燃烧的物质和材料的生产车间，如机械制造类的铸造、锻压、热处理等车间。

（3）恒温恒湿车间：这类车间是指产品生产需要在稳定的温度、湿度下进行的车间，如精密仪器、纺织等车间。

（4）洁净车间：产品生产需要在空气净化、无尘甚至无菌的条件下进行，如药品生产车间、集成电路车间等。

（5）其他特种状况的车间：有的产品生产对环境有特殊的需要，如防放射性物质、防电磁波干扰等车间。

（二）民用建筑分类

1. 按建筑物的层数和高度分类

根据《民用建筑设计通则》（GB 50352—2005），民用建筑按层数与高度分类如下：

（1）住宅建筑按层数分类：1～3层为低层住宅，4～6层为多层住宅，7～9层为中高层住宅，10层及以上为高层住宅。

（2）除住宅建筑之外的民用建筑高度不大于24m者为单层和多层建筑，大于24m者为高层建筑（不包括建筑高度大于24m的单层公共建筑）。

（3）建筑高度大于100m的民用建筑为超高层建筑。

2. 按建筑的耐久年限分类

建筑物的使用年限是确定建筑物耐久性等级的重要指标。一般根据建筑物的重要性、规模的大小及建筑物的质量标准确定，如表1.1.1所示。

表 1.1.1　建筑按耐久年限分类

耐久等级	耐久年限	适用建筑物的性质
一	100年以上	重要建筑与高层建筑
二	50～100年	一般性建筑
三	25～50年	次要建筑
四	15年以下	临时性建筑

3. 按建筑物的承重结构材料分类

（1）木结构：木结构是由木材或主要由木材承受荷载的结构，通过各种金属连接件或榫卯进行连接和固定。传统木结构主要由天然材料构成，受材料本身条件的限制，多用在民用和中小型工业厂房的屋盖中。而现代木结构是装配式建筑的重要结构类型之一，具有绿色环保、节能保温、建造周期短、抗震耐久等诸多优点。

（2）砖木结构：建筑物的主要承重构件用砖木做成，其中竖向承重构件的墙体、柱子采用砖砌，水平承重构件的楼板、屋架采用木材。一般砖木结构适用于低层建筑（1～3层）。这种结构建造简单，材料容易准备，费用较低。

（3）砖混结构：砖混结构是指建筑物中竖向承重结构的墙、柱等采用砖或者砌块砌筑，横向承重的梁、楼板、屋面板等采用钢筋混凝土结构。砖混结构是以小部分钢筋混凝土及大部分砖墙承重的结构，适合开间进深较小、房间面积小、多层或低层的建筑。

（4）钢筋混凝土结构：钢筋混凝土结构的主要承重构件，如梁、板、柱采用钢筋混凝土材料，而非承重墙用砖砌或其他轻质材料做成。钢筋混凝土结构具有坚固耐久、防火和可塑性强等优点。

（5）钢结构：主要承重构件均用钢材构成。钢结构力学性能好，便于制作和安装，工期短，结构自重轻，适宜在超高层和大跨度建筑中采用。

（6）型钢混凝土组合结构：是把型钢埋入钢筋混凝土中的一种独立的结构形式。型钢、钢筋、混凝土三者结合使型钢混凝土结构具备了比传统的钢筋混凝土结构承载力大、刚度大、抗震性能好的优点。与钢结构相比，具有防火性能好，结构局部和整体稳定性好，节省钢材的优点。型钢混凝土组合结构应用于大型结构中，力求截面最小化，承载力最大，可节约空间，但是造价比较高。

4. 按施工方法分类

（1）现浇、现砌式：房屋的主要承重构件均在现场砌筑和浇筑而成。

（2）装配式混凝土结构：主体结构部分或全部采用预制混凝土构件装配而成的钢筋混凝土结构，简称装配式结构。装配式结构是指房屋的主要承重构件，如墙体、楼板、楼梯、屋面板等均为预制构件，在施工现场组装在一起的建筑。装配式结构可分为装配整体式框架结构、装配整体式剪力墙结构、装配整体式框架-现浇剪力墙结构、装配整体式部分框支剪力墙结构。

5. 按承重体系分类

（1）混合结构体系：混合结构房屋一般是指楼盖和屋盖采用钢筋混凝土或钢木结构，而墙和柱采用砌体结构建造的房屋，大多用在住宅、办公楼、教学楼建筑中，一般在6层以下。混合结构不宜建造大空间的房屋。混合结构根据承重墙所在的位置，划分为纵墙承重和横墙承重两种方案。纵墙承重方案的特点是楼板支承于梁上，梁把荷载传递给纵墙。横墙的设置主要是为了满足房屋刚度和整体性的要求，其优点是房屋的开间相对大些，使用灵活。横墙承重方案的主要特点是楼板直接支承在横墙上，横墙是主要承重墙，其优点是房屋的横向刚度大，整体性好，但平面使用灵活性差。

（2）框架结构体系：框架结构是利用梁、柱组成的纵、横两个方向的框架形成的结构体系，同时承受竖向荷载和水平荷载，其主要优点是建筑平面布置灵活，可形成较大的建筑空间，建筑立面处理也比较方便；主要缺点是侧向刚度较小，当层数较多时，会产生较大的侧移，易引起非结构性构件（如隔墙、装饰等）破坏，而影响使用。

（3）剪力墙体系：剪力墙体系是利用建筑物的墙体（内墙和外墙）来抵抗水平力。剪力墙一般为钢筋混凝土墙，厚度不小于160mm，剪力墙的墙段长度一般不超过8m，适用于小开间的住宅和旅馆等。剪力墙结构的优点是侧向刚度大，水平荷载作用下侧移少；缺点是间距小，结构建筑平面布置不灵活，不适用于大空间的公共建筑，另外结构自重也较大。剪力墙结构一般适用于 180m 高范围内的建筑。

（4）框架-剪力墙结构体系：框架-剪力墙结构是在框架结构中设置适当剪力墙的结构，具有框架结构平面布置灵活，有较大空间的优点，且具有侧向刚度较大的优点。框架-剪力墙结构中，剪力墙主要承受水平荷载，竖向荷载主要由框架承担。框架-剪力墙结构一般适用于不超过 170m 高的建筑。

（5）筒体结构体系：在高层建筑中，特别是超高层建筑中，水平荷载愈来愈大，起着控制作用，筒体结构是抵抗水平荷载最有效的结构体系。筒体结构可分为框架-核心筒结构、筒中筒和多筒结构等。框筒结构由密排柱和窗下裙梁组成，亦可视为开窗洞的墙体。筒中筒结构的内筒一般由电梯间、楼梯间组成。内筒与外筒由楼盖连接成整体，共同抵抗水平荷载及竖向荷载。这种结构体系适用于高度不超过 300m 的建筑。多筒结构是将多个筒组合在一起，使结构具有更大的抵抗水平荷载的能力。

（6）桁架结构体系：桁架是由杆件组成的结构体系。在进行内力分析时，节点一般假定为铰节点，当荷载作用在节点上时，杆件只有轴向力，其材料的强度可得到充分发挥。桁架结构的优点是利用截面较小的杆件组成截面较大的构件。桁架常用来作为屋盖承重结构。

（7）网架结构体系：网架是由许多杆件按照一定规律组成的网状结构。网架结构可分为平板网架和曲面网架。它改变了平面桁架的受力状态，是高次超静定的空间结构。平板网架采用较多，其优点是：空间受力体系，杆件主要承受轴向力，受力合理，节约材料，整体性能好，刚度大，抗震性能好。杆件类型较少，适于工业化生产。平板网架可分为交叉桁架体系和角锥体系两类。角锥体系受力更为合理，刚度更大。网架杆件一般采用钢管，节点一般采用球节点。

（8）拱式结构体系：拱是一种有推力的结构，其主要内力是轴向压力，因此可利用抗压性能良好的混凝土建造大跨度的拱式结构。由于拱式结构受力合理，在建筑和桥梁中被广泛应用，适用于体育馆、展览馆等建筑中。

（9）悬索结构体系：悬索结构是比较理想的大跨度结构形式之一。目前，悬索屋盖结构的跨度已达 160m，主要用于体育馆、展览馆中。

（10）薄壁空间结构体系：薄壁空间结构也称壳体结构，其厚度比其他尺寸（如跨度）小得多，所以称薄壁，属于空间受力结构。它的受力比较合理，材料强度能得到充分利用。薄壳常用于大跨度的屋盖结构，如展览馆、俱乐部、飞机库等。薄壳结构多采用现浇钢筋混凝土，费模板、费工时。薄壁空间结构的曲面形式很多，例如筒壳、双曲壳等形式。

二、民用建筑工程组成及构造

一幢建筑，一般由基础、墙或柱、楼地面、楼梯、屋顶和门窗六大部分组成。建筑物还有一些附属部分，如阳台、雨篷、散水、勒脚、防潮层等。这些构件处在不同的部位，发挥各自的作用，如图 1.1.1 所示。

（一）地基

1. 地基与基础的关系

基础是建筑物的组成部分，其作用是承受建筑物的全部荷载，并将这些荷载传递给地

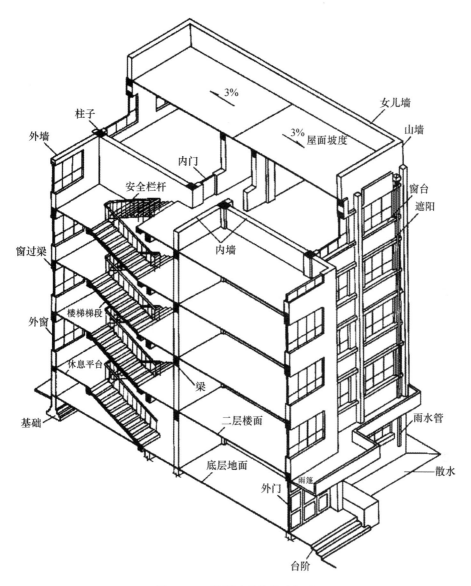

图 1.1.1 民用建筑的构造组成

基。地基是指支承基础的土体或岩体，承受由基础传来的建筑物的荷载，地基不是建筑物的组成部分。地基基础的设计使用年限不应小于建筑结构的设计使用年限。

2. 地基的分类

地基按土层性质不同，分为天然地基和人工地基两大类。天然地基是指天然土层具有足够的承载能力，不需经过人工加固便可作为建筑的承载层，如岩土、砂土、黏土等。人工地基是指天然土层的承载力不能满足荷载要求，需要经过人工加工或加固处理的土层。

（二）基础

1. 基础类型

基础的类型与建筑物上部结构形式、荷载大小、地基的承载能力、地质水文情况、建筑材料等因素有关。

（1）按材料及受力特点分类：基础按受力特点及材料性能可分为刚性基础和柔性基础。

1）刚性基础：刚性基础一般用砖、石、混凝土等材料建造，抗压性能很好，但抗拉和抗剪性能较差。为保证建筑物的安全与稳定性，基础应有足够的底面积，基础底部宽度 B 要大于墙或柱的宽度 B_0，类似一个悬臂梁，如图 1.1.2（a）所示。若基础尺寸放大超过一定范围，基础会发生折裂破坏，如图 1.1.2（b）所示。为保证基础底部悬挑部分的正常工作，必须有足够的高度 H。砖、石、混凝土等材料的基础一般不能超过允许的宽高比。允许宽高比可用出挑长度 b 和高度 H 形成的夹角 α（$\tan\alpha = b/H$）表示，保证基础在夹角内不因材料受拉和受剪而破坏的角度称为刚性角。在设计中，应尽力使基础大放脚与基础材料的刚性角相一致，以确保基础底面不产生拉应力，最大限度地节约基础材料。受刚性角限制的基础称为刚性基础。

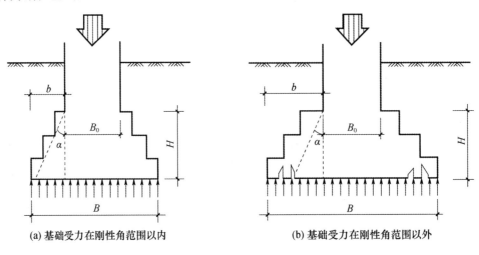

(a) 基础受力在刚性角范围以内　　　　　(b) 基础受力在刚性角范围以外

图 1.1.2　刚性基础受力

① 砖基础：砖基础具有就地取材、价格较低、设施简单的特点，在干燥和温暖的地区应用很广。砖基础的剖面为阶梯形，称为放脚。大放脚一般有两皮一收和二一间隔收两种砌筑方法。前者是指每砌筑两皮砖的高度，收进 1/4 砖的宽度；后者是指每两皮砖的高度与每一皮砖的高度相间隔，交替收进 1/4 砖，如图 1.1.3 所示。由于砖基础的强度及抗冻性较差，因此对砂浆与砖的强度等级，根据施工地区的潮湿程度和寒冷程度有不同的要求。

② 灰土基础：灰土基础即灰土垫层，是由石灰或粉煤灰与黏土加适量的水拌和经夯实而成的，灰与土的体积比为 2∶8 或 3∶7，如图 1.1.4 所示。灰土每层需铺 22～25cm，夯至15cm 为一步。3 层以下建筑灰土可做两步，3 层以上建筑可做三步。由于灰土基础抗冻、耐水性能差，所以灰土基础适用于地下水位较低的地区，并与其他材料基础共用，充当基础垫层。

③ 三合土基础：三合土基础是由石灰、砂、骨料（碎石或碎砖）按体积比 1∶2∶4 或1∶3∶6 加水拌和夯实而成，每层虚铺 22cm，夯至 15cm，如图 1.1.5 所示。三合土基础宽不应小于 600mm，高不小于 300mm，三合土基础一般多用于地下水位较低的 4 层以下的民用建筑工程中。

④ 毛石基础：毛石基础由强度较高而未风化的毛石和砂浆砌筑而成，具有抗压强度高、抗冻、耐水、经济等特点。毛石基础的断面尺寸多为阶梯形，并常与砖基础共用，用作砖基础的底层，如图 1.1.6 所示。为了保证锁结力，每一阶梯宜用 3 排或 3 排以上的毛石砌筑。由于毛石尺寸较大，毛石基础的宽度及台阶高度不应小于 400mm。

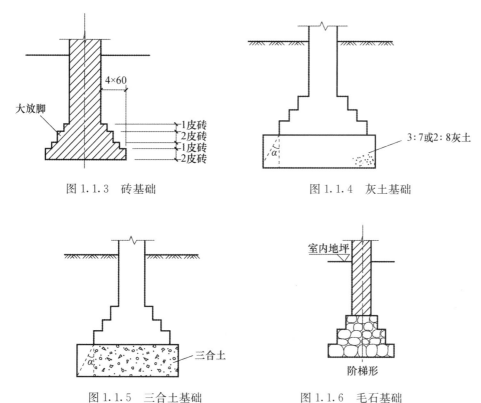

图 1.1.3 砖基础　　　　　　　　　　　图 1.1.4 灰土基础

图 1.1.5 三合土基础　　　　　　　　　图 1.1.6 毛石基础

⑤ 混凝土基础：混凝土基础具有坚固、耐久、刚性角大，可根据需要任意改变形状的特点，常用于地下水位高，受冰冻影响的建筑物。混凝土基础台阶宽高比为 1∶1～1∶1.5，实际使用时可把基础断面做成锥形或阶梯形。

⑥ 毛石混凝土基础：在混凝土基础中加入粒径不超过 70～150mm 的毛石，且毛石体积不超过总体积的 20%～30%，称为毛石混凝土基础。毛石混凝土基础阶梯高度一般不得小于 300mm。

2）柔性基础：鉴于刚性基础受刚性角的限制，要想获得较大的基底宽度，就需要加大基础埋深，这显然会增加材料消耗和挖方量，也会影响施工工期。在混凝土基础底部配置钢筋，形成钢筋混凝土基础，利用钢筋抗拉性能好的特性，使基础可以承受较大弯矩，不受刚性角的限制，所以钢筋混凝土基础也称为柔性基础。在相同条件下，采用钢筋混凝土基础比混凝土基础可节省大量的混凝土材料和挖土工程量，如图 1.1.7 所示。

钢筋混凝土基础断面可做成锥形，最薄处高度不小于 200mm；也可做成阶梯形，每踏步高 300～500mm。通常情况下，钢筋混凝土基础底板下浇筑一层素混凝土，作为垫层，以保证基础钢筋和地基之间有足够的距离，防止钢筋锈蚀。垫层厚度一般取 100mm，垫层两边应伸出底板各 100mm；无垫层时，钢筋保护层不宜小于 70mm。

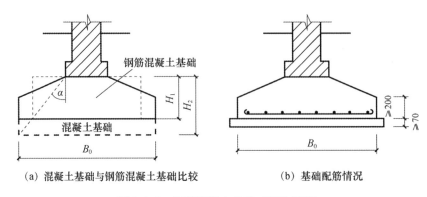

图 1.1.7　钢筋混凝土基础（柔性基础）

（2）按基础的构造形式分类：基础按构造形式可分为独立基础、条形基础、筏形基础、箱形基础、桩基础等。

1）独立基础：独立基础主要用于柱下，常用的截面形式有阶梯形、锥形等。当采用预制柱时，独立基础做成杯口形，将柱子插入杯口内，将柱子临时支撑，然后用细石混凝土将柱周围的缝隙填实。

2）条形基础：条形基础是指基础长度远大于其宽度的一种基础形式，按上部结构形式，可分为墙下条形基础和柱下条形基础。

① 墙下条形基础：条形基础是承重墙基础的主要形式，常用砖、毛石、三合土或灰土建造。当上部结构荷载较大而土质较差时，可采用钢筋混凝土建造。

② 柱下钢筋混凝土条形基础：当地基软弱而荷载较大时，采用柱下独立基础，底面积必然很大，因而相互接近。为增强基础的整体性并方便施工、节约造价，可将同一排的柱基础连通做成钢筋混凝土条形基础。

3）柱下十字交叉基础：荷载较大的高层建筑，如果土质软弱，为了增强基础的整体性，防止柱子之间产生不均匀沉降，将柱下基础沿纵横两个方向连接起来，形成十字交叉基础。

4）筏形基础：如果地基基础软弱而荷载又很大，采用十字交叉基础仍不能满足要求或相邻基槽距离很小时，可做成筏形基础。筏形基础按构造不同可分为平板式和梁板式两类。

5）箱形基础：箱形基础是由顶板、底板和纵横墙板组成的盒状基础，刚度大，整体性好，且内部中空部分可作地下室或地下停车场，目前在高层建筑中较多采用。箱形基础是筏形基础的进一步发展。

6）桩基础：桩基由桩身和桩承台组成。桩基是按设计的点位将桩身置入土中的，桩的上端灌注钢筋混凝土承台，承台上接柱或墙体，使荷载均匀地传递给桩基。当建筑物荷载较大，地基的软弱土层厚度在 5m 以上，基础不能埋在软弱土层内，或对软弱土层进行人工处理困难和不经济时，常采用桩基础。采用桩基础能节省材料，减少挖填土方工程量，改善工人的劳动条件，缩短工期。因此，近年来桩基础采用量逐年增加。

桩基类型很多，按照受力方式不同可分为摩擦桩和端承桩，按照施工方法不同可分为预制桩及灌注桩。

以上是常见的基础形式，具体示意如图 1.1.8 所示。

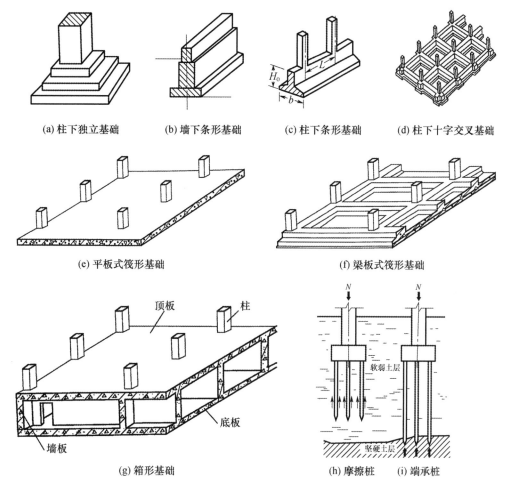

图 1.1.8 基础形式示意

2. 基础埋深

从室外设计地面至基础底面的垂直距离称为基础埋深。建筑物上部荷载的大小，地基土质条件的好坏，地下水位的高低，土壤冰冻的深度以及新旧建筑物的相邻交接等，都影响基础的埋深。埋深大于或等于 5m，或埋深大于或等于基础宽度 4 倍的基础称为深基础；埋深为 0.5～5m 之间或埋深小于基础宽度的 4 倍的基础称为浅基础。基础埋深的原则是在保证安全可靠的前提下尽量浅埋，因为基础埋深愈浅，工程造价愈低，且构造简单，施工方便。但基础的埋深也不能过浅，除岩石地基外，不应浅于 0.5m，因为地基受到建筑荷载作用后可能将基础四周的土挤出，使基础失去稳定，或地面受到雨水冲刷、机械破坏而导致基础暴露，基础顶面应低于设计地面 100mm 以上。

3. 地下室防潮与防水构造

（1）地下室及其分类：在建筑物底层以下的房间称为地下室。地下室按使用功能分为普通地下室和人防地下室两种；按埋入地下深度分为全地下室和半地下室两种；按材料分为砖混结构地下室和钢筋混凝土结构地下室。

（2）地下室防潮：当地下室地坪位于常年地下水位以上时，地下室需做防潮处理。

对于砖墙，其构造要求是：墙体必须采用水泥砂浆砌筑，灰缝要饱满；在墙外侧设垂直防潮层。其具体做法是在墙体外表面先抹一层 20mm 厚的水泥砂浆找平层，再涂一道冷底子油和两道热沥青，然后在防潮层外侧回填低渗透土壤，并逐层夯实，土层宽 500mm 左右，以防地面雨水或其他地表水的影响。

地下室的所有墙体都必须设两道水平防潮层。一道设在地下室地坪附近，具体位置视地坪构造而定；另一道设置在室外地面散水以上 150～200mm 的位置，以防地下潮气沿地下墙身或勒脚渗入室内。凡在外墙穿管、接缝等处，均应嵌入油膏填缝防潮。当地下室使用要求较高时，可在围护结构内侧涂抹防水涂料，以消除或减少潮气渗入，如图 1.1.9 所示。

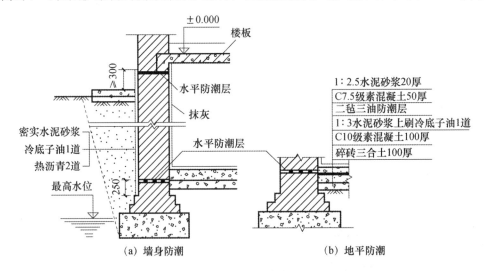

图 1.1.9　地下室防潮处理

地下室地面主要借助混凝土材料的憎水性能来防潮，但当地下室的防潮要求较高时，地层应做防潮处理。一般设在垫层与地面面层之间，且与墙身水平防潮层在同一水平面上。

（3）地下室防水：当地下室地坪位于最高设计地下水位以下时，地下室四周墙体及底板均受水压影响，应采用防水做法。

地下室防水可用卷材防水层，也可用加防水剂的钢筋混凝土来防水。卷材防水层的做法是在地基上先浇混凝土垫层底板，板厚约 100mm，将防水层铺满整个地下室，然后于防水层上抹 20mm 厚水泥砂浆保护层，地坪防水层应与垂直防水层搭接，同时做好接头防水层。

（三）墙

在一般砖混结构房屋中，墙体是主要的承重构件。墙体的质量占建筑物总质量的40%～45%，墙的造价占全部建筑造价的 20%～30%。在其他类型的建筑中，墙体可能是承重构件，也可能是围护构件，所占的造价比重也较大。

1. 墙的类型

墙在建筑物中主要起承重、围护及分隔作用，按墙在建筑物中的位置和方向、受力情况、构造方式和所用材料不同可分为不同类型。

按墙体在建筑物中所处位置不同可分为内墙和外墙；按墙体的方向不同可分为横墙和纵墙。

按墙体结构受力情况不同可分为承重和非承重墙，建筑物内部只起分隔作用的非承重墙称隔墙。

墙体按构造方式不同分为实体墙、空体墙和组合墙三种类型。实体墙由一种材料构成，如普通砖墙、砌块墙；空体墙也由一种材料构成，但墙内留有空格，如空斗墙、空气间层墙等；组合墙则由两种以上材料组合而成。

墙体按所用材料不同分为砖墙、石墙、土墙、混凝土以及各种天然的、人工的或工业废料制成的砌块墙、板材墙等。墙体材料选择时，要贯彻"因地制宜，就地取材"的方针，力求降低造价。在工业城市中，应充分利用工业废料。

（1）几种特殊材料墙体：

1）预制钢筋混凝土墙：预制外墙板是装配在预制或现浇框架结构上的围护外墙，适用于一般办公楼、旅馆、医院、教学楼、科研楼等民用建筑。装配式墙体的建造构造，设计人员应根据确定的开间、进深、层高，进行全面墙板设计。

2）加气混凝土墙：如无切实有效措施，加气混凝土墙不得在建筑物±0.00以下，或长期浸水、干湿交替部位，以及受化学侵蚀的环境，制品表面经常处于80℃以上的高温环境下使用。

加气混凝土墙可作为承重墙或非承重墙，设计时应进行排块设计，避免浪费。用于外墙时，其外表面均应做饰面保护层，在门窗洞口设钢筋混凝土圈梁，外包保温块。在承重墙转角处每隔墙高1m左右放水平拉接钢筋，以增加抗震能力。

3）压型金属板墙：压型金属板材是指采用各种薄型钢板（或其他金属板材），经过辊压冷弯成型为各种断面的板材，是一种轻质高强的建筑材料，有保温型与非保温型两种。

4）石膏板墙：主要有石膏龙骨石膏板、轻钢龙骨石膏板、增强石膏空心条板等，适用于中低档民用和工业建筑中的非承重内隔墙。

5）舒乐舍板墙：舒乐舍板由聚苯乙烯泡沫塑料芯材、两侧钢丝网片和斜插腹丝组成，是钢丝网架轻质夹芯板类型中的一个新品种。舒乐舍板墙具有强度高、自重轻、保温隔热、防火及抗震等良好的综合性能，适用于框架建筑的围护外墙及轻质内墙、承重的外保温复合外墙的保温层、低层框架的承重墙和屋面板等，综合效益显著。

（2）隔墙：隔墙是分隔室内空间的非承重构件。由于隔墙不承受任何外来荷载，且本身的质量还要由楼板或墙下小梁来承受，因此设计应使隔墙自重轻、厚度薄、便于安装和拆卸，有一定的隔声能力，同时还要能够满足特殊使用部位（如厨房、卫生间等）的防火、防水、防潮等要求。隔墙的类型很多，按其构造方式可分为块材隔墙、骨架隔墙、板材隔墙三大类。

1）块材隔墙：块材隔墙是用普通砖、空心砖、加气混凝土等块材砌筑而成的，常用的有普通砖隔墙和砌块隔墙。普通砖隔墙一般采用半砖（120mm）隔墙。半砖隔墙用普通砖顺砌，砌筑砂浆宜大于M2.5。隔墙上有门时，要预埋铁件或将带有木楔的混凝土预制块砌入隔墙中以固定门框。半砖隔墙坚固耐久，有一定的隔声能力，但自重大、湿作业多，施工较复杂。

为了减少隔墙的质量，可采用质轻块大的各种砌块，目前最常用的是加气混凝土块、粉煤灰硅酸盐砌块、水泥炉渣空心砖等砌筑的隔墙。隔墙厚度根据砌块尺寸而定，一般为90～120mm。砌块大多具有质轻、孔隙率大、隔热性能好等优点，但吸水性强，施工时应按要求进行处理。

2）骨架隔墙：骨架隔墙由骨架和面层两部分组成，由于是先立墙筋（骨架）后做面层，因而又称为立筋式隔墙。

① 骨架：常用的骨架有木骨架和轻钢骨架。

② 面层：面层常用人造板材，如胶合板、纤维板、石膏板、塑料板等。

3）板材隔墙。板材隔墙是指单板高度相当房间净高，面积较大，且不依赖骨架，直接装配而成的隔墙。目前，采用的大多为条板，如加气混凝土条板、石膏条板、碳化石灰板、蜂窝纸板、水泥刨花板等。

2．墙体细部构造

砖墙是用砂浆将砖按一定技术要求砌筑成的砌体，其主要材料是砖和砂浆。我国普通砖尺寸为240mm×115mm×53mm。用砖块的长、宽、高作为砖墙厚度的基数，在错缝或墙厚超过砖块时，均按灰缝10mm进行组砌。从尺寸上可以看出，以砖厚加灰缝、砖宽加灰缝后与砖长形成1∶2∶4的比例为其基本特征，组砌灵活。墙厚名称及尺寸如表1.1.2所示。

表1.1.2 墙厚名称及尺寸

（mm）

习惯称谓	半砖墙	四分之三砖墙	一砖墙	一砖半墙	两砖墙	两砖半墙
工程称谓	12墙	18墙	24墙	37墙	49墙	62墙
墙厚度	120	180	240	370	490	620

为了保证砖墙的耐久性和墙体与其他构件的连接，应在相应的位置进行构造处理。砖墙的细部构造主要包括：

（1）防潮层：在墙身中设置防潮层的目的是防止土壤中的水分沿基础墙上升和勒脚部位的地面水影响墙身，其作用是提高建筑物的耐久性，保持室内干燥卫生。当室内地面均为实铺时，外墙墙身防潮层在室内地坪以下60mm处；当建筑物墙体两侧地坪不等高时，在每侧地表下60mm处，防潮层应分别设置，并在两个防潮层间的墙上加设垂直防潮层；当室内地面采用架空木地板时，外墙防潮层应设在室外地坪以上，地板木搁栅垫木之下。墙身防潮层一般有油毡防潮层、防水砂浆防潮层、细石混凝土防潮层和钢筋混凝土防潮层等。

（2）勒脚：勒脚是指外墙墙脚接近室外地坪的部分，其作用是防止外界碰撞，防止地表水、屋檐滴下的雨水对墙面的侵蚀，从而保护墙面，保证室内干燥，提高建筑物的耐久性，同时增强建筑物立面美观。勒脚常用构造做法有抹灰勒脚、贴面勒脚、坚固材料勒脚等。勒脚的高度一般为室内地坪与室外地坪高差，也可以根据立面的需要而提高勒脚的高度尺寸。

（3）散水和暗沟（明沟）：为了防止地表水对建筑基础的侵蚀，在建筑物的四周地面上设置暗沟（明沟）或散水，降水量大于900mm的地区应同时设置暗沟（明沟）和散水。暗沟（明沟）沟底应做纵坡，坡度为0.5%～1%，坡向窨井。外墙与暗沟（明沟）之间应做散水，散水宽度一般为600～1000mm，坡度为3%～5%。降水量小于900mm的地区可只设置散水。暗沟（明沟）和散水可用混凝土现浇，也可用有弹性的防水材料嵌缝，以防渗水。

（4）窗台：窗洞口的下部应设置窗台。窗台根据窗子的安装位置可形成内窗台和外窗台。

1）外窗台：外窗台是防止窗洞下表面积水流入室内或墙体内。外窗台有悬挑和不悬挑两种。悬挑的窗台可用砖（平砌和立砌）或混凝土板等构成，外挑部分应做滴水，滴水可做成水槽或鹰嘴形，以引导雨水沿着滴水槽口下落。砖窗台做法为，表面抹1：3水泥砂浆，并应有10%左右的坡度，挑出尺寸大多为60mm；混凝土窗台一般是现场浇制而成。

2）内窗台：内窗台是为了排除窗上的凝结水，以保护室内墙面。内窗台的做法有两种：一是水泥砂浆窗台，在窗台上表面抹20mm厚的水泥砂浆，并应突出墙面50mm；二是窗台板，对于装修要求高的房间，一般采用窗台板。

（5）过梁：过梁是门窗等洞口上设置的横梁，用来承受洞口上部墙体与其他构件（楼层、屋顶等）传来的荷载，并将这些荷载传递给洞口两侧墙体。宽度超过300mm的洞口上部应设置过梁。过梁可直接用砖筑，也可用木材、型钢和钢筋混凝土制作。钢筋混凝土过梁可现浇也可预制，目前应用最为普遍。

（6）圈梁：圈梁是在房屋的檐口、窗顶、楼层、吊车梁顶或基础顶面标高处，沿砌体墙水平方向设置封闭状的按构造配筋的混凝土梁式构件。圈梁的作用是提高建筑物的整体刚度及墙体的稳定性，减少由于基地不均匀沉降而引起的墙身开裂，并防止较大振动荷载对建筑物的不良影响。在抗震设防地区，设置圈梁是减轻震害的重要构造措施。

多层砌体民用房屋（如住宅、办公楼等），层数为3～4层时，应在底层和檐口标高处各设置一道圈梁。当层数超过4层时，应适当增设，至少应在所有纵横墙上隔层设置。

多层砌体工业房屋，应每层设置现浇混凝土圈梁。设置墙梁的多层砌体结构房屋，应在托梁、墙梁顶面和檐口标高处设置现浇钢筋混凝土圈梁。

钢筋混凝土圈梁的宽度一般同墙厚，对墙厚较大的墙体可做到墙厚的2/3，高度不小于120mm。当圈梁遇到洞口不能封闭时，应在洞口上部设置截面不小于圈梁截面的附加梁，其搭接长度不应小于两梁垂直间距（中到中）的2倍，并不得小于1m。有抗震要求的建筑物，圈梁不宜被洞口截断。

（7）构造柱：构造柱是从抗震角度考虑设置的，一般设在墙的某些转角部位（如建筑物四周、纵横墙相交处、楼梯间转角处等），沿整个建筑高度贯通，并与圈梁、地梁现浇成一体。圈梁在水平方向将楼板与墙体箍住，构造柱则从竖向加强墙体的连接，与圈梁一起构成空间骨架，提高了建筑物的整体刚度和墙体的延性，约束墙体裂缝的开展，从而增加建筑物承受地震作用的能力。因此，有抗震设防要求的建筑物中须设钢筋混凝土构造柱。

为加强构造柱与墙体的连接，构造柱处墙体宜砌成马牙槎。施工时，应先放置构造柱钢筋骨架，后砌墙，随着墙体的上升而逐段浇筑构造柱混凝土。要注意构造柱与周围构件的连接，并且应与基础与基础梁有良好的连接。

砖混结构中构造柱的最小截面尺寸为240mm×180mm，最小配筋量为：纵向钢筋4φ12，箍筋φ6，间距不大于250mm，且在柱上下端应适当加密。由于建筑层数和地震烈度不同，构造柱的设置要求也有所不同。构造柱可不单独设置基础，但构造柱应伸入室外地面下500mm，或与埋深小于500mm的基础圈梁相连。构造柱顶部应与顶层圈梁或女儿墙压顶拉结。

（8）变形缝：变形缝包括伸缩缝、沉降缝和防震缝，其作用是保证房屋在温度变化、基础不均匀沉降或地震时能有一些自由伸缩，防止墙体开裂，结构破坏。

1）伸缩缝（又称温度缝）：在长度或宽度较大的建筑物中，为避免由于温度变化引起材料的热胀冷缩导致构件开裂，而沿竖向将建筑物基础以上部分全部断开的预留缝称为伸缩缝。伸缩缝的宽度一般为 20～30mm，缝内应填保温材料。

2）沉降缝：沉降缝是为了预防建筑物各部分由于不均匀沉降引起破坏而设置的变形缝。通常设置在下列位置：复杂的平面或体形转折处、高度变化处、荷载及地基的压缩性和地基处理的方法明显不同处等。沉降缝与伸缩缝不同之处是除屋顶、楼板、墙身都要断开外，基础部分也要断开，即使相邻部分也可自由沉降、互不牵制。沉降缝的宽度要根据房屋的层数来确定。

3）防震缝：地震区设计的多层房屋，为防止地震使房屋破坏，应用防震缝将房屋分成若干形体简单、结构刚度均匀的独立部分。防震缝一般从基础顶面开始，沿房屋全高设置。缝的宽度按建筑物高度和所在地区的地震烈度来确定。

（9）烟道与通风道：烟道用于排除燃煤灶的烟气。通风道主要用来排除室内的污浊空气。烟道设于厨房内，通风道常设于暗厕内。

烟道与通风道的构造基本相同，主要不同之处是烟道道口靠墙下部，距楼地面 600～1000mm，通风道道口靠墙上方，比楼板低约 300mm。烟道与通风道宜设于室内十字形或丁字形墙体交接处，不宜设在外墙内。烟道与通风道不能共用，以免串气。

3. 墙体保温隔热

建筑物的耗热量主要是由围护结构的传热损失引起的，建筑围护结构的传热损失占总耗热量的 73%～77%。在围护结构的传热损失中，外墙约占 25% 左右，减少墙体的传热损失能显著提高建筑的节能效果。在我国节能标准中，不仅对围护结构墙体的主要部分提出了保温隔热要求，而且对围护结构中的构造柱、圈梁等周边热桥部分也提出了保温要求。

根据保温层在建筑外墙表面与基层墙体的相对位置，保温层设在外墙的外侧，称作外保温；设在外墙的内侧，称作内保温；设在外墙的夹层空间中，称作夹芯保温。

（1）外墙外保温：外墙外保温由外墙、保温层、保温层的固定和面层等部分组成，是一种最科学、最有效的保温节能技术，被广泛采用。

1）外墙外保温的构造（图 1.1.10）：

① 保温层：保温层是导热系数小的高效轻质保温材料层。保温层的厚度需要经过节能计算确定，要满足节能标准对不同地区墙体的保温要求，保温材料应具有较低的吸湿率及较好的黏结性能。常用的外保温材料有：膨胀型聚苯乙烯板（EPS）、挤塑型聚苯乙烯板（XPS）、岩棉板、玻璃棉毡以及超轻保温浆料等。

② 保温层的固定：不同的外保温体系，固定保温层的方法各不相同，有的采用粘贴的方式，有的采用钉固的方式，也可以采用粘贴与钉固相结合的方式。采用钉固的方式时，通常采用膨胀螺栓或预埋筋等固件将保温层固定在基层上。

③ 保温层的面层：保温层的面层具有保护和装饰作用，其做法各不相同，薄面层一般为聚合物水泥砂浆抹面，厚面层则采用普通水泥砂浆抹面，有的则用在龙骨上吊挂板材或在水泥砂浆层上贴瓷砖覆面。

薄型抹灰面层是在保温层的外表面上涂抹聚合物水泥砂浆，施工时分为底涂层和面涂层，直接涂抹于保温层上的为底涂层，厚度一般为 4～7mm，在底涂层的内部设置有玻璃纤维网格或钢丝网等加强材料，加强材料与底涂层结合为一体，它的作用是改善抹灰层的机械强度，保证其连续性，分散面层的收缩应力与温度应力，防止面层出现裂纹。在底涂层的上面，一般还要涂抹饰面层，通常饰面层由面层涂料和罩面涂料组成。

不同的外保温体系，面层厚度有一定的差别。厚型面层施工时，为防止面层材料的开裂、脱落，一般要用直径为 2mm、网孔为 50mm×50mm 的钢丝网覆盖于聚苯板保温层上，钢丝网通过固定件与墙体基层牢固连接。

为便于在抹灰层表面进行装修施工，加强相互之间的黏结，有时还要在抹灰面上喷涂界面剂，形成极薄的涂层，再在上面做装修层。外表面喷涂耐候性、防水性和弹性良好的涂料，使面层和保温层得到保护。

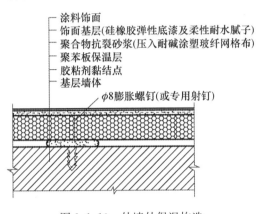

图 1.1.10 外墙外保温构造

2）外墙外保温的特点：一是外墙外保温系统不会产生热桥，因此具有良好的建筑节能效果。二是外保温对提高室内温度的稳定性有利。三是外保温墙体能有效地减少温度波动对墙体的破坏，保护建筑物的主体结构，延长建筑物的使用寿命。四是外保温墙体构造可用于新建的建筑物墙体，也可以用于旧建筑外墙的节能改造。在旧房的节能改造中，外保温结构对居住者影响较小。五是外保温有利于加快施工进度，室内装修不致破坏保温层。

由于保温层在室外，故在水密性、抗风压以及抵抗温度变化、防止材料脱落等方面都对外保温构造提出了更高的要求。同时，应考虑抵抗外界可能产生的外力。在工程应用中，还应处理好门窗洞口、穿墙管线、墙角处以及面层装饰等方面的问题。

（2）外墙内保温：

1）外墙内保温构造：外墙内保温构造由主体结构与保温结构两部分组成，主体结构一般为砖砌体、混凝土墙体等承重墙体，也可以是非承重的空心砌块或加气混凝土墙体。保温结构由保温板和空气层组成，常用的保温板有 GRC 内保温板、玻纤增强石膏外墙内保温板、P-GRC 外墙内保温板等，空气层的作用既能防止保温材料变潮，也能提高墙体的保温能力。

2）外墙内保温构造的优缺点：

① 外墙内保温的优点：一是外墙内保温的保温材料在楼板处被分割，施工时仅在一个层高内进行保温施工，施工时不用脚手架或高空吊篮，施工比较安全方便，且受风、雨天影响小。二是不损害建筑物原有的立面造型，施工造价相对较低。三是由于绝热层在内侧，夏季日落后，墙的内表面温度随空气温度迅速下降，减少闷热感。四是耐久性好于外墙保温，

增加了保温材料的使用寿命。五是有利于安全防火。

② 外墙内保温的缺点：一是保温隔热效果差，外墙平均传热系数高。二是热桥保温处理困难，易出现结露现象。三是占用室内使用面积。四是不利于室内装修。五是不利于既有建筑的节能改造。六是保温层易出现裂缝。实践证明，外墙内保温容易引起开裂或产生"热桥"的部位有保温板板缝、顶层建筑女儿墙沿屋面板的底部、两种不同材料在外墙同一表面的接缝、内外墙之间丁字墙外侧的悬挑构件等部位。

（四）楼板与地面

楼板是多层建筑中沿水平方向分隔上下空间的结构构件，除了承受并传递竖向荷载和水平荷载外，还应具有一定的隔声、保温、隔热、防火、防水等功能，同时，建筑物中的各种水平设备管线，也将在楼板内安装。楼板主要由面层、结构层、天棚层三个部分组成。

1. 楼板的类型

按楼板结构层所采用材料的不同，可分为木楼板、钢筋混凝土楼板以及钢衬板组合楼板等多种形式。木楼板已经极少采用。

（1）钢筋混凝土楼板：钢筋混凝土楼板具有强度高、刚度好、耐久、防火，并有良好的可塑性，便于工业化施工等特点，是目前采用极为广泛的一种楼板。钢筋混凝土楼板按施工方式的不同可以分为现浇整体式、预制装配式和装配整体式三种形式。

（2）钢衬板组合楼板：钢衬板组合楼板是利用压型钢板代替钢筋混凝土楼板中的一部分钢筋、模板（同时兼起施工模板作用）而形成的一种组合楼板，具有强度高、刚度大、施工快等优点。

2. 现浇钢筋混凝土楼板

现浇钢筋混凝土楼板是在施工现场经过支模、绑扎钢筋、浇灌并振捣混凝土、养护等施工工序而制成的楼板，具有整体性好、抗震性强、防水抗渗性好、适用各种建筑平面形状等优点。但存在湿作业量大，施工受季节影响等不足。目前施工中采用大规格模板，组织好施工流水作业等方法逐步改善了其不足之处，在一些房屋特别是高层建筑中经常被采用。

现浇钢筋混凝土楼板主要分为板式楼板、肋梁楼板、井字形肋楼板、无梁楼板四种。

（1）板式楼板：板式楼板是直接支撑在墙上、厚度相同的平板。根据周边支承情况及板平面长短边边长的比值，板式楼板分为单向板、双向板和悬挑板三种。

1）单向板（长短边比值大于或等于3，四边支承）仅短边受力，该方向所布钢筋为受力筋，另一方向所配钢筋（一般在受力筋上方）为分布筋。

2）双向板（长短边比值小于3，四边支承）是双向受力，按双向配置受力钢筋。

3）悬挑板只有一边支承，其主要受力钢筋在板的上方，分布钢筋位于主要受力筋的下方。

（2）肋梁楼板：肋梁楼板由主梁、次梁（肋）、板组成。当房间的尺寸较大时，为使楼板受力和传力较为合理，常在楼板下设梁以增加板的支点，从而减小板的厚度，这种楼板即为肋梁楼板。梁有主梁、次梁之分。荷载的传递路径为板→次梁→主梁→墙（或柱）。

梁和板搁置在墙上，应满足规范规定的搁置长度。值得注意的是，当梁上的荷载较大，梁在墙上的支承面积不足时，为了防止梁下墙体因局部抗压强度不足而破坏，需设置混凝土梁垫或钢筋混凝土梁垫，以分散由梁传来的过大集中荷载。

（3）井字形肋楼板：井字形密肋楼板没有主梁，都是次梁（肋），且肋与肋间的距离较小。当房间的平面形状近似正方形，跨度在 10m 以内时，常采用这种楼板。井字形密肋楼板一般井格外露，产生结构带来的自然美感，房间内不设柱，常用于门厅、会议厅等处。

（4）无梁楼板：无梁楼板是将板直接支承在柱和墙上，不设梁。无梁楼板分无柱帽和有柱帽两种类型。当荷载较大时，为避免楼板太厚，应采用有柱帽无梁楼板，以增加柱对板的支承面积。无梁楼板顶棚平整，楼层净空大，采光、通风好，但楼板厚度较大，这种楼板比较适用于活荷载较大、管线较多的商店、仓库等建筑。

3. 预制装配式钢筋混凝土楼板

预制装配式钢筋混凝土楼板是指在预制厂加工或施工现场外预先制作，然后运到工地现场进行安装的楼板。虽然这种楼板可提高工业化施工水平、节约模板、缩短工期，但预制楼板的整体性不好，灵活性也不如现浇板，更不宜在楼、板上穿洞。

目前，被经常选用的钢筋混凝土楼板有普通型和预应力型两类。

普通型就是把受力钢筋置于板底，并保证其有足够的保护层，浇筑混凝土，并经养护而成。由于普通板在受弯时较预应力板先开裂，使钢筋锈蚀，因而跨度较小，在建筑物中仅用作小型配件。

预应力型就是给楼板的受拉区预先施加压力，延缓板在受弯后受拉区开裂时限。目前，预应力钢筋混凝土楼板常采用先张法建立预应力。与普通型钢筋混凝土构件相比，预应力钢筋混凝土构件可节约钢材 30%～50%，节约混凝土 10%～30%，因而被广泛采用。

（1）预制钢筋混凝土板的类型：

1）实心平板：预制实心平板的跨度一般较小，常用于过道或小开间房间的楼板，制作方便，造价低，但隔声效果不好。

2）槽形板：槽形板由四周及中部若干根肋及顶面或底面的平板组成，属肋梁与板的组合构件。由于有肋，它的允许跨度可大些。当肋在板下时，称为正槽板。正槽板的受力较合理，但板底不平，多做吊顶。当肋在板上时，称为反槽板，它虽然板底平整，但需另做面板，有时为了满足楼板的隔声、保温要求，需在槽内填充轻质多孔材料，如图 1.1.11 所示。

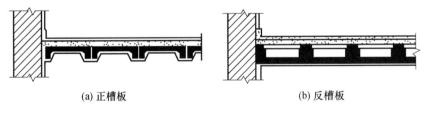

(a) 正槽板　　　　　　　　　　(b) 反槽板

图 1.1.11　槽形板形式

3）空心板：空心板是将平板沿纵向抽孔而成，孔的断面有圆形、椭圆形、方形和长方形等，目前多采用预制圆孔板。空心板与实心平板比较，结构变形小，减轻了地震的危害，抗震性能好。空心楼板具有自重小、用料少、强度高、经济等优点，因而在建筑中被广泛采用。

（2）预制钢筋混凝土板的细部构造：

1）板的搁置构造：板的搁置方式有两种，一种是板直接搁置在墙上，形成板式结构；另一种是将板搁置在梁上，梁支承在墙或柱子上，形成梁板式结构。板的布置方式视结构布置方案而定。

当采用梁板式结构布置时，板在梁上的搁置方式有两种：一种是板直接搁置在梁顶面上，如图 1.1.12（a）所示；另一种是板搁置在花篮梁两侧的挑耳上，此时板上皮与梁上皮平齐，如图 1.1.12（b）所示。如果图 1.1.12 中两梁高一致，那么图 1.1.12（b）比图 1.1.12（a)增加了室内净高，但需注意二者的板跨不同。

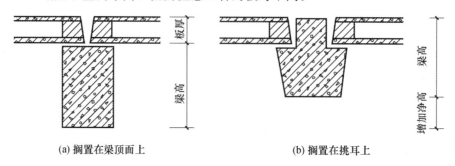

(a) 搁置在梁顶面上 　　　　　　　　(b) 搁置在挑耳上

图 1.1.12 板在梁上的搁置方式

钢筋混凝土预制楼板在梁、承重墙上必须有足够的搁置长度。当圈梁未设在板的同一标高时，板端的搁置长度，在外墙上应不小于 120mm，在内墙上不应小于 100mm，在梁上不应小于 80mm。为使板与墙有可靠的连接，在板安装前，应先在墙上铺设水泥砂浆，俗称坐浆，厚度不小于 10mm。为增加建筑物的整体刚度，可用钢筋将板与墙、板与板之间进行拉结，拉结钢筋的配置视建筑物对整体刚度的要求及抗震情况而定。

2）板缝处理：为便于施工，在进行板的布置时，一般要求规格、类型越少越好，通常一个房间的预制板宽度尺寸的规格不超过两种。因此，在布置房间的楼板时，板宽方向的尺寸与房间的平面尺寸之间可能会产生差额，即出现不足以排开一块板的缝隙。这时应根据缝隙大小，分别采取相应的措施补缝。当缝差在 60mm 以内时，调整板缝宽度；当缝差在 60～120mm 时，可沿墙边挑两皮砖解决；当缝差超过 200mm 时，则需重新选择板的规格。

板的侧缝有 V 形缝、U 形缝、凹槽缝三种形式，其中以凹槽缝对楼板的受力较好。

4. 装配整体式钢筋混凝土楼板

装配整体式钢筋混凝土楼板是将楼板中的部分构件预制安装后，再通过现浇的部分连接成整体。这种楼板的整体性较好，可节省模板，施工速度较快。

（1）叠合楼板：叠合楼板是由预制板和现浇钢筋混凝土层叠合而成的装配整体式楼板。预制板既是楼板结构的组成部分，又是现浇钢筋混凝土叠合层的永久性模板，现浇叠合层内应设置负弯矩钢筋，并可在其中敷设水平设备管线。叠合楼板的预制部分，可以采用预应力实心薄板，也可采用钢筋混凝土空心板。

（2）密肋填充块楼板：密肋填充块楼板是现浇（或预制）密肋小梁间安放预制空心砌块并浇筑面板而制成的楼板。楼板的密肋小梁有现浇和预制两种。前者指在填充块之间现浇密肋小梁和楼面板，其中填充块按照材质不同有陶土空心砖、矿渣混凝土空心块等；后者的密肋有预制倒 T 形小梁、带骨架芯板等。密肋填充块楼板底面平整，隔声效果好，能充分利用不同材料的性能，节约模板，且整体性好。

5. 地面构造

地面主要由面层、垫层和基层三部分组成，当它们不能满足使用或构造要求时，可考虑增设结合层、隔离层、找平层、防水层、隔声层等附加层。

（1）面层：面层是地面上表面的铺筑层，也是室内空间下部的装修层，起着保证室内使用条件和装饰地面的作用。

（2）垫层：垫层是位于面层之下用来承受并传递荷载的部分，起到承上启下的作用。根据材料性能，可把垫层分为刚性垫层和柔性垫层。

（3）基层。基层是地面的最下层，承受垫层传来的荷载，因而要求坚固、稳定。实铺地面的基层为地表回填土，应分层夯实，其压缩变形量不得超过允许值。

6. 地面节能构造

地面按是否直接与土壤接触分为两类：一类是直接接触土壤的地面，另一类是不直接与土壤接触的地面。这种不直接与土壤接触的地面，又可分为接触室外空气的地板和不采暖地下室上部的地板两种。

（1）直接与土壤接触地面的节能构造：对于直接与土壤接触的地面，由于建筑室内地面下部土壤温度的变化情况与地面的位置有关，对建筑室内中部地面下的土壤层、温度的变化范围不太大。一般冬季、春季的温度在10℃左右，夏季、秋季的温度也只有20℃左右，且变化十分缓慢。因此，对一般性的民用建筑，房间中部的地面可以不做保温隔热处理。但是，靠近外墙四周边缘部分的地面下部的土壤，温度变化是相当大的。在严寒地区的冬季，靠近外墙周边地区下土壤层的温度很低。因此，对这部分地面必须进行保温处理，否则大量的热能会由这部分地面损失掉，同时使这部分地面出现冷凝现象。常见的保温构造方法是在距离外墙周边2m的范围内设保温层。

对特别寒冷的地区或保温性能要求高的建筑，可利用聚苯板对整个地面进行保温处理。

（2）与室外空气接触地板的节能构造：对直接与室外空气接触的地板（如骑楼、过街楼的地板）以及不采暖地下上部的地板等，应采取保温隔热措施，使这部分地板满足建筑节能的要求。

（五）阳台与雨篷

1. 阳台

阳台是楼房中人们与室外接触的场所。阳台主要由阳台板和栏杆（栏板）扶手组成，阳台板是承重结构，栏杆扶手是围护安全的构件。阳台按其与外墙的相对位置分为挑阳台、凹阳台、半凹半挑阳台、转角阳台。

（1）阳台的承重构件：挑阳台属悬挑构件，凹阳台的阳台板常为简支板。阳台承重结构的支承方式有墙承式、悬挑式等。

1）墙承式：是将阳台板直接搁置在墙上，其板型和跨度通常与房间楼板一致。这种支承方式结构简单，施工方便，多用于凹阳台。

2）悬挑式：是将阳台板悬挑出外墙。为使结构合理、安全，阳台悬挑长度不宜过大，而考虑阳台的使用要求，悬挑长度又不宜过小，一般悬挑长度为1.0～1.5m，以1.2m左右最常见。悬挑式适用于挑阳台或半凹半挑阳台，按悬挑方式不同有挑梁式和挑板式两种。

① 挑梁式：是从横墙上伸出挑梁，阳台板搁置在挑梁上。挑梁压入墙内的长度一般为悬挑长度的1.5倍左右，为防止挑梁端部外露而影响美观，可增设边梁。阳台板的类型和跨度通常与房间楼板一致。挑梁式的阳台悬挑长度可适当大些，而阳台宽度应与横墙间距（即

房间开间）一致。挑梁式阳台应用较广泛。

② 挑板式：是将阳台板悬挑，一般有两种做法：一种是将阳台板和墙梁现浇在一起，利用梁上部的墙体或楼板来平衡阳台板，防止阳台倾覆。这种做法阳台底部平整，外形轻巧，阳台宽度不受房间开间限制，但梁受力复杂，阳台悬挑长度受限，一般不宜超过 1.2m。另一种是将房间楼板直接向外悬挑形成阳台板。这种做法构造简单，阳台底部平整，外形轻巧，但板受力复杂，构件类型增多，由于阳台地面与室内地面标高相同，不利于排水。

（2）阳台细部构造：

1）阳台栏杆（栏板）：栏杆是阳台沿外围设置的竖向围护结构，其作用是承受人们倚扶时的侧向推力，同时对整个房屋有一定的装饰作用。因此栏杆的构造要求是坚固、安全、美观。为倚扶舒适和安全，阳台栏杆高度应满足人体重心稳定和心理要求，六层及六层以下不应低于 1.05m；七层及七层以上不应低于 1.10m。

栏杆的形式有空花栏杆、实心栏杆和二者组合而成的组合式栏杆三种，实体栏杆又称栏板。七层及七层以上住宅和寒冷、严寒地区住宅宜采用实体栏板。从材料上分类，栏杆有金属栏杆和钢筋混凝土栏杆等。

空花栏杆大多采用金属栏杆，金属栏杆一般采用圆钢、方钢、扁钢或钢管等。与阳台板（或面梁）的连接，可通过对应的预埋件焊接，或预留孔洞插接。

钢筋混凝土栏板可与阳台板整浇在一起，也可采用预制的钢筋混凝土栏板与阳台板连接。现浇混凝土栏板经立模、绑扎钢筋，与阳台板或面梁、挑梁一起整浇。预制钢筋混凝土栏板端部的预留钢筋与阳台板的挡水板现浇成一体，也可采用预埋件焊接或预留孔洞插接等方法。

2）扶手：栏板和组合式栏杆顶部的扶手多为现浇或预制钢筋混凝土扶手。栏板或栏杆与钢筋混凝土扶手的连接方法和它与阳台板的连接方法基本相同。空花栏杆顶部的扶手除采用钢筋混凝土扶手外，对金属栏杆还可采用木扶手或钢管扶手。

3）阳台排水：对于非封闭阳台，为防止雨水从阳台进入室内，阳台地面标高应低于室内地面 30～50mm，并向排水口方向做排水坡。阳台板的外缘设挡水边坎，在阳台的一端或两端埋设泄水管直接将雨水排出。泄水管可采用镀锌钢管或塑料管，管口外伸至少 80mm。对高层建筑应将雨水导入雨水管排出。

2. 雨篷

雨篷是设置在建筑物外墙出入口的上方用以挡雨并有一定装饰作用的水平构件。雨篷的支承方式多为悬挑式，其悬挑长度一般为 0.9～1.5m。按结构形式不同，雨篷可分为板式和梁板式两种。板式雨篷多做成变截面形式，一般板根部厚度不小于 70mm，板端部厚度不小于 50mm。雨篷挑出尺寸较大时，一般做成梁板式，为保证雨篷底部平整，常将雨篷的梁反到上部，呈反梁结构。为防止雨篷产生倾覆，常将雨篷与入口处门洞口上过梁或圈梁浇筑在一起。

雨篷顶面应做好防水和排水处理。雨篷顶面通常采用柔性防水。雨篷表面的排水有两种，一种是无组织排水，雨水经雨篷边缘自由泻落，或雨水经滴水管直接排至地表。另一种是有组织排水，雨篷表面集水经地漏、雨水管有组织地排至地下。为保证雨篷排水通畅，雨篷上表面向外侧或向滴水管处或向地漏处应做有 1% 的排水坡度。

（六）楼梯

建筑空间的竖向交通联系，主要依靠楼梯、电梯、自动扶梯、台阶、坡道以及爬梯等设施。其中，楼梯作为竖向交通和人员紧急疏散的主要交通设施，使用最为广泛。

楼梯的宽度、坡度和踏步级数都应满足人们通行和搬运家具、设备的要求，数量取决于建筑物的平面布置、用途、大小及人流的多少。楼梯应设在明显易找和通行方便的地方，以便在紧急情况下能迅速安全地将室内人员疏散到室外。

1. 楼梯的组成

楼梯一般由楼梯段、平台、栏杆扶手三部分组成。

（1）楼梯段：楼梯段是联系两个不同标高平台的倾斜构件。为了减轻疲劳，梯段的踏步步数一般不宜超过18级，且一般不宜少于3级，以防行走时踩空。

（2）楼梯平台：楼梯平台是连接两梯段之间的水平部分。平台可用来供楼梯转折、连通某个楼层或供使用者调整体力。与楼层标高一致的平台称为楼层平台，介于两个楼层之间的平台称为中间平台或休息平台。楼梯梯段净高不宜小于2.20m，楼梯平台过道处的净高不应小于2m。

（3）栏杆与扶手：栏杆是布置在楼梯梯段和平台边缘处有一定安全保障度的围护构件。扶手一般附设于栏杆顶部，供作依扶用。楼梯段至少应在一侧设扶手。

2. 楼梯的类型

楼梯按所在位置，可分为室外楼梯和室内楼梯两种；按使用性质，可分为主要楼梯、辅助楼梯、疏散楼梯、消防楼梯等几种；按所用材料，可分为木楼梯、钢楼梯、钢筋混凝土楼梯等几种；按形式可分为直跑式、双跑式、双分式、双合式、交叉式、螺旋式等数种。

楼梯的形式根据使用要求、在房屋中的位置、楼梯间的平面形状而定。

3. 钢筋混凝土楼梯构造

钢筋混凝土楼梯按施工方法不同，主要有现浇整体式和预制装配式两类。

（1）现浇钢筋混凝土楼梯：现浇钢筋混凝土楼梯是指楼梯段、楼梯平台等整体浇筑在一起的楼梯，整体刚性好，坚固耐久。现浇钢筋混凝土楼梯按楼梯段传力特点，分为板式楼梯和梁式楼梯两种。

1）板式楼梯：板式楼梯的梯段是一块斜放的板，通常由梯段板、平台梁和平台板组成。梯段板承受着梯段的全部荷载，然后通过平台梁将荷载传给墙体或柱子。必要时，也可取消梯段板一端或两端的平台梁，使平台板与梯段板连为一体，使折线形的板直接支承于墙或梁上。

板式楼梯的梯段底面平整，便于支模，外形简洁，便于装修。当荷载较大，楼梯段斜板跨度较大时，斜板的截面高度也将增大，钢筋和混凝土用量增加，经济性降低。所以板式楼梯常用于楼梯荷载较小，楼梯段的跨度较小的建筑物。

2）梁式楼梯：梁式楼梯比板式楼梯的钢材和混凝土用量少，自重轻，当荷载或楼梯跨度较大时，采用梁式楼梯比较经济。

梁式楼梯的梯段由踏步板、楼梯斜梁（梯梁）组成。梯段的荷载由踏步板传递给梯梁，梯梁再将荷载传递给平台梁，经平台梁传给墙或柱子。这种楼梯具有跨度大、承受荷载大、刚度大等优点，但施工速度慢，适用于荷载较大、层高较高的建筑物。

梁式楼梯的梯梁位置比较灵活，一般放在踏步板的两侧；但是根据实际需要，梯梁在踏步板竖向的相对位置有两种布置方式。梯梁在踏步板之下，踏步外露，称为明步；梯梁在踏步板之上，形成反梁，称为暗步。

（2）预制装配式钢筋混凝土楼梯：装配式钢筋混凝土楼梯根据构件尺度的差别，大致可分为小型构件装配式、中型构件装配式和大型构件装配式三种。

1）小型构件装配式楼梯：小型构件装配式楼梯是将梯段、平台分割成若干部分，分别预制成小构件装配而成的，按照预制踏步的支承方式分为悬挑式、墙承式、梁承式三种。

① 悬挑式楼梯：悬挑式楼梯的每一踏步板为一个悬挑构件，踏步板的根部压砌在墙体内，踏步板挑出部分多为L形断面，压在墙体内的部分为矩形断面。由于踏步板不把荷载直接传递给平台，不需要设平台梁，只设有平台板，因而楼梯的净空高度大。这种楼梯是小型预制构件楼梯中最方便、简单的一种方式。

② 墙承式楼梯：预制踏步的两端支承在墙上，荷载直接传递给两侧的墙体。墙承式楼梯不需要设梯梁和平台梁，平台板为简支空心板、实心板、槽形板等，踏步断面为L形或一字形，适宜于直跑式楼梯。若为双跑楼梯，则需要在楼梯间中部砌墙，用以支承踏步，两跑间加设一道墙，阻挡上下楼行人视线，为此要在这道隔墙上开洞。这种楼梯不利于搬运大件物品。

③ 梁承式楼梯：预制踏步支承在梯梁上，形成梁式梯段，梯梁支承在平台梁上。平台梁一般为L形断面，梯梁的断面形式，视踏步构件的形式而定，三角形踏步一般采用矩形梯梁，楼梯为暗步时，可采用L形梯梁，L形和一字形踏步应采用锯齿形梯梁。预制踏步在安装时，踏步之间以及踏步与梯梁之间应用水泥砂浆坐浆。L形和一字形踏步预留孔洞应与锯齿形梯梁上预埋的插铁套接，孔内用水泥砂浆填实。

2）中型及大型构件装配式楼梯：中型构件装配式楼梯一般由楼梯段和带有平台梁的休息平台板两大构件组合而成，楼梯段直接与楼梯休息平台梁连接，楼梯的栏杆与扶手在楼梯结构安装后再进行安装。带梁休息平台形成一类似槽形板构件，在支承楼梯段的一侧，平台板肋断面加大，并设计成L形断面以利于楼梯段的搭接。楼梯段与现浇钢筋混凝土楼梯类似，有梁板式和板式两种。

大型构件装配式楼梯，是将楼梯段与休息平台一起组成一个构件，每层由第一跑及中间休息平台和第二跑及楼层休息平台板两大构件组合而成。

4. 楼梯的细部构造

（1）踏步面层及防滑构造：楼梯踏步面层应便于行走、耐磨、防滑并保持清洁。通常面层可以选用水泥砂浆、水磨石、大理石和防滑砖等。

为防止行人使用楼梯时滑倒，踏步表面应有防滑措施。通常在踏步口留2～3道凹槽或设防滑条。常用的防滑材料有金刚砂、水泥铁屑、橡胶条和金属条等。

（2）栏杆、栏板和扶手：楼梯的栏杆、栏板是楼梯的安全防护设施，既有安全防护作用，又有装饰作用。

栏杆多采用方钢、圆钢、扁钢、钢管等金属型材焊接而成，下部与楼梯段锚固，上部与扶手连接。栏杆与梯段的连接方法有预埋铁件焊接、预留孔洞插接、螺栓连接。

栏板多由现浇钢筋混凝土或加筋砖砌体制作，栏板顶部可另设扶手，也可直接抹灰作扶手。采用钢栏杆、木制扶手或塑料扶手时，两者间常用木螺钉连接；采用金属栏杆金属扶手时，常采用焊接连接。

5. 台阶与坡道

因建筑物构造及使用功能的需要，建筑物的室内外地坪有一定的高差，在建筑物的入口处，可以选择台阶或坡道来衔接。

（1）室外台阶：室外台阶一般包括踏步和平台两部分，其形式有单面踏步式和三面踏步式等。室外台阶坡度一般较平缓，通常踏步高度为 100~150mm，宽度为 300~400mm。台阶一般由面层、垫层及基层组成；面层可选用水泥砂浆、水磨石、天然石材或人造石材等块材；垫层材料可选用混凝土、石材或砖砌体；基层为夯实的土壤或灰土。在严寒地区，为了防止冻害，在基层与混凝土垫层之间应设砂垫层。

（2）坡道：为便于车辆通行或满足其他特殊要求，室内外有高差处考虑设置坡道。坡道可和台阶结合应用，如正面做台阶，两侧做坡道。与台阶一样，坡道也应采用耐久、耐磨和抗冻性好的材料。坡道对防滑要求较高，坡度较大时可设置防滑条或做成锯齿形。

（七）门与窗

门和窗是建筑物中的围护构件。门在建筑中的作用主要是交通联系，并兼有采光、通风之用，窗的作用主要是采光和通风。门窗的形状、尺寸、排列组合以及材料对建筑物的立面效果影响很大。门窗还要有一定的保温、隔声、防雨、防风沙等功能，在构造上，应满足开启灵活、关闭紧密、坚固耐久、便于擦洗、符合模数等方面的要求。

1. 门、窗的类型

（1）按所用的材料分为木、钢、铝合金、玻璃钢、塑料、钢筋混凝土门窗等几种。

1）木门窗：选用优质松木或杉木等制作，具有自重轻、加工制作简单、造价低、便于安装等优点，但耐腐蚀性能一般，且耗用木材，目前采用较少。

2）钢门窗：由轧制成型的型钢经焊接而成，可大批生产，成本较低，又可节约木材，具有强度大、透光率大、便于拼接组合等优点，但易锈蚀，且自重大，目前采用较少。

3）铝合金门窗：铝合金门窗由经表面处理的专用铝合金型材制作构件，经装配组合制成，具有质量轻、强度高、安装方便、密封性好、耐腐蚀、坚固耐用及色泽美观的特点。

组合型铝合金门窗的设计宜采用定型产品门窗作为组合单元，应根据使用和安全要求确定铝合金门窗的风压强度性能、雨水渗漏性能、空气渗透性能等综合指标。

4）塑料门窗：塑料门窗由工程塑料经注模制作而成，是近几年发展起来的一种新型门窗，具有轻质、耐腐蚀、密闭性好、隔热、隔声、美观新颖的特点。塑料门窗的缺点是变形较大，刚度较差。为了提高塑料门窗的刚度，一般在塑料型材内腔中加入钢或铝等，形成塑钢门窗或塑铝门窗。塑料门窗本身具有耐腐蚀等功能，不用涂刷涂料，可节约施工时间和费用。因此，在建筑中得到广泛应用。

塑料门窗的发展十分迅猛，与铝合金门窗相比，塑料门窗的保温效果较好，造价经济，单框双玻璃窗的传热系数小于双层铝合金窗的传热系数，但是运输、储存、加工要求较严格。

5）钢筋混凝土门窗：主要是用预应力钢筋混凝土做门窗框，门窗扇由其他材料制作，具有耐久性好、价格低、耐潮湿等优点，但密闭性及表面光洁度较差。

（2）按开启方式可分为平开门、弹簧门、推拉门、转门、折叠门、卷门、自动门等。窗分为平开窗、推拉窗、悬窗、固定窗等几种形式。

（3）按镶嵌材料可以把窗分为玻璃窗、百叶窗、纱窗、防火窗、防爆窗、保温窗、隔声窗等几种。按门板的材料，可以把门分为镶板门、拼板门、纤维板门、胶合板门、百叶门、玻璃门、纱门等。

2. 门、窗的构造组成

（1）门的构造组成：一般门主要由门樘和门扇两部分组成。门樘又称门框，由上槛、中槛和边框等组成，多扇门还有中竖框。门扇由上冒头、中冒头、下冒头和边梃等组成。为了通风采光，可在门的上部设腰窗（俗称上亮子），有固定、平开及上、中、下悬等形式，其构造同窗扇，门框与墙间的缝隙常用木条盖缝，称门头线，俗称贴脸。门上还有五金零件，常见的有铰链、门锁、插销、拉手、停门器、风钩等。

（2）窗的构造组成：窗主要由窗樘和窗扇两部分组成。窗樘又称窗框，一般由上框、下框、中横框、中竖框及边框等组成。窗扇由上冒头、中冒头、下冒头及边梃组成。依镶嵌材料的不同有玻璃窗扇、纱窗扇和百叶窗扇等。窗扇与窗框用五金零件连接，常用的五金零件有铰链、风钩、插销、拉手及导轨、滑轮等。窗框与墙的连接处，为满足不同的要求，有时加有贴脸、窗台板、窗帘盒等。

3. 门与窗的尺度

（1）门的尺度：门的尺度通常是指门洞的高宽尺寸。门作为交通疏散通道，其尺度是由人体尺寸、通过人流股数及家具设备的大小决定的。门的高度一般为 2000mm、2100mm、2200mm、2400mm、2700mm、3000mm、3300mm 等。当门高超过 2200mm 时，门上方应设亮子。单扇门门宽一般为 800～1000mm，辅助用门的宽度为 700～800mm。门宽为 1200～1800mm 时可做成双扇门，门宽为 2400mm 以上时做成四扇门。

（2）窗的尺度：窗的尺度主要取决于房间的采光、通风、构造做法和建筑造型等要求。一般平开木窗的窗扇高度为 800～1200mm，宽度不宜大于 500mm，上下悬窗的窗扇高度为 300～600mm，中悬窗窗扇高度不宜大于 1200mm，宽度不宜大于 1000mm，推拉窗高宽均不宜大于 1500mm。各类窗的高度与宽度尺寸通常采用扩大模数 3M 数列作为洞口的标志尺寸，需要时只要按所需类型及尺度大小直接选用。

4. 门窗节能

门窗是建筑节能的薄弱环节，通过门窗损失的能量由门窗构件的传热耗热量和通过门窗缝隙的空气渗透耗热量两部分组成。对北方采暖居住建筑的能耗调查发现，有 50% 以上的采暖能耗是通过门窗损失的。因此，门窗是建筑节能的重要部位，提高建筑门窗的节能效率应从改善门窗的保温隔热性能和加强门窗的气密性两个方面进行。

（1）窗户节能：

1）控制窗户的面积：窗墙比是节能设计的一个控制指标，它是指窗口面积与房间立面单元面积（即房间层高与开间定位线围成的面积）的比值。《严寒和寒冷地区居住建筑节能设计标准》（JGJ 26—2018）、《夏热冬冷地区居住建筑节能设计标准》（JGJ 134—2010）、《夏热冬暖地区居住建筑节能设计标准》（JGJ 75—2012）对不同的民用建筑的窗墙比限值有明确规定，如表 1.1.3 所示。

表 1.1.3　不同热工分布区不同朝向的窗墙比限值

朝向	不同热工分布区			
	严寒地区	寒冷地区	夏热冬冷地区	夏热冬暖地区
北	0.25	0.30	0.40	0.40
东、西	0.30	0.35	0.35	0.30
南	0.45	0.50	0.45	0.40

2）提高窗的气密性：窗的密封措施是保证窗的气密性、水密性以及隔声、隔热性能达到一定水平的关键。在工程实践中，窗的空气渗透主要是由窗框与墙洞、窗框与窗扇、玻璃与窗扇这三个部位的缝隙产生的，提高这三个部位的密封性能是改善窗户的气密性能、减少冷风渗透的主要措施。

《建筑外门窗气密、水密、抗风压性能分级及检测方法》（GB/T 7106—2008）将窗的气密性能分为八级。建筑节能标准要求选用密封性良好的窗户（包括阳台门），居住建筑七层以下气密性能不应低于 3 级，七层及以上气密性能不应低于 4 级。公共建筑气密性能不应低于 4 级。

3）减少窗户传热：在《建筑外门窗保温性能分级及检测方法》（GB/T 8484—2008）中，根据外窗的传热系数，将窗户的保温性能分为 10 级，我国现行的建筑节能标准对各种情况下外窗传热系数的限制都有详细的规定，在建筑设计中，应选择满足节能设计标准要求的建筑外窗。

减少窗户的传热能耗应从减少窗框、窗扇型材的传热耗能和减少窗玻璃的传热耗能两个方面考虑。

① 减少窗框、窗扇型材的传热耗能。目前，减少窗框、窗扇型材部分的传热耗能主要通过下列三个途径实现：

a. 选择导热系数小的框料型材。在目前采用的框料型材中，相对于铜、铝、钢、木材等，PVC 塑料型材的导热系数最小。在解决了框料型材变形和气密性问题的情况下，使用 PVC 框料型材对建筑节能是最有利的。

b. 采用导热系数小的材料截断金属框料型材的热桥形成断桥式窗户。常见的做法是用木材或塑料来阻断金属框料的传热通道，形成钢木型复合框料或钢塑型复合框料。

c. 利用框料内的空气腔室或利用空气层截断金属框料型材的热桥。双樘窗框串联钢窗利用两樘钢窗之间的空气层来阻断窗框间的热桥，是此种做法的常见形式。

② 减少玻璃的传热耗能。普通平板玻璃的导热系数很大，单层 3～5mm 厚的平板玻璃几乎没有保温隔热作用。利用热反射玻璃、Low-E 玻璃、中空玻璃、真空玻璃等可大幅降低窗户的传热系数，节能效果明显。

③ 采用隔热保温窗帘。隔热保温窗帘是指具有良好的夏天隔热、冬天保温、防紫外线功能的窗帘。它有窗帘、窗纱、卷帘、立式移帘等多种形式，多用于商务办公大楼、酒店、别墅、家居、学校等场所，具有隔热保温、防紫外线的优点，可以有效调节室内温度、节约空调能耗、减少碳排放量。

（2）门的节能：门的保温隔热性能与门框、门扇的材料和构造类型有关。

1）入户门：根据我国建筑节能设计标准，不同气候地区应选择不同保温性能的入户门。

可采取 15mm 厚玻璃棉板或 18mm 厚岩棉板的保温构造处理，控制入户门的传热系数。

2）阳台门：目前阳台门有两种类型：一种是落地玻璃阳台门，这种门的节能设计可将其看作外窗来处理；另一种是由门芯板及玻璃组合形成的阳台门，这种门的玻璃部分按外窗处理，阳台门下部的门芯板应采取保温隔热措施，例如可用聚苯夹芯板型材代替单层钢质门芯板等。

（3）建筑遮阳：建筑遮阳是防止太阳直射光线进入室内引起夏季室内过热及避免产生眩光而采取的一种建筑措施。遮阳的效果用遮阳系数来衡量，建筑遮阳设计是建筑节能设计的一项重要内容。在建筑设计中，建筑物的挑檐、外廊、阳台都有一定的遮阳作用。在建筑外表面设置的遮阳板不仅可以遮挡太阳辐射，还可以起到挡雨和美观的作用。由建筑方法设置在建筑物外表面，长久性使用的遮阳板称为构件遮阳。窗户遮阳板根据其外形可分为水平遮阳、垂直遮阳、综合遮阳和挡板遮阳四种基本形式。窗口采取哪种遮阳形式，应根据建筑物窗口的朝向合理选择。

1）水平遮阳：水平遮阳设于窗洞口上方，呈水平状，能遮挡从窗口上方射来、高度角较大的阳光，适用于南向或接近南向的建筑。

2）垂直遮阳：垂直遮阳设于窗两侧，呈垂直状，能遮挡从窗口两侧斜射来、高度角较小的阳光，适用于东、西朝向的建筑。

3）综合遮阳：水平遮阳和垂直遮阳的结合就是综合遮阳，具有上述两种遮阳方式的特点，适用于东南、西南朝向的建筑。

4）挡板遮阳：挡板遮阳板是在窗口正前方一定距离处垂直悬挂一块挡板而形成的。由于挡板封堵于窗口前方，能够遮挡太阳高度角较小时正射窗口的阳光，主要适用于东、西两向以及附近朝向的窗口，该种形式的遮阳的不足之处是容易挡住室内人的视线，对眺望和通风影响大，使用时应慎重。

上述四种形式是遮阳板的基本形式，在建筑工程中，可根据建筑物的窗口大小和立面造型的要求，把遮阳设计成更复杂、更具装饰效果的形式。

（八）屋顶

屋顶是房屋最上层起承重和覆盖作用的构件，作用主要有三个：一是抵御自然界的雨雪风霜、太阳辐射、气温变化等不利因素对内部使用空间的影响；二是承受自重及风、沙、雨、雪等荷载及施工或屋顶检修人员的活荷载；三是屋顶是建筑形象的重要组成部分。

1. 屋顶的类型

屋顶按照材料不同有钢筋混凝土屋顶、瓦屋顶、金属屋顶等，按其外形一般可分为平屋顶、坡屋顶和曲面屋顶等。

（1）平屋顶：平屋顶是指屋面坡度在 10% 以下的屋顶（一般坡度为 2%～3%）。

（2）坡屋顶：坡屋顶是指屋面坡度在 10% 以上的屋顶，包括单坡、双坡、四坡、歇山式、折板式等多种形式。

（3）曲面屋顶：屋顶为曲面，如球形、悬索形、鞍形等。这种屋顶施工工艺较复杂，但外部形状独特。

2. 屋顶的排水

为了防止屋面积水过多、过久，造成屋面渗漏，屋顶不但要做好防水，还要组织好排水，使屋面雨水迅速排除。

（1）屋顶坡度：屋面坡度的形成有材料找坡和结构找坡两种做法。

1）材料找坡，也称垫坡。这种找坡法是把屋顶板平置，屋面坡度由铺设在屋面板上的厚度有变化的找坡层形成。设有保温层时，利用屋面保温层找坡；没有保温层时，利用屋面找平层找坡。找坡层的厚度最薄处不小于 20mm，平屋顶材料找坡的坡度宜为 2%。

2）结构起坡，也称搁置起坡。把顶层墙体或圈梁、大梁等结构构件上表面做成一定坡度，屋面板依势铺设形成坡度，平屋顶结构找坡的坡度宜为 3%。檐沟、天沟纵向找坡不应小于 1%，沟底水落差不得超过 200mm。

（2）排水方式：屋面排水方式的选择，应根据建筑物屋顶形式、气候条件、使用功能等因素确定。屋面排水方式可分为无组织排水和有组织排水两种方式。

1）无组织排水：无组织排水指屋面雨水直接从檐口滴落至室外地面的一种排水方式。因为不用天沟、雨水管等导流雨水，又称自由落水。无组织排水具有构造简单、造价低廉的优点，但雨水会溅湿勒脚，有风时雨水还可能冲刷墙面，主要适用于少雨地区或一般低层建筑。

2）有组织排水：有组织排水指屋面雨水通过天沟、雨水口、雨水管等构件有组织地排至地面或地下城市排水系统中的一种排水方式，可进一步分为外排水和内排水。暴雨强度较大地区的大型屋面，宜采用虹吸式屋面雨水排水系统。严寒地区应采用内排水，寒冷地区宜采用内排水。湿陷性黄土地区宜采用有组织排水，并应将雨雪水直接排至排水管网。

有组织排水方式具有不妨碍人行交通、不易溅湿墙面的优点，虽然构造复杂，造价相对较高，但是减少了雨水对建筑物的不利影响，因而在建筑工程中应用非常广泛。

3. 平屋顶的构造

平屋顶因其能适应各种平面形状，构造简单，施工方便，屋顶表面便于利用等优点，成为建筑采用的主要屋顶形式。

（1）平屋顶的构造组成：平屋顶（从下到上）主要由结构层、隔汽层、找坡层、隔热层（保温层）、找平层、结合层、防水层、保护层等部分组成。由于地区差异和建筑功能要求的不同，各地平屋顶的构造层次也有所不同。

1）结构层：结构层的主要作用是承担屋顶的所有质量，要求有足够的强度和刚度，防止由于结构变形过大引起防水层开裂。

2）隔汽层：隔汽层的主要作用是阻止室内的水蒸气向屋顶保温层渗透，防止蒸汽凝结水影响到保温层的保温性能，以及防止蒸汽可能对防水层产生破坏作用。

3）找坡层：找坡层是在屋顶形成一定的排水坡度。

4）保温层：保温层是在屋顶上用保温材料设置一道热量的阻隔层，作用是防止室内热量向外扩散。

5）隔热层：隔热层作用是隔热，与保温层相反，防止和减少室外的太阳辐射传入室内，起降低室内温度作用，在我国南方尤为重要。

6）找平层：卷材防水要求铺在坚固平整的基层上，防止卷材凹陷或断裂，因此，在松散材料上和不平整的楼板上应设找平层。

7）结合层：结合层的作用是使基层和防水层之间形成一层胶质薄膜，保证防水层与基层粘接牢固。

8）防水层：防水层作用是阻止水进入建筑内部。

9）保护层：保护层的作用是保护柔性防水层。

（2）平屋顶柔性防水：屋面防水工程应根据建筑物的类别、重要程度、使用功能要求确定防水等级，并按相应等级进行防水设防，对防水有特殊要求的建筑屋面，应进行专项防水设计。屋面防水等级和设防要求如表1.1.4所示。

表1.1.4 屋面防水等级和设防要求

防水等级	建筑类别	设防要求
Ⅰ级	重要建筑和高层建筑	两道防水设防
Ⅱ级	一般建筑	一道防水设防

平屋顶的防水是屋顶使用功能的重要组成部分，它直接影响整个建筑的使用功能。防水层是指能够隔绝水而不使水向建筑物内部渗透的构造层。柔性防水屋顶可采用防水卷材防水、涂膜防水或复合防水。

1）找平层：卷材、涂膜的基层宜设找平层，找平层设置在结构层或保温层上面，常用15～25mm厚的1：2.5～1：3水泥砂浆，或用C20的细石混凝土做找平层。

与卷材防水屋面相比，找平层的平整度对涂膜防水层的质量影响更大，如果涂膜防水层的厚度得不到保证，将影响涂膜防水层的防水可靠性和耐久性，因此涂膜防水层对平整度的要求更严格。涂膜防水层是满粘于找平层的，找平层开裂（强度不足）易引起防水层的开裂，因此涂膜防水层的找平层应有足够的强度，尽可能避免裂缝的产生，出现裂缝应进行修补。

保温层上的找平层应留设分隔缝，缝宽宜为5～20mm，纵横缝的间距不宜大于6m。基层转角处应抹成圆弧形，其半径不小于50mm。找平层表面平整度的允许偏差为5mm。分格缝处应铺设带胎体增强材料的空铺附加层，其宽度为200～300mm。

2）结合层：当采用水泥砂浆及细石混凝土为找平层时，为了保证防水层与找平层能更好地粘接，采用沥青为基材的防水层，在施工前应在找平层上涂刷冷底子油做基层处理（用汽油稀释沥青），当采用高分子防水层时，可用专用基层处理剂。

3）卷材防水屋面：防水卷材应铺设在表面平整、干燥的找平层上，待表面干燥后作为卷材防水屋面的基层，基层不得有酥松、起砂、起皮现象。为了改善防水胶结材料与屋面找平层间的连接，加大附着力，常在找平层表面涂冷底子油一道（汽油或柴油溶解的沥青），这层冷底子油称为结合层。油毡防水层是由沥青胶结材料和油毡卷材交替黏合而形成的屋面整体防水覆盖层。由于沥青胶结在卷材的上下表面，因此沥青总是比卷材多一层。沥青防水卷材已经不提倡使用，目前卷材防水使用较多的是合成高分子防水卷材和高聚物改性沥青防水卷材。

为了防止屋面防水层出现龟裂现象，一是阻断来自室内的水蒸气，构造上常采取在屋面结构层上的找平层表面做隔汽层，阻断水蒸气向上渗透。在北纬40°以北地区，室内湿度大于75%或其他地区室内空气湿度常年大于80%时，保温屋面应设隔汽层。二是在屋面防水层下保温层内设排汽通道，并使通道开口露出屋面防水层，使防水层下水蒸气能直接从透气孔排出。

4）涂膜防水屋面：涂膜防水屋面是在屋面基层上涂刷防水涂料，经固化后形成一层有一定厚度和弹性的整体涂膜，从而达到防水目的的一种防水屋面形式。

按防水层和隔热层的上下设置关系可分为正置式屋面和倒置式屋面。正置式屋面（传统屋面构造做法），其构造一般为隔热保温层在防水层的下面。倒置式屋面的构造做法，是把传统屋面中防水层和隔热层的层次颠倒一下，防水层在下面，保温隔热层在上面。与传统施工法相比，该工法能使防水层无热胀冷缩现象，延长了防水层的使用寿命；同时保温层对防水层提供一层物理性保护，防止其受到外力破坏。

施工时根据涂料品种和屋面构造形式的需要，可在涂膜防水层中增设胎体增强材料。胎体增强材料是指在涂膜防水层中起增强作用的聚酯无纺布、中性玻璃纤维网络布、中碱玻璃布等材料。

5）复合防水屋面：由彼此相容的卷材和涂料组合而成的防水层称为复合防水层。在复合防水层中，选用的防水卷材与防水涂料应相容，防水涂膜宜设置在防水卷材的下面，挥发固化型防水涂料不得作为防水卷材粘接材料使用，水乳型或合成高分子类防水涂膜上面，不得采用热熔型防水卷材。

6）保护层：保护层是防水层上表面的构造层，可以防止太阳光的辐射而致防水层过早老化。对上人屋面而言，它直接承受人在屋面活动的各种作用。块体材料、水泥砂浆、细石混凝土保护层与卷材、涂膜防水层之间，应设置隔离层。块体材料、水泥砂浆保护层可采用塑料膜、土工布、卷材做隔离层；细石混凝土保护层可采用低强度等级砂浆做隔离层。

7）平屋顶防水细部构造：屋面细部构造应包括檐口、檐沟和天沟、女儿墙和山墙、水落口、变形缝等，防水屋面必须特别注意各个节点的构造处理。细部构造防水应做到多道设防、复合用材、连续密封、局部增强，并应满足使用功能、温差变形、施工环境和可操作性的要求。细部构造中容易形成热桥的部位均应进行保温处理，檐口、檐沟外侧下端及女儿墙压顶内侧下端等部位均应做滴水处理，滴水槽宽度和深度不宜小于10mm。

① 檐口：卷材防水屋面檐口800mm范围内的应满粘，卷材收头应采用金属压条钉压，并应用密封材料封严。涂膜防水屋面檐口的涂膜收头，应用防水涂料多遍涂刷。卷材防水和涂膜防水檐口下端均应做鹰嘴和滴水槽。

② 檐沟和天沟：卷材或涂膜防水屋面檐沟和天沟的防水层下应增设附加层，附加层伸入屋面的宽度不应小于250mm。檐沟防水层和附加层应由沟底翻上至外侧顶部，卷材收头应用金属压条钉压，并应用密封材料封严，涂膜收头应用防水涂料多遍涂刷。檐沟外侧下端也应做鹰嘴和滴水槽。檐沟外侧高于屋面结构板时，应设置溢水口。

③ 女儿墙：女儿墙压顶可采用混凝土或金属制品。压顶向内排水坡度不应小于5%，压顶内侧下端应做滴水处理。女儿墙泛水处的防水层下应增设附加层，附加层在平面和立面的宽度均不应小于250mm。低女儿墙泛水处的防水层可直接铺贴或涂刷至压顶下，卷材收头应用金属压条钉压固定，并应用密封材料封严；涂膜收头应用防水涂料多遍涂刷。高女儿墙泛水处的防水层泛水高度不应小于250mm，泛水上部的墙体应做防水处理。

（3）平屋顶的节能：在寒冷地区，为防止冬季室内热量通过屋顶向外散失，一般需设保温层，即在结构层上铺一定厚度的保温材料。保温层分为板状材料、纤维材料、整体材料三种类型，隔热层分为种植、架空、蓄水三种形式。保温材料使用时的含水率，应相当于该材料在当地自然风干状态下的平衡含水率。

1）平屋顶的节能措施：

① 屋顶的保温、隔热要求应符合《屋面工程技术规范》（GB 50345—2012）的规定。

② 平屋顶保温层的构造方式有正置式和倒置式两种，在可能条件下平屋顶应优先选用倒置式保温。倒置式屋顶是将传统屋顶构造中保温隔热层与防水层的位置"颠倒"，将保温隔热层设置在防水层之上。倒置式屋顶可以减轻太阳辐射和室外高温对防水层不利影响，提高防水层的使用年限。

③ 平屋顶均可在屋顶设置架空通风隔热层或布置屋顶绿化，以提高屋顶的通风和隔热效果。覆土植草屋顶是具有环保生态效益、节能效益和热环境舒适效益的绿色工程。对未设置保温层的覆土植草屋顶，需要对人行道、排水沟等易产生冷（热）桥的部位进行保温节能改造处理。

④ 在室内空气湿度常年大于80%的地区，吸湿性保温材料不宜用于封闭式保温层，当需要采用时，应选用气密性、水密性好的防水卷材或防水涂料做隔汽层。

2）平屋顶的保温材料：平屋顶倒置式保温材料可采用挤塑聚苯板、泡沫玻璃保温板等。平屋顶正置式保温材料可采用膨胀聚苯板、挤塑聚苯板、硬泡聚氨酯、石膏玻璃棉板、水泥聚苯板、加气混凝土等。设计时根据建筑的使用要求、屋面的结构形式等选用保温材料，并经热工计算确定保温层的厚度。

3）平屋顶的几种节能构造做法：

① 高效保温材料节能屋顶构造：这种屋顶保温层选用高效轻质的保温材料，保温层为实铺。其防水层、找平层、找坡层的做法与普通平屋顶的做法相同，结构层可用现浇钢筋混凝土楼板或是预制混凝土圆孔板。

② 架空型保温节能屋顶构造：在屋顶内增加空气层有利于提高保温效果，同时也有利于改善屋顶夏季的隔热。架空层的常见做法是砌2～3块实心黏土砖的砖墩，上铺钢筋混凝土板，架空层内铺轻质保温材料。

架空隔热层宜在屋顶有良好通风的建筑物上采用，不宜在寒冷地区采用。当采用混凝土板架空隔热层时，屋面坡度不宜大于5%。架空隔热制品及其支座的质量应符合国家现行有关材料标准规。架空隔热层的高度宜为180～300mm，架空板与女儿墙的距离不应小于250mm。当屋面宽度大于10m时，架空隔热层中部应设置通风屋脊。架空隔热层的进风口宜设置在当地炎热季节最大频率风向的正压区，出风口宜设置在负压区。

③ 保温、找坡结合型保温节能屋顶构造：这种屋顶常用浮石砂或蛭石做保温与找坡相结合的构造层，保温层厚度要经过节能计算，并形成2%的排水坡度。

④ 倒置型保温节能屋顶构造：倒置型保温屋顶可以防止太阳光直接照射防水层，延缓了防水层老化进程，延长防水层的使用寿命。屋顶最外层使用的蓄热系数大的卵石层或烧制方砖保护层，在夏季还可充分利用其蓄热能力强的特点，调节屋顶内表面温度，使温度最高峰值向后延迟，错开室外空气温度的峰值，有利于屋顶的隔热效果。另外，夏季雨后，卵石或烧制方砖类的材料有一定的吸水性，这层材料可通过蒸发其吸收的水分来降低屋顶的温度而达到隔热的效果。

4. 坡屋顶的构造

坡屋顶构造层次主要由屋顶天棚、承重结构层及屋面面层组成，必要时还应增设保温层、隔热层等。坡屋面采用沥青瓦、块瓦、波形瓦和一级设防的压型金属板时，应设置防水垫层，与瓦屋面共同组成防水层，防水垫层是指设置在瓦材或金属板材下面起防水、防潮作用的构造层。

（1）坡屋顶的承重结构：

1）砖墙承重：砖墙承重又称硬山搁檩，是将房屋的内外横墙砌成尖顶状，在上面直接搁置檩条来支承屋面的荷载。在山墙承檩的结构体系中，山墙的间距即为檩条的跨度，因而房屋横墙的间距应尽量一致，使檩条的跨度保持在比较经济的尺度以内。砖墙承重结构体系适用于开间较小的房屋。

檩条可用木材、预应力钢筋混凝土、轻钢桁架、型钢等材料制作，木檩条的跨度一般在4m以内，断面为矩形或圆形，大小需经结构计算确定，檩条的斜距不得超过1.2m。砖墙承重体系将屋架省略，构造简单，施工方便，因而采用较多。

2）屋架承重：屋顶上搁置屋架，用来搁置檩条以支承屋面荷载。通常屋架搁置在房屋的纵向外墙或柱上，使房屋有一个较大的使用空间。屋架的形式较多，有三角形、梯形、矩形、多边形等。

当坡屋面房屋内部需要较大空间时，可把部分横向山墙取消，用屋架作为横向承重构件。坡屋面的屋架多为三角形。屋架可选用木材（Ⅰ级杉圆木）、型钢（角钢或槽钢）制作，也可用钢木混合制作（屋架中受压杆件为木材，受拉杆件为钢材），或钢筋混凝土制作。若房屋内部有一道或两道纵向承重墙，可以考虑选用三点支承或四点支承屋架。

为了防止屋架的倾覆，提高屋架及屋面结构的空间稳定性，屋架间要设置支撑。屋架支撑主要有垂直剪刀撑和水平系杆等。

3）梁架结构：民间传统建筑多采用由木柱、木梁、木坊构成的这种结构，又称为穿斗结构。

4）钢筋混凝土梁板承重：钢筋混凝土承重结构层按施工方法有两种：一种是现浇钢筋混凝土梁和屋面板，另一种是预制钢筋混凝土屋面板，后者直接搁置在山墙上或屋架上。

对于空间跨度不大的民用建筑，钢筋混凝土折板结构是目前坡屋顶建筑使用较为普遍的一种结构形式。这种结构形式无须采用屋架、檩条等结构构件，而且整个结构层整体现浇，提高了坡屋顶建筑的防水、防渗性能。在这种结构形式中，屋面瓦可直接用水泥砂浆粘贴于结构层上。

（2）坡屋顶屋面：

1）平瓦屋面：平瓦有水泥瓦和黏土瓦两种，其外形按防水及排水要求设计制作，机平瓦的外形尺寸约为230mm×（380～420mm），瓦的四边有榫和沟槽。铺瓦时，每张瓦的上下左右利用榫、槽相互搭接密合，避免雨水从接缝处渗入。

为了保证瓦屋面的防水性，平瓦屋面下必须做一道防水垫层，与瓦屋面共同组成防水层。防水垫层宜采用自粘聚合物沥青防水垫层、聚合物改性沥青防水垫层。

为保证有效排水，烧结瓦、混凝土瓦屋面的坡度不得小于30%，沥青瓦屋面的坡度不得小于20%。在屋脊处需盖上鞍形脊瓦，在屋面天沟下需放上镀锌铁皮，以防漏水。

2）波形瓦屋面：波形瓦屋面所用的瓦包括水泥石棉波形瓦、钢丝网水泥瓦、玻璃钢瓦、钙塑瓦、金属钢板瓦、石棉菱苦土瓦等几种。根据波形瓦的波浪大小又可分为大波瓦、中波瓦和小波瓦三种。波形瓦具有质量轻、耐火性能好等优点，但易折断破碎，强度较低。

3）小青瓦屋面：小青瓦屋面在我国传统房屋中采用较多，目前有些地方仍然采用。小青瓦断面呈弧形，尺寸及规格不统一。铺设时分别将小青瓦仰俯铺排，覆盖成垅。仰铺瓦成沟，俯铺瓦盖于仰铺瓦纵向接缝处，与仰铺瓦间搭接瓦长1/3左右，上下瓦间的搭接长在少雨地区为搭六露四，在多雨区为搭七露三。小青瓦可以直接铺设于椽条上，也可铺于望板（屋面板）上。

（3）坡屋面的细部构造：

1）檐口：坡屋面的檐口式样主要有两种，一是挑出檐口，要求挑出部分的坡度与屋面坡度一致；另一种是女儿墙檐口，要做好女儿墙内侧的防水，以防渗漏。

① 砖挑檐：砖挑檐一般不超过墙体厚度的 1/2，且不大于 240mm。每层砖挑长为 60mm，砖可平挑出，也可把砖斜放，用砖角挑出，挑檐砖上方瓦伸出 50mm。

② 椽木挑檐：当屋面有椽木时，可以用椽木出挑，以支承挑出部分的屋面。挑出部分的椽条，外侧可钉封檐板，底部可钉木条。

③ 屋架端部附木挑檐或挑檐木挑檐：如需要较大挑长的挑檐，可以沿屋架下弦伸出附木，支承挑出的檐口木，并在附木外侧面钉封檐板，在附木底部做檐口吊顶。对于不设屋架的房屋，可以在其横向承重墙内压砌挑檐木并外挑，用挑檐木支承挑出的檐口。

④ 钢筋混凝土挑天沟：当房屋屋面集水面积大、檐口高度高、降雨量大时，坡屋面的檐口可设钢筋混凝土天沟，并采用有组织排水。

2）山墙：双坡屋面的山墙有硬山和悬山两种，硬山是指山墙与屋面等高或高于屋面成女儿墙，悬山是把屋面挑出山墙之外。

3）斜天沟：坡屋面的房屋平面形状有凸出部分，屋面上会出现斜天沟。构造上常采用镀锌铁皮折成槽状，依势固定在斜天沟下的屋面板上，以做防水层。

4）烟囱泛水构造：烟囱四周应做泛水，以防雨水的渗漏。一种做法是镀锌铁皮泛水，将镀锌铁皮固定在烟囱四周的预埋件上，向下披水，在靠近屋脊的一侧，铁皮伸入瓦下，在靠近檐口的一侧，铁皮盖在瓦面上；另一种做法是用水泥砂浆或水泥石灰麻刀砂浆做抹灰泛水。

5）檐沟和落水管：坡屋面房屋采用有组织排水时，需在檐口处设檐沟，并布置落水管。坡屋面檐沟和落水管可用镀锌铁皮、玻璃钢、石棉水泥管等材料。

（4）坡屋顶的天棚、保温、隔热与通风：

1）天棚：坡屋面房屋，为室内美观及保温隔热的需要，多数均设天棚（吊顶），把屋面的结构层隐藏起来，以满足室内使用要求。

天棚可以沿屋架下弦表面做成平天棚，也可沿屋面坡向做成斜天棚。吊天棚的面层材料较多，常见的有抹灰天棚（板条抹灰、芦席抹灰等）、板材天棚（纤维板天棚、胶合板天棚、石膏板天棚等）。

2）坡屋面的保温：坡屋顶应设置保温隔热层，当结构层为钢筋混凝土板时，保温层宜设在结构层上部。当结构层为轻钢结构时，保温层可设置在上侧或下侧。坡屋顶保温层和细石混凝土现浇层均应采取屋顶防滑措施。

坡屋顶常采用的保温材料有：挤塑聚苯板、泡沫玻璃、膨胀聚苯板、微孔硅酸钙板、硬泡聚氨酯、憎水性珍珠岩板等。当保温层在结构层底部时，保温材料采用泡沫玻璃、微孔硅酸钙板等，此时应注意，保温板应固定牢固，板底应采用薄抹灰。

坡屋顶节能构造根据屋面瓦材的安装方式不同分为钉挂型和粘铺型两种。

3）坡屋面的隔热与通风：坡屋面的隔热与通风有以下几种方法：

① 做通风屋面：把屋面做成双层，从檐口处进风，屋脊处排风。利用空气的流动，带

走热量，降低屋面的温度。

② 吊顶隔热通风：吊顶层与屋面之间有较大的空间，通过在坡屋面的檐口下、山墙处或屋面上设置通风窗（图 1.1.13），使吊顶层内空气有效流通，带走热量，降低室内温度。

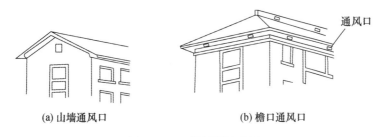

(a) 山墙通风口　　　　　　　　　(b) 檐口通风口

图 1.1.13　吊顶隔热通风

（九）装饰构造

装饰装修可以起到保护建筑物、改善建筑物的使用功能、美化环境、提高建筑物艺术效果的作用。装饰构造按装饰的位置不同，分为墙面装饰、楼地面装饰和天棚装饰。

1. 墙体饰面装修构造

墙面装饰也称饰面装修，分为室内和室外两部分，是建筑装饰设计的重要环节，对改善建筑物的功能质量、美化环境等都有重要作用。墙面装饰有保护改善墙体的热功能性、美化墙面的功能。

墙面装饰一般由基层和面层组成，基层即支托饰面层的结构构件或骨架，其表面应平整，并有一定的强度和刚度。饰面层附着于基层表面，起美观和保护作用，应与基层牢固结合，且表面需平整均匀。通常将饰面层最外表面的涂料作为饰面装修构造类型的命名。

按材料和施工方式的不同，常见的墙体饰面可分为抹灰类、贴面类、涂料类、裱糊类和铺钉类等。

（1）抹灰类：抹灰类墙面是指用石灰砂浆、水泥砂浆、水泥石灰混合砂浆、聚合物水泥砂浆、膨胀珍珠岩水泥砂浆，以及麻刀灰、纸筋灰、石膏灰等作为饰面层的装修做法，具有材料来源广泛、施工操作简便和造价低廉的优点，但也存在耐久性差、易开裂、湿作业量大、劳动强度高、工效低等缺点。一般抹灰按质量要求分为普通抹灰、中级抹灰和高级抹灰三级。普通抹灰一般由底层和面层组成；装修标准较高的房间，当采用中级或高级抹灰时，还要在面层与底层之间加一层或多层中间层。

（2）贴面类：贴面类是指利用各种天然石材或人造板、块，通过绑、挂或直接粘贴于基层表面的饰面做法，具有耐久性好、施工方便、装饰性强、质量高、易于清洗等优点。常用的贴面材料有陶瓷面砖、马赛克以及水磨石、水刷石、剁斧石等水泥预制板和天然的花岗岩、大理石板等。其中，质地细腻的材料如瓷砖、大理石板等，常用于室内装修；而质感粗放的材料，如陶瓷面砖、马赛克、花岗岩板等，多用作室外装修。

（3）涂料类：涂料类是指利用各种涂料敷于基层表面，形成完整牢固的膜层，起到保护墙面和美观的饰面做法，是饰面装修中最简便的一种形式，具有造价低、装饰性好、工期短、工效高、自重轻，以及施工、维修、更新比较方便等特点，是一种最有发展前景的装饰材料。

（4）裱糊类：裱糊类是将各种装饰性墙纸、墙布等卷材裱糊在墙面上的一种饰面做法。

根据面层材料的不同，可分为塑料面墙纸（PVC墙纸）、纺织物面墙纸、金属面墙纸及天然木纹面墙纸等。墙布是指可以直接用作墙面装饰材料的各种纤维织物的总称，包括印花玻璃纤维墙面布和锦缎等材料。

（5）铺钉类：铺钉类指利用天然板条或各种人造薄板借助于钉、胶粘等固定方式对墙面进行的饰面做法，选用不同材质的面板和恰当的构造方式，可以使这类墙面具有质感细腻、美观大方等不同的装饰效果。同时，还可以改善室内声学等环境效果，满足不同的功能要求。铺钉类装修是由骨架和面板两部分组成，施工时先在墙面上立骨架（墙筋），然后在骨架上铺钉装饰面板。骨架有木骨架和金属骨架。面板在木骨架上用圆钉或木螺钉固定，在金属骨架上一般用自攻螺钉固定。

2. 楼地面装饰构造

楼面和地坪的面层，在构造上做法基本相同，对室内装修而言，两者可统称地面。它是人们日常生活、工作、学习必须接触的部分，也是建筑中直接承受荷载，经常受到摩擦、清扫和冲洗的部分。

地面的材料和做法应根据房间的使用和装修要求，并结合经济条件加以选用。地面按材料形式和施工方式可分为四大类，即整体浇筑地面、板块地面、卷材地面和涂料地面。

（1）整体浇筑楼地面：整体浇筑地面是指用现场浇注的方法做成整片的地面，按地面材料不同有水泥砂浆地面、水磨石地面、菱苦土地面等。

1）水泥砂浆楼地面：水泥砂浆地面通常是用水泥砂浆抹压而成，一般采用1:2.5的水泥砂浆一次抹成，即单层做法，但厚度不宜过大，一般为15～20mm。水泥砂浆地面构造简单，施工方便，造价低，且耐水，是目前应用最广泛的一种低档地面做法，但地面易起灰，无弹性，热传导性高，且装饰效果较差。

2）水磨石楼地面：水磨石地面是将用水泥作胶结材料、大理石或白云石等中等硬度石料的石屑作骨料而形成的水泥石屑浆浇抹硬结后，经磨光打蜡而成。水磨石地面坚硬、耐磨、光洁，不透水，不起灰，它的装饰效果优于水泥砂浆地面，造价也高于水泥砂浆地面，施工较复杂，无弹性，吸热性强，常用于人流量较大的交通空间和房间。

3）菱苦土楼地面：菱苦土地面是用菱苦土、锯末、滑石粉和矿物颜料干拌均匀后，加入氯化镁溶液调制成胶泥，铺抹压光，硬化稳定后，用磨光机磨光打蜡而成。菱苦土地面易于清洁，有一定弹性，热工性能好，适用于有清洁、弹性要求的房间，但由于不耐水、也不耐高温，因此，不宜用于经常有水存留及地面温度经常处在35℃以上的房间。

（2）块料楼地面：块料楼地面是指利用板材或块材铺贴而成的地面，按地面材料不同有陶瓷板块地面、石板地面、塑料板块地面和木地面等。

1）陶瓷板块地面：用作地面的陶瓷板块有陶瓷锦砖和缸砖、陶瓷彩釉砖、瓷质无釉砖等各种陶瓷地砖。陶瓷锦砖（又称马赛克）是以优质瓷土烧制而成的小块瓷砖，有各种颜色、多种几何形状，并可拼成各种图案。

缸砖用陶土烧制而成，可加入不同的颜料烧制成各种颜色，以红棕色缸砖最常见。

陶瓷彩釉砖和瓷质无釉砖是较理想的新型地面装修材料，其规格尺寸一般较大。

陶瓷板块地面的特点是坚硬耐磨、色泽稳定，易于保持清洁，而且具有较好的耐水和耐酸碱腐蚀的性能，但造价偏高，一般适用于用水的房间以及有腐蚀的房间。

2）石板地面：石板地面包括天然石地面和人造石地面。

天然石有大理石和花岗石等。天然大理石色泽艳丽，具有各种斑驳纹理，可取得较好的装饰效果。天然石地面具有较好的耐磨、耐久性能和装饰性，但造价较高。

人造石板有预制水磨石板、人造大理石板等，价格低于天然石板。

3）塑料板块地面：随着石油化工业的发展，塑料地面的应用日益广泛。塑料地面材料的种类很多，目前聚氯乙烯塑料地面材料应用最广泛，以聚氯乙烯树脂为主要胶结材料，添加增塑剂、填充剂、稳定剂、润滑剂和颜料等经塑化热压而成，可加工成块材，也可加工成卷材，其材质有软质和半硬质两种。目前在我国应用较多的是半硬质聚氯乙烯块材。

4）木地面：木地面按构造方式有空铺式和实铺式两种。

空铺式木地面是将支承木地板的搁栅架空搁置，使地板下有足够的空间便于通风，以保持干燥，防止木板受潮变形或腐烂。空铺式木地面构造复杂，耗费木材较多，因而采用较少。

实铺式木地面有铺钉式和粘贴式两种做法。铺钉式实铺木地面是将木搁栅搁置在混凝土垫层或钢筋混凝土楼板上的水泥砂浆或细石混凝土找平层上，在搁栅上铺钉木地板。粘贴式实铺木地面是将木地板用沥青胶或环氧树脂等粘接材料直接粘贴在找平层上，若为底层地面，则应在找平层上做防潮层，或直接用沥青砂浆找平。

木地面具有良好的弹性、吸声能力和低吸热性，易于清洁，但耐火性差，保养不善时易腐朽，且造价较高。

（3）卷材楼地面：卷材地面是用成卷的卷材铺贴而成，常见的地面卷材有软质聚氯乙烯塑料地毡、油地毡、橡胶地毡和地毯等。

（4）涂料楼地面：涂料地面是利用涂料涂刷或涂刮而成，是水泥砂浆地面的一种表面处理形式，用以改善水泥砂浆地面在使用和装饰方面的不足。地面涂料品种较多，有溶剂型、水溶性和水乳型等地面涂料。

为保护墙面，防止外界碰撞损坏墙面，或擦洗地面时弄脏墙面，通常在墙面靠近地面处设踢脚线（又称踢脚板）。踢脚线的材料一般与地面相同，故可看作是地面的一部分，即地面在墙面上的延伸部分。踢脚线通常凸出墙面，也可与墙面平齐或凹进墙面，其高度一般为120～150mm。

3. 天棚装饰构造

天棚的高低、造型、色彩、照明和细部处理，对人们的空间感受具有相当重要的影响。天棚本身往往具有保温、隔热、隔声、吸声等作用，此外人们还经常利用天棚来处理好人工照明、空气调节、音响、防火等技术问题。

一般天棚多为水平式，但根据房间用途不同，天棚可做成弧形、凹凸形、高低形、折线形等。依构造方式不同，天棚有直接式天棚和悬吊式天棚之分。

（1）直接式天棚：直接式天棚系指直接在钢筋混凝土楼板下喷、刷、粘贴装修材料的一种构造方式，多用于大量性工业与民用建筑中。直接式天棚装修常用的方法有以下几种：直接喷、刷涂料、抹灰装修、贴面式装修。

（2）悬吊式天棚：悬吊式天棚又称吊天花，简称吊顶。在现代建筑中，为提高建筑物的使用功能，机电管线及其装置，均需安装在天棚上。为处理好这些设施，往往必须借助于吊天棚来解决。吊顶依所采用材料、装修标准以及防火要求的不同有木质骨架和金属骨架之分。

三、工业建筑工程组成及构造

（一）单层厂房的结构组成

单层厂房的骨架结构由支承各种竖向和水平荷载作用的构件组成，厂房依靠各种结构构件合理地连接为一体，组成一个完整的结构空间以保证厂房的坚固、耐久。目前我国单层工业厂房一般采用装配式钢筋混凝土排架结构，如图 1.1.14 所示。

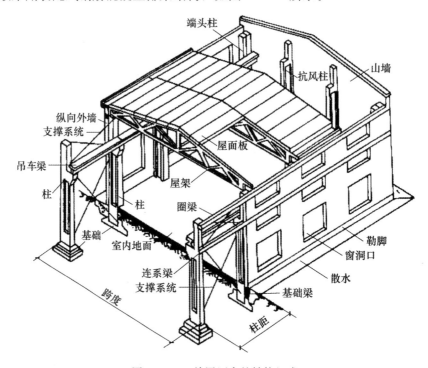

图 1.1.14　单层厂房的结构组成

1. 承重结构

（1）横向排架：由基础、柱、屋架组成，主要是承受厂房的各种竖向荷载。

（2）纵向连系构件：由吊车梁、圈梁、连系梁、基础梁等组成，与横向排架构成骨架，保证厂房的整体性和稳定性。

（3）支撑系统构件：支撑系统包括柱间支撑和屋盖支撑两大部分。支撑构件设置在屋架之间的称为屋架支撑，设置在纵向柱列之间的称为柱间支撑。支撑构件主要传递水平荷载，起保证厂房空间刚度和稳定性的作用。

2. 围护结构

单层厂房的围护结构包括外墙、屋顶、地面、门窗、天窗、地沟、散水、坡道、消防梯、吊车梯等。

（二）单层厂房承重结构构造

1. 基础

基础支承厂房上部结构的全部荷载，连同自重传递给地基，是厂房结构的主要承重构件，起着承上传下的重要作用。

基础的类型主要取决于建筑物上部结构荷载的性质和大小、工程地质条件等。单层厂房一般柱距与跨度较大，基础一般采用独立式基础。

2. 柱

厂房中的柱由柱身（包括上柱和下柱）、牛腿及柱上预埋铁件组成，柱是厂房中的主要承重构件之一，在柱顶上支承屋架，在牛腿上支承吊车梁。柱子的类型很多，按材料分为砖柱、钢筋混凝土柱、钢柱等，目前采用钢筋混凝土柱的较多。

（1）钢筋混凝土柱：钢筋混凝土柱按截面的构造尺寸分为矩形柱、工字形柱、双肢柱、管柱等。

1）矩形柱：矩形柱截面有方形和长方形两种，多采用长方形，其特点是外形简单，受弯性能好，施工方便，容易保证质量要求；但柱截面中间部分受力较小，不能充分发挥混凝土的承载能力，自重也重，仅适用于小型厂房。

2）工字形柱：工字形柱与截面尺寸相同的矩形柱相比，承载力基本相等，但因为工字形柱将矩形柱横截面受力较小的中间部分的混凝土省去做成腹板，则可节约混凝土 $30\%\sim50\%$。若截面高度较大时，为了方便水、暖、电等管线穿过，又减轻柱的自重，也可在腹板上开孔。但工字形柱制作比矩形柱复杂，在大、中型厂房内采用较为广泛。

3）双肢柱：双肢柱由两根承受轴向力的肢杆和联系两肢的腹杆组成，其腹杆有平腹杆和斜腹杆两种布置形式。平腹杆双肢柱的外形简单，施工方便，腹杆上的长方孔便于布置管线，但受力性能和刚度不如斜腹杆双肢柱；斜腹杆双肢柱是桁架形式，各杆基本承受轴向力，弯矩很小，较省材料。当柱的高度和荷载较大，吊车起重量大于 30t，柱的截面尺寸 $b\times h$ 大于 $600\text{mm}\times1500\text{mm}$ 时，宜选用双肢柱。

4）管柱：钢筋混凝土管柱有单肢管柱和双肢管柱之分，单肢管柱的外形和等截面的矩形柱相似，可伸出支承吊车梁的牛腿。双肢管柱的外形类似双肢柱，管肢 D 为 $300\sim500\text{mm}$，壁厚 60mm 左右。钢筋混凝土管柱在工厂预制，可采用机械化方式生产，可在现场拼装，受气候影响较小；但因外形是圆的，设置预埋件较困难，与墙的连接也不如其他形式的柱方便。

（2）钢-钢混凝土组合柱：当柱较高，自重较重，因受吊装设备的限制，为减少柱质量时一般采用钢-钢混凝土组合柱，其组合形式为上柱为钢柱，下柱为钢筋混凝土双肢柱。

（3）钢柱：一般分为等截面和变阶形式两类柱，可以是实腹式的，也可以是格构式的。吊车吨位大的重型厂房适合选用钢柱。

（4）柱牛腿：单层厂房结构中的屋架、托梁、吊车梁和连系梁等构件，常由设置在柱上的牛腿支承。钢筋混凝土牛腿有实腹式和空腹式之分，通常多采用实腹式。钢筋混凝土实腹式牛腿的构造要求要满足如下要求，如图 1.1.15 所示。

1）为了避免沿支承板内侧剪切破坏，牛腿外缘高 $h_k\geqslant h/3\geqslant200\text{mm}$。

2）支承吊车梁的牛腿，其外缘与吊车梁的距离为 100mm，以免影响牛腿的局部承压能力，造成外缘混凝土剥落。

3）牛腿挑出距离 $c>100\text{mm}$ 时，牛腿底面的倾斜角 $\alpha\leqslant45°$，否则会降低牛腿的承载能力。当 $c\leqslant100\text{mm}$ 时，牛腿底面的倾斜角 α 可以为 $0°$。

3. 屋盖结构

（1）屋盖结构类型：屋盖结构根据构造不同可以分为两类：无檩体系屋盖或有檩体系

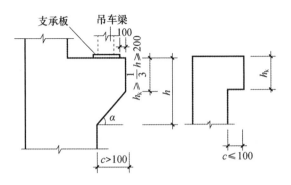

图 1.1.15　牛腿的构造要求

屋盖。

1）无檩体系：无檩体系是屋面板直接搁置在屋架或屋面梁上，如图 1.1.16（a）所示。其优点是整体性好，刚度大，构件数量少，施工速度快，但屋面自重一般较重，适用于大中型厂房。

2）有檩体系：有檩体系是各种小型屋面板直接搁置在檩条上，檩条支承在屋架或屋面梁上，如图 1.1.16（b）所示。其优点是屋盖质量轻，吊装容易，但整体刚度较差，配件和接缝多，在频繁振动下易松动，适用于中小型厂房。

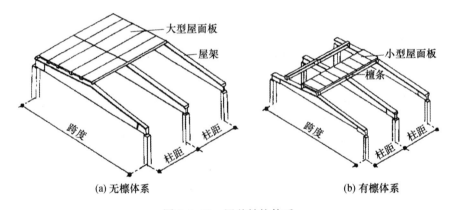

图 1.1.16　屋盖结构体系

（2）屋盖的承重构件：屋架（或屋面梁）是屋盖结构的主要承重构件，直接承受屋面荷载。按制作材料分为钢筋混凝土屋架或屋面梁、钢屋架、木屋架和钢木屋架。

1）钢筋混凝土屋架或屋面梁：钢筋混凝土屋面梁构造简单，高度小，重心低，较稳定，耐腐蚀，施工方便；但构件重，费材料。一般跨度 9m 以下时用单坡型，跨度 12～18m 用双坡型。普通钢筋混凝土屋面梁的跨度一般不大于 15m，预应力钢筋混凝土屋面梁跨度一般不大于 18m。

两铰或三铰拱屋架都可现场集中预制，现场组装，用料省，自重轻，构造简单；但其刚度较差，尤其是屋架平面的刚度更差，对有重型吊车和振动较大的厂房不宜采用。一般的实用跨度是 9～15m。

桁架式屋架按外形可分为三角形、梯形、拱形、折线形等类型。三角形组合式屋架自重较轻，这种屋架的弦杆受力不太理想，但其上弦坡度却适于使用板瓦等有檩结构的屋面。拱形屋架受力最合理，但由于屋架端部屋面坡度太陡，适用于卷材屋面防水面中的中、重型厂房。折线形屋架引用了拱形屋架的合理外形，改善了屋面坡度，是目前较常采用的一种屋架形式。

2）钢屋架：无檩钢屋架是将大型屋面直接支承在屋架上，屋架间距就是大型屋面板的跨度，一般为 6m，特点是构件的种类和数量少，安装效率高，施工进度快，易于进行铺设保温层等屋面工序的施工。无檩钢屋架突出的优点是屋盖横向刚度大，整体性好，屋面构造简单，较为耐久；但因屋面自重较重，对抗震不利，一般是中型以上特别是重型厂房，因其对厂房的横向刚度要求较高，采用无檩方案比较合适。

有檩钢屋架是在屋架上设檩条，在檩条上再铺设屋面板，屋架间距就是檩条的跨度，通常为 4~6m，檩条间距由所用屋面材料确定。有檩方案具有构件质量轻，用料省，运输及安装较方便等优点；但屋盖构件数量多，构造复杂，吊装次数多，横向整体刚度差。对于中小型厂房，特别是不需要设保温层的厂房，采用有檩方案比较合适。

3）木屋架、钢木屋架：对于温度高、湿度大，结构跨度较大和有较大振动荷载的场所，不宜采用木屋盖结构。木屋盖结构适用范围：跨度不超过 12m，室内相对湿度不大于 70%，室内温度不大于 50℃，吊车起重量不超过 5t，悬挂吊车不超过 1t。一般全木屋架适用跨度不超过 15m，钢木屋架的下弦受力状况好，刚度也较好，适用跨度为 18~21m。

4. 吊车梁

吊车梁是有吊车的单层厂房的重要构件之一。当厂房设有桥式或梁式吊车时，需要在柱牛腿上设置吊车梁，吊车的轮子就在吊车梁铺设的轨道上运行。吊车梁直接承受吊车起重、运行和制动时的各种往返移动荷载；同时，吊车梁还要承担传递厂房纵向荷载（如山墙上的风荷载），保证厂房纵向刚度和稳定性的作用。

钢筋混凝土吊车梁按照截面形式可分为等截面的 T 形、工字形吊车梁，鱼腹式吊车梁等，如图 1.1.17 所示；按照生产制作方式可分为非预应力和预应力钢筋混凝土吊车梁。

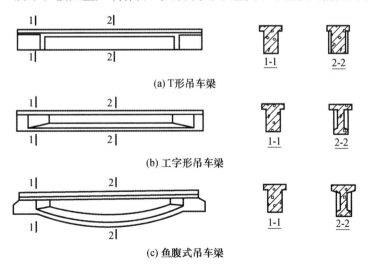

(a) T 形吊车梁

(b) 工字形吊车梁

(c) 鱼腹式吊车梁

图 1.1.17 钢筋混凝土吊车梁

（1）T 形吊车梁：T 形施工简单，制作方便，但自重大，耗费材料多，不是很经济。非预应力混凝土 T 形截面吊车梁一般用于柱距 6m、厂房跨度不大于 30m、吨位 10t 以下的厂房，预应力钢筋混凝土 T 形吊车梁适用于 10～30t 的厂房。

（2）工字形吊车梁：工字形吊车梁节约材料，自重较轻。预应力工字形吊车梁适用于厂房柱距 6m，厂房跨度 12～33m，吊车起重量为 5～25t 的厂房。

（3）鱼腹式吊车梁：鱼腹式吊车梁受力合理，能充分发挥材料的强度和减轻自重，节省材料，可承受较大荷载，梁的刚度大，但构造和制作比较复杂，运输、堆放需设专门支垫。预应力混凝土鱼腹式吊车梁适用于厂房柱距不大于 12m，厂房跨度 12～33m，吊车起重量为 15～150t 的厂房。

5．支撑

单层厂房的支撑作用：可以使厂房形成整体的空间骨架，保证厂房的空间刚度；在施工和正常使用时保证构件的稳定和安全；承受和传递吊车纵向制动力、山墙风荷载、纵向地震力等水平荷载。单层厂房的支撑分为屋架支撑和柱间支撑两类。

（1）屋架支撑：屋架支撑构件主要有：上弦横向支撑、上弦水平系杆、下弦横向水平支撑、下弦垂直支撑及水平系杆、纵向支撑、天窗架垂直支撑、天窗架上弦横向支撑等。支撑、系杆构件为钢构件或钢筋混凝土构件。

1）屋架支撑布置原则：屋架支撑应根据厂房的跨度、高度、屋盖形式、屋面刚度、吊车起重量及工作制、有无悬挂吊车和天窗设置等情况并结合抗震要求等进行合理布置。

2）屋架支撑的类型：包括上、下弦横向水平支撑，上下弦纵向水平支撑，垂直支撑和纵向水平系杆（加劲杆）等。横向水平支撑和垂直支撑一般布置在厂房端部和伸缩缝两侧的第二或第一柱间上，如图 1.1.18 所示。

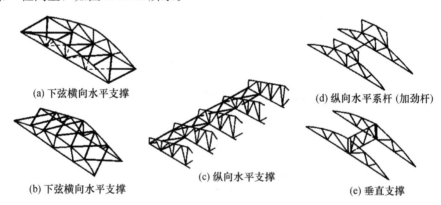

（a）下弦横向水平支撑　　（d）纵向水平系杆（加劲杆）

（b）下弦横向水平支撑　　（c）纵向水平支撑　　（e）垂直支撑

图 1.1.18　屋架支撑的类型

屋架上弦横向支撑、下弦横向水平支撑和纵向支撑，一般采用十字交叉形式，交叉角一般为 25°～65°，多为 45°。

（2）柱间支撑：柱间支撑以吊车梁为界，有上柱支撑和下柱支撑之分。柱间支撑的作用是加强厂房纵向刚度和稳定性，将吊车纵向制动力和山墙抗风柱经屋盖系统传来的风力经柱间支撑传至基础。

柱间支撑一般用钢材制作，其交叉角一般为 35°～55°，以 45°为宜。

第二节 土建工程常用材料的分类、基本性质及用途

工程材料品种繁多，性能各异，价格相差悬殊，而且用量巨大，因此，正确选择和合理使用土木工程材料，对土木工程的安全、适用、美观、耐久及经济都有着重要的意义。

一、建筑结构材料

(一) 无机胶凝材料

在建筑材料中，经过一系列物理作用、化学作用，能从浆体变成坚固的石状体，并能将其他固体材料胶结成整体而具有一定机械强度的物质，统称为胶凝材料。胶凝材料按其化学成分的不同，可分为无机胶凝材料与有机胶凝材料两大类。石灰、石膏、水泥等工地上俗称为"灰"的建筑材料属于无机胶凝材料。无机胶凝材料按其硬化时的条件又可分为气硬性胶凝材料和水硬性胶凝材料。气硬性胶凝材料只能在空气中保持和发展其强度，如石灰、石膏、水玻璃等。气硬性胶凝材料一般只适用于干燥环境中，而不宜用于潮湿环境，更不可用于水中。水硬性胶凝材料既能在空气中还能更好地在水中硬化、保持和继续发展其强度，如各种水泥。

1. 石灰

(1) 石灰的生产与分类：石灰是一种传统的气硬性胶凝材料，主要原料是含碳酸钙较多的天然岩石，如石灰石等。这些原料经过高温煅烧，碳酸钙分解为氧化钙和二氧化碳。生产所得的氧化钙称为生石灰，是一种白色或灰色的块状物质。块状生石灰经过加工，可得到石灰的另外三种产品：

1) 生石灰粉：由块状生石灰磨细而成，主要成分是氧化钙。

2) 消石灰粉：将生石灰用适量水经消化和干燥而成的粉末，主要成分是氢氧化钙，也称为熟石灰粉。

3) 将块状生石灰用大量的水消化，或将消石灰粉和水拌和所得的有一定稠度的膏状物，主要成分是氢氧化钙和水。

(2) 石灰的硬化：石灰浆体在空气中逐渐硬化，其硬化过程包括结晶和碳化两个同时进行的物理化学过程。在结晶过程中，石灰浆体中的游离水分蒸发，氢氧化钙逐渐从饱和溶液中形成结晶析出。碳化过程为氢氧化钙与空气中的二氧化碳反应生成碳酸钙晶体，释出水分并被蒸发，这个过程持续较长时间。

(3) 石灰的基本性质：

1) 熟化放热量大，腐蚀性强。石灰加水后便消解为熟石灰，这个过程称为石灰的熟化。石灰熟化过程中，放出大量的热量，温度升高，其体积增大 $1\sim2.5$ 倍左右。因此未完全熟化的石灰不得用于拌制砂浆，防止抹灰后爆灰起鼓。

2) 可塑性、保水性好。生石灰熟化为石灰浆时，能自动形成颗粒极细的呈胶体分散状态的氢氧化钙，表面吸附一层厚的水膜。因此用石灰调成的石灰砂浆突出的优点是具有良好的可塑性，在水泥砂浆中掺入石灰浆，可使砂浆的可塑性和保水性显著提高。

3) 凝结硬化慢，强度低。石灰的硬化只能在空气中进行，且硬化缓慢，硬化后的强度也不高，受潮后石灰溶解，强度更低，在水中还会扩散。所以，石灰不宜在潮湿的环境下使用，也不宜单独用于建筑物的基础。

4）硬化时体积收缩大。石灰在硬化过程中，蒸发大量的游离水而引起显著的收缩，所以除调成石灰乳作薄层涂刷外，不宜单独使用。常在其中掺入砂、纸筋等以减少收缩和节约石灰。

5）吸湿性强，耐水性差。块状生石灰放置太久，会吸收空气中的水分而熟化成消石灰粉，再与空气中的二氧化碳作用而还原为碳酸钙，失去胶结能力。所以，贮存生石灰，不但要防止受潮，而且不宜贮存过久。由于生石灰受潮熟化时放出大量的热，而且体积膨胀，所以，储存和运输生石灰时还要注意安全。

（4）石灰的应用：

1）制作石灰乳涂料。将消石灰粉或熟化好的石灰膏加入大量水搅拌稀释，成为石灰乳。石灰乳是一种廉价易得的传统涂料，主要用于室内墙面和顶棚粉刷。石灰乳中加人各种耐碱颜料，可形成彩色石灰乳。

2）配制砂浆。用熟化并"陈伏"好的石灰膏和水泥、砂配制而成的水泥石灰混合砂浆是目前用量最大、用途最广的砌筑砂浆；用石灰膏和砂或麻刀或纸筋配制成的石灰砂浆、麻刀灰、纸筋灰，广泛用作内墙、天棚的抹面砂浆。此外，石灰膏还可稀释成石灰乳，用作内墙和天棚的粉刷涂料。

3）拌制灰土或三合土。将消石灰粉和黏土按一定比例拌和均匀、夯实而形成灰土，如一九灰土、二八灰土及三七灰土。若将消石灰粉、黏土和骨料（砂、碎、砖块、炉渣等）按一定比例混合均匀并夯实，即为三合土。灰土和三合土广泛用作基础、路面或地面的垫层，它的强度和耐水性远远高出石灰或黏土。

4）生产硅酸盐制品。以磨细生石灰（或消石灰粉）或硅质材料（如石英砂、粉煤灰、火山灰等）为主要原料，加水拌和，经过成型、养护等工序而成的材料统称为硅酸盐制品，多用作墙体材料。常用的硅酸盐制品有蒸压灰砂砖、蒸压加气混凝土砌块等。

2. 石膏

石膏是以硫酸钙为主要成分的气硬性胶凝材料。由于石膏胶凝材料及其制品具有许多优良性质，原料来源丰富，生产能耗低，因而在土木建筑工程中得到广泛应用。石膏品种很多，主要有建筑石膏、高强石膏、无水石膏、高温煅烧石膏等。

（1）建筑石膏：将天然二水石膏在 $107 \sim 170℃$ 条件下加热脱去部分结晶水，再经磨细，且未添加任何外加剂制备而成的粉状胶凝材料，称为建筑石膏，主要成分是 β 型半水石膏。

1）建筑石膏的硬化：建筑石膏与适量的水拌和后，最初成为可塑的浆体，但很快就失去塑性和产生强度，并逐渐发展成为坚硬的固体。

半水石膏溶解于水，与水进行水化反应，生成二水石膏。随着水化的进行，二水石膏胶体微粒的数量不断增多，其颗粒比原来的半水石膏颗粒细得多，即总表面积增大，可吸附更多的水分；同时浆体中的水分因水化和蒸发而逐渐减少。所以浆体的稠度便逐渐增大，颗粒之间的摩擦力和黏结力逐渐增加，因而浆体可塑性逐渐减小，表现为石膏的凝结，称为石膏的初凝。在浆体变稠的同时，二水石膏胶体微粒逐渐变为晶体，晶体逐渐长大，共生和相互交错，使浆体凝结，逐渐产生强度，随着内部自由水排水，晶体之间的摩擦力、黏结力逐渐增大，石膏开始产生结构强度，称为终凝。

2）建筑石膏的基本性质与应用：

① 凝结硬化快：建筑石膏初凝和终凝时间很短，为便于使用，需降低其凝结速度，可加入缓凝剂。缓凝剂的作用是降低半水石膏的溶解度和溶解速度，便于成型。常用的缓凝剂

有硼砂、柠檬酸、聚乙烯醇、石灰活化骨胶或皮胶等。

② 微膨胀性：建筑石膏浆体在凝结硬化初期体积产生微膨胀（膨胀量约为 0.5% ～ 1.0%），这一性质使石膏胶凝材料在使用中不会产生裂纹。因此，建筑石膏装饰制品，形状饱满密实，表面光滑细腻。

③ 多孔性：半水石膏水化反应理论用水量为 18.6%，但为了使石膏浆体具有可塑性，实际加水量为 60% ～ 80%，在硬化后由于有大量多余水分蒸发，内部孔隙率高达 50% ～ 60%，因此，硬化后强度较低。石膏制品表面密度小、保温绝热性能好、吸声性强、吸水率大。

④ 防火性能良好：当受到高温作用时，二水石膏的结晶水开始脱出，吸收热量，并在表面形成具有良好隔热性能的"水蒸气雾幕"，阻止了火势蔓延，起到防火作用。但建筑石膏制品不宜长期用于靠近 $65℃$ 以上高温的部位，以免二水石膏在此温度作用下分解而失去强度。

⑤ 装饰性和可加工性：石膏表面光滑饱满，颜色洁白，质地细腻，具有良好的装饰性。微孔结构使其脆性有所改善，所以硬化石膏可锯、可刨、可钉，加工性能好。

⑥ 耐水性、抗冻性差：建筑石膏硬化后具有很强的吸湿性，在潮湿条件下，晶体粒间的黏结力减弱，强度显著降低，遇水则因二水石膏晶体溶解而引起破坏，故其耐水性差；吸水受冻后，会因孔隙中水分结冰而崩裂，故抗冻性也很差。

3）建筑石膏的应用：根据建筑石膏的性能特点，它在土木建筑工程中的主要用途有：制成石膏抹灰材料、各种墙体材料（如纸面石膏板、石膏空心条板，石膏砌块等），各种装饰石膏板、石膏浮雕花饰、雕塑制品等。建筑石膏在运输及储存时应注意防潮，一般储存 3 个月后，强度将降低 30% 左右。存储期超过 3 个月或受潮的石膏，需经检验后才能使用。

（2）高强石膏：高强石膏以 α 型半水石膏为主要成分。由于 α 型半水石膏结晶良好，晶粒坚实、粗大，因而比表面积较小，拌和时需水量仅约为建筑石膏的一半，因此，硬化后具有较高密实度和强度，故称为高强石膏。高强石膏适用于强度要求较高的抹灰工程、装饰制品和石膏板。掺入防水剂，可用于湿度较高的环境中。加入有机材料，如聚乙烯醇水溶液、聚醋酸乙烯乳液，可配成胶粘剂，其特点是无收缩。

（3）无水石膏水泥：人工在 600 ～ $750℃$ 下煅烧二水石膏制得的硬石膏或天然硬石膏，加入适量激发剂混合磨细后可制成无水石膏水泥。无水石膏水泥宜用于室内，主要用作石膏板或其他制品，也用于室内抹灰。

（4）高温煅烧石膏：天然二水石膏或天然硬石膏在 800 ～ $1000℃$ 下煅烧，使部分硫酸钙分解出氧化钙，磨细后可制成高温煅烧石膏。由于硬化后有较高的强度和耐磨性，抗水性、抗冻性较好，适宜制作地板，故又称地板石膏。

3. 水泥

水泥属于水硬性胶凝材料，被广泛应用于工业与民用建筑工程中，常用来制造各种形式的钢筋混凝土、预应力混凝土构件和建筑物，也常用于配制砂浆，以及用作灌浆材料等。

水泥按其主要水硬性矿物名称分为硅酸盐系水泥、铝酸盐系水泥、硫酸盐系水泥、硫铝酸盐系水泥等。在水泥的诸多系列品种中，常用的是通用硅酸盐水泥。通用硅酸盐水泥按混合材料的品种和掺量分为硅酸盐水泥、普通硅酸盐水泥、矿渣硅酸盐水泥、火山灰质硅酸盐水泥、粉煤灰硅酸盐水泥和复合硅酸盐水泥。

（1）硅酸盐水泥：

1）硅酸盐水泥的定义与代号：由硅酸盐水泥熟料、0～5%的石灰石或粒化高炉矿渣、适量石膏磨细制成的水硬性胶凝材料，称为硅酸盐水泥。可分为两种类型：不掺混合材料的称为Ⅰ型硅酸盐水泥，代号P·Ⅰ；掺入不超过水泥质量5%的石灰石或粒化高炉矿渣混合材料的称为Ⅱ型硅酸盐水泥，代号P·Ⅱ。

2）硅酸盐水泥熟料的组成：硅酸盐水泥熟料主要矿物组成及其含量范围和各种熟料单独与水作用所表现特性，如表1.2.1所示。

表1.2.1　水泥熟料矿物含量与主要特征

矿物组成及代号 \ 指标特征	硅酸三钙 3CaO·SiO₂（C₃S）	硅酸二钙 2CaO·SiO₂（C₂S）	铝酸三钙 3CaO·Al₂O₃（C₃A）	铁铝酸四钙 4CaO·Al₂O₃·Fe₂O₃（C₄AF）
代号含量（%）	37～60	15～17	7～15	10～18
密度（g/cm³）	3.25	3.28	3.04	3.77
水化速度	快	慢	最快	较快
水化热	大	小	最大	中
强度　早期	高	低	低	中
强度　后期	高	高	低	中
体积收缩	中	中	最大	最小
抗硫酸盐侵蚀性	中	最好	差	好

3）硅酸盐水泥的凝结硬化：水泥的凝结硬化包括化学反应（水化）及物理化学作用（凝结硬化）。水泥的水化反应过程是指水泥加水后，熟料矿物及掺入水泥熟料中的石膏与水发生一系列化学反应；水泥凝结硬化机理比较复杂，一般解释为水化是水泥产生凝结硬化的必要条件，而凝结硬化是水泥水化的结果。影响水泥凝结硬化的主要因素有熟料的矿物组成、细度、水灰比、石膏掺量、环境温湿度和龄期等。

4）硅酸盐水泥的技术性质：

① 细度：细度是指硅酸盐水泥的粗细程度，用比表面积法表示。水泥的细度直接影响水泥的活性和强度。颗粒越细，与水反应的表面积越大，水化速度快，早期强度高，但硬化收缩较大，且粉磨时能耗大，成本高。但颗粒过粗，又不利于水泥活性的发挥，强度也低。《通用硅酸盐水泥》（GB 175—2007）规定，硅酸盐水泥比表面积应大于300m²/kg。

② 凝结时间：凝结时间分为初凝时间和终凝时间。初凝时间为从水泥加水拌和起，至水泥浆开始失去塑性所需的时间；终凝时间为从水泥加水拌和起，至水泥浆完全失去塑性并开始产生强度所需的时间。水泥凝结时间在施工中有重要意义，初凝时间不宜过短是为了使混凝土和砂浆有充分的时间进行搅拌、运输、浇捣和砌筑；终凝时间不宜过长是为了使混凝土在浇捣完毕后能尽早完成凝结硬化，以利于下一道工序及早进行。《通用硅酸盐水泥》（GB 175—2007）规定，硅酸盐水泥初凝时间不得早于45min，终凝时间不得迟于6.5h；普通硅酸盐水泥初凝时间不得早于45min，终凝时间不得迟于10h。水泥初凝时间不合要求，该水泥报废；终凝时间不合要求，视为不合格。

③ 体积安定性：水泥体积安定性是指水泥在硬化过程中，体积变化是否均匀的性能，

简称安定性。水泥安定性不良会导致构件（制品）产生膨胀性裂纹或翘曲变形，造成质量事故。引起安定性不良的主要原因是熟料中游离氧化钙、游离氧化镁或石膏含量过多。安定性不合格的水泥不得用于工程，应废弃。

④ 强度：水泥强度是指胶砂的强度而不是净浆的强度，是划分水泥强度等级的依据。水泥的强度包括抗折强度和抗压强度，判定水泥强度等级时必须同时满足相关标准要求，缺一不可。硅酸盐水泥分为 42.5、42.5R、52.5、52.5R、62.5 和 62.5R 六个等级。

⑤ 碱含量：水泥的碱含量将影响构件（制品）的质量或引起质量事故。《通用硅酸盐水泥》（GB 175—2007）中规定：水泥中碱含量按 $Na_2O+0.658K_2O$ 计算值来表示，若使用活性骨料，用户要求提供低碱水泥时，水泥中碱含量不得大于 0.60％或由供需双方商定。

⑥ 水化热：水泥的水化热是水化过程中放出的热量。水化热与水泥矿物成分、细度、掺入的外加剂品种、数量、水泥品种及混合材料掺量有关。水泥的水化热主要在早期释放，后期逐渐减少。对大型基础等大体积混凝土工程，由于水化热产生的热量积聚在内部不易发散，将会使混凝土内外产生较大的温度差，所引起的温度应力使混凝土可能产生裂缝，因此，水化热对大体积混凝土工程是不利的。

5）硅酸盐水泥的应用：硅酸盐水泥主要应用在以下几个方面：

① 水泥强度等级较高，主要用于重要结构的高强度混凝土、钢筋混凝土和预应力混凝土工程。

② 凝结硬化较快、抗冻性好，适用于早期强度要求高、凝结快、冬期施工及严寒地区、遭受反复冻融的工程。

③ 水泥中含有较多的氢氧化钙，抗软水侵蚀和抗化学腐蚀性差，所以不宜用于经常与流动软水接触及有水压作用的工程，也不宜用于海水和侵蚀性介质存在的工程。

④ 因水化过程放出大量的热，故不宜用于大体积混凝土构筑物。

（2）掺混合材料的硅酸盐水泥：

1）混合材料：在生产水泥时，为改善水泥性能、调节水泥强度等级，而加到水泥中的人工的或天然矿物材料，称为水泥混合材料。按其性能分为活性（水硬性）混合材料和非活性（填充性）混合材料两类。

① 活性混合材料：常用的活性混合材料有符合国家相关标准的粒化高炉矿渣、矿渣粉、火山灰质混合材料。水泥熟料中掺入活性混合材料，可以改善水泥性能，调节水泥强度等级、扩大水泥使用范围，提高水泥产量，利用工业废料、降低成本，有利于环境保护。

② 非活性混合材料：非活性混合材料是指与水泥成分中的氢氧化钙不发生化学作用或很少参加水泥化学反应的天然或人工的矿物质材料，如石英砂、石灰石及各种废渣，活性指标低于相应国家标准要求的粒化高炉矿渣、粉煤灰、火山灰质混合材料。

水泥熟料掺入非活性混合材料可以增加水泥产量、降低成本、降低强度等级、减少水化热、改善混凝土及砂浆的和易性等。

2）定义与代号：

① 普通硅酸盐水泥：由硅酸盐水泥熟料、5％～20％的混合材料、适量石膏磨细制成的水硬性胶凝材料，称为普通硅酸盐水泥，代号 P·O。

掺活性混合材料时，最大掺量不得超过 20％，其中允许用不超过水泥质量 5％的窑灰或不超过水泥质量 8％的非活性混合材料来代替。

②　矿渣硅酸盐水泥：由硅酸盐水泥熟料和 20%～70% 粒化高炉矿渣、适量的石膏磨细制成的水硬性胶凝材料，称为矿渣硅酸盐水泥，代号 P·S。

③　火山灰质硅酸盐水泥：由硅酸盐水泥熟料和 20%～40% 的火山灰质混合材料、适量石膏磨细制成的水硬性胶凝材料，称为火山灰质硅酸盐水泥，代号 P·P。

④　粉煤灰硅酸盐水泥：由硅酸盐水泥熟料和 20%～40% 的粉煤灰、适量石膏磨细制成的水硬性胶凝材料，称为粉煤灰硅酸盐水泥，代号 P·F。

⑤　复合硅酸盐水泥：由硅酸盐水泥熟料和 20%～50% 的两种以上混合材料、适量石膏磨细制成的水硬性胶凝材料，称为复合硅酸盐水泥，代号 P·C。

3）几种水泥的主要特性及适用范围：几种水泥的主要特性及适用范围如表 1.2.2 所示。其中，普通硅酸盐水泥由于混合材料掺量十分有限，性质与硅酸盐水泥十分相近，在工程中的适应范围也相一致。

表 1.2.2　水泥特性及适用范围

水泥种类	普通硅酸盐水泥	矿渣硅酸盐水泥	火山灰质硅酸盐水泥	粉煤灰硅酸盐水泥
强度等级	42.5，42.5R 52.5，52.5R	32.5，32.5R 42.5，42.5R 52.5，52.5R	32.5，32.5R 42.5，42.5R 52.5，52.5R	32.5，32.5R 42.5，42.5R 52.5，52.5R
主要特征	1. 早期强度较高； 2. 水化热较大； 3. 耐冻性较好； 4. 耐热性较差； 5. 耐腐蚀及耐水性较差	1. 早期强度低，后期强度增长较快； 2. 水化热较小； 3. 耐热性较好； 4. 耐硫酸盐侵蚀和耐水性较好； 5. 抗冻性较差； 6. 干缩性较大； 7. 抗碳化能力差	1. 早期强度低，后期强度增长较快； 2. 水化热较小； 3. 耐热性较差； 4. 耐硫酸盐侵蚀和耐水性较好； 5. 抗冻性较差； 6. 干缩性较大； 7. 抗渗性较好； 8. 抗碳化能力差	1. 早期强度低，后期强度增长较快； 2. 水化热较小； 3. 耐热性较差； 4. 耐硫酸盐侵蚀和耐水性较好； 5. 抗冻性较差； 6. 干缩性较小； 7. 抗碳化能力差
适用范围	适用于制作地上、地下及水中的混凝土、钢筋混凝土及预应力钢筋混凝土结构，包括受反复冰冻的结构；也可配制高强度等级混凝土及早起强度要求高的工程	1. 适用于高温车间和有耐热、耐火要求的混凝土结构； 2. 大体积混凝土结构； 3. 蒸汽养护的混凝土结构； 4. 一般地上、地下和水中混凝土结构； 5. 有抗硫酸盐侵蚀要求的一般工程	1. 适用于大体积工程； 2. 有抗渗要求的工程； 3. 蒸汽养护的混凝土构件； 4. 可用于一般混凝土构件； 5. 有抗硫酸盐侵蚀要求的一般工程	1. 适用于地上、地下水中及大体积混凝土工程； 2. 蒸汽养护的混凝土构件； 3. 可用于一般混凝土工程； 4. 有抗硫酸盐侵蚀要求的一般工程
不适用范围	1. 不适用于大体积混凝土工程； 2. 不宜用于受化学侵蚀、压力水（软水）作用及海水侵蚀的工程	1. 不适用于早期强度要求较高的工程； 2. 不适用于严寒地区并处在水位升降范围内的混凝土工程	1. 不适用于处在干燥环境的混凝土工程； 2. 不宜用于耐磨性要求高的工程； 3. 其他同矿渣硅酸盐水泥	1. 不适用于有抗碳化要求的工程； 2. 其他同矿渣硅酸盐水泥

（3）其他品种水泥：

1）铝酸盐水泥：铝酸盐水泥，以前称为高铝水泥，也称矾土水泥。根据《铝酸盐水泥》（GB/T 201—2015）的规定，由铝酸盐水泥熟料磨细制成的水硬性胶凝材料称为铝酸盐水泥，代号 CA。铝酸盐水泥具有快硬、早强的特点，水化热大，放热快且放热量集中，同时具有很强的抗硫酸盐腐蚀作用和较高的耐热性，但抗碱性极差。

铝酸盐水泥可用于配制不定型耐火材料；与耐火粗细集料（如铬铁矿等）可制成耐高温的耐热混凝土；用于工期紧急的工程，如国防、特殊抢修工程等；也可用于抗硫酸盐腐蚀的工程和冬季施工的工程。铝酸盐水泥不宜用于大体积混凝土工程；不能用于与碱溶液接触的工程；不得与未硬化的硅酸盐水泥混凝土接触使用，更不得与硅酸盐水泥或石灰混合使用；不能蒸汽养护，不宜在高温季节施工。

2）白色和彩色硅酸盐水泥：由氧化铁含量少的硅酸盐水泥熟料、适量石膏及标准规定的混合材料，磨细制成的水硬性胶凝材料称为白色硅酸盐水泥（简称"白水泥"），代号 P·W。它与常用水泥的主要区别在于氧化铁含量少，因而色白。白水泥与普通硅酸盐水泥的生产制造方法基本相同，关键是严格控制水泥原料的铁含量，严防在生产工艺过程中混入铁质。此外，锰、铬等养护物也会导致水泥白度的降低，必须控制其含量。

白色硅酸盐水泥熟料、石膏和耐碱性矿物颜料（氧化铁、氧化锰、氧化铬等）共同磨细，可制成彩色硅酸盐水泥，但耐碱性矿物颜料不应当对水泥起有害作用。

白色和彩色硅酸盐水泥主要用于建筑物内外的表面装饰工程，如地画、楼面、墙、柱及台阶等。可做成水泥拉毛、彩色砂浆、水磨石、水刷石、斩假石等饰面。

3）硫铝酸盐水泥：硫铝酸盐水泥是以适当成分的生料，经煅烧所得以无水硫铝酸钙和硅酸二钙为主要矿物成分的熟料，掺入不同量的石灰石、适量石膏共同磨细制成的水硬性胶凝材料，代号 P·SAC。硫铝酸盐水泥分为快硬硫铝酸盐水泥（R·SAC）、低碱度硫铝酸盐水泥（L·SAC）和自应力硫铝酸盐水泥（S·SAC）。

硫铝酸盐水泥具有快凝、早强、不收缩的特点，宜用于配制早强、抗渗和抗硫酸盐侵蚀等混凝土，适用于浆锚、喷锚支护、抢修、抗硫酸盐腐蚀、海洋建筑等工程。由于硫铝酸盐水泥水化硬化后生成的钙矾石在150℃高温下易脱水发生晶形转变，引起强度大幅下降，所以硫铝酸盐水泥不宜用于高温施工及处于高温环境的工程。

4）膨胀水泥和自应力水泥：膨胀水泥和自应力水泥在硬化过程中不但不收缩，而且有不同程度的膨胀。膨胀水泥和自应力水泥有两种配制途径：一种以硅酸盐水泥为主配制，凝结较慢，俗称硅酸盐型；另一种以高铝水泥为主配制，凝结较快，俗称铝酸盐型。

当膨胀水泥中高铝水泥膨胀组分含量较多时，其膨胀值就较大。在膨胀过程中受到如钢筋等限制时，则水泥本身就会受到压应力。该压力是依靠水泥本身的水化反应而产生的，所以称为自应力，并以自应力值表示所产生压应力的大小。自应力值大于2MPa的称为自应力水泥。

膨胀水泥适用于补偿收缩混凝土，用作防渗混凝土，填灌混凝土结构或构件的接缝及管道接头，结构的加固与修补，浇注机器底座及固结地脚螺栓等。自应力水泥适用于制作自应力钢筋混凝土压力管及配件。

（二）混凝土

混凝土是指以胶凝材料、粗细骨料、水及其他材料为原料，按适当比例配制而成的混合物再经硬化而成的复合材料。按所用胶凝材料的种类不同，混凝土可分为水泥混凝土（也称普通混凝土）、沥青混凝土、树脂混凝土、聚合物混凝土、水玻璃混凝土、石膏混凝土等，其中水泥混凝土是土木工程中最常用的混凝土。

1. 水泥混凝土

（1）水泥混凝土的组成材料：水泥混凝土（以下简称混凝土）一般是由水泥、砂、石和水所组成。为改善混凝土的某些性能，还常加入适量的外加剂和掺合料。混凝土中，各组成材料发挥不同的作用。砂、石起骨架作用，称为骨料或集料；水泥与水形成水泥浆，包裹在骨料的表面并填充其空隙。在混凝土硬化前，水泥浆、外加剂与掺合料起润滑作用，赋予拌合物一定的流动性，便于施工操作。水泥浆硬化后，则将砂、石骨料胶结成一个结实的整体。砂、石一般不参与水泥与水的化学反应，其主要作用是节约水泥、承担荷载和限制硬化水泥的收缩。外加剂、掺合料除了起改善混凝土性能的作用外，还有节约水泥的作用。

1）水泥：水泥是影响混凝土强度、耐久性及经济性的重要因素。配制混凝土时，应根据工程性质与特点、工程部位、工程所处环境以及施工条件等，根据不同品种水泥的特性进行合理的选择。水泥强度等级的选择，应与混凝土的设计强度等级相适应。对于一般强度的混凝土，水泥强度等级宜为混凝土强度等级的 1.5～2.0 倍，对于较高强度等级的混凝土，水泥强度宜为混凝土强度等级的 0.9～1.5 倍。

2）砂：砂是指在自然条件作用下形成的粒径在 4.75mm 以下的岩石粒料，主要有天然砂和人工砂两类。天然砂包括河砂、湖砂、海砂和山砂。河砂、湖砂、海砂由于受水流的冲刷作用，颗粒表面较光滑，拌制混凝土时需水量较少，但砂粒与水泥间的胶结力较弱，海砂中常含有贝壳碎片及可溶性盐类等有害杂质；山砂颗粒多具棱角、表面粗糙，需水量较大，和易性差，但砂与水泥间的胶结力强，砂中含泥量及有机质等有害杂质较多，建设工程中一般采用河砂作为细骨料。人工砂是机制砂和混合砂的统称，机制砂是经除土处理，由机械破碎、筛分制成的岩石颗粒，但不含软质岩、风化岩石的颗粒；混合砂是由机械砂和天然砂混合制成的砂。

在《建设用砂》（GB/T 14684—2011）中，将砂按技术要求分为 I 类、II 类、III 类。I 类宜用于强度等级大于 C60 的混凝土；II 类宜用于强度等级为 C30～C60 及有抗冻、抗渗或其他要求的混凝土；III 类宜用于强度等级小于 C30 的混凝土。

① 有害杂质：砂中常有黏土、淤泥、有机物、云母、硫化物及硫酸盐等杂质。黏土、淤泥黏附在砂粒表面，妨碍水泥与砂粒的黏结，降低混凝土强度、抗冻性和抗磨性，并增大混凝土的干缩。云母呈薄片状，表面光滑，与水泥黏结不牢，降低混凝土的强度。有机物、硫化物和硫酸盐等对水泥均有腐蚀作用。

② 粗细程度及颗粒级配：砂的粗细程度是指不同粒径的砂混合在一起时的平均粗细程度。在砂用量相同的情况下，若砂子过粗，则拌制的混凝土黏聚性较差，容易产生离析、泌水现象；若砂子过细，砂子的总表面积增大，虽然拌制的混凝土黏聚性较好，不易产生离析、泌水现象，但水泥用量增大。所以，用于拌制混凝土的砂，不宜过粗，也不宜过细。

砂的颗粒级配是指砂大、中、小颗粒的搭配情况。砂大、中、小颗粒含量的搭配适当，则其空隙率和总表面积均较小，即具有良好的颗粒级配。用这种级配良好的砂配制混凝土，不仅所用水泥浆量少，节约水泥，而且还可提高混凝土的和易性、密实度和强度。

③ 砂的物理性质：表观密度一般为 2.55～2.75g/cm³，干砂堆积密度一般为 1450～

1700kg/m³，随砂含水率的变化其堆积体积也发生变化。若以干砂为标准，当含水率为5％～7％时，体积增大25％～30％，这是由于砂子表面的吸附水膜造成，而继续增大水量时，水膜破裂体积反而缩小，所以在拌制混凝土时，砂子用量以质量控制较为可靠。

砂子的含水状态分全干、气干、表干和潮湿四种状态，其含水量各不相同，为了消除其对混凝土质量的影响，标准规定，骨料以干燥状态设计配合比，其他状态含水率应进行换算。

3）石子：普通石子包括碎石和卵石。碎石是由天然岩石或卵石经破碎、筛分而得到的岩石粒料；卵石是天然岩石由自然条件作用而形成的颗粒。

碎石表面粗糙，颗粒多棱角，与水泥浆黏结力强，配制的混凝土强度高，但其总表面积和空隙率较大，拌制混凝土水泥用量较多，拌合物和易性较差；卵石表面光滑，少棱角，空隙率及表面积小，拌制混凝土需用水泥浆量少，拌合物和易性好，便于施工，但所含杂质常较碎石多，与水泥浆黏结力较差，故用其配制的混凝土强度较低。

在《建设用卵石、碎石》（GB/T 14685—2011）中，将粗骨料按技术要求分为Ⅰ类、Ⅱ类、Ⅲ类。Ⅰ类宜用于强度等级大于C60的混凝土；Ⅱ类宜用于强度等级为C30～C60及有抗冻、抗渗或其他要求的混凝土；Ⅲ类宜用于强度等级小于C30的混凝土。

① 有害杂质：石子中含有黏土、淤泥、有机物、硫化物及硫酸盐和其他活性氧化硅等杂质。有的杂质影响黏结力，有的能和水泥产生化学作用而破坏混凝土结构。此外，针片状颗粒的含量也不宜过多。

② 最大粒径与颗粒级配：石子中公称粒级的上限称为该粒级的最大粒径。在石子用量一定的情况下，随着粒径的增大，总表面积随之减小。由于结构尺寸和钢筋疏密的限制，在便于施工和保护工程质量的前提下，根据《混凝土结构工程施工规范》（GB 50666—2011）的规定，粗骨料的最大粒径不得超过构件截面最小尺寸的1/4，且不应超过钢筋最小净间距的3/4。对于混凝土实心板，粗骨料最大粒径不宜超过板厚的1/3，且不得超过40mm。若采用泵送混凝土时，还根据泵管直径加以选择。

石子级配的原理与砂基本相同，但其级配分为连续级配与间断级配两种。

连续级配是指颗粒的尺寸由大到小连续分级，其中每一级石子都占适当的比例。连续级配比间断级配水泥用量稍多，但其拌制的混凝土流动性和黏聚性均较好，是现浇混凝土中最常用的一种级配形式。

间断级配是省去一级或几级中间粒级的集料级配，其大颗粒之间空隙由比它小几倍的小颗粒来填充，减少空隙率，节约水泥。但由于颗粒相差较大，混凝土拌合物易产生离析现象。因此，间断级配较适用于机械振捣流动性低的干硬性拌合物。

③ 强度与坚固性：为能保证混凝土的强度和其他性能达到规定的要求，配制混凝土的碎石或卵石必须具有足够的强度。石子的强度用岩石立方体抗压强度和压碎指标表示。在选择采石场、对粗集料强度有严格要求或对质量有争议时，宜用岩石抗压强度检验；对于经常性的生产质量控制则用压碎指标值检验较为方便。

石子抵抗自然界各种物理及化学作用的性能，称为坚固性。为保护混凝土的耐久性，混凝土用碎石或卵石除应具有足够的强度外，还必须具有足够的坚固性。

4）水：混凝土拌和用水和混凝土养护用水包括饮用水、地表水、地下水、再生水、混凝土企业设备洗刷水和海水等。《混凝土用水标准》（JGJ 63—2006）规定，对于设计使用年限为 100 年的结构混凝土，氯离子含量不得超过 500mg/L；对使用钢丝或热处理钢筋的预应力混凝土，氯离子含量不得超过 350mg/L。混凝土拌和用水不应有漂浮明显的油脂和泡沫，不应有明显的颜色和异味。混凝土企业设备洗刷水不宜用于预应力混凝土、装饰混凝土、不得用于使用碱活性或潜在碱活性骨料的混凝土。在无法获得水源的情况下，海水可用于素混凝土，但不宜用于装饰混凝土。未经处理的海水严禁用于钢筋混凝土和预应力混凝土。

5）外加剂：混凝土外加剂是指在拌制混凝土过程中掺入的用以改善新拌混凝土或硬化混凝土性能的材料。在混凝土中应用外加剂，具有投资少、见效快、技术经济效益显著的特点。混凝土外加剂的质量应符合《混凝土外加剂》（GB 8076—2008）、《混凝土外加剂应用技术规范》（GB 50119—2013）及相关的外加剂行业标准的有关规定。

① 外加剂的分类：外加剂种类繁多，功能多样，所以国内外分类方法很不一致，通常有以下三种分类方法。

混凝土外加剂按其主要功能分为四类：

a. 改善混凝土拌合物流变性能的外加剂，如减水剂、引气剂和泵送剂等。

b. 调节混凝土凝结时间和硬化性能的外加剂，如缓凝剂、早强剂和速凝剂等。

c. 改善混凝土耐久性的外加剂，如引气剂、防水剂、防冻剂和阻锈剂等。

d. 改善混凝土其他性能的外加剂，如加气剂、膨胀剂、着色剂、养护剂等。

混凝土外加剂按化学成分分为有机外加剂、无机外加剂和有机无机复合外加剂。

混凝土外加剂按使用效果分为减水剂、调凝剂（缓凝剂、早强剂、速凝剂）、引气剂、加气剂，防水剂，阻锈剂，膨胀剂，防冻剂，着色剂，泵送剂，以及复合外加剂（如早强减水剂、缓凝减水剂、缓凝高效减水剂等）。

② 减水剂：混凝土减水剂是指在保持混凝土拌合物流动性基本相同的条件下，具有减水增强作用的外加剂。混凝土掺入减水剂的技术经济效果：保持坍落度不变，掺减水剂可降低单位混凝土用水量 5%～25%，提高混凝土早期强度，同时改善混凝土的密实度，提高耐久性；保持用水量不变，掺减水剂可增大混凝土坍落度 100～200mm，能满足泵送混凝土的施工要求；保持强度不变，掺减水剂可节约水泥用量 5%～20%。

常用减水剂品种如下：

普通型减水剂木质素磺酸盐类，如木质素磺酸钙（简称木钙粉、M 型），在保持坍落度不变时，减水率为 10%～15%。在相同强度和流动性要求下，节约水泥 10% 左右。

高效减水剂，如 NNO 减水剂，掺入 NNO 的混凝土，其耐久性、抗硫酸盐、抗渗、抗钢筋锈蚀等均优于一般普通混凝土。在保持坍落度不变时，减水率为 14%～18%。一般 3d 可提高混凝土强度 60%，28d 可提高 30% 左右。在保持相同混凝土强度和流动性的要求下，可节约水泥 15% 左右。

③ 早强剂：混凝土早强剂是指能提高混凝土早期强度，并对后期强度无显著影响的外加剂。若外加剂兼有早强和减水作用则称为早强减水剂。早强剂多用于抢修工程和冬季施工的混凝土。目前常用的早强剂有氯盐、硫酸盐、三乙醇胺和以它们为基础的复合早强剂。

④ 缓凝剂：缓凝剂是指延缓混凝土凝结时间，并且不显著降低混凝土后期强度的外加剂。缓凝剂用于大体积混凝土、炎热气候条件下施工的混凝土或长距离运输的混凝土，不宜单独用于蒸养混凝土。兼有缓凝和减水作用的外加剂称为缓凝减水剂。

⑤ 引气剂：引气剂是在混凝土搅拌过程中，能引入大量均匀分布、稳定而密封的微小气泡，以减少拌合物泌水离析、改善和易性，同时显著提高硬化混凝土抗冻融耐久性的外加剂。兼有引气和减水作用的外加剂称为引气减水剂。

混凝土工程中，常用的引气剂有：松香树脂类，如松香热聚物、松脂皂等；烷基和烷基芳烃磺酸盐类，如十二烷基磺酸盐、烷基苯硫酸盐等。也可以采用脂肪醇磺酸盐类、皂甙类以及蛋白质盐等。其中，以松香树脂类的松香热聚物的效果较好，最常使用。

引气剂和引气减水剂，可用于抗冻、防渗、抗硫酸盐混凝土、泌水严重的混凝土、贫混凝土、轻骨料混凝土以及对饰面有要求的混凝土，不宜用于蒸养混凝土及预应力混凝土。

⑥ 泵送剂：泵送剂是指能改善混凝土拌合物的泵送性能，使混凝土具有能顺利通过输送管道，不阻塞，不离析，黏塑性良好的外加剂。其组分包含缓凝及减水组分、增稠组分（保水剂）、引气组分以及高比表面无机掺合料。应用泵送剂温度不宜高于 35℃，掺泵送剂过量可能造成堵泵现象。

⑦ 膨胀剂：膨胀剂能使混凝土产生一定的体积膨胀，其与水反应生成膨胀性水化物，与水泥混凝土凝结硬化过程中产生的收缩相抵消。按化学成分可分为硫铝酸盐系膨胀剂、石灰系膨胀剂、铁粉系膨胀剂、氧化镁型膨胀剂和复合型膨胀剂等。

当膨胀剂用于补偿收缩混凝土时膨胀率相当于或稍大于混凝土收缩，用于防裂、防水接缝、补强堵塞。当膨胀剂用于自应力混凝土时，膨胀率远大于混凝土收缩，可以达到预应力或化学自应力混凝土的目的，常用于自应力钢筋混凝土输水、输气、输油压力管，反应罐、水池、水塔及其他自应力钢筋混凝土构件。

掺硫铝酸钙膨胀剂的混凝土，不能用于长期处于环境温度为 80℃ 以上的工程；掺硫铝酸钙类或石灰类膨胀剂的混凝土，不宜使用氯盐类外加剂。

6）混凝土配合比：混凝土配合比是指混凝土中各组成材料之间的比例关系，混凝土配合比通常用每立方米混凝土中各种材料的质量来表示，或以各种材料用料量的比例表示。混凝土配合比的确定可根据工程特点、组成材料的质量、施工方法等因素，通过理论计算和试配来确定。

设计混凝土配合比的基本要求：满足混凝土设计的强度等级；满足施工要求的混凝土和易性；满足混凝土使用要求的耐久性；满足上述条件下做到节约水泥和降低混凝土成本。从表面上看，混凝土配合比只是计算水泥、砂子、石子、水这四种组成材料的用量。实质上是根据组成材料的情况，确定满足上述四项基本要求的三大参数：水灰比、单位用水量和砂率。

混凝土应按《普通混凝土配合比设计规程》（JGJ 55—2011）的有关规定，根据混凝土强度等级、耐久性和工作性等要求进行配合比设计。对有特殊要求的混凝土，其配合比设计尚应符合国家现行有关标准的专门规定。

（2）水泥混凝土的技术性质：

1）强度：

① 立方体抗压强度：按照标准的制作方法制成边长为 150mm 的立方体试件，在标准养护条件（温度 20℃±2℃，相对湿度 95% 以上或在氢氧化钙饱和溶液中）下养护到 28d，按照标准的测定方法测定的抗压强度值称为混凝土立方体试件抗压强度，简称立方体抗压强度。立方体抗压强度只是一组试件抗压强度的算术平均值，并未涉及数理统计和保证率的概

念。立方体抗压强度标准值是按数理统计方法确定，具有不低于 95% 保证率的立方体抗压强度。混凝土的强度等级是根据立方体抗压强度标准值来确定的。

② 抗拉强度：混凝土是脆性材料，其抗拉强度很低，抗拉强度与抗压强度之比（拉压比）仅为 1/20～1/10，且其拉压比值随混凝土强度的提高而减小，即混凝土强度越大，脆性越大。在钢筋混凝土结构设计时，通常不考虑混凝土所承受的拉力，而仅考虑钢筋承受拉力。但是混凝土的抗拉强度对提高混凝土抗裂性具有重要意义，有时也用来间接衡量混凝土与钢筋的黏结强度。

③ 影响混凝土强度的因素：混凝土的强度主要取决于水泥石强度及其与骨料表面的黏结强度，而水泥石强度及其与骨料的黏结强度又与水泥强度等级、水灰比及骨料性质有密切关系。此外混凝土的强度还受施工质量、养护条件及龄期的影响。

在配合比相同的条件下，所用的水泥强度等级越高，制成的混凝土强度也越高。当用同一品种及相同强度等级水泥时，混凝土强度等级主要取决于水灰比。因为水泥水化时所需的结合水，一般只占水泥质量的 25% 左右，为了获得必要的流动性，保证浇灌质量，常需要较多的水，也就是较大的水灰比。当水泥水化后，多余的水分就残留在混凝土中，形成水泡或蒸发后形成气孔，减少了混凝土抵抗荷载的实际有效断面，在荷载作用下，可能在孔隙周围产生应力集中。因此可以认为，在水泥强度等级相同情况下，水灰比越小，水泥石的强度越高，与骨料黏结力也越大，混凝土强度也就越高。适当控制水灰比及水泥用量，是决定混凝土密实性的主要因素。

养护环境温度高，水泥水化速度快，混凝土强度发展也快。反之，温度降低，水泥水化速度降低，混凝土强度发展将相应迟缓。周围环境的湿度对水泥的水化作用能否正常进行有显著影响，湿度适当，水泥水化便能顺利进行，使混凝土强度得到充分发展。如果湿度不够，混凝土会失水干燥而影响水泥水化作用的正常进行，甚至停止水化。水泥的水化作用不能完成，会使混凝土结构松散，渗水性增大，或形成干缩裂缝，严重降低了混凝土的强度，从而影响耐久性。因此，在夏季施工中应特别注意浇水，保持必要的湿度，在冬季特别注意保持必要的温度。

混凝土在正常养护条件下，其强度随着龄期增加而提高。最初 7～14d 内，强度增长较快，28d 以后增长缓慢。

2）和易性：

① 和易性概念：和易性是指混凝土拌合物易于施工操作（拌和、运输、浇筑和振捣），不易发生分层、离析、泌水等现象，以获得质量均匀、密实混凝土的性能。和易性不良将导致工程结构出现明显缺陷，影响工程质量。和易性是一项综合技术指标，包括流动性、黏聚性、保水性三个主要方面。

流动性指混凝土拌合物在自重或机械振捣作用下，产生流动并均匀密实地充满模板的能力；黏聚性指混凝土拌合物内部组分间具有一定的黏结力，在运输及浇筑过程中不致出现分层离析现象，而使混凝土保持整体均匀的性能；保水性指混凝土拌合物具有一定的保持内部水分的能力，在施工中不致发生严重的泌水现象的性能。

混凝土拌合物的流动性、黏聚性、保水性三者既相互联系，又相互矛盾。黏聚性好的混凝土拌合物，其保水性也好，但流动性较差；如增大流动性，则黏聚性、保水性易变差。很难用一种指标全面反映混凝土拌合物的和易性。通常以测定拌合物稠度（即流动性）为主，而黏聚性和保水性主要通过观察评定。根据拌合物的流行性不同，混凝土稠度的测定可采用坍落度与坍落扩展度法或维勃稠度法。

② 影响和易性的主要因素：

a. 水泥浆：水泥浆是普通混凝土和易性最敏感的影响因素。

b. 砂率：是指混凝土拌合物砂用量占砂石总量的百分率。在用水量及水泥用量一定的条件下，存在最佳砂率，使混凝土拌合物获得最大的流动性，且保持良好的黏聚性和保水性。

c. 骨料：采用最大粒径稍小、棱角少、片状针颗粒少、级配好的粗骨料，细度模数偏大的中粗砂、砂率稍高、水泥浆体量较多的拌合物，混凝土和易性的综合指标较好。

d. 水泥品种与外加剂：与普通硅酸盐水泥相比，采用矿渣水泥、火山灰水泥的混凝土拌合物流动性较小。在混凝土拌合物中加入适量外加剂，如减水剂、引气剂等，使混凝土在较低水灰比、较小用水量的条件下仍能获得很好的流动性。

e. 时间和温度：由于水分蒸发、骨料吸水以及水泥水化产物增多，混凝土拌合物流动性随时间延长而逐渐下降。温度越高，流动性损失越大。

3）耐久性：混凝土耐久性是指混凝土在实际使用条件下抵抗周围环境中各种因素长期作用而不破坏的能力。主要包括混凝土的抗渗、抗冻、抗侵蚀、碳化等。

抗渗性指混凝土抵抗水、油等液体渗透的能力。混凝土的抗渗性用抗渗等级来表示。根据标准试件 28d 龄期试验时所能承受的最大水压，分为 P4、P6、P8、P10、P12 五个等级，相应所能承受的水压分别为 0.4MPa、0.6MPa、0.8MPa、l.0MPa、1.2MPa。混凝土水灰比对抗渗性起决定性作用。混凝土的抗渗性对耐久性十分重要。

抗冻性指混凝土在饱和水状态下，能经受多次冻融循环而不破坏，强度未严重下降，外观能保持完整的性能。混凝土的抗冻性用抗冻等级表示，抗冻等级按照混凝土能承受的冻融循环次数分为 F10、F15、F25、F50、F100、F150、F200、F250、F300 九个等级。

抗冻性主要取决于混凝土的密实度、内部孔隙的大小与构造以及含水程度。密实或具有封闭孔隙的混凝土，具有较好的抗冻性。

侵蚀指混凝土在使用过程中会与酸、碱、盐类化学物质接触，这些化学物质会导致水泥石腐蚀，从而降低混凝土的耐久性。腐蚀的类型通常有淡水腐蚀、硫酸盐腐蚀、溶解性化学腐蚀、强碱腐蚀等。混凝土的抗侵蚀性与密实度有关，水泥品种、混凝土内部孔隙特征对抗侵蚀性也有较大影响。

混凝土碳化指环境中的二氧化碳和水与混凝土内水泥石中的氢氧化钠发生反应，生成碳酸钙和水，从而使混凝土的碱度降低。碳化对混凝土的物理力学性能有明显作用，会使混凝土出现碳化收缩，强度下降，还会使混凝土中钢筋因失去碱性保护而锈蚀。环境中二氧化碳浓度、环境湿度、混凝土密实度、水泥品种与掺合料用量是影响混凝土碳化的主要因素。

2. 预拌混凝土

预拌混凝土是指在搅拌站生产、通过运输设备送至使用地点、交货时为拌合物的混凝土。预拌混凝土作为商品出售时，也称商品混凝土。预拌混凝土作为半成品，质量稳定、技术先进、节能环保，能提高施工效率，有利于文明施工。国家提倡或强制要求采用商品混凝土施工，在采用商品混凝土时要考虑混凝土的经济运距，一般 15～20km 为宜，运输时间一般不宜超过 1h。

预拌混凝土分为常规品和特制品。常规品代号 A，特制品代号 B，包括的混凝土种类有高强混凝土、自密实混凝土、纤维混凝土、轻骨料混凝土和重混凝土。预拌混凝土供货量应以体积计，计算单位为立方米。

3. 特种混凝土

（1）高性能混凝土：高性能混凝土指采用常规材料和工艺生产，具有混凝土结构所要求的各项力学性能，具有高耐久性、高工作性和高体积稳定性的混凝土。这种混凝土特别适用于高层建筑及暴露在严酷环境中的建筑物。

高性能混凝土具有自密实性好、体积稳定性好、强度高、水化热低、收缩量小、徐变少、耐久性好等优点，但是耐高温（火）性差。高性能混凝土是能更好地满足结构功能要求和施工工艺要求的混凝土，能最大限度地延长混凝土结构的使用年限，降低工程造价。

（2）高强混凝土：高强度混凝土是用普通水泥、砂石作为原料，采用常规制作工艺，主要依靠高效减水剂，或同时外加一定数量的活性矿物掺合料，使硬化后强度等级不低于 C60 的混凝土。

1）高强混凝土的特点：高强混凝土的优点：高强混凝土可减小结构断面，降低钢筋用量，增加房屋使用面积和有效空间，减轻地基负荷。高强混凝土致密坚硬，其抗渗性、抗冻性、耐蚀性、抗冲击性等诸方面性能均优于普通混凝土。对预应力钢筋混凝土构件，高强混凝土由于刚度大、变形小，故可以施加更大的预应力和更早地施加预应力，以及减少因徐变而导致的预应力损失。

高强混凝土的不利条件：高强混凝土容易受到施工各环节中环境条件的影响，所以对其施工过程的质量管理水平要求高；高强混凝土的延性比普通混凝土差。

2）高强混凝土的物理力学性能：与中、低强度混凝土相比，高强混凝土中的孔隙较少，水泥石强度、水泥浆与骨料之间的界面强度、骨料强度这三者之间的差异也很小，所以更接近匀质材料，使得高强混凝土的抗压性能与普通混凝土相比有相当大的差别。

高强混凝土的水泥用量大，早期强度发展较快，特别是加入高效减水剂促进水化时，早期强度更高，早期强度高的后期增长较小。掺高效减水剂的，其后期强度增长幅度要低于没有掺减水剂的混凝土。

混凝土的抗拉强度虽然随着抗压强度的提高而提高，但它们之间的比值却随着强度的增加而降低。劈拉强度为立方体抗压强度的 $1/15 \sim 1/18$，抗折强度约为立方体抗压强度的 $1/8 \sim 1/12$，而轴拉强度约为立方体抗压强度的 $1/20 \sim 1/24$。在低强混凝土中，这些比值均要大得多。

高强混凝土的初期收缩大，但最终收缩量与普通混凝土大体相同，用活性矿物掺合料代替部分水泥还可进一步减小混凝土的收缩。

高强混凝土的耐久性能明显优于普通混凝土，尤其是外加矿物掺合料的高强度混凝土，其耐久性进一步提高。

（3）轻骨料混凝土：轻骨料混凝土是用轻粗骨料、轻细骨料（或普通砂）和水泥配制而成的干表观密度小于 $1950kg/m^3$ 的混凝土。工程中使用轻骨料混凝土可以大幅度降低建筑物的自重，降低地基基础工程费用和材料运输费用；可使建筑物绝热性改善，节约能源，降低建筑产品的使用费用；可减小构件或结构尺寸，节约原料，使使用面积增加等。

1）轻骨料混凝土的分类：

按干表观密度及用途分为保温轻骨料混凝土、结构保温轻骨料混凝土、结构轻骨料混凝土。

按轻骨料的来源分为工业废渣轻骨料混凝土，如粉煤灰陶粒混凝土、膨胀矿渣混凝土等，天然轻骨料混凝土，如浮石混凝土等；人造轻骨料混凝土，如膨胀珍珠岩混凝土等。

按细骨料品种分为砂轻混凝土和全轻混凝土。

2）轻骨料混凝土的性质：轻骨料本身强度较低，结构多孔，表面粗糙，具有较高的吸水率，故轻骨料混凝土的性质在很大程度上受轻骨料性能的制约。

与普通混凝土相比，采用轻骨料混凝土会导致混凝土强度降低，并且骨料用量越多，强度降低越大；在抗压强度相同的条件下，其干表观密度比普通混凝土低 25%～50%。因轻骨料混凝土中的水泥水化充分，毛细孔少，与同强度等级的普通混凝土相比，耐久性明显改善。轻骨料混凝土的弹性模量比普通混凝土低 20%～50%，保温隔热性能较好，导热系数相当于烧结普通砖的导热系数。

（4）多孔混凝土：

1）加气混凝土：加气混凝土是以硅质材料（砂、粉煤灰及含硅尾矿等）和钙质材料（石灰、水泥）为主要原料，掺加发气剂（铝粉），通过配料、搅拌、浇注、预养、切割、蒸压、养护等工艺过程制成的轻质多孔硅酸盐制品。因其经发气后含有大量均匀而细小的气孔，故名加气混凝土。

加气混凝土按用途可分为非承重砌块、承重砌块、保温块、墙板与屋面板五种。

由于加气混凝土具有轻质、保温隔声、抗震耐久，并且具有一定的强度和可加工性等优点，是我国推广应用最早、使用最广泛的轻质墙体材料之一。

2）泡沫混凝土：凡在配制好的含有胶凝物质的料浆中加人泡沫而形成多孔的坯体，并经养护形成的多孔混凝土，称为泡沫混凝土。泡沫混凝土由于强度低，所以只能作为围护材料和隔热保温材料。

3）大孔混凝土：大孔混凝土指无细骨料的混凝土，按其粗骨料的种类，可分为普通无砂大孔混凝土和轻骨料大孔混凝土两类。普通大孔混凝土是用碎石、卵石、重矿渣等配制而成。轻骨料大孔混凝土则是用陶粒、浮石、碎砖、煤渣等配制而成。有时为了提高大孔混凝土的强度，也可掺入少量细骨料，这种混凝土称为少砂混凝土。大孔混凝土的孔隙率和孔尺寸与粗集料的粒径与级配有关。级配越均匀，级配越少；孔越多，孔隙率也就越高。孔径尺寸从理论上说应接近粗集料的粒径。

大孔混凝土的表观密度取决于所选用的集料表观密度、粒径和级配。一般情况下普通大孔混凝土的表观密度在 1500～1900kg/m³ 之间，轻骨料大孔混凝土的表现密度在 500～1500kg/m³ 之间。大孔混凝土的抗压强度一般可达 3.5～5.0MPa，适当增加水泥用量，可以达到 7.5～l0MPa。大孔混凝土的导热系数小，导热系数一般在 0.2～1.0W/(m·K) 之间。大孔混凝土的收缩较小，一般为 0.2～0.3mm/m，在某些情况下仅为普通混凝土的一半，抗冻性优良。

大孔混凝土适用于制作墙体小型空心砌块、砖和各种板材，也可用于现浇墙体。

（5）防水混凝土：防水混凝土又称抗渗混凝土，其抗渗性能不得小于 P6。防水混凝土可提高混凝土结构自身的防水能力，节省外用防水材料，简化防水构造，对地下结构、高层建筑的基础等具有重要意义。

可以通过提高混凝土的密实度和改善混凝土内部孔隙结构实现混凝土自防水的技术。防水混凝土施工技术要求较高，施工中应尽量少留或不留施工缝，必须留施工缝时需设止水带，模板不得漏浆，原材料质量应严加控制，加强搅拌、振捣和养护工序等。

（三）砌筑材料

1. 砖

（1）烧结砖：常用的烧结砖有烧结普通砖、烧结多孔砖、烧结空心砖等几种。

1）烧结普通砖：根据《烧结普通砖》（GB/T 5101—2017）的规定，烧结普通砖按原材料分为黏土砖（N）、页岩砖（Y）、煤矸石砖（M）、粉煤灰砖（F）等多种。

① 形状尺寸：砖为直角六面体，其标准尺寸为 240mm×115mm×53mm。

② 外观质量：外观质量包括对两条面高度差、弯曲程度、杂质凸出高度、缺棱掉角、裂纹长度和完整面的要求。

③ 强度：烧结普通砖的强度等级分为 MU30、MU25、MU20、MU15、MU10 五级。

④ 耐久性：包括抗风化性、泛霜和石灰爆裂等指标。抗风化性通常以其抗冻性、吸水率及饱和系数等来进行判别。而石灰爆裂与泛霜均与砖中石灰夹杂有关，这些石灰夹杂可能因原料中含有石灰石，在砖的焙烧过程中相伴产生，也可能是石灰被直接带入。当砖砌筑完毕后，石灰吸水熟化，造成体积膨胀，导致砖开裂，称为石灰爆裂。同时，使砌体表面产生一层白色结晶，称为泛霜。它们将不仅影响砖砌体外在观感，而且会造成砌体表面粉刷脱落。

烧结普通砖具有较高的强度，良好的绝热性、耐久性、透气性和稳定性，且原料广泛，生产工艺简单，因而可用作墙体材料，砌筑柱、拱、沟道及基础等。

2）烧结多孔砖：烧结多孔砖是以黏土、页岩、煤矸石、粉煤灰等为主要原料烧制而成，主要用于结构承重部位的多孔砖。多孔砖大面（即受压面）有孔，孔多而小，砌筑时要求孔洞方向垂直于受压面，孔洞率不小于 28%。

根据《烧结多孔砖和多孔砌块》（GB 13544—2011）的规定，根据抗压强度分为 MU30、MU25、MU20、MU15、MU10 五个强度等级，按砖的密度等级分为 1000、1100、1200、1300 四个密度等级，按砌块的密度等级分为 900、1000、1100、1200 四个等级。烧结多孔砖主要用于六层以下建筑物的承重墙体。

3）烧结空心砖：烧结空心砖是以黏土、页岩、煤矸石、粉煤灰等为主要原料烧制而成，主要用于非承重部位的空心砖。其顶面有孔，孔大而少，孔洞为矩形条孔或其他孔形，孔洞率大于 40%。这种砖强度不高，而且自重较轻，因而多用于非承重墙。如多层建筑内隔墙或框架结构的填充墙等。

根据《烧结空心砖和空心砌块》（GB/T 13545—2014）的规定，空心砖的长度、宽度、高度尺寸应符合：

长度规格尺寸：390mm、290mm、240mm、190mm、180（175）mm、140mm。

宽度规格尺寸：190mm、180（175）mm、140mm、115mm。

高度规格尺寸：180（175）mm、140mm、115mm、90mm。

空心砖按抗压强度分为 MU10.0、MU7.5、MU5.0、MU3.5 四个等级，按体积密度分为 800、900、1000、1100 四个等级。

（2）蒸养（压）砖：蒸养（压）砖属于硅酸盐制品，是以石灰和含硅原料（砂、粉煤灰、炉渣、矿渣、煤矸石等）加水拌和，经成型、蒸养（压）而制成的。目前使用的主要有粉煤灰砖、灰砂砖和炉渣砖。

以灰砂砖为例，蒸压灰砂砖以石灰和砂为原料，经制坯成型、蒸压养护而成。这种砖与烧结普通砖尺寸规格相同。按抗压、抗折强度值可划分为 MU25、MU20、MU15、MU10四个强度等级。MU15 以上者可用于基础及其他建筑部位。MU10 砖可用于防潮层以上的建筑部位。这种砖均不得用于长期经受 200℃ 高温、急冷急热或有酸性介质侵蚀的建筑部位。根据尺寸偏差和外观分为优等品（A）、一等品（B）、合格品（C）三种质量等级。

2. 砌块

砌块是用于砌筑工程的人造石材。制作砌块能充分利用地方材料和工业废料，且制作工艺不复杂，施工方便，还能改善墙体功能，在建筑工程中应用十分广泛。

（1）蒸压加气混凝土砌块：以钙质或硅质材料，如水泥，石灰、矿渣、粉煤灰等为基本材料，以铝粉为发气剂，经蒸压养护而成，是一种多孔轻质的块状墙体材料，也可作绝热材料。

（2）普通混凝土小型空心砌块：以水泥或无熟料水泥为胶结料，配以砂、石或轻骨料（浮石、陶粒等），经搅拌、成型、养护而成，可用于多层建筑的内墙和外墙。

（3）轻集料混凝土小型空心砌块：由轻集料混凝土拌合物，经成型、养护而成，具有轻质高强、保温隔热、抗震性能好等特点，在各种建筑的墙体中得到广泛应用，特别是在保温隔热要求较高的围护结构中应用广泛。

3. 石材

（1）天然石材：天然石材资源丰富、强度高、耐久性好、色泽自然，在土木建筑工程中常用作砌体材料、装饰材料及混凝土的集料。

1）天然石材的分类：天然石材是采自地壳表层的岩石。根据其生成条件，按地质分类法可分为岩浆岩（火成岩）、沉积岩（水成岩）和变质岩三大类。每类常见石种、技术性质及用途如表 1.2.3 所示。

表 1.2.3 常用岩石的特性与应用

岩石种类	常用石种	特性			用途
		表观密度（t/m³）	抗压强度（MPa）	其他特性	
岩浆岩（火成岩）	花岗岩	2.5～2.8	120～250	孔隙率小，吸水率低，耐磨、耐酸、耐久，但不耐火，磨光性好	基础、地面、路面、室内外装饰、混凝土集料
	玄武岩	2.909～3.3	250～500	硬度大、细密、耐冻性好，抗风化性强	高强混凝土集料、道路路面
沉积岩（水成岩）	石灰岩	2.6～2.8	80～160	耐久性及耐酸性均较差，力学性能随组成成分不同变化范围很大	基础、墙体、桥墩、路面、混凝土集料
	砂岩	1.8～2.5	约200	硅质砂岩（以氧化硅胶结），坚硬、耐久、耐酸性与花岗岩相近	基础、墙体、衬面、踏步、纪念碑石

续表 1.2.3

岩石种类	常用石种	特性			用途
		表观密度（t/m³）	抗压强度（MPa）	其他特性	
变质岩	大理石	2.6～2.7	100～300	质地致密，硬度不高，易加工，磨光性好，易风化，不耐酸	室内墙面、地面。柱面、栏杆等装修
	石英石	2.65～2.75	250～400	硬度大，加工困难，耐酸、耐久性好	基础、栏杆、踏步、饰面材料、耐酸材料

2）天然石材的技术性质：

① 表观密度：石材的表观密度与矿物组成及孔隙率有关。根据表观密度（ρ_0）的大小，天然石材可分为轻质石材和重质石材。轻质石材，一般用作墙体材料。重质石材，可作为建筑物的基础、贴面、地面、房屋外墙等。

② 抗压强度：石材是非均质和各向异性的材料，而且是典型的脆性材料，其抗压强度高，抗拉强度比抗压强度低得多，约为抗压强度的 1/10～1/20。测定岩石抗压强度的试件尺寸为 50mm×50mm×50mm 的立方体，按吸水饱和状态下的抗压强度平均值，天然石材的强度等级分为 MU100、MU80、MU60、MU50、MU40、MU30、MU20、MU15、MU10 九个等级。

③ 耐水性：石材的耐水性以软化系数（K_R）来表示，根据软化系数的大小，石材的耐水性分为三等：$K_R>0.9$ 的石材为高耐水性石材；$K_R=0.70～0.90$ 的石材为中耐水性石材；$K_R=0.60～0.70$ 的石材为低耐水性石材。土木建筑工程中使用的石材，软化系数应大于 0.80。

④ 吸水性：石材的吸水性主要与其孔隙率和孔隙特征有关。孔隙特征相同的石材，孔隙率越大，吸水率也越高。石材吸水后强度降低，抗冻性变差，导热性增加，耐水性和耐久性下降。表面密度大的石材，孔隙率小，吸水率也小。

⑤ 抗冻性：抗冻性是指石材抵抗冻融破坏的能力，是衡量石材耐久性的一个重要指标。石材的抗冻性与吸水率大小有密切关系。一般吸水率大的石材，抗冻性能较差。另外，抗冻性还与石材吸水饱和程度、冻结程度和冻融次数有关。石材在水饱和状态下，经规定次数的冻融循环后，若无贯穿缝且质量损失不超过 5%，强度损失不超过 25% 时，则为抗冻性合格。

3）天然石材的选用：

① 毛石：毛石是指以开采所得、未经加工的形状不规则的石块。毛石主要用于砌筑建筑物的基础、勒角、墙身、挡土墙、堤岸及护坡，还可以用来浇筑片石混凝土。

② 料石：料石是指以人工斩凿或机械加工而成，形状比较规则的六面体块石。按表面加工平整程度分为毛料石、粗料石、半细料石和细料石四种。料石主要用于建筑物的基础、勒脚、墙体等部位，半细料石和细料石主要用作镶面材料。

③ 石板：石板是用致密的岩石凿平或锯成的一定厚度的岩石板材。石板材一般作为装饰用饰面，饰面板材要求耐磨、耐久、无裂缝或水纹，色彩丰富，外表美观。

（2）人造石材：人造石材是以大理石、花岗石为碎料，石英砂、石渣等为骨料，树脂或水泥等为胶结料，经拌和、成型、聚合或养护后，研磨抛光、切割而成。常用的人造石材有人造花岗石、大理石和水磨石三种。它们具有天然石材的花纹、质感和装饰效果，而且花色、品种、形状等多样化，并具有质量轻、强度高、耐腐蚀、耐污染、施工方便等优点。目前常用的人造石材有下述四类。

1）水泥型人造石材：例如各种水磨石制品。

2）聚酯型人造石材：国内外人造大理石、花岗石以聚酯型为多，该类产品光泽好、颜色浅，可调配成各种鲜明的花色图案。与天然大理石相比，聚酯型人造石材具有强度高、密度小、厚度薄、耐酸碱腐蚀及美观等优点，但其耐老化性能不及天然花岗石，故多用于室内装饰。

3）复合型人造石材：例如，可在廉价的水泥型板材上复合聚酯型薄层，组成复合型板材，以获得最佳的装饰效果和经济指标。也可将水泥型人造石材浸渍于具有聚合性能的有机单体中并加以聚合，以提高制品的性能和档次。

4）烧结型人造石材：如仿花岗石瓷砖、仿大理石陶瓷艺术板等。

4. 砌筑砂浆

（1）分类及应用：砌筑砂浆根据组成材料的不同，分为水泥砂浆、石灰砂浆、水泥石灰混合砂浆等。一般砌筑基础采用水泥砂浆，砌筑主体及砖柱常采用水泥石灰混合砂浆，石灰砂浆有时用于砌筑简易工程。水泥砂浆及预拌砌筑砂浆的强度等级可分为 M5、M7.5、M10、M15、M20、M25、M30。水泥混合砂浆的强度等级可分为 M5、M7.5、M10、M15。工程中根据具体强度要求选择使用。

（2）预拌砂浆：预拌砂浆是指由专业化厂家生产的，用于建设工程中的各种砂浆拌合物，按生产方式，可将预拌砂浆分为湿拌砂浆和干混砂浆两大类。

湿拌砂浆是指将水泥、细骨料、矿物掺合料、外加剂、添加剂和水，按一定比例，在搅拌站经计量、拌制后，运至使用地点，并在规定时间内使用的拌合物。湿拌砂浆按用途可分为湿拌砌筑砂浆、湿拌抹灰砂浆、湿拌地面砂浆和湿拌防水砂浆。因特种用途的砂浆黏度较大，无法采用湿拌的形式生产，因而湿拌砂浆中仅包括普通砂浆。

干混砂浆是将水泥、干燥骨料或粉料、添加剂以及根据性能确定的其他组分，按一定比例，在专业生产厂计量、混合而成的混合物，在使用地点按规定比例加水或配套组分拌和使用。按用途分为干混砌筑砂浆、干混抹灰砂浆、干混地面砂浆、干混普通防水砂浆、干混陶瓷砖黏结砂浆、干混界面砂浆、干混保温板黏结砂浆、干混保温板抹面砂浆、干混聚合物水泥防水砂浆、干混自流平砂浆、干混耐磨地坪砂浆和干混饰面砂浆。既有普通干混砂浆又有特种干混砂浆。普通干混砂浆主要用于砌筑、抹灰、地面及普通防水工程，而特种干混砂浆是指具有特种性能要求的砂浆。

（四）建筑钢材

钢材具有品质稳定、强度高、塑性和韧性好、可焊接和铆接、能承受冲击和振动荷载等优异性能，是土木工程中使用量最大的材料品种之一。常用钢材品种有普通碳素结构钢、优质碳素结构钢和低合金高强结构钢。

1. 常用建筑钢材分类及用途

建筑钢材可分为钢筋混凝土用钢、钢结构用钢和建筑装饰用钢材制品等。

（1）钢筋混凝土结构用钢：

1）热轧钢筋：钢筋混凝土用热轧钢筋，根据其表面形状分为光圆钢筋和带肋钢筋两类。

根据《钢筋混凝土用钢第 1 部分：热轧光圆钢筋》（GB/T 1499.1—2017）和《钢筋混凝土用钢第 2 部分：热轧带肋钢筋》 （GB/T 1499.2—2018）的相关规定，热轧光圆钢筋为 HPB300 一种牌号，普通热轧带肋钢筋分 HRB400、HRB400E、HRB500、HRB500E、HRB600 五种牌号，细晶粒热轧带肋钢筋分 HRBF400、HRBF400E、HRBF500、HRBF500E 四种牌号。热轧钢筋的技术要求如表 1.2.4 所示。

表 1.2.4　热轧钢筋的技术要求

表面形状	牌号	公称直径 a（mm）	屈服强度 σ_s（MPa）	抗拉强度 σ_b（MPa）	断后伸长率 δ（%）	冷弯试验（180°）弯心直径 d
热轧光圆钢筋	HPB300	6.0～22	≥300	≥420	≥25	$d=a$
热轧带肋钢筋	HRB400 HRBF400	6～25 28～40 >40～50	≥400	≥540	≥16	$d=4a$ $d=5a$
	HRB400E HRBF400E				—	$d=6a$
	HRB500 HRBF500	6～25 28～40 >40～50	≥500	≥630	≥15	$d=6a$ $d=7a$
	HRB500E HRBF500E				—	$d=8a$
	HRB600	6～25 28～40 >40～50	≥600	≥730	≥14	$d=6a$ $d=7a$ $d=8a$

由表 1.2.4 可知，随钢筋级别的提高，其屈服强度和抗拉强度逐渐增加，而其塑性则逐渐下降。

2）冷加工钢筋：冷加工钢筋是在常温下对热轧钢筋进行机械加工（冷拉、冷拔、冷轧、冷扭、冲压等）而成。常见的品种有冷拉热轧钢筋、冷轧带肋钢筋和冷拔低碳钢丝。

3）热处理钢筋：热处理钢筋是钢厂将热轧的带肋钢筋经淬火和高温回火调质处理而成的，即以热处理状态交货，成盘供应，每盘长约 200m。热处理钢筋强度高，用材省，锚固性好，预应力稳定，主要用作预应力钢筋混凝土轨枕，也可以用于预应力混凝土板、吊车梁等构件。

4）预应力混凝土用钢丝：预应力混凝土钢丝是用优质碳素结构钢经冷加工及时效处理或热处理等工艺过程制得，具有很高的强度，安全可靠，且便于施工。预应力混凝土用钢丝强度高，柔性好，适用于大跨度屋架、薄腹梁、吊车梁等大型构件的预应力结构。

5）预应力混凝土钢绞线：钢绞线是将碳素钢丝若干根，经绞捻及消除内应力的热处理后制成。预应力混凝土用钢绞线强度高、柔性好，与混凝土黏结性能好，多用于大型屋架、薄腹梁、大跨度桥梁等大负荷的预应力混凝土结构。

（2）钢结构用钢：钢结构用钢主要是热轧成型的钢板和型钢等。薄壁轻型钢结构中主要采用薄壁型钢、圆钢和小角钢。钢材所用的母材主要是普通碳素结构钢及低合金高强度结构钢。

1）热轧型钢：常用的热轧型钢有角钢、工字钢、槽钢、T形钢、H形钢等。型钢由于截面形式合理，材料在截面上分布对受力最为有利，且构件间连接方便，所以它是钢结构中采用的主要钢材。

2）冷弯型钢：冷弯型钢指用钢板或带钢在冷状态下弯曲成的各种截面形状的成品钢材。冷弯型钢是一种经济的截面轻型薄壁钢材。冷弯型钢是制作轻型钢结构的主要材料。它具有热轧所不能生产的各种特薄、形状合理而复杂的截面。

3）压型钢板：压型钢板是用薄板经冷压或冷轧成波形、双曲形、V形等形状的钢材。压型钢板有涂层、镀锌、防腐等薄板，具有单位质量轻、强度高、抗震性好、施工快、外形美观等优点，主要用于围护结构、楼板、屋面等。

（3）钢管混凝土结构用钢：钢管混凝土结构即在薄壁钢管内填充普通混凝土，将两种不同性质的材料组合而形成的复合结构。近年来，随着理论研究的深入和新施工工艺的产生，钢管混凝土结构工程应用日益广泛。钢管混凝土结构按照界面形式的不同，可分为矩形钢管混凝土结构、圆钢管混凝土结构和多边形钢管混凝土结构等，其中矩形钢管混凝土结构和圆形钢管混凝土结构应用较广。从已建成的众多建筑来看，目前钢管混凝土的使用范围还主要限于柱、桥墩、拱架等。

2. 建筑钢材的性能

钢材的性能主要包括力学性能和工艺性能。其中力学性能是钢材最重要的使用性能，包括抗拉性能、冲击性能、耐疲劳性能等。工艺性能表示钢材在各种加工过程中的行为，包括弯曲性能和焊接性能等。

（1）抗拉性能：抗拉性能是钢材的最主要性能，表征其性能的技术指标主要是屈服强度 σ_s、抗拉强度 σ_b 和伸长率。设计时一般以屈服强度作为强度取值的依据。对屈服现象不明显的钢，规定以 0.2% 残余变形时的应力作为屈服强度。设计中抗拉强度虽然不能利用，但屈强比（σ_s/σ_b）能反映钢材的利用率和结构安全可靠程度。屈强比愈小，反映钢材受力超过屈服点工作时的可靠性愈大，因而结构的安全性愈高。但屈强比太小，则反映钢材不能有效地被利用。伸长率表征了钢材的塑性变形能力。

（2）冲击性能：冲击性能指钢材抵抗冲击载荷的能力，其指标通过标准试件的弯曲冲击韧性试验确定。钢材的化学成分、组织状态、内在缺陷及环境温度等都是影响冲击韧性的重要因素。

（3）耐疲劳性：在交变荷载反复作用下，钢材往往在应力远小于抗拉强度时发生断裂，这种现象称为钢材的疲劳破坏。疲劳破坏的危险应力用疲劳极限来表示，它是指钢材在交变荷载作用下于规定的周期基数内不发生断裂所能承受的最大应力。试验表明，钢材承受的交变应力越大，则断裂时的交变循环次数越少，相反，交变应力越小，则断裂时的交变循环次数越多；当交变应力低于某一值时，交变循环次数达无限次也不会产生疲劳破坏。

（4）冷弯性能：冷弯性能是指钢材在常温下承受弯曲变形的能力，是钢材的重要工艺性能。冷弯性能指标是通过试件被弯曲的角度（90°、180°）及弯心直径 d 对试件厚度（或直径）a 的比值（d/a）区分的。试件按规定的弯曲角和弯心直径进行试验，试件弯曲处的外表面无裂断、裂缝或起层，即认为冷弯性能合格。冷弯时的弯曲角度越大，弯心直径越小，则表示其冷弯性能越好。

冷弯试验能揭示钢材是否存在内部组织不均匀、内应力、夹杂物未熔合和微裂缝等缺陷，而这些缺陷在拉力试验中常因塑性变形导致应力重分布而得不到反映，因此，冷弯试验是一种比较严格的试验，对钢材的焊接质量也是一种严格的检验，能揭示焊件在受弯表面存在的未熔合、裂纹和夹杂物等问题。

（5）焊接性能：钢材的可焊性是指焊接后在焊缝处的性质与母材性质的一致程度。影响钢材可焊性的主要因素是化学成分及含量。含碳量超过 0.3% 时，可焊性显著下降；特别是硫含量较多时，会使焊缝处产生裂纹并硬脆，严重降低焊接质量。正确地选用焊接材料和焊接工艺是提高焊接质量的主要措施。

二、建筑装饰材料

（一）饰面材料

常用的饰面材料有天然石材、人造石材、陶瓷与玻璃制品、塑料制品、石膏制品、木材以及金属材料等。

1. 饰面石材

（1）天然饰面石材：天然饰面石材一般用致密岩石凿平或锯解而成厚度不大的石板，要求饰面石板具有耐久、耐磨、色彩美观、无裂缝等性质。常用的天然饰面石板有花岗石板、大理石板等。

1）花岗石板材：花岗石板材质地坚硬密实，抗压强度高，具有优异的耐磨性及良好的化学稳定性，不易风化变质，耐久性好，但由于花岗岩石中含有石英，在高温下会发生晶型转变，产生体积膨胀，因此，花岗石耐火性差。

根据《天然花岗石建筑板材》（GB/T 18601—2009）的规定，天然花岗石板材按形状分为毛光板（MG）、普型板（PX）、圆弧板（HM）与异型板（YX）。按表面加工程度分为镜面板（JM）、细面板（YG）与粗面板（CM）三种。板材按质量分为优等品（A）、一等品（B）及合格品（C）三个等级。

花岗石板根据其用途不同，加工方法也不同。建筑上常用的剁斧板，主要用于室外地面、台阶、基座等处；机刨板材一般多用于地面、踏步、檐口、台阶等处；花岗石粗磨板则用于墙面、柱面、纪念碑等；磨光板材因其具有色彩鲜明，光泽照人的特点，主要用于室内外墙面、地面、柱面等。

2）大理石板：大理石是将大理石荒料经锯切、研磨、抛光而成的高级室内外装饰材料，其价格因花色、加工质量而异，差别极大。大理石结构致密，抗压强度高，但硬度不大，因此，大理石相对较易锯解、雕琢和磨光等加工。大理石一般含有多种矿物，故通常呈多种彩色组成的花纹，经抛光后光洁细腻，纹理自然。纯净的大理石为白色，称汉白玉，纯白和纯黑的大理石属名贵品种。大理石板材具有吸水率小、耐磨性好以及耐久等优点，但其抗风化性能较差，除个别品种（含石英为主的砂岩及石曲岩）外一般不宜用作室外装饰。

按《天然大理石建筑板材》（GB/T 19766—2016）的规定，大理石板按形状分为毛光板（MG）、普型板（PX）、圆弧板（HM）与异型板（YX）。按表面加工分为镜面板（JM）与粗面板（CM）两种。按质量分为 A、B、C 三个等级。

大理石板材用于宾馆、展览馆、影剧院、商场、图书馆、机场、车站等公共建筑工程的室内柱面、地面、窗台板、服务台、电梯间门脸的饰面等，是理想的室内高级装饰材料。此外还可制作大理石壁画、工艺品、生活用品等。

（2）人造饰面石材：

1）建筑水磨石板材：建筑水磨石板材是以水泥、石渣和砂为主要原料，经搅拌、成型、养护、研磨、抛光等工序制成的，具有强度高、坚固耐久、美观、刷洗方便、不易起尘、较好的防水与耐磨性能、施工简便等特点。特别值得注意的是，用高铝水泥作胶凝材料制成的水磨石板的光泽度高、花纹耐久，抗风化性、耐火性与防潮性等更好。

水磨石板比天然大理石有更多的选择性，物美价廉，是建筑上广泛应用的装饰材料，可制成各种形状的饰面板，用于墙面、地面、窗台、踢脚、台面、踏步、水池等。

水磨石板材按使用部位可分为墙面与柱面用水磨石（Q），地面与楼面用水磨石（D），踏脚板、立板与三角板类水磨石（T），隔断板、窗台板和台面板类水磨石（G）四类；按表面加工程度分为磨面水磨石（M）与抛光水磨石（P）两类；按外观质量、尺寸偏差及物理力学性能分为优等品（A）、一等品（B）与合格品（C）三个质量等级。

2）合成石面板：属人造石板，以不饱和聚酯树脂为胶结料，掺以各种无机物填料加反应促进剂制成，具有天然石材的花纹和质感、体积密度小、强度高、厚度薄、耐酸碱性与抗污染性好，其色彩和花纹均可根据设计意图制作，还可制成弧形、曲面等几何形状。品种有仿天然大理石板、仿天然花岗石板等，可用于室内外立面、柱面装饰，用作室内墙面与地面装饰材料，还可用作楼梯面板、窗台板等。

2. 饰面陶瓷

建筑装饰用陶瓷制品是指用于建筑室内外装饰且档次较高的烧土制品。建筑陶瓷制品内部构造致密，有一定的强度和硬度，化学稳定性好，耐久性高，制品有各种颜色、图案，但性脆，抗冲击性能差。建筑陶瓷制品按产品种类分为陶器、瓷器与炻器（半瓷）三类，每类又可分为粗、细两种。

（1）釉面砖：釉面砖又称瓷砖，釉面砖为正面挂釉，背面有凹凸纹，以便于粘贴施工。它是建筑装饰工程中最常用的、最重要的饰面材料之一，是由瓷土或优质陶土煅烧而成，属精陶制品。釉面砖按釉面颜色分为单色（含白色）、花色及图案砖三种；按形状分为正方形、长方形和异形配件砖三种；按外观质量分为优等品、一等品与合格品三个等级。

釉面砖表面平整、光滑，坚固耐用，色彩鲜艳，易于清洁，防火、防水、耐磨、耐腐蚀等。但不应用于室外，因釉面砖砖体多孔，吸收大量水分后将产生湿胀现象，而釉吸湿膨胀非常小，从而导致釉面开裂，出现剥落、掉皮现象。

（2）墙地砖：该类产品作为墙面、地面装饰都可使用，故称为墙地砖，实际上包括建筑物外墙装饰贴面用砖和室内外地面装饰铺贴用砖。墙地砖是以品质均匀、耐火度较高的黏土作为原料，经压制成型，在高温下烧制而成。具有坚固耐用，易清洗、防火、防水、耐磨、耐腐蚀等特点，可制成平面、麻面、仿花岗石面、无光釉面、有光釉面、防滑面、耐磨面等多种产品。为了与基材有良好的黏结，其背面常常具有凹凸不平的沟槽等。墙地砖品种规格繁多，尺寸各异，以满足不同的使用环境条件的需要。

（3）陶瓷锦砖：俗称马赛克，是以优质瓷土烧制成的小块瓷砖。出厂前按设计图案将其反贴在牛皮纸上，每张大小约 30cm，称作一联。表面有无釉与有釉两种；花色有单色与拼花两种；基本形状有正方形、长方形、六角形等多种。

陶瓷锦砖色泽稳定、美观、耐磨、耐污染、易清洗，抗冻性能好，坚固耐用，且造价较低，主要用于室内地面铺装。

（4）瓷质砖：瓷质砖又称同质砖、通体砖、玻化砖，是由天然石料破碎后添加化学黏合剂压合经高温烧结而成。瓷质砖的烧结温度高，瓷化程度好，吸水率小于0.5%，吸湿膨胀率极小，故该砖抗折强度高、耐磨损、耐酸碱、不变色、寿命长，在-15℃～20℃冻融循环20次无可见缺陷。

瓷质砖具有天然石材的质感，而且更具有高光度、高硬度、高耐磨、吸水率低，色差少，以及规格多样化和色彩丰富等优点。装饰在建筑物外墙壁上能起到隔声、隔热的作用，而且比大理石轻便，质地均匀致密、强度高、化学性能稳定。瓷质砖是20世纪80年代后期发展起来的建筑装饰材料，正逐渐成为天然石材装饰材料的替代产品。

3. 其他饰面材料

（1）石膏饰面材料：石膏饰面材料包括石膏花饰、装饰石膏板及嵌装式装饰石膏板等，它们均以建筑石膏为主要原料，掺入适量纤维增强材料（玻璃纤维、石棉等纤维及107胶等胶粘剂）和外加剂，与水搅拌后，经浇注成型、干燥制成。装饰石膏板按防潮性能分为普通板与防潮板两类，每类又可按平面形状分为平板、孔板与浮雕板三种。如在板材背面四边加厚，并带有嵌装企口则可制成嵌装式装饰石膏板。石膏板主要用作室内吊顶及内墙饰面。

（2）塑料饰面材料：塑料饰面材料包括各种塑料壁纸、塑料装饰板材（塑料贴面装饰、硬质PVC板、玻璃钢板、钙塑泡沫装饰吸声板等）、塑料卷材地板、块状塑料地板、化纤地毯等。

（3）木材、金属等饰面材料：此类饰面材料有薄木贴面板、胶合板、木地板、铝合金装饰板、彩色不锈钢板等。

（二）建筑玻璃

玻璃是以石英砂、纯碱、石灰石和长石等主要原料以及一些辅助材料在高温下熔融、成型、急冷而形成的一种无定形非晶态硅酸盐物质，是各向同性的脆性材料。

在土木建筑工程中，玻璃是一种重要的建筑材料，除了能采光和装饰外，还有控制光线、调节热量、节约能源、控制噪声、降低建筑物自重、改善建筑环境、提高建筑艺术水平等功能。

1. 平板玻璃

（1）分类及规格：平板玻璃按颜色属性分为无色透明平板玻璃和本体着色平板玻璃。按生产方法不同，可分为普通平板玻璃和浮法玻璃两类。根据《平板玻璃》（GB 11614—2009）的规定，平板玻璃按其公称厚度，可分为2mm、3mm、4mm、5mm、6mm、8mm、10mm、12mm、15mm、19mm、22mm和25mm，共12种规格。平板玻璃是建筑玻璃中用量最大的一种。

（2）特性：

1）良好的透视、透光性能。对太阳光中近红外热射线的透过率较高，但对可见光射至室内墙顶地面和家具、织物而反射产生的远红外长波热射线却有效阻挡，故可产生明显的"暖房效应"。无色透明平板玻璃对太阳光中紫外线的透过率较低。

2）隔声，有一定的保温性能。抗拉强度远小于抗压强度，是典型的脆性材料。

3）有较高的化学稳定性。通常情况下，对酸、碱、盐及化学试剂及气体有较强的抵抗能力，但长期遭受侵蚀性介质的作用也能导致变质和破坏，如玻璃的风化和发霉都会导致外观的破坏和透光能力的降低。

4）热稳定性较差，急冷急热时易发生炸裂。

（3）等级：按照国家标准，平板玻璃根据其外观质量分为优等品、一等品和合格品三个等级。

（4）应用：3～5mm的平板玻璃一般直接用于有框门窗的采光，8～12mm的平板玻璃可用于隔断、橱窗、无框门。平板玻璃的另外一个重要用途是作为钢化、夹层、镀膜、中空等深加工玻璃的原片。

2．装饰玻璃

（1）彩色平板玻璃：彩色平板玻璃又称有色玻璃或饰面玻璃。彩色玻璃分为透明和不透明的两种。透明的彩色玻璃是在平板玻璃中加入一定量的着色金属氧化物，按一般的平板玻璃生产工艺生产而成；不透明的彩色玻璃又称为饰面玻璃。

彩色玻璃可以拼成各种图案，并有耐腐蚀、抗冲刷、易清洗等特点，主要用于建筑物的内外墙、门窗装饰及对光线有特殊要求的部位。

（2）釉面玻璃：釉面玻璃是指在按一定尺寸切裁好的玻璃表面上涂敷一层彩色的易熔釉料，经烧、退火或钢化等处理工艺，使釉层与玻璃牢固结合，制成的具有美丽的色彩或图案的玻璃。

釉面玻璃的特点是：图案精美，不褪色、不掉色，易于清洗，可按用户的要求或艺术设计图案制作。

釉面玻璃具有良好的化学稳定性和装饰性，广泛用于室内饰面层，一般建筑物门厅和楼梯间的饰面层及建筑物外饰面层。

（3）压花玻璃：压花玻璃又称为花纹玻璃或滚花玻璃。有一般压花玻璃、真空镀膜压花玻璃和彩色膜压花玻璃几类。

（4）喷花玻璃：喷花玻璃又称为胶花玻璃，是在平板玻璃表面贴以图案，抹以保护面层，经喷砂处理形成透明与不透明相间的图案而成。喷花玻璃给人以高雅、美观的感觉，适用于室内门窗、隔断和采光。

（5）乳花玻璃：乳花玻璃是在平板玻璃的一面贴上图案，抹以保护层，经化学蚀刻而成。它的花纹柔和、清晰、美丽，富有装饰性。

（6）刻花玻璃：刻花玻璃是由平板玻璃经涂漆、雕刻、围蜡与酸蚀、研磨而成。图案的立体感非常强，似浮雕一般，美观大方。刻花玻璃主要用于高档场所的室内隔断或屏风。

（7）冰花玻璃：冰花玻璃是一种利用平板玻璃经特殊处理而形成的具有随机裂痕似自然冰花纹理的玻璃。冰花玻璃对通过的光线有漫射作用。它具有花纹自然、质感柔和、透光不透明、视感舒适的特点。

冰花玻璃装饰效果优于压花玻璃，给人以典雅清新之感，是一种新型的室内装饰玻璃。可用于宾馆、酒楼、饭店、酒吧间等场所的门窗、隔断、屏风和家庭装饰。

3．安全玻璃

（1）防火玻璃：普通玻璃因热稳定性较差，遇火易发生炸裂，故防火性能较差。防火玻璃是经特殊工艺加工和处理、在规定的耐火试验中能保持其完整性和隔热性的特种玻璃。防火玻璃原片可选用浮法平板玻璃、钢化玻璃，复合防火玻璃原片，还可选用单片防火玻璃制造。

防火玻璃按结构可分为：复合防火玻璃（以 FFB 表示）、单片防火玻璃（以 DFB 表示）。按耐火性能可分为：隔热型防火玻璃（A 类）、非隔热型防火玻璃（C 类）。按耐火极限可分为五个等级：0.50h、1.00h、1.50h、2.00h、3.00h。防火玻璃主要用于有防火隔热要求的建筑幕墙、隔断等构造和部位。

（2）钢化玻璃：钢化玻璃是用物理或化学的方法，在玻璃的表面上形成一个压应力层，而内部处于较大的拉应力状态，内外拉压应力处于平衡状态。玻璃本身具有较高的抗压强度，表面不会造成破坏的玻璃品种。当玻璃受到外力作用时，这个压应力层可将部分拉应力抵消，避免玻璃的碎裂，从而达到提高玻璃强度的目的。钢化玻璃机械强度高、弹性好、热稳定性好、碎后不易伤人，但可发生自爆。

钢化玻璃具有较好的机械性能和热稳定性，常用作建筑物的门窗、隔墙、幕墙及橱窗、家具等。但钢化玻璃使用时不能切割、磨削，边角亦不能碰击挤压，需按现成的尺寸规格选用或提出具体设计图纸进行加工定制。用于大面积玻璃幕墙的玻璃在钢化程度上要予以控制，宜选择半钢化玻璃（即没达到完全钢化，其内应力较小），以避免受风荷载引起振动而自爆。

（3）夹丝玻璃：夹丝玻璃也称防碎玻璃或钢丝玻璃。它是由压延法生产的，即在玻璃熔融状态时将经预热处理的钢丝或钢丝网压入玻璃中间，经退火、切割而成。夹丝玻璃表面可以是压花的或磨光的，颜色可以制成无色透明或彩色的。

夹丝玻璃具有安全性、防火性和防盗抢性。安全性：夹丝玻璃由于钢丝网的骨架作用，不仅提高了玻璃的强度，而且遭受到冲击或温度骤变而破坏时，碎片也不会飞散，避免了碎片对人的伤害作用。防火性：当遭遇火灾时，夹丝玻璃受热炸裂，但由于金属丝网的作用，玻璃仍能保持固定，可防止火焰蔓延。防盗抢性：当遇到盗抢等意外情况时，夹丝玻璃虽玻璃碎但金属丝仍可保持一定的阻挡性，起到防盗、防抢的安全作用。

夹丝玻璃多用于高层建筑和震荡性强的厂房。当用作防火玻璃时，要符合相应耐火极限的要求。夹丝玻璃可以切割，但断口处裸露的金属丝要作防锈处理，以防锈体体积膨胀，引起玻璃"锈裂"。

（4）夹层玻璃：夹层玻璃是将玻璃与玻璃和（或）塑料等材料用中间层分隔并通过处理使其黏结为一体的复合材料的统称。安全夹层玻璃是指在破碎时，中间层能够限制其开口尺寸并提供残余阻力以减少割伤或扎伤危险的夹层玻璃。用于生产夹层玻璃的原片可以是浮法玻璃、钢化玻璃、着色玻璃、镀膜玻璃等。夹层玻璃的层数有 2 层、3 层、5 层、7 层，最多可达 9 层。

夹层玻璃的透明度好；抗冲击性能要比一般平板玻璃高好几倍；由于黏结用中间层（PVB 胶片等材料）的黏合作用，玻璃即使破碎时，碎片也不会散落伤人；通过采用不同的原片玻璃，夹层玻璃还可具有耐久、耐热、耐湿、耐寒等性能。

夹层玻璃有着较高的安全性，一般在建筑上用于高层建筑的门窗、天窗、楼梯栏板和有抗冲击作用要求的商店、银行、橱窗、隔断及水下工程等安全性能高的场所或部位。夹层玻璃不能切割，需要选用定型产品或按尺寸定制。

4. 节能装饰型玻璃

（1）着色玻璃：着色玻璃是一种既能显著地吸收阳光中热作用较强的近红外线，而又保持良好透明度的节能装饰性玻璃。着色玻璃通常都带有一定的颜色，所以也称为着色吸热玻璃。

着色玻璃能有效吸收太阳的辐射热，产生"冷室效应"，可达到蔽热节能的效果。着色玻璃能吸收较多的可见光，使透过的阳光变得柔和，避免眩光并改善室内色泽。着色玻璃能较强地吸收太阳的紫外线，有效地防止紫外线对室内物品的褪色和变质作用。着色玻璃仍具有一定的透明度，能清晰地观察室外景物。着色玻璃色泽鲜丽，经久不变，能增加建筑物的外形美观。

着色玻璃在建筑装修工程中应用的比较广泛。凡既需采光又须隔热之处均可采用。采用不同颜色的着色玻璃能合理利用太阳光，调节室内温度，节省空调费用，而且对建筑物的外形有很好的装饰效果。一般多用作建筑物的门窗或玻璃幕墙。

（2）镀膜玻璃：镀膜玻璃分为阳光控制镀膜玻璃和低辐射镀膜玻璃，是一种既能保证可见光良好透过又可有效反射热射线的节能装饰型玻璃。镀膜玻璃是由无色透明的平板玻璃镀覆金属膜或金属氧化物而制得。根据外观质量，阳光控制镀膜玻璃和低辐射镀膜玻璃可分为优等品和合格品。

阳光控制镀膜玻璃是对太阳光具有一定控制作用的镀膜玻璃。这种玻璃具有良好的隔热性能。在保证室内采光柔和的条件下，可有效地屏蔽进入室内的太阳辐射能。可以避免暖房效应，节约室内降温空调的能源消耗。阳光控制镀膜玻璃的镀膜层具有单向透视性，故又称为单反玻璃。阳光控制镀膜玻璃可用作建筑门窗玻璃、幕墙玻璃，还可用于制作高性能中空玻璃。由于具有良好的节能和装饰效果，很多现代的高档建筑都选用镀膜玻璃做幕墙，但在使用时应注意，不恰当或使用面积过大会造成光污染，影响环境的和谐。单面镀膜玻璃在安装时，应将膜层面向室内，以提高膜层的使用寿命和取得节能的最大效果。

低辐射镀膜玻璃又称 Low-E 玻璃，是一种对远红外线有较高反射比的镀膜玻璃，低辐射镀膜玻璃对于太阳可见光和近红外光有较高的透过率，有利于自然采光，可节省照明费用。但玻璃的镀膜对阳光中的和室内物体所辐射的热射线均可有效阻挡，因而可使夏季室内凉爽而冬季则有良好的保温效果，总体节能效果明显。此外，低辐射膜玻璃还具有较强的阻止紫外线透射的功能，可以有效地防止室内陈设物品、家具等受紫外线照射产生老化、褪色等现象。低辐射膜玻璃一般不单独使用，往往与普通平板玻璃、浮法玻璃、钢化玻璃等配合，制成高性能的中空玻璃。

（3）中空玻璃：中空玻璃是由两片或多片玻璃以有效支撑均匀隔开并周边黏结密封，使玻璃层间形成带有干燥气体的空间，从而达到保温隔热效果的节能玻璃制品。中空玻璃按玻璃层数，有双层和多层之分，一般是双层结构。可采用无色透明玻璃、热反射玻璃、吸热玻璃或钢化玻璃等作为中空玻璃的基片。

中空玻璃具有光学性能良好、保温隔热、降低能耗、防结露、隔声性能好等优点。以 6mm 厚玻璃为原片，玻璃间隔（即空气层厚度）为 9mm 的普通中空玻璃，大体相当于 100mm 厚普通混凝土的保温效果。适用于寒冷地区和需要保温隔热、降低采暖能耗的建筑物。中空玻璃具有良好的隔声性能，一般可使噪声下降 30～40dB。

中空玻璃主要用于保温隔热、隔声等功能要求较高的建筑物，如宾馆、住宅、医院、商场、写字楼等，也广泛用于车船等交通工具。内置遮阳中空玻璃制品是一种新型中空玻璃制品，这种制品在中空玻璃内安装遮阳装置，可控遮阳装置的功能动作在中空玻璃外面操作，大大提高了普通中空玻璃隔热、保温、隔声等性能并增加了性能的可调控性。

（4）真空玻璃：真空玻璃将两片平板玻璃四周密闭起来，将其间隙抽成真空并密封排气孔，两片玻璃之间的间隙仅为 0.1～0.2mm，而且两片玻璃中一般至少有一片是低辐射玻璃。真空玻璃比中空玻璃有更好的隔热、隔声性能。

真空玻璃是新型、高科技含量的节能玻璃深加工产品，是我国玻璃工业中为数不多的具有自主知识产权的前沿产品，它的研发推广符合国家鼓励自主创新的政策，也符合国家大力提倡的节能政策，在绿色建筑的应用上具有良好的发展潜力和前景。

（三）建筑装饰涂料

1. 建筑装饰涂料的原料及应用

涂料最早是以天然植物油脂、天然树脂如亚麻子油、桐油、松香、生漆等为主要原料的植物油脂，以前称为油漆。目前，合成树脂在很大程度上已取代了天然树脂，正式命名为涂料，所以油漆仅是一类油性涂料。

建筑涂料主要是指用于墙面与地面装饰涂敷的材料，尽管在个别情况下可少量使用油漆涂料，但用于墙面与地面的涂覆装饰，绝大部分为建筑涂料。建筑涂料的主体是乳液涂料和溶剂型合成树脂涂料，也有以无机材料（钾水玻璃等）胶结的高分子涂料，但成本较高，尚未广泛使用。建筑材料按其使用不同而分为外墙涂料、内墙涂料及地面涂料。

2. 对外墙涂料的基本要求

外墙涂料主要起装饰和保护外墙墙面的作用，要求有良好的装饰性、耐水性、耐候性、耐污染性和施工及维修容易。

（1）装饰性良好。要求外墙涂料色彩丰富多样，保色性良好，能较长时间保持良好的装饰性能。

（2）耐水性良好。外墙面暴露在大气中，要经常受到雨水的冲刷，因而作为外墙涂层，应有很好的耐水性能。当基层墙面发生小裂缝时，涂层仍有防水的功能。

（3）耐候性良好。暴露在大气中的涂层，要经受日光、雨水、风沙、冷热变化等作用，在这类自然力的反复作用下，通常涂层会发生干裂、剥落、脱粉、变色等现象，这样涂层会失去原来的装饰与保护功能。因此作为外墙装饰的涂层，要求在规定年限内，不能发生破坏现象，即应有良好的耐候性能。

（4）耐污染性好。大气中的灰尘及其他物质污染涂层以后，涂层会失去装饰效果因而要求外墙装饰涂层不易被这些物质沾污或沾污后容易清除掉。

（5）施工及维修容易。建筑物外墙面积很大，要求外墙涂料施工操作简便。同时为了始终保持涂层良好的装饰效果，要经常进行清理，重涂等维修施工，要求重涂施工容易。

常用于外墙的涂料有苯乙烯-丙烯酸酯乳液涂料、丙烯酸酯系外墙涂料、聚氨酯系外墙涂料、合成树脂乳液砂壁状涂料等。

3. 对内墙涂料的基本要求

对于内墙饰面，多数是在近距离上看的，与人接触也很密切，对内墙涂料的基本要求有：

（1）色彩丰富、细腻、调和。内墙的装饰效果主要由质感、线条和色彩三个因素构成。采用涂料装饰时，其色彩为主要因素。内墙涂料的颜色一般应淡雅、明亮，由于居住者对颜色的喜爱不同，因此建筑内墙涂料的色彩品种要求十分丰富。

（2）耐碱性、耐水性、耐粉化性良好。由于墙面基层常带有碱性，因而涂料的耐碱性应良好；室内湿度一般比室外高，同时为清洁内墙，涂层常要与水接触，因此要求涂料具有一定的耐水性及可刷洗性；脱粉型的内墙涂料是不可取的，它会给居者带来极大的不适感。

（3）透气性良好。室内常有水汽，透气性不好的墙面材料易结露、挂水，不利于居住，因而透气性良好是内墙涂料应具备的性能。

（4）涂刷方便，重涂容易。为了保持优雅的居住环境，内墙面翻修的次数较多，因此要求内墙涂料涂刷施工方便，维修容易。

常用于内墙的涂料有聚乙烯醇水玻璃涂料（106 内墙涂料）、聚醋酸乙烯乳液涂料、醋酸乙烯-丙烯酸酯有光乳液涂料、多彩涂料等。

4. 对地面涂料的基本要求

地面涂料的主要功能是装饰与保护室内地面。为了获得良好的装饰效果和使用性能，对地面涂料的基本要求有：

（1）耐碱性良好。因为地面涂料主要涂刷在水泥砂浆基层上，而基层往往带有碱性，因而要求所用的涂料具有优良的耐碱性能。

（2）耐水性良好。为了保持地面的清洁，经常需要用水擦洗，因此要求涂层有良好的耐水洗刷性能。

（3）耐磨性良好。人们的行走，重物的拖移，使地面层经常受到摩擦，因此用作地面保护与装饰的涂料涂层应具有非常好的耐磨性能。

（4）抗冲击性良好。地面容易受到重物的撞击，要求地面涂层受到重物冲击以后不易开裂或脱落，允许有少量凹痕。

（5）与水泥砂浆有好的粘接性能。凡用作水泥地面装饰的涂料，必须具备与水泥类基层的粘接性能，要求在使用过程中不脱落，容易脱落的涂料是不宜用作地面涂料的。

（6）涂刷施工方便，重涂容易。为了保持室内地面的装饰效果，待地面涂层磨损或受机械力局部被破坏以后，需要进行重涂，因此要求地面涂料施工方法简单，易于重涂施工。

地面涂料的应用主要有两方面，一是用于木质地面的涂饰，如常用的聚氨酯漆、钙酯地板漆和酚醛树脂地板漆等；二是用于地面装饰，做成无缝涂布地面等，如常用的过氯乙烯地面涂料、聚氨酯地面涂料、环氧树脂厚质地面涂料等。

（四）建筑塑料

塑料是以合成树脂为主要成分，加入各种填充料和添加剂，在一定的温度、压力条件下塑制而成的材料。塑料具有优良的加工性、耐腐蚀性、装饰性、隔热性，且质量轻、比强度高、比较经济，但塑料的刚度小，易燃烧、变形和老化，耐热性差。一般习惯将用于建筑工程中的塑料及制品称为建筑塑料，常用作装饰材料、绝热材料、吸声材料、防水材料、管道等。

1. 塑料的基本组成

塑料的基本组成主要包括合成树脂、填料、增塑剂、着色剂、固化剂，根据塑料用途及成型加工的需要，还可加入稳定剂、润滑剂、抗静电剂、发泡剂、阻燃剂、防霉剂等添加剂。

2. 建筑塑料制品

（1）塑料门窗：由于塑料具有易加工成型和拼装的优点，因此，塑料门窗结构形式的设计有很大的灵活性。与钢木门窗及铝合金门窗相比，塑料门窗的隔热性能优异，容易加工，施工方便，同时具有良好的气密性、水密性、装饰性和隔声性能。在节约能耗、保护环境方面，塑料门窗比木、钢、铝合金门窗有明显的优越性。

目前，塑料门窗多用中空异形型材，为了提高塑料型材的刚度，减少变形，常在中空主腔中补加弯成槽形或方形的镀锌钢板，这种门窗称为塑钢门窗。

（2）塑料地板：塑料地板包括用于地面装饰的各类塑料块板和铺地卷材。塑料地板作为地面装饰材料应满足耐磨性、耐火性、装饰性好，脚感舒适的各项要求。目前常用的主要有聚氯乙烯塑料地板，其具有较好的耐燃性，且价格便宜。

（3）塑料壁纸：塑料壁纸是由基底材料（如纸、纤维织物等）涂以各种塑料，再经过印花、压花或发泡处理等多种工艺而制成的一种墙面装饰材料。塑料壁纸强度较高，耐水可洗，装饰效果好，施工方便，成本低，目前广泛用作内墙、天花板等的贴面材料。

（4）玻璃钢制品：玻璃钢是以合成树脂为基体，以玻璃纤维或其制品为增强材料，经成型、固化而成的固体材料。玻璃钢制品具有良好的透光性和装饰性，强度高，质量轻，耐湿防潮，可用于有耐湿要求的建筑物的某些部位。

（五）装饰装修用钢材

现代建筑装饰工程中，钢材制品得到广泛应用。常用的主要有不锈钢钢板和钢管、彩色不锈钢板、彩色涂层钢板和彩色涂层压型钢板，以及镀锌钢卷帘门板及轻钢龙骨等。

1. 不锈钢及其制品

不锈钢是指含铬量在 12％以上的铁基合金钢。铬的含量越高，钢的抗腐蚀性越好。建筑装饰工程中使用的是要求具有较好的耐大气和水蒸气侵蚀的普通不锈钢。用于建筑装饰的不锈钢材主要有薄板（厚度小于 2mm）和用薄板加工制成的管材、型材等。

2. 轻钢龙骨

轻钢龙骨以镀锌钢带或薄钢板为原料，由特制轧机经过多道工艺轧制而成，断面有 U 形、C 形、T 形和 L 形。主要用于装配各种类型的石膏板、钙塑板、吸声板等，用作室内隔墙和吊顶的龙骨支架。与木龙骨相比，具有强度高、防火、耐潮、便于施工安装等特点。轻钢龙骨主要分为吊顶龙骨（代号 D）和墙体龙骨（代号 Q）两大类。吊顶龙骨又分为主龙骨（承载龙骨）、次龙骨（覆面龙骨）。墙体龙骨分为竖龙骨、横龙骨和通贯龙骨等。

（六）木材

木材是人类使用最早的建筑材料之一。木材的有效综合利用，是提高木材利用率，避免浪费，物尽其用，节约木材的方向。充分利用木材的边角废料，生产各种人造板材，则是对木材进行综合利用的重要途径。人造板质量主要取决于木材质量、胶料质量和加工工艺等。

1. 木材的分类和性质

木材的树种很多，从树叶的外观形状可将木材分为针叶树木和阔叶树木两大类。

针叶树树干通直，易得大材，强度较高，体积密度小，胀缩变形小，其木质较软，易于加工，常称为软木材，包括松树、杉树和柏树等，为建筑工程中主要应用的木材品种。

阔叶树大多为落叶树，树干通直部分较短，不易得大材，其体积密度较大，胀缩变形大，易翘曲开裂，其木质较硬，加工较困难．常称为硬木材，包括榆树、桦树、水曲柳、檀树等众多树种。由于阔叶树大部分具有美丽的天然纹理，故特别适于室内装修或制造家具及胶合板、拼花地板等装饰材料。

2. 木材的含水量

木材的含水量用含水率表示，指木材所含水的质量占木材干燥质量的百分比。

木材吸水的能力很强，其含水量随所处环境的湿度变化而异，所含水分由自由水、吸附水、化合水三部分组成。

（1）含水率指标：影响木材物理力学性质和应用的最主要的含水率指标是纤维饱和点和平衡含水率。

1）纤维饱和点是木材仅细胞壁中的吸附水达饱和而细胞腔和细胞间隙中无自由水存在时的含水率。其值一般为 25%～35%，平均值为 30%。

2）平衡含水率是指木材中的水分与周围空气中的水分达到吸收与挥发动态平衡时的含水率。平衡含水率是木材和木制品使用时避免变形或开裂而应控制的含水率指标。木材的平衡含水率与周围介质的温度和相对湿度有关。我国北方地区平衡含水率约 12%，南方地区约 15%～20%。

（2）湿胀干缩（变形）：木材仅当细胞壁内吸附水的含量发生变化才会引起木材的变形，即湿胀干缩。

木材含水量大于纤维饱和点时，表示木材的含水率除吸附水达到饱和外，还有一定数量的自由水。此时，木材如受到干燥或受潮，只是自由水改变，故不会引起湿胀干缩。只有当含水率小于纤维饱和点时，表明水分都吸附在细胞壁的纤维上，它的增加或减少才能引起木材的湿胀干缩。即只有吸附水的改变才影响木材的变形，而纤维饱和点正是这一改变的转折点。

由于木材构造的不均匀性，木材的变形在各个方向上也不同：顺纹方向最小，径向较大，弦向最大。因此，湿材干燥后，其截面尺寸和形状会发生明显的变化。

湿胀干缩将影响木材的使用。干缩会使木材翘曲、开裂、接榫松动、拼缝不严。湿胀可造成表面鼓凸，所以木材在加工或使用前应预先进行干燥，使其接近于与环境湿度相适应的平衡含水率。

3. 木材的强度

木材按受力状态分为抗拉、抗压、抗弯和抗剪四种强度，而抗拉、抗压和抗剪强度又有顺纹（作用力方向与纤维方向平行）和横纹（作用力方向与纤维方向垂直）之分。木材的顺纹和横纹强度有很大差别。木材各种强度之间的比例关系如表 1.2.5 所示。

表 1.2.5　木材各种强度之间的比例关系

抗压强度		抗拉强度		抗弯强度	抗剪强度	
顺纹	横纹	顺纹	横纹		顺纹	横纹
1	1/10～1/3	2～3	1/20～1/3	3/2～2	1/7～1/3	1/2～1

注：以顺纹抗压强度为1。

木材的强度除由本身组成构造因素决定外，还与含水率、疵病（木节、斜纹、裂缝、腐朽及虫蛀等）、外力持续时间、温度等因素有关。木材构造的特点使其各种力学性能具有明显的方向性，木材在顺纹向的抗拉和抗压强度都比横纹方向高得多，其中在顺纹方向的抗拉强度是木材各种力学强度中最高的，顺纹抗压强度仅次于顺纹抗拉和抗弯强度。

4. 木材的应用

建筑工程中常用木材按其用途和加工程度有原条、原木、锯材等类别，主要用于脚手架、木结构构件和家具等。为了提高木材利用率，充分利用木材的性能，经过深加工和人工合成，可以制成各种装饰材料和人造板材。

（1）旋切微薄木：有色木、桦木或树根瘤多的木段，经水蒸软化后，旋切成 0.1mm 左右的薄片，与坚韧的纸胶合而成。由于具有天然的花纹，具有较好的装饰性，可压贴在胶合板或其他板材表面，用作墙、门和各种柜体的面板。

（2）软木壁纸：软木壁纸是由软木纸与基纸复合而成。软木纸是以软木的树皮为原料，经粉碎、筛选和风选的颗粒加胶结剂后，在一定压力和温度下胶合而成。它保持了原软木的材质，手感好、隔声、吸声、典雅舒适，特别适用于室内墙面和顶棚的装修。

（3）木质合成金属装饰材料：木质合成金属装饰材料是以木材、木纤维作芯材，再合成金属层（铜和铝），在金属层上进行着色氧化、电镀贵重金属，再涂膜养护等工序加工制成。木质芯材金属化后克服了木材易腐烂、虫蛀、易燃等缺点又保留了木材易加工、安装的优良工艺性能，主要用于装饰门框、墙面、柱面和顶棚等。

（4）木地板：木地板可分为实木地板、强化木地板、实木复合地板和软木地板。实木地板是由天然木材经锯解、干燥后直接加工而成，其断面结构为单层。强化木地板是多层结构地板，由表面耐磨层、装饰层、缓冲层、人造板基材和平衡层组成，具有很高的耐磨性，力学性能较好，安装简便，维护保养简单。实木复合地板是利用珍贵木材或木材中的优质部分以及其他装饰性强的材料作表层，材质较差或质地较差部分的竹、木材料作中层或底层，经高温高压制成的多层结构的地板。

（5）人造木材：人造木材是将木材加工过程中的大量边角、碎料、刨花、木屑等，经过再加工处理，制成各种人造板材。

1）胶合板：胶合板又称层压板，是将原木旋切成大张薄片，各片纤维方向相互垂直交错，用胶粘剂加热压制而成。胶合板一般是 3～13 层的奇数，并以层数取名。工程中常用的是三合板和五合板。

胶合板具有材质均匀，强度高，无明显纤维饱和点存在，吸湿性小，不翘曲开裂，幅面大，使用方便，装饰性好，克服木节和裂纹等缺陷影响的特点。

胶合板广泛用于建筑室内隔墙板、天花板、门面板以及各种家具和装修。

2）纤维板：纤维板是将树皮、刨花、树枝等木材废料经切片、浸泡、磨浆、施胶、成型及干燥或热压等工序制成的。为了提高纤维板的耐燃性和耐腐性，可在浆料里施加或在湿板坯表面喷涂耐火剂或防腐剂。纤维板材质均匀，弯曲强度大，不易胀缩和翘曲开裂，完全避免了木材的各种缺陷。纤维板按密度大小分为硬质、中密度和软质三种。

硬质纤维板在建筑上应用很广，可替代木板用于室内壁板、门板、地板、家具和其他装修等。中密度纤维板是家具制造和室内装修的优良材料。软质纤维板表观密度小、孔隙率大，多用于吸声或绝热材料。

3）胶板夹心板（细木工板）：胶合夹心板分为实心板和空心板两种。实心板内部将干燥的短木条用树脂胶拼成，表皮用胶合板加压加热粘接制成。空心板内部则由厚纸蜂窝结构填充，表面用胶合板加压加热粘接制成。细木工板具有吸声、绝热、易加工等特点，主要适用于家具制作、室内装修等。

4）刨花板：刨花板是利用木材或木材加工剩余物做原料，加工成刨花（或碎料），再加入一定数量的合成树脂胶粘剂，在一定温度和压力作用下压制而成的一种人造板材，简称刨花板，又称碎料板。按表面状况，刨花板可分为：加压刨花板、砂光或刨光刨花板、饰面刨花板、单板贴面刨花板等。

普通刨花板由于成本低，性能优，用作芯材比木材更受欢迎，而饰面刨花板则由于材质均匀、花纹美观，质量较小等原因，大量应用在家具制作、室内装修、车船装修等方面。

三、建筑功能材料

（一）防水材料

1. 防水卷材

（1）聚合物改性沥青防水卷材：聚合物改性沥青防水卷材是以合成高分子聚合物改性沥青为涂盖层，纤维织物或纤维毡为胎体，粉状、粒状、片状或薄膜材料为覆面材料制成的可卷曲片状防水材料。由于在沥青中加入了高聚物改性剂，它克服了传统沥青防水卷材温度稳定性差、延伸率小的不足，具有高温不流淌、低温不脆裂、拉伸强度高、延伸率较大等优异性能，且价格适中。常见的有 SBS 改性沥青防水卷材、APP 改性沥青防水卷材、PVC 改性焦油沥青防水卷材等。此类防水卷材一般单层铺设，也可复层使用，根据不同卷材可采用热熔法、冷粘法、自粘法施工。

1）SBS 改性沥青防水卷材：该类防水卷材广泛适用于各类建筑防水、防潮工程，尤其适用于寒冷地区和结构变形频繁的建筑物防水，并可采用热熔法施工。

2）APP 改性沥青防水卷材：该类防水卷材广泛适用于各类建筑防水、防潮工程，尤其适用于高温或有强烈太阳辐射地区的建筑物防水。

3）沥青复合胎柔性防水卷材：该类卷材适用于工业与民用建筑的屋面、地下室、卫生间等的防水防潮，也可用桥梁、停车场、隧道等建筑物的防水。

（2）合成高分子防水卷材：合成高分子防水卷材是以合成橡胶、合成树脂或两者的共混体为基料，加入适量的化学助剂和填充料等，经混炼、压延或挤出等工序加工而制成的可卷曲的片状防水材料，其中又可分为加筋增强型与非加筋增强型两种。合成高分子防水卷材具有拉伸强度和抗撕裂强度高、断裂伸长率大、耐热性和低温柔性好、耐腐蚀、耐老化等一系列优异的性能，是新型高档防水卷材，常用的有再生胶防水卷材、三元乙丙橡胶防水卷材、三元丁橡胶防水卷材、聚氯乙烯防水卷材、氯化聚乙烯防水卷材、氯化聚乙烯-橡胶共混防水卷材等。一般单层铺设，可采用冷粘法或自粘法施工。

1）三元乙丙（EPDM）橡胶防水卷材：该类卷材具有优良的耐候性、耐臭氧性和耐热性，并且质量轻、使用温度范围宽、抗拉强度高、延伸率大、对基层变形适应性强、耐酸碱腐蚀，广泛适用于防水要求高、耐用年限长的土木建筑工程的防水。

2）聚氯乙烯（PVC）防水卷材：该种卷材的稳定性、耐热性、耐腐蚀性、耐细菌性等均较好，适用于各类建筑的屋面防水工程和水池、堤坝等防水抗渗工程。

3）氯化聚乙烯防水卷材：该种卷材不但具有合成树脂的热塑性能，而且还具有橡胶的弹性。耐候、耐臭氧和耐油、耐化学药品以及阻燃性能良好。适用于各类工业、民用建筑的屋面防水、地下防水、防潮隔汽、室内墙地面防潮、地下室卫生间的防水，及冶金、化工、水利、环保、采矿业防水防渗工程。

4）氯化聚乙烯-橡胶共混型防水卷材：该种卷材强度高，耐臭氧、耐老化性能优异，而且具有橡胶类材料所特有的高弹性、高延伸性和良好的低温柔性。因此，该类卷材特别适用于寒冷地区或变形较大的土木建筑防水工程。

2. 防水涂料

防水涂料是一种流态或半流态物质，可用刷、喷等工艺涂布在基层表面，经溶剂或水分挥发或各组分间的化学反应，形成具有一定弹性和一定厚度的连续薄膜，使基层表面与水隔绝，起到防水、防潮作用。防水涂料广泛适用于工业与民用建筑的屋面防水工程、地下室防水工程和地面防潮、防渗等，特别适合于各种不规则部位的防水。

防水涂料按成膜物质的主要成分可分为聚合物改性沥青防水涂料和合成高分子防水涂料两类。

（1）高聚物改性沥青防水涂料：这类涂料在柔韧性、抗裂性、拉伸强度、耐高低温性能、使用寿命等方面比沥青基涂料有很大改善，品种有再生橡胶改性防水涂料、氯丁橡胶改性沥青防水涂料、SBS橡胶改性沥青防水涂料、聚氯乙烯改性沥青防水涂料等。

（2）合成高分子防水涂料：这类涂料具有高弹性、高耐久性及优良的耐高低温性能，品种有聚氨酯防水涂料、丙烯酸酯防水涂料、环氧树脂防水涂料和有机硅防水涂料等。

3. 建筑密封材料

建筑密封材料是能承受接缝位移已达到气密、水密目的而嵌入建筑接缝中的材料。建筑密封材料分为定形密封材料和非定形密封材料。不定形密封材料通常是黏稠状的材料，分为弹性密封材料和非弹性密封材料。按构成类型分为溶剂型、乳液型和反应型；按使用时的组分分为单组分密封材料和多组分密封材料；按组成材料分为改性沥青密封材料和合成高分子密封材料。定形密封材料是具有一定形状和尺寸的密封材料。

为保证防水密封的效果，建筑密封材料应具有高水密性和气密性，良好的黏结性、耐高低温性和耐老化性能，一定的弹塑性和拉伸—压缩循环性能。密封材料的选用，应首先考虑它的黏结性能和使用部位。密封材料与被粘基层的良好粘接，是保证密封的必要条件，因此，应根据被粘基层的材质、表面状态和性质来选择黏结性良好的密封材料。建筑物中不同部位的接缝，对密封材料的要求不同，如室外的接缝要求较高的耐候性，而伸缩缝则要求较好的弹塑性和拉伸—压缩循环性能。

（1）不定形密封材料：目前，常用的不定形密封材料有沥青嵌缝油膏、聚氯乙烯接缝膏、塑料油膏、丙烯酸类密封膏、聚氨酯密封膏、聚硫密封膏和硅酮密封膏等。

1）沥青嵌缝油膏：沥青嵌缝油膏主要作为屋面、墙面、沟槽的防水嵌缝材料。

2）聚氯乙烯接缝膏和塑料油膏：聚氯乙烯接缝膏和塑料油膏有良好的黏结性、防水性、弹塑性、耐热、耐寒、耐腐蚀和抗老化性能。这种密封材料适用于各种屋面嵌缝或表面涂布作为防水层，也可用于水渠、管道等接缝，用于工业厂房自防水屋面嵌缝、大型屋面板嵌缝等。

3）丙烯酸类密封膏：丙烯酸类密封膏具有良好的黏结性能、弹性和低温柔性，无溶剂污染，无毒，具有优异的耐候性和抗紫外线性能。主要用于屋面、墙板、门、窗嵌缝，但它的耐水性不是很好，所以不宜用于经常泡在水中的工程，不宜用于广场、公路、桥面等有交通来往的接缝中，也不用于水池、污水厂、灌溉系统、堤坝等水下接缝中。

4）聚氨酯密封膏：聚氨酯密封膏弹性、黏结性及耐候性特别好，与混凝土的黏结性也很好，同时不需要打底。聚氨酯密封材料可以作屋面、墙面的水平或垂直接缝，尤其适用于游泳池工程，还是公路及机场跑道的补缝、接缝的好材料，也可用于玻璃、金属材料的嵌缝。

5）硅酮密封胶：硅酮密封胶具有优异的耐热、耐寒性和良好的耐候性；与各种材料都有较好的黏结性能；耐拉伸—压缩疲劳性强，耐水性好。

根据《硅酮和改性硅酮建筑密封胶》（GB/T 14683—2017）的规定，硅酮建筑密封胶按用途分为 F 类、Gn 类和 Gw 类三种类别。其中，F 类为建筑接缝用密封胶，适用于预制混凝土墙板、水泥板、大理石板的外墙接缝，混凝土和金属框架的黏结，卫生间和公路缝的防水密封等；Gn 类为普通装饰装修镶装玻璃用密封胶，不适用于中空玻璃；Gw 类为建筑幕墙非结构性装配用密封胶，不适用于中空玻璃。

（2）定形密封材料：定形密封材料包括密封条带和止水带，如铝合金门窗橡胶密封条、丁腈胶-PVC 门窗密封条、自粘性橡胶、橡胶止水带、塑料止水带等。定形密封材料按密封机理的不同可分为遇水非膨胀型和遇水膨胀型两类。

（二）保温隔热材料

在建筑工程中，常把用于控制室内热量外流的材料称为保温材料，将防止室外热量进入室内的材料称为隔热材料，两者统称为绝热材料。绝热材料主要用于墙体及屋顶、热工设备及管道、冷藏库等工程或冬季施工的工程。

材料的导热能力用导热系数表示，导热系数是评定材料导热性能的重要物理指标。影响材料导热系数的主要因素包括材料的化学成分、微观结构、孔结构、湿度、温度和热流方向等，其中孔结构和湿度对导热系数的影响最大。

一般来讲，常温时导热系数不大于 0.175W/（m·K）的材料称为绝热材料，而把导热系数在 0.05W/（m·K）以下的材料称为高效绝热材料。绝热材料尚应满足表观密度不大于 600kg/m³，抗压强度不小于 0.3MPa，构造简单，施工容易，造价低等要求。

1. 纤维状绝热材料

（1）岩棉及矿渣棉：岩棉及矿渣棉统称为矿物棉，由熔融的岩石经喷吹制成的称为岩棉，由熔融矿渣经喷吹制成的称为矿渣棉。最高使用温度约 600℃。矿物棉具有轻质、不燃、绝热和电绝缘等性能，且原料来源丰富，成本较低，可制成矿棉板、毡、筒等制品，也可制成粒状用作填充材料，其缺点是吸水性大、弹性小。矿物棉可用作建筑物的墙体、屋顶、天花板等处的保温隔热和吸声材料，以及热力管道的保温材料。

（2）石棉：石棉是一种天然矿物纤维，具有耐火、耐热、耐酸碱、绝热、防腐、隔声及绝缘等特性，最高使用温度可达 500～600℃。松散的石棉很少单独使用，常制成石棉粉、石棉纸板、石棉毡等制品用于建筑工程。由于石棉中的粉尘对人体有害，民用建筑很少使用，目前主要用于工业建筑的隔热、保温及防火覆盖等。

（3）玻璃棉：玻璃棉是将玻璃熔化后从流口流出的同时，用压缩空气喷吹形成乱向的玻璃纤维。玻璃棉是玻璃纤维的一种，包括短棉、超细棉。最高使用温度 350～600℃。玻璃棉可制成沥青玻璃棉毡、板及酚醛玻璃棉毡、板等制品，广泛用在温度较低的热力设备和房屋建筑中的保温隔热。

2. 散粒状绝热材料

（1）膨胀蛭石：蛭石是一种复杂的镁、铁含水铝硅酸盐矿物，由云母类矿物经风化而成，具有层状结构。膨胀蛭石的堆积密度 80～200kg/m³，导热系数 0.046～0.07W/（m·K），最高使用温度 1000～1100℃。煅烧后的膨胀蛭石可以呈松散状铺设于墙壁、楼板、屋面等夹层中，作为绝热、隔声材料。蛭石吸水性大、电绝缘性不好。使用时应注意防潮，以免吸水后影响绝热效果。膨胀蛭石可松散铺设，也可与水泥、水玻璃等胶凝材料配合，浇注成板，用于墙、楼板和屋面板等构件的绝热。

（2）膨胀珍珠岩：膨胀珍珠岩是由天然珍珠岩煅烧而成，呈蜂窝泡沫状的白色或灰色颗粒，是一种高效能的绝热材料。膨胀珍珠岩的堆积密度 $40 \sim 50 kg/m^3$，导热系数 $0.047 \sim 0.07 W/(m \cdot K)$，最高使用温度为 $800℃$，最低使用温度为$-200℃$，膨胀珍珠岩具有吸湿小、无毒、不燃、抗菌、耐腐、施工方便等特点。

以膨胀珍珠岩为主，配合适量胶凝材料，经搅拌成型养护后而制成的一定形状的板、块、管壳等制品称为膨胀珍珠岩制品。

（3）玻化微珠：玻化微珠是一种酸性玻璃质溶岩矿物质（松脂岩矿砂），内部多孔、表面玻化封闭，呈球状体细径颗粒。玻化微珠吸水率低，易分散，可提高砂浆流动性，还具有防火、吸声隔热等性能，是一种具有高性能的无机轻质绝热材料，广泛应用于外墙内外保温砂浆、装饰板、保温板的轻质骨料。用玻化微珠作为轻质骨料，可提高保温砂浆的易流动性和自抗强度，减少材料收缩率，提高保温砂浆综合性能，降低综合生产成本。

其中玻化微珠保温砂浆是以玻化微珠为轻质骨料与玻化微珠保温胶粉料按照一定的比例搅拌均匀混合而成的用于外墙内外保温的一种新型无机保温砂浆材料。玻化微珠保温砂浆具有优良的保温隔热性能和防火耐老化性能，不空鼓开裂、强度高等特性。

3. 多孔状绝热材料

多孔状绝热材料是由固相和孔隙良好的分散材料组成的。主要有泡沫类和发气类产品。它们整个体积内含有大量均匀分布的气孔。

（1）轻质混凝土：包括轻骨料混凝土、泡沫混凝土、加气混凝土等。采用轻质混凝土作为建筑物墙体及屋面材料，具有良好的节能效果。

（2）微孔硅酸钙：以硅藻土或磨细石英砂为硅质材料，以石灰为钙质材料，经蒸压养护而成的绝热材料。表观密度 $200 kg/m^3$，导热系数 $0.047 W/(m \cdot K)$，最高使用温度 $650℃$。产品有平板、弧形板、管壳。

（3）泡沫玻璃：以碎玻璃、发泡剂在 $800℃$ 烧成，具有闭孔结构，气孔直径 $0.1 \sim 5mm$，表观密度 $150 \sim 600 kg/m^3$，导热系数 $0.058 \sim 0.128 W/(m \cdot K)$，抗压强度 $0.8 \sim 15MPa$，最高使用温度 $500℃$，是一种高级保温绝热材料，可用于砌筑墙体或冷库隔热。

4. 有机绝热材料

以天然植物材料或人工合成的有机材料为主要成分的绝热材料。常用品种有泡沫塑料、钙塑泡沫板、木丝板、纤维板和软木制品等。这类材料的特点是质轻、多孔、导热系数小、但吸湿性大、不耐久、不耐高温。

（1）泡沫塑料：泡沫塑料是以合成树脂为基料，加入适当发泡剂、催化剂和稳定剂等辅助材料，经加热发泡而制成的具有轻质、保温、绝热、吸声、防震性能的材料。

目前，我国生产的有聚苯乙烯泡沫塑料，表观密度约为 $20 \sim 50 kg/m^3$，导热系数 $0.038 \sim 0.047 W/(m \cdot K)$，最高使用温度约 $70℃$；聚氯乙烯泡沫塑料，表观密度约为 $12 \sim 75 kg/m^3$，导热系数 $0.01 W/(m \cdot K)$，最高使用温度约 $70℃$，遇火能自行熄灭；聚氨酯泡沫塑料，表观密度约为 $30 \sim 50 kg/m^3$，导热系数 $0.035 \sim 0.042 W/(m \cdot K)$，最高使用温度达 $120℃$，最低使用温度为 $-60℃$。

聚苯乙烯板是以聚苯乙烯树脂为原料，经特殊工艺连续挤出发泡成型的硬质泡沫保温板材。聚苯乙烯板分为模塑聚苯板（EPS）和挤塑聚苯板（XPS）两种，在同样厚度情况下，XPS板比EPS板的保温效果要好，EPS板与XPS板相比，吸水性较高、延展性要好。XPS板是目前建筑业界常用的隔热、防潮材料，已被广泛应用于墙体保温，平面混凝土屋顶及钢结构屋顶的保温等方面。

（2）植物纤维类绝热板：该类绝热材料可用稻草、麦秸、甘蔗渣等为原料加工而成，其表观密度为 $200 \sim 1200 kg/m^3$，导热系数为 $0.058 \sim 0.307 W/(m \cdot K)$。可用作墙体、地板、顶棚等，也可用于冷藏库，包装箱等。

（三）吸声隔声材料

1. 吸声材料

在规定频率下平均吸声系数大于0.2的材料称为吸声材料。吸声材料是一种能在较大程度上吸收由空气传递的声波能量的工程材料，通常使用的吸声材料为多孔材料。材料的表观密度、厚度、孔隙特征等是影响多孔性材料吸声性能的主要因素。

（1）薄板振动吸声结构：薄板振动吸声结构具有低频吸声特性，同时还有助于声波的扩散。建筑中常用胶合板、薄木板、硬质纤维板、石膏板、石棉水泥板或金属板等，将其固定在墙或顶棚的龙骨上，并在背后留有空气层，即成薄板振动吸声结构。

（2）柔性吸声结构：具有密闭气孔和一定弹性的材料，如聚氯乙烯泡沫塑料，表面为多孔材料，但因其有密闭气孔，声波引起的空气振动不是直接传递到材料内部，只能相应地产生振动，在振动过程中由于克服材料内部的摩擦而消耗声能，引起声波衰减。这种材料的吸声特性是在一定的频率范围内出现一个或多个吸收频率。

（3）悬挂空间吸声结构：悬挂于空间的吸声体，由于声波与吸声材料的两个或两个以上的表面接触，增加了有效的吸声面积，产生边缘效应，加上声波的衍射作用，大大提高吸声效果。空间吸声体有平板形、球形、椭圆形和棱锥形等。

（4）帘幕吸声结构：帘幕吸声结构是具有通气性能的纺织品，安装在离开墙面或窗洞一段距离处，背后设置空气层。这种吸声体对中、高频都有一定的吸声效果。帘幕吸声体安装拆卸方便，兼具装饰作用。

2. 隔声材料

隔声材料是能减弱或隔断声波传递的材料。隔声材料必须选用密实、质量大的材料，如黏土砖、钢板、混凝土和钢筋混凝土等。对固体声最有效的隔绝措施是隔断其声波的连续传递即采用不连续的结构处理，如在墙壁和梁之间、房屋的框架和隔墙及楼板之间加弹性垫，如毛毡、软木、橡胶等材料。

（四）防火材料

1. 防火涂料

防火涂料是指涂覆于物体表面，能降低物体表面的可燃性，阻隔热量向物体的传播，从而防止物体快速升温，阻滞火势的蔓延，提高物体耐火极限的物质。

防火涂料主要由基料和防火助剂两部分组成。除了应具有普通涂料的装饰作用和对基材提供的物理保护作用外，还需要具有隔热、阻燃和耐火的功能，要求它们在一定的温度和一定时间内形成防火隔热层。因此，防火涂料是一种集装饰和防火为一体的特种涂料。

按防火涂料的使用目标来分，可分为饰面性防火涂料、钢结构防火涂料、电缆防火涂料、预应力混凝土楼板防火涂料等多种类型。其中，钢结构防火涂料根据其使用场合可分为室内用和室外用两类，根据其涂层厚度和耐火极限又可分为厚质型、薄型和超薄型类。

厚质型（H）防火涂料一般为非膨胀型的，厚度大于 7mm 且小于或等于 45mm，耐火极限根据涂层厚度有较大差别；薄型（B）和超薄（CB）型防火涂料通常为膨胀型的，前者的厚度大于 3mm 且小于或等于 7mm，后者的厚度为小于或等于 3mm。薄型和超薄型防火涂料的耐火极限一般与涂层厚度无关，而与膨胀后的发泡层厚度有关。

2. 水性防火阻燃液

水性防火阻燃液又称水性防火剂、水性阻燃剂，《水基型阻燃处理剂》（GA 159—2011）中则将其正式命名为水基型阻燃处理剂。根据该标准的定义，水性防火阻燃液（水基型阻燃处理剂）是指以水为分散介质，采用喷涂或浸渍等方法使木材、织物获得一定燃烧性能的阻燃处理剂。

经水性防火阻燃液处理后的材料一般具有难燃、离火自熄的特点。此外用防火阻燃液处理材料后，不影响原有材料的外貌、色泽和手感，对木材、织物还兼具有防蛀、防腐的作用。

3. 防火堵料

防火堵料是专门用于封堵建筑物中的各种贯穿物，如电缆、风管、油管、气管等穿过墙壁、楼板形成的各种开孔以及电缆桥架等，具有防火隔热功能且便于更换的材料。

根据防火封堵材料的组成、形状与性能特点可分为三类：以有机高分子材料为胶粘剂的有机防火堵料，以快干水泥为胶凝材料的无机防火堵料，将阻燃材料用织物包裹形成的防火包。这三类防火堵料各有特点，在建筑物的防火封堵中均有应用。

有机防火堵料又称可塑性防火堵料，它是以合成树脂为胶粘剂，并配以防火助剂、填料制成的。此类堵料在使用过程中长期不硬化，可塑性好，容易封堵各种不规则形状的孔洞，能够重复使用。遇火时发泡膨胀，因此具有优异的防火、水密、气密性能。施工操作和更换较为方便，因此尤其适合需经常更换或增减电缆、管道的场合。

无机防火堵料又称速固型防火堵料，是以快干水泥为基料，添加防火剂、耐火材料等经研磨、混合而成的防火堵料，使用时加水拌和即可。无机防火堵料具有无毒无味、固化快速、耐火极限与力学强度较高，能承受一定质量，又有一定可拆性的特点。有较好的防火和水密、气密性能。主要用于封堵后基本不变的场合。

防火包又称耐火包或阻火包，是采用特选的纤维织物做包袋，装填膨胀性的防火隔热材料制成的枕状物体，因此又称防火枕。使用时通过垒砌、填塞等方法封堵孔洞，适合于较大孔洞的防火封堵或电缆桥架防火分隔，施工操作和更换较为方便，因此，尤其适合需经常更换或增减电缆、管道的场合。

第三节　土建工程主要施工工艺与方法

一、土石方工程施工

组织土石方工程施工时，场地要满足水、电、路通畅，场地平整。同时，在条件允许的情况下应尽可能采用机械化施工；要合理安排施工计划，尽量避开冬、雨期施工；为了降低土石方工程施工费用，减少运输量和占用农田，要对土方进行合理调配、统筹安排。在施工前要做好调查研究，拟定合理的施工方案和技术措施，以保证工程质量和安全，加快施工进度。

土石方工程是建设工程施工的主要工程内容之一。它包括土石方的开挖、运输、填筑、平整与压实等主要施工过程，以及场地清理、测量放线、排水、降水、土壁支护等准备工作和辅助工作。

（一）土石方工程分类

（1）场地平整：场地平整是将天然地面改造成所要求的设计平面时所进行的土石方施工全过程。场地平整前必须确定场地设计标高（一般在设计文件中规定），计算挖方和填方的工程量，确定挖方、填方的平衡调配方案，选择土方施工机械，拟定施工方案。

（2）基坑（槽）开挖：一般开挖深度在5m及其以内的称为浅基坑（槽），超过5m的称为深基坑（槽）。应根据建筑物、构筑物的基础形式，坑（槽）底标高及边坡坡度要求开挖基坑（槽）。

（3）基坑（槽）回填：为了确保填方的强度和稳定性，必须正确选择填方土料与填筑方法。填方应分层进行，并尽量采用同类土填筑。填土必须具有一定的密实度，以避免建筑物产生不均匀沉陷。实践证明，当每层填土厚30cm，压实至20cm时，可达95％的密实度。

（4）地下工程大型土石方开挖：对人防工程、大型建筑物的地下室、深基础施工等进行的地下大型土石方开挖涉及降水、排水、边坡稳定与支护地面沉降与位移等问题。

（5）路基修筑：建设工程所在地的场内外道路，以及公路、铁路专用线，均需修筑路基，路基挖方称为路堑，填方称为路堤。路基施工涉及面广，影响因素多，是施工中的重点与难点。

（二）土石方工程施工特点

土方工程施工的特点是面广量大、劳动繁重、施工条件复杂、机械化程度高，同时施工多为露天环境，容易受施工所在区域的气候影响。

（1）工程量大、劳动繁重。在场地平整和大型基坑开挖中，土石方工程量往往可达几十万乃至几百万立方米。

（2）施工条件复杂。土石方工程施工多为露天作业，土、石又是一种天然物质，种类繁多，成分较为复杂，施工中直接受到地区、气候、水文和地质等条件的影响，在地面建筑物稠密的城市中进行土石方工程施工，还会受到施工所在地区环境保护要求的影响。

（三）土石方的填筑与压实

1. 填筑压实的施工要求

（1）填方的边坡坡度，应根据填方高度、土的类别、使用期限及其重要性确定。

（2）填方宜采用同类土填筑，如采用不同透水性的土分层填筑时，下层宜填筑透水性较大、上层宜填筑透水性较小的填料，或将透水性较小的土层表面做成适当坡度，以免形成水囊。

（3）基坑（槽）回填前，应清除沟槽内积水和有机物等杂物，待基础的结构混凝土达到一定的强度后方可回填。

（4）填方应按设计要求预留沉降量，如无设计要求时，可根据工程性质、填方高度、填料类别、压实机械及压实方法等，同有关部门共同确定。

（5）填方压实工程应由下至上分层铺填，分层压（夯）实，分层厚度及压（夯）实遍数，根据压（夯）实机械、密实度要求、填料种类及含水量确定。

2. 土料选择与填筑方法

为了保证填土工程的质量，必须正确选择土料和填筑方法。碎石类土、砂土、爆破石渣及含水量符合压实要求的黏性土可作为填方土料。淤泥、冻土、膨胀性土及有机物含量大于8％的土，以及硫酸盐含量大于5％的土均不能做填土。填方土料为黏性土时，填土前应检验其含水量是否在控制范围以内。

填方施工应分层填土、分层压实，每层的厚度根据土的种类及选用的压实机械而定。应分层检查填土压实质量，符合设计要求后，才能填筑上层。当填方位于倾斜的地面时，应先将斜坡挖成阶梯状，然后分层填筑，以防填土横向移动。

3. 填土压实方法

填土压实方法有：碾压法、夯实法及振动压实法。平整场地等大面积填土多采用碾压法，小面积的填土工程多用夯实法，而振动压实法主要用于非黏性土。

（1）碾压法：碾压法是利用机械滚轮的压力压实土壤，使之达到所需的密实度。碾压适用于大面积填土工程。碾压机械有平碾（压路机）、羊足碾和气胎碾。羊足碾虽与土接触面积小，但单位面积的压力比较大，土壤压实的效果好。羊足碾一般用于碾压黏性土，不适于砂性土，因在砂土中碾压时，土的颗粒受到羊足碾较大的单位压力后会向四面移动而使土的结构破坏。此外，松土不宜用重型碾压机械直接滚压，否则土层有强烈起伏现象，效率不高。如果先用轻碾压实，再用重碾压实就会取得较好效果。

（2）夯实法：夯实法是利用夯锤自由下落的冲击力来夯实土壤。夯实主要用于小面积填土，可以夯实黏性土或非黏性土。夯实法分人工夯实和机械夯实两种。人工夯实所用的工具有木夯、石夯等；常用的夯实机械有夯锤、内燃夯土机和蛙式打夯机等。

（3）振动压实法：振动压实法是将振动压实机放在土层表面，借助振动机构使压实机振动，土颗粒发生相对位移而达到紧密状态。振动碾是一种振动和碾压同时作用的高效能压实机械，比一般平碾提高功效 1～2 倍，可节省动力 30％。这种方法用于振实填料为爆破石渣、碎石类土、杂填土和粉土等非黏性土效果较好。

（四）土石方工程的准备与辅助工作

土石方工程施工前应做好下述准备工作：①场地清理。②排除地面水。③修筑好临时道路及供水、供电等临时设施。④做好材料、机具及土方机械的进场工作。⑤做好土方工程测量、放线工作。⑥根据土方施工设计做好土方工程的辅助工作，如边坡稳定、基坑（槽）支护、降低地下水等。

1. 土方边坡及其稳定

土方边坡坡度以其高度（H）与底宽（B）之比表示。边坡可做成直线形、折线形或踏步形。边坡坡度应根据土质、开挖深度、开挖方法、施工工期、地下水位、坡顶荷载及气候条件等因素确定。

当地下水水位低于基底，在湿度正常的土层中开挖基坑或管沟，如敞露时间不长，在一定限度内可挖成直壁不加支撑。

施工中除应正确确定边坡，还要进行护坡，以防边坡发生滑动。在土方施工中，要预估各种可能出现的情况，采取必要的措施护坡防坍，特别要注意及时排除雨水、地面水，防止坡顶集中堆载及振动。必要时可采用钢丝网细石混凝土（或砂浆）护坡面层加固。如是永久性土方边坡，则应做好永久性加固措施。

2. 基坑（基槽）支护

开挖基坑（槽）时，如地质条件及周围环境许可，采用放坡开挖是较经济的。但在建筑稠密地区施工，或有地下水渗入基坑（槽）时，往往不可能按要求的坡度放坡开挖，这时就需要进行基坑（槽）支护，以保证施工的顺利和安全，并减少对相邻建筑、管线等的不利影响。

基坑（槽）支护结构的主要作用是支撑土壁，此外，钢板桩、混凝土板桩及水泥土搅拌桩等围护结构还兼有不同程度的隔水作用。基坑（槽）支护结构的形式有多种，根据受力状态可分为横撑式支撑、重力式支护结构、板桩式支护结构等，其中，板桩式支护结构又分为悬臂式和支撑式。

3. 降水与排水

在开挖基坑或沟槽时，土壤的含水层常被切断，地下水将会不断地渗入坑内。雨季施工时，地面水也会流入坑内。为了保证施工的正常进行，防止边坡塌方和地基承载能力的下降，必须做好基坑降水工作。降水方法可分为重力降水（如集水井、明渠等）和强制降水（如轻型井点、深井泵、电渗井点等）。土石方工程中采用较多的是集水井降水和轻型井点降水。

排除地面水一般采取在基坑周围设置排水沟、截水沟或筑土堤等办法，并尽量利用原有的排水系统，使临时排水系统与永久排水设施相结合。

（1）明排水法施工：明排水法是在基坑开挖过程中，在坑底设置集水井，并沿坑底周围或中央开挖排水沟，使水流入集水井，然后用水泵抽走。抽出的水应予引开，以防倒流。明排水法由于设备简单、排水方便，因而被普遍采用。宜用于粗粒土层，也用于渗水量小的黏土层。但当土为细砂和粉砂时，地下水渗出会带走细粒，发生流砂现象，导致边坡坍塌。

排水沟和集水井应设置在基础范围以外，地下水走向的上游。根据地下水量大小、基坑平面形状及水泵能力，集水井每隔 20~40m 设置一个。

（2）井点降水施工：井点降水法是在基坑开挖之前，预先在基坑四周埋设一定数量的滤水管（井），利用抽水设备抽水，使地下水位降落到坑底以下，并在基坑开挖过程中仍不断抽水。这样，可使所挖的土始终保持干燥状态，也可防止流砂发生。

井点降水有轻型井点、电渗井点、喷射井点、管井井点及深井井点等，井点降水的方法根据土的渗透系数、降低水位的深度、工程特点及设备条件等进行选择。

1）轻型井点：

① 轻型井点构造：轻型井点是沿基坑四周以一定间距埋入直径较细的井点管至地下蓄水层内，井点管的上端通过弯联管与总管相连接，利用抽水设备将地下水从井点管内不断抽出，使原有地下水位降至坑底以下。在施工过程中要不断地抽水，直至基础施工完毕并回填土为止。

② 轻型井点布置：根据基坑平面的大小与深度、土质、地下水位高低与流向、降水深度要求，轻型井点可采用单排布置、双排布置以及环形布置；当土方施工机械需进出基坑

时，也可采用 U 形布置。

单排布置适用于基坑、槽宽度小于 6m，且降水深度不超过 5m 的情况。井点管应布置在地下水的上游一侧，两端延伸长度不宜小于坑、槽的宽度。双排布置适用于基坑宽度大于 6m 或土质不良的情况。环形布置适用于大面积基坑。如采用 U 形布置，则井点管不封闭的一段应设在地下水的下游方向。

③ 轻型井点施工：轻型井点系统的施工，主要包括施工准备、井点系统安装与使用。

井点施工前，应认真检查井点设备、施工用具、砂滤料规格和数量，水源、电源等设备工作情况。挖好排水沟，以便泥浆水的排放。同时还要选择有代表性的地点设置水位观测孔。

井点系统的安装顺序是：挖井点沟槽、铺设集水总管；冲井孔，下沉井点管，灌填砂滤料；弯联管将井点管与集水总管连接；安装抽水设备；试抽。

井孔冲成后，应立即拔出冲管，插入井点管，紧接着就灌填砂滤料，防止坍孔。砂滤料的灌填质量是保证井点管施工质量的一项关键性工作。井点要位于冲孔中央，使砂滤层厚度均匀一致，砂滤层厚度达到 100mm 左右；要用干净粗砂灌填，并填至滤管顶以上 1.0～1.5m，以保证水流畅通。

2）喷射井点：当基坑较深而地下水位又较高时，采用轻型井点要用多级井点。这样，会增加基坑的挖土量，延长工期并增加设备数量，是不经济的，因此，当降水深度超过 8m 时，宜采用喷射井点，降水深度可达 8～20m。

喷射井点的平面布置：当基坑宽度小于等于 10m 时，井点可作单排布置；当大于 10m 时，可作双排布置；当基坑面积较大时，宜采用环形布置。井点间距一般为 2～3m，每套喷射井点宜控制在 20～30 根井管。

3）管井井点：管井井点就是沿基坑每隔一定距离设置一个管井，每个管井单独用一台水泵不断抽水来降低地下水位。在土的渗透系数大、地下水量大的土层中，宜采用管井井点。

管井直径为 150～250mm。管井的间距，一般为 20～50m。管井的深度为 8～15m，井内水位降低可达 6～10m，两井中间水位降低则为 3～5m。

4）深井井点：当降水深度超过 15m 时，在管井井点内采用一般的潜水泵和离心泵满足不了降水要求时，可加大管井深度，改用深井泵即深井井点来解决。深井井点一般可降低水位 30～40m，有的甚至可达百米以上。常用的深井泵有两种类型：电动机在地面上的深井泵及深井潜水泵（沉没式深井泵）。

二、地基与基础工程施工

（一）桩基础施工

桩基础是由若干根桩和桩顶的承台组成的一种深基础。它具有承载能力大、抗震性能好、沉降量小等特点。采用桩基施工可省去大量土方、排水、支撑、降水设施，而且施工简便，可以节约劳动力和压缩工期。

根据桩在土中受力情况不同，可分为端承桩和摩擦桩。端承桩是穿过软弱土层而达到硬土层或岩层的一种桩，上部结构荷载主要依靠桩端反力支承；摩擦桩是完全设置在软弱土层一定深度的一种桩，上部结构荷载主要由桩侧的摩阻力承担，而桩端反力承担的荷载只占很小的部分。

按施工方法的不同，桩身可分为预制桩和灌注桩两大类。预制桩是在工厂或施工现场制成各种材料和形式的桩（如钢筋混凝土桩、钢桩、木桩等），然后用沉桩设备将桩打入、压入、振入（有时还兼用高压水冲）或旋入土中。灌注桩是在施工现场的桩位上先成孔，然后在孔内灌注混凝土，也可加入钢筋后灌注混凝土。根据成孔方法的不同可分为钻孔、挖孔、冲孔灌注桩，沉管灌注桩和爆扩桩等。

1. 钢筋混凝土预制桩施工

常用的钢筋混凝土预制桩断面有实心方桩与预应力混凝土空心管桩两种。方形桩边长通常为 200～550mm，桩内设纵向钢筋或预应力钢筋和横向钢箍，在尖端设置桩靴。预应力混凝土管桩直径为 400～600mm，在工厂内用离心法制成。

混凝土预制桩的沉桩方法有锤击法、静力压桩法、振动法和水冲法等。

（1）桩的制作、运输和堆放：

1）桩的制作：长度在 10m 以下的短桩，一般多在工厂预制，较长的桩，因不便于运输，通常就在打桩现场附近露天预制。

实心桩宜采用工具式木模或钢模板支在坚实平整的场地上，用间隔重叠的方法顶制。桩与桩间以皂脚、黏土石灰膏或纸隔开。上层桩的浇灌，需待下层桩的混凝土达到设计强度的 30％以后进行，重叠层数不超过 4 层。完成后，应洒水养护不少于 7d。

2）运输、堆放：钢筋混凝土预制桩应在混凝土达到设计强度的 70％方可起吊；达到设计强度的 100％才能运输和打桩。如提前吊运，应采取措施并经验算合格后方可进行。桩在起吊和搬运时，吊点应符合设计规定。

桩的堆放场地应平整、坚实，不得产生不均匀沉陷。桩堆放时应设垫木，垫木的位置与吊点位置相同，各层垫木应上下对齐，堆放层数不宜超过四层。

（2）打桩：打桩就是利用桩锤的冲击克服土对桩的阻力，使桩沉到预定深度或达到持力层。这是最常用的一种沉桩方法。

1）打桩机具选择：打桩机具主要包括桩锤、桩架和动力装置三部分。

桩锤是对桩施加冲击力，将桩打入土中的主要机具，施工中常用的桩锤有落锤、单动汽锤、双动汽锤、柴油桩锤和振动桩锤；桩架是将桩吊到打桩位置，并在打桩过程中引导桩的方向，保证桩锤能沿要求方向冲击的打桩设备；动力装置包括驱动桩锤及卷扬机用的动力设备。在选择打桩机具时，应根据地基土壤的性质、工程的大小、桩的种类、施工期限、动力供应条件和现场情况确定。

2）打桩前的准备工作：打桩前，应认真处理地上、地下（地下管线、旧有基础、树木等）障碍物，打桩机进场及移动范围内的场地应平整压实，以使地面有一定的承载力，并保证桩机的垂直度。在打桩前应根据设计图纸确定桩基轴线，并将桩的准确位置测设到地面。

3）确定打桩顺序：打桩顺序是否合理，直接影响打桩进度和施工质量。确定打桩顺序时要综合考虑到桩的密集程度、基础的设计标高、现场地形条件、土质情况等。

一般当基坑不大时，打桩应从中间开始分头向两边或四周进行；当基坑较大时，应将基坑分为数段，而后在各段范围内分别进行。打桩应避免自外向内，或从周边向中间进行。

当桩基的设计标高不同时，打桩顺序宜先深后浅；当桩的规格不同时，打桩顺序宜先大后小，先长后短。

4）打桩施工：打桩机就位后，将桩锤和桩帽吊起来，然后吊桩并送至导杆内，垂直对准桩位缓缓送下插入土中，垂直度偏差不得超过 0.5%，然后固定桩帽和桩锤，使桩帽、桩锤在同一铅垂线上，确保桩能垂直下沉。在桩锤和桩帽之间应加弹性衬垫，桩帽和桩顶周围应有 5～10mm 的间隙，以防损伤桩顶。

打桩开始时，锤的落距应较小，待桩入土至一定深度且稳定后，再按要求的落距锤击。在打桩过程中，遇有贯入度剧变，桩身突然发生倾斜、移位或严重回弹，桩顶或桩身出现严重裂缝或破碎等异常情况时，应暂停打桩，及时研究处理。打桩工程是一项隐蔽工程，为了确保工程质量，必须在打桩过程中做好记录。

5）接桩方法：常用的接桩方法有焊接、法兰或硫黄胶泥锚接。前两种接桩方法适用于各类上层；后者只适用于软弱土层。焊接接桩应用最多。

6）桩头处理：空心管桩，在打完桩后，桩尖以上 1～1.5m 范围内的空心部分应立即用细石混凝土填实，其余部分可用细砂填。各种预制桩，打桩完毕后，为使桩顶符合设计高程，应将无法打入的桩身截去。

（3）静力压桩：静力压桩是利用压桩架的自重及附属设备（卷扬机及配重等）的质量，通过卷扬机的牵引，由钢丝绳滑轮及压梁将整个压桩架的质量传至桩顶，将桩逐节压入土中。在软土地基上，利用静力压桩可以解决打桩造成的噪声扰民的问题。

（4）振动沉桩：振动沉桩的原理是，借助固定于桩头上的振动箱所产生的振动力，以减小桩与土壤颗粒之间的摩擦力，使桩在自重与机械力的作用下沉入土中。

振动沉桩主要适用于砂土、砂质黏土、亚黏土层，在含水砂层中的效果更为显著。但在砂砾层中采用此法时，尚需配以水冲法。

振动沉桩法的优点是：设备构造简单，使用方便，效能高，所消耗的动力少，附属机具设备亦少。其缺点是适用范围较窄，不宜用于黏性土以及土层中夹有孤石的情况。

（5）水冲法沉桩（射水沉桩）：水冲法沉桩是锤击沉桩的一种辅助方法。利用高压水流经过桩侧面或空心桩内部的射水管冲击桩尖附近土层，便于锤击沉桩。一般是边冲水边打桩，当沉桩至最后 1～2m 时停止冲水，用锤击至规定标高。水冲法适用于砂土和碎石土，有时对于特别长的预制桩，单靠锤击有一定困难时，亦可用水冲法辅助之。

2. 混凝土灌注桩施工

灌注桩是直接在桩位上就地成孔，然后在孔内灌注混凝土或钢筋混凝土而成。

灌注桩能适应地层的变化，无需接桩，施工时无振动、无挤土、噪声小，宜于在建筑物密集地区使用。但其操作要求严格，施工后需一定的养护期方可承受荷载，成孔时有大量土体或泥浆排出。

灌注桩的施工方法，常用的有钻孔灌注桩、人工挖孔灌注桩、套管成孔灌注桩和爆扩成孔灌注桩等多种。

（1）钻孔灌注桩：钻孔灌注桩是使用钻孔机械钻孔，待孔深达到设计要求后进行清孔，放入钢筋笼，然后在孔内灌注混凝土而成桩。所需机械设备有螺旋钻孔机、钻扩机或潜水钻孔机。

施工工艺：场地平整→放桩位线→钻孔机就位→机械钻孔→清孔→检查→放钢筋笼→灌注混凝土。桩孔钻成清孔后，应尽快吊放钢筋，灌注混凝土不要隔夜，灌注混凝土时应分层进行。

（2）人工挖孔灌注桩：人工挖孔灌注桩是采用人工挖土成孔，浇筑混凝土成桩。人工挖孔灌注桩的特点是：①单桩承载力高，结构受力明确，沉降量小；②可直接检查桩直径、垂直度和持力层情况，桩质量可靠；③施工机具设备简单，工艺操作简单，占场地小；④施工无振动、无噪声、无环境污染，对周边建筑无影响。

（3）套管成孔灌注桩：套管成孔灌注桩是目前采用最为广泛的一种灌注桩。它有锤击沉管灌注桩、振动沉管灌注桩和套管夯打灌注桩工种。利用锤击沉桩设备沉管、拔管时，称为锤击灌注桩；利用激振器振动沉管、拔管时，称为振动灌注桩。

1）锤击沉管灌注桩：锤击沉管灌注桩工艺过程分单打法和复打法。单打法锤击沉管灌注桩是利用锤击打桩机，将带有活瓣式桩靴或钢筋混凝土预制桩尖的钢套管锤击沉入土中，然后边浇筑混凝土边用卷扬机拔桩管成桩。复打法锤击沉管灌注桩施工顺序如下：在第一次打完并将混凝土灌注到桩顶设计标高，拔出桩管后，清除管外壁上的污泥和桩孔周围地面上的浮土，在原桩位上第二次安放桩靴作第二次沉管，使未凝固的混凝土向四周挤压扩大桩径，然后再第二次灌注混凝土。桩管在第二次打入时，应与第一次的轴线重合，且必须在第一次灌注的混凝土初凝之前完成扩大灌注第二次混凝土工作。

2）振动沉管灌注桩：振动沉管灌注桩的机械设备与锤击沉管振动灌注桩基本相同，不同的是以激振器代替桩锤。桩管下端装有活瓣桩尖，桩管上部与振动桩锤刚性连接。

施工时，将桩管下端活瓣合拢，利用振动机及桩管自重，把桩尖压入土中。当桩管沉到设计标高后，停止振动，将混凝土灌入桩管内。混凝土浇灌完毕，再次开动沉桩机和卷扬机拔出桩管，边振边拔，桩管内的混凝土被振实而留在土中成桩。

根据承载力的不同要求，桩可采用单打法、反插法或复打法施工。

① 单打法：即一次拔管法。单打法施工时，在沉入土中的套管内灌满混凝土，开动激振器，振动 5～10s，再开始拔管，边振边拔。每拔 0.5～1m，停振动 5～10s，如此反复直到套管全部拔出。单打法施工速度快，混凝土用量较小，但桩的承载力较低。

② 复打法：采用单打法施工完成后，再把活瓣闭合起来，在原桩孔混凝土上第二次沉下桩管，将未凝固的混凝土向四周挤压，然后进行第二次灌注混凝土和振动拔管。复打法能使桩径增大，提高桩的承载能力。

③ 反插法：施工时，在套管内灌满混凝土后，先振动再开始拔管，每次拔管高度 0.5～1.0m，向下反插深度 0.3～0.5m。如此反复进行并始终保持振动，直至套管全部拔出地面。反插法能使桩的截面增大，从而提高桩的承载力，宜在较差的软土地基上应用。

（4）爆扩成孔灌注桩：爆扩成孔灌注桩又称爆扩桩，是由桩柱和扩大头两部分组成。爆扩桩的一般施工过程是：采用简易的麻花钻（手工或机动）在地基上钻出细而长的小孔，然后在孔内安放适量的炸药，利用爆炸的力量挤土成孔（也可用机钻成孔）；接着在孔底安放炸药，利用爆炸的力量在底部形成扩大头；最后灌注混凝土或钢筋混凝土而成。这种桩成孔方法简便，能节省劳动力，降低成本，做成的桩承载力也较大。爆扩桩的适用范围较广，除软土和新填土外，其他各种土层中均可使用。爆扩桩成孔方法有两种，即一次爆扩法及两次爆扩法。

（二）地下连续墙施工

地下连续墙是在深基础的施工中发展起来的一种施工方法。它是以专门的挖槽设备，沿着深基坑或地下构筑物周边，采用触变泥浆护壁，按设计的宽度、长度和深度开挖沟槽，待槽段形成后，在槽内设置钢筋笼，采用导管法浇筑混凝土，筑成一个单元槽段和混凝土墙体。依次继续挖槽、浇筑施工，并以某种接头方式将单元墙体系逐个地连接成一道连续的地下钢筋混凝土墙或帷幕，以作为防渗、挡土、承重的地下墙体结构。

1. 地下连续墙的优缺点

（1）地下连续墙的优点主要表现在如下方面：

1）施工全盘机械化，速度快、精度高，并且振动小、噪声低，适用于城市密集建筑群及夜间施工。

2）具有多功能用途，如防渗、截水、承重、挡土、防爆等，由于采用钢筋混凝土或素混凝土，强度可靠，承压力大。

3）对开挖的地层适应性强，在我国除熔岩地质外，可适用于各种地质条件，无论是软弱地层或在重要建筑物附近的工程中，都能安全地施工。

4）可以在各种复杂的周边（地上、地下）环境条件下施工。

5）开挖基坑无需放坡，土方量小，浇混凝土无需支模和养护，并可在低温下施工，降低成本，缩短施工时间。

6）用触变泥浆保护孔壁和止水，施工安全可靠，不会引起水位降低而造成周围地基沉降，保证施工质量。

7）可将地下连续墙与"逆做法"施工结合起来，地下连续墙为基础墙，地下室梁板作支撑，地下部分施工可自上而下与上部建筑同时施工，将地下连续墙筑成挡土、防水和承重的墙，形成一种深基础多层地下室施工的有效方法。

（2）地下连续墙的缺点主要表现在如下方面：

1）每段连续墙之间的接头质量较难控制，往往容易形成结构的薄弱点。

2）墙面虽可保证垂直度，但比较粗糙，尚须加工处理或做衬壁。

3）施工技术要求高，无论是造槽机械选择、槽体施工、泥浆下浇筑混凝土、接头、泥浆处理等环节，均须处理得当，不容疏漏。

4）制浆及处理系统占地较大，管理不善易造成现场泥泞和污染。

2. 施工工艺

（1）修筑导墙：在挖槽之前，需沿地下连续墙纵向轴线位置开挖导沟，修筑导墙。导墙材料一般为混凝土、钢筋混凝土（现浇或预制），也有用钢结构导墙的。导墙厚度一般为10～20cm，深度为100～200cm。

（2）泥浆护壁：泥浆护壁的作用是：固壁、携砂、冷却和润滑，其中以固壁为主。泥浆的主要成分是膨润土、掺合物和水。施工中，泥浆要与地下水、砂和混凝土接触，并一同返回泥浆池，经过处理后再继续使用。

（3）深槽挖掘：挖槽机分为两大类，一类是直接出渣的挖斗式挖槽机，另一类是泥浆循环出渣的钻头式挖槽机。一般每个单元槽段长度取5～8m。

（4）混凝土浇筑：地下连续墙的混凝土浇筑工作是在充满泥浆的深槽内进行的，故采用导管法进行浇筑。

地下连续墙的施工接头是浇筑地下连续墙时连接两相邻单元墙段的接头，接头管接头是当前应用最多的一种。施工时，一个单元槽段挖好后，在槽段的端部放入接头管，然后吊放钢筋笼，浇筑混凝土，待混凝土初凝后，先将接头管旋转然后拔出，使单元槽段的端部形成半圆形，继续施工时就形成两相邻单元槽段的接头。

地下连续墙所用的混凝土，要求有较高的坍落度，和易性好，不易分离。

混凝土浇筑后随即上拔接头管，拔管过早会导致混凝土坍落，过迟会因黏着力过大而难以拔出。

（三）喷锚支护施工

喷锚支护实际上可分为两大部分：一部分是喷混凝土，一部分是设置锚杆。在基坑开挖后，将岩石表面清洗，然后立刻喷上一层厚 3～8cm 的混凝土，防止围岩过分松动。如果这层混凝土不足以支护围岩，则根据情况及时加设锚杆，或再加厚混凝土的喷层。

1. 喷混凝土的施工工艺

喷混凝土的工艺过程一般由供料、供风和供水三个系统组成。

喷混凝土的施工工序是：首先撬除危石，清洗岩面，一般混凝土与岩石间的黏着力可达 $10～15kg/cm^2$。如果岩面冲洗不良或部分含泥，其黏着力将大大降低。为了提高喷层与岩面的黏结，并减少回弹，有的国家在岩石表面先喷一层厚约 1cm、水灰比较小的砂浆，或喷 2～3 cm 含水泥量较高的混凝土。喷完底层后，即可分层喷混凝土，每层厚度约 3～8cm。每层喷完之后，头 7d 内应喷水养护。第一层喷完之后，常加设锚杆，必要时再挂钢筋网，然后再喷第二层乃至第三层混凝土。

2. 锚杆与锚索

锚杆与锚索有各种不同的形式。按材料分，有金属锚杆、木锚杆；按受力情况分，有不加预应力锚杆和预应力锚杆。

锚杆一般都较短，不超过 10m，锚索则可以较长，如有的可达 30～40m；锚杆一般受力较小，每根锚杆几吨至十余吨，锚索受力则较大，一组锚索受力可达几十吨甚至上百吨。锚杆的孔径较小，钻孔的费用较小，一般间距较小；锚索要求的孔径较大，可达 150mm，钻孔费用较大，一般间距较大。

（四）土钉支护施工

土钉支护，是新兴的挡土支护技术，最先用于隧道及治理滑坡，20 世纪 90 年代在基础深基坑支护中应用。

土钉支护工艺，可以先锚后喷，也可以先喷后锚。喷射混凝土在高压空气作用下，高速喷向喷面，在喷层与土层间产生嵌固效应，从而改善了边坡的受力条件，有效地保证边坡稳定；土钉深固于土体内部，主动支护土体，并与土体共同作用，有效地提高周围土的强度；钢筋网能调整喷层与锚杆应力分布，增大支护体系的柔性与整体性。

土钉支护的施工工艺流程是：按设计要求开挖工作面，修正边坡；喷射第一层混凝土；安设土钉（包括钻孔、插筋、注浆、垫板等）；绑扎钢筋网、留搭接筋、喷射第二层混凝土；开挖第二层土方，按此循环，直到坑底标高。

土钉施工机具可采用螺旋钻、冲击钻、地质钻、洛阳铲等。其施工要点是：按设计图的纵向、横向尺寸与水平面夹角进行钻孔施工；钢筋要平直、除锈、除油；注浆材料用水泥浆或水泥砂浆，水泥砂浆配比为 1:1～1:2（质量比），水灰比宜为 0.4～0.45；注浆管插到距孔底 250～500mm，为保证注浆饱满，在孔口设止浆塞；土钉应设定位器，以保证钢筋的保护层厚度。

土钉支护适用于水位低的地区，或能保证降水到基坑面以下；土层为黏土、砂土和粉土；基坑深度一般在 15m 左右。

三、砌筑工程施工

砌筑工程是指用砌体材料和砂浆砌筑形成砖砌体、砌块砌体和石砌体的施工。砌筑工程所用材料主要有普通黏土砖、空心砖、硅酸盐类砖、石块等及砌筑砂浆。

砌筑工程是一个综合施工过程，它包括砂浆制备、材料运输、搭设脚手架及砌块砌筑等施工过程。

（一）砌砖与砌块施工

1. 砌砖施工

（1）砖基础的砌筑：一般砌体基础是采用烧结普通砖和水泥砂浆砌成，砖基础由墙基和大放脚两部分组成。墙基与墙身同厚。大放脚即墙基下面的扩大部分。大放脚的底宽应根据设计而定。大放脚各皮的宽度应为半砖长的整倍数（包括灰缝）。大放脚下面为基础垫层。垫层一般为灰土、碎砖三合土或混凝土等。

砌筑砌体基础时应注意以下各点：

1）砌筑前，应将垫层表面上的杂物清扫干净，并浇水湿润。

2）为保证基础砌好后能在同一水平面上，必须在基础转角处，交接处及高低处立好皮数杆。

3）砌筑时，可依皮数杆先在转角及交接处砌几皮砖，再在其间拉准线砌中间部分。其中第一皮砖应以基础底宽线为准砌筑。

4）内外墙的砖基础应同时砌筑。如因特殊情况不能同时砌筑时，应留置斜槎，斜槎的长度不应小于其高度的 2/3。

5）大放脚部分一般采用一顺一丁砌筑形式。在十字及丁字接头处，纵横墙基础要隔皮砌通。大放脚最下一皮及墙基的最上一皮砖（防潮层下面一皮砖）应以丁砌为主。

6）砌体基础中的洞口、管道、沟槽和预埋件等，应于砌筑时正确留出或预埋，宽度超过 300mm 的洞口，应砌筑平拱或设置过梁。

7）砌完基础后，应及时回填。回填土应在基础两侧同时进行，并分层夯实。单侧填土应在砖基础达到侧向承载能力和满足允许变形要求后才能进行。

（2）砌砖工艺：砌砖施工通常包括抄平、放线、摆砖样、立皮数杆、挂准线、铺灰、砌砖等工序。如是清水墙，则还要进行勾缝。

1）抄平：砌砖墙前，先在基础面或楼面上按给定的水准点定出各层标高，并用水泥砂浆或细石混凝土找平，使各段砖墙底部标高符合设计要求。

2）放线：建筑物底层墙身，可以龙门板上轴线定位钉为标志拉上线，沿线吊挂垂球，将墙身中心轴线放到基础面上，并以此墙身中心轴线为准弹出纵横墙身边线，并定出门窗洞口位置。

3）摆砖：摆砖即摆底，在弹好线的基础面上，按选定的组砌方法，先用干砖块试摆，以使门洞、窗口和墙垛等处的砖符合模数，满足上下错缝要求。借助灰缝的调整，使一砖厚的墙单面挂线，外墙挂外边，内墙挂任何一边；厚度在一砖半及以上的墙双面挂线。

4）立皮数杆：在墙角立好皮数杆，作为控制砖砌体竖向尺寸的依据。

5）盘角、挂线：砌筑时先在墙角砌 4～5 皮砖，称为盘角，然后根据皮数杆和已砌的角挂线，作为砌筑中间墙体的依据。

6）铺灰砌筑：砌砖的操作方法很多，可采用铺浆法或"三一"砌砖法。"三一"砌砖法，即一铲灰、一块砖、一挤揉并随手将挤出的砂浆刮去的砌筑方法。其优点是灰缝容易饱满，黏结力好，墙面整洁。

7）勾缝、清理：当该层砖砌体砌筑完毕后，应进行墙面（柱面）及落地灰的清理。对清水砖墙，在清理前需进行勾缝。墙较薄时，可利用砌筑砂浆随砌随勾缝，称为原浆勾缝；墙较厚时，待墙体砌筑完毕后，用 1∶1 水泥砂浆勾缝，称作加浆勾缝。

（3）砖墙砌筑的基本要求：

1）横平竖直：砌体的水平灰缝应平直，竖向灰缝应垂直对齐，不得游丁走缝。

2）砂浆饱满：砌体水平灰缝的砂浆饱满度要达到 80% 以上，水平灰缝和竖缝的厚度规定为 10mm±2mm。砂浆的和易性好，砖湿润得当都是保证砂浆饱满的前提条件。

3）上下错缝：为保证墙体的整体性和传力有效，砖块的排列方式应遵循内外搭接、上下错缝的原则。砖块错缝搭接长度不应小于 1/4 砖长。

4）接槎可靠：接槎即先砌砌体与后砌砌体之间的接合。接槎方式的合理与否，对砌体质量和建筑物整体性影响极大。留槎处的灰缝砂浆不易饱满，故应少留槎。接槎主要有两种方式：斜槎和直槎。斜槎长度不应小于高度的 2/3。留斜槎确有困难时，才可留直槎。地震区不得留直槎，直槎必须做成阳槎，并加设拉结筋。拉结筋沿墙高每 500mm 留一层，每 120mm 厚墙留一根，但每层最少为两根。

设置钢筋混凝土构造柱的砌体，应按先砌墙后浇柱的施工程序进行。构造柱与墙体的连接处应砌成马牙槎，从每层柱脚开始，先退后进，每一马牙槎沿高度方向的尺寸不宜超过 300mm。沿墙高每 500mm 设 2φ6 拉结钢筋，每边伸入墙内不宜小于 1m。

在浇灌砖砌体构造柱混凝土前，必须将砌体和模板浇水润湿，并将模板内的落地灰、砖渣和其他杂物清除干净。构造柱混凝土应分段浇灌，每段高度不宜大于 2m。浇灌混凝土前，在结合面处先注入适量的水泥砂浆（与构造柱混凝土配比相同的去石子水泥砂浆），再浇灌混凝土。

填充墙、隔墙应分别采取措施与周边构件可靠连接。必须把预埋在柱中的拉结钢筋砌入墙内。填充墙砌至接近梁、板底时，应留一定空隙，待填充墙砌筑完并应至少间隔 7d 后，再采用侧砖、立砖或砌块斜砌挤紧，其倾斜度宜为 60°左右。

2. 砌块施工

砌块代替黏土砖是墙体改革的一个重要途径。中小型砌块用于建筑物墙体结构，施工方法简便，减轻了工人的劳动强度，提高了劳动生产率。

（1）砌块的排列：砌块排列用砌块排列图来确定。若设计无具体规定，砌块应按下列原则排列：

1）尽量多用主规格的砌块或整块砌块，减少非主规格砌块的规格与数量。

2）砌筑应符合错缝搭接的原则，搭砌长度不得小于块高的 1/3，且不应小于 150mm，当搭砌长度不足时，应在水平灰缝内设 2φ4 的钢筋网片。

3）外墙转角处及纵横墙交接处应交错咬槎砌筑。

4）局部必须镶砖时，应尽量使砖的数量达到最低限度，镶砖部分应分散布置。

（2）砌块吊装顺序：砌块的吊装一般按施工段依次进行，其次序为先外后内、先远后近、先下后上，在相邻施工段之间留阶梯形斜槎。

砌块砌筑时应从转角处或定位砌块处开始，内外墙同时砌筑，砌筑应满足错缝搭接、横平竖直、表面清洁的要求。

（3）砌块砌筑的主要工序：

1）铺灰：采用稠度良好（5～7cm）的水泥砂浆，铺3～5m长的水平缝，夏季及寒冷季节应适当缩短，铺灰应均匀平整。

2）砌块安装就位：采用摩擦式夹具，按砌块排列图将所需砌块吊装就位。砌块就位应使砌块光面在同一侧，垂直落于砂浆层上，待砌块安放稳妥后，才可松开夹具。

3）校正：用线坠和托线板检查垂直度，用拉准线的方法检查水平度。用撬棍、木槌调整偏差。

4）灌缝：采用砂浆灌竖缝，两侧用夹板夹住砌块，超过3cm宽的竖缝采用不低于C20的细石混凝土灌缝，收水后进行嵌缝，即原浆勾缝。此后，一般不应再撬动砌块，以免破坏砂浆的黏结力。

5）镶砖：当砌块间出现较大竖缝或过梁找平时，应镶砖。镶砖应采用MU10级以上的红砖，最后一皮用丁砖镶砌。镶砖工作必须在砌块校正后即刻进行，镶砖时应注意使砖的竖缝灌密实。

（4）砌块施工工艺要求：砌块应底面朝上反砌于墙上。小砌块砌体应分皮错缝搭砌，上下皮搭砌长度不得小于90mm。当搭砌长度不满足上述要求时，应在水平灰缝内设置钢筋网片。但竖向通缝仍不得超过2皮砌块。中型砌块搭砌长度不得小于块高的1/3，也不可小于150mm。

砌块砌筑应做到横平竖直，砌体表面平整清洁，砂浆饱满。砌块水平灰缝的砂浆饱满度不得低于90%；竖缝的砂浆饱满度不得低于80%；砌筑中不得出现瞎缝、透明缝。小型砌块水平灰缝厚度和竖向灰缝的宽度控制在8～12mm；中型砌块水平与垂直灰缝一般为15～20mm（包括灌浆缝），偏差为+10mm，−5mm，对于超过30mm的垂直缝应用细石混凝土灌实，其强度不低于C20。

（二）砌石施工

1. 毛石基础施工

砌筑毛石基础所用的毛石应质地坚硬，无裂纹，尺寸为200～400mm，质量为20～30kg。强度等级一般为MU20以上，水泥砂浆用M2.5～M5级，稠度为5～7cm，灰缝厚度一般为20～30mm，不宜采用混合砂浆。

毛石砌筑前，应将表面泥土杂质清除干净，以利于砂浆与块石黏结。在铺砌第一皮毛石时，基底如为素土，可不铺砂浆；基底如为各种垫层，应先铺4cm左右的砂浆，然后将较方正的毛石大面向下放平稳。毛石基础扩大部分做成阶梯形，每阶内至少砌两皮，每边比墙宽出100mm。砌筑时均要双面挂线，以控制宽度和高度。上皮与下皮毛石的接缝应错开100mm以上，毛石之间应犬牙交错，尽可能缩小缝隙。毛石中间的空隙应先灌砂浆，再用小石块或石片填充，以增加整体性和稳定性。应按规定设置拉结石，拉结石的长度应超过墙厚的2/3，每隔1m砌入一块，并上、下错开，呈梅花状。毛石砌到室内地坪以下5cm处，应设置防潮层，一般用1：2.5水泥砂浆加适量防水剂铺设，厚度为20cm。

2. 石墙施工

墙体砌筑前应先复查基底轴线和标高，然后在找平层上弹出墙的里外边线，在墙角立好皮数杆，挂线作为砌筑的依据。

石墙每天的砌筑高度不应超过1.2m，分段砌筑时所留踏步槎高度不超过一步架。石墙每砌一步架要找平一次，将要平口时，应根据剩余高度，选用适当的石块结顶，做到墙顶平齐、墙角方整，最后用水泥砂浆抹顶找平。

石墙的灰缝应在最后用1∶1水泥砂浆统一勾缝，勾缝前先将灰缝刮深20～30mm。墙面喷水润湿。所勾石缝尽量保持石墙的自然缝。

其他方面与毛石基础砌筑要求基本相同。

四、钢筋混凝土工程施工

（一）钢筋工程

1. 钢筋验收

钢筋出厂应有出厂质量证明书或试验报告单。每捆（盘）钢筋应有标牌，并分批验收堆放。验收内容包括查对标牌、外观质量检查及力学性能检验，合格后方可使用。

（1）钢筋的外观检查：钢筋应平直、无损伤，表面不得有裂纹、油污、颗粒状或片状老锈。热轧钢筋表面不得有裂纹、结疤和折叠，钢筋表面的凸块不允许超过螺纹的高度；冷拉钢筋表面不允许有裂纹和缩颈。

（2）钢筋的力学性能检验：钢筋进场时，应按《钢筋混凝土用钢 第2部分：热轧带肋钢筋》（GB/T 1499.2—2018）等的规定抽取试件做力学性能检验，其质量必须符合有关标准的规定。

2. 钢筋的加工

钢筋一般在车间（或现场加工棚）加工，然后运至现场安装或绑扎。钢筋的加工一般包括冷拉、调直、除锈、剪切、弯曲、绑扎、焊接等工序。

（1）冷拉：钢筋冷拉是在常温下对钢筋进行强力拉伸，使钢筋拉应力超过屈服点产生塑性变形，以达到提高强度（屈服强度）的目的，同时钢筋被拉直，表面锈渣自动剥脱。钢筋的冷拉可采用控制应力或控制冷拉率的方法。

（2）调直：钢筋调直宜采用机械方法，直径4～14mm的钢筋可用调直机进行调直，粗钢筋还可用机动锤锤直或扳直；当采用冷拉方法调直钢筋时，HPB235级钢筋的冷拉率不宜大于4％，HRB335级、HRB400级和RRB400级钢筋的冷拉率不宜大于1％。

（3）除锈：钢筋如未经冷拉或调直，或保管不妥而锈蚀，可采用钢丝刷、机动钢丝刷或喷砂除锈，要求较高时还可采用酸洗除锈。

（4）剪切：钢筋下料剪断可用钢筋剪切机或手动剪切器。手动剪切器一般只用于剪切直径小于12mm的钢筋；钢筋剪切机可剪切直径小于40mm的钢筋；直径大于40mm的钢筋则需用锯床锯断或用氧-乙炔焰或电弧割切。

（5）弯曲：钢筋弯曲宜采用弯曲机。弯曲机可将直径6～40mm的钢筋弯成各种形状与角度。在缺乏机具的情况下，也可在成型台上用手摇扳手弯曲钢筋，用卡盘与扳头弯制粗钢筋。

受力钢筋的弯钩和弯折应符合设计要求和规范规定。除焊接封闭环式箍筋外，箍筋的末端应做弯钩，弯钩形式应符合设计要求，箍筋弯后平直部分长度应符合设计要求和规范规定。

3. 钢筋连接

钢筋的连接方法有焊接连接、绑扎搭接连接和机械连接。

（1）钢筋连接的基本要求：

1）纵向受力钢筋的连接方式应符合设计要求。

2）在施工现场，应按《钢筋机械连接技术规程》（JGJ 107—2016）、《钢筋焊接及验收规程》（JGJ 18—2012）的规定，对钢筋机械连接接头、焊接接头的外观进行检查，并按规定抽取钢筋机械连接接头、焊接接头试件做力学性能检验。其质量均应符合有关规程的规定。

3）钢筋的接头宜设置在受力较小处。同一纵向受力钢筋不宜设置两个或两个以上接头，接头末端至钢筋弯起点的距离不应小于钢筋直径的 10 倍。

4）当受力钢筋采用机械连接接头或焊接接头时，设置在同一构件内的接头宜相互错开。同一连接区段内，纵向受力钢筋的接头面积百分率应符合设计要求；当设计无具体要求时，应符合下列规定：

① 在受拉区不宜大于 50%。

② 接头不宜设置在有抗震设防要求的框架梁端、柱端的箍筋加密区；当无法避开时，对等强度高质量机械连接接头，不应大于 50%。

③ 直接承受动力荷载的结构构件中，不宜采用焊接接头；当采用机械连接接头时，不应大于 50%。

（2）焊接连接：钢筋采用焊接连接可节约钢材，改善结构受力性能，提高工效，降低成本。常用焊接方法有：闪光对焊、电弧焊、电阻点焊、电渣压力焊、埋弧压力焊、气压焊等。

（3）绑扎搭接连接：钢筋绑扎搭接连接是指将相互搭接的钢筋用采用 20～22 号火烧丝或铅丝绑扎在一起。

纵向受力钢筋和受压钢筋绑扎搭接接头应按《混凝土结构工程施工质量验收规范》（GB 50204—2015）和《混凝土结构设计规范》（GB 50010—2015）的规定执行。

1）同一构件中相邻纵向受力钢筋的绑扎搭接接头宜相互错开。同一连接区段内，纵向受拉钢筋搭接接头面积百分率应符合设计要求；当设计无具体要求时，应符合下列规定：

① 对梁类、板类及墙类构件，不宜大于 25%。

② 对柱类构件，不宜大于 50%。

③ 当工程中确有必要增大接头面积百分率时，对梁类构件不应大于 50%；对其他构件，可根据实际情况放宽。

2）绑扎搭接接头中钢筋的横向净距不应小于钢筋直径，且不应小于 25mm。

3）根据现行国家标准《混凝土结构设计规范》（GB 50010—2015）的规定，纵向受力钢筋的最小搭接长度应根据钢筋强度、外形、直径及混凝土强度等指标计算确定，并根据钢筋搭接接头面积百分率等进行修正。

4）在梁、柱类构件的纵向受力钢筋搭接长度范围内，应按设计要求配置箍筋。当设计无具体要求时，应符合下列规定：

① 箍筋直径不应小于搭接钢筋较大直径 0.25 倍。

② 受拉搭接区段的箍筋间距不应大于搭接钢筋较小直径的 5 倍，且不应大于 100mm。

③ 受压搭接区段的箍筋间距不应大于搭接钢筋较小直径的 10 倍，且不应大于 200mm。

④ 当柱中纵向受力钢筋直径大于 25 mm 时，应在搭接接头两端外 100mm 范围内各设置 2 个箍筋，其间距宜为 50mm。

（4）机械连接：钢筋机械连接包括套筒挤压连接和螺纹套管连接。

1）钢筋套筒挤压连接：钢筋套筒挤压连接是指将需要连接的两根变形钢筋插入特制钢套筒内，利用液压驱动的挤压机沿径向或轴向压缩套筒，使钢套筒产生塑性变形，靠变形后的钢套筒内壁紧紧咬住变形钢筋来实现钢筋的连接。这种方法适用于竖向、横向及其他方向的较大直径变形钢筋的连接。

2）钢筋螺纹套管连接：钢筋螺纹套管连接分为锥螺纹套管连接和直螺纹套管连接两种。

锥螺纹套管连接是指将用于这种连接的钢套管内壁，用专用机床加工有锥螺纹，钢筋的对接端头亦在套丝机上加工有与套管匹配的锥螺纹。连接时，经对螺纹检查无油污和损伤后，先用手旋入钢筋，然后用扭矩扳手紧固至规定的扭矩，即完成连接。

4. 钢筋安装

钢筋安装时，受力钢筋的品种、级别、规格和数量必须符合设计要求。钢筋安装位置的偏差应符合《混凝土结构工程施工质量验收规范》（GB 50204—2015）的规定。

钢筋安装或现场绑扎应与模板安装配合。柱钢筋现场绑扎时，一般在模板安装前进行；梁的钢筋一般在梁底模安装好后再安装或绑扎；楼板钢筋绑扎应在楼板模板安装后进行，并应按设计先画线，然后摆料、绑扎。

钢筋在混凝土中应有一定厚度的保护层（一般指在主筋外表面到构件外表面的厚度），保护层厚度应按设计或规范规定确定。工地常用预制水泥砂浆垫块或者塑料垫块垫在钢筋与模板间，以控制保护层厚度。

钢筋工程属于隐蔽工程，在灌注混凝土前应对钢筋及预埋件进行验收，并做好隐蔽工程记录，以便查考。

（二）模板工程

模板是保证混凝土浇筑成型的模型，钢筋混凝土结构的模板系统是由模板、支撑及紧固件等组成。模板是新浇混凝土结构或构件成型的模具，使硬化后的混凝土具有设计所要求的形状和尺寸；支架部分的作用是保证模板形状和位置。

1. 模板工程的一般规定

（1）模板及其支架应根据工程结构形式、荷载大小、地基土类别、施工设备和材料供应等条件进行设计。

（2）模板及其支架应具有足够的承载能力、刚度和稳定性，能可靠地承受浇筑混凝土的质量、侧压力以及施工荷载。

（3）在浇筑混凝土之前，应对模板工程进行验收。模板安装和浇筑混凝土时，应对模板及其支架进行观察和维护。发生异常情况时，应按施工技术方案及时进行处理。

（4）模板及其支架拆除的顺序及安全措施应按施工技术方案执行。

2. 模板类型与基本要求

（1）木模板：传统木模板是由一些板条用拼条钉拼而成的模板系统。传统木模板由于重复利用率低，损耗大，为节约木材，在现浇钢筋混凝土结构施工中的使用率已大大降低。近年来，为了减少模板拼缝，减少漏浆，提高混凝土成型质量，在城市里大量使用块度较大的夹板来代替传统木模板。

（2）组合模板：组合模板是一种工具式模板，是工程施工中用得最多的一种模板，有组合钢模板、钢框竹（木）胶合板模板等。它由具有一定模数的若干类型的板块、角膜、支撑和连接件组成，用它可以拼出多种尺寸和几何形状，也可用它拼成大模板、隧道模和台模等。

板块是组合模板的主要构件，包括钢板块和钢框竹（木）胶合板。目前，我国应用的板块长度为 1500mm、1200mm、900mm 等，宽度为 600mm、300mm、250mm、200mm、100mm 等。角膜有阴、阳角膜和连接角膜之分，用于混凝土结构阴阳角的成型，也是两个板块拼装成 90°角的连接件。支承件包括支承墙模板的支承梁和斜撑、支撑梁板模板的支撑桁架和顶撑等。

（3）大模板：大模板是一种大尺寸的工具式模板。一块大模板由面板、主肋、次肋、支撑桁架、稳定机构及附件组成。一般是一块墙面用一块大模板，是目前我国剪力墙和筒体体系的高层建筑施工用得较多的一种模板，已形成一种工业化建筑体系。

（4）滑升模板：滑升模板是一种工具式模板，由模板系统、操作平台系统和液压系统三部分组成。适用于现场浇筑高耸的构筑物和高层建筑物等，如烟囱、筒仓、电视塔、竖井、沉井、双曲线冷却塔和剪力墙体系及筒体体系的高层建筑等。

滑升模板施工的特点是，在构筑物或建筑物底部，沿其墙、柱、梁等构件的周边组装高1.2m 左右的滑升模板，随着向模板内不断地分层浇筑混凝土，用液压提升设备使模板不断地沿埋在混凝土中的支承杆向上滑升，直到需要浇筑的高度为止。用滑升模板施工，可以节约模板和支撑材料、加快施工速度和保证结构的整体性。但模板一次性投资多、耗钢量大，对建筑的立面造型和构件断面变化有一定的限制。施工时宜连续作业，施工组织要求较严。

（5）爬升模板：爬升模板简称爬模，国外亦称跳模，是施工剪力墙体系和筒体体系的钢筋混凝土结构高层建筑的一种有效的模板体系，我国已推广应用。由于模板能自爬，不需起重运输机械吊运，减少了高层建筑施工中起重运输机械的吊运工作量，能避免大模板受大风影响而停止工作。爬升模板上悬挂有脚手架，因此还省去了结构施工阶段的外脚手架，因为能减少起重机械的数量、加快施工速度而经济效益较好。爬模分有爬架爬模和无爬架爬模两类。有爬架爬模由爬升模板、爬架和爬升设备三部分组成。

（6）台模：台模是一种大型工具式模板，主要用于浇筑平板式或带边梁的楼板，一般是一个房间一块台模，有时甚至更大。利用台模施工楼板可省去模板的装拆时间，能降低劳动消耗和加速施工，但一次性投资较大。

（7）隧道模板：隧道模是用于同时整体浇筑墙体和楼板的大型工具式模板，能将各开间沿水平方向逐段逐间整体浇筑，故施工的建筑物整体性好、抗震性能好、施工速度快，但模板的一次性投资大，模板起吊和转运需较大的起重机。

（8）永久式模板：永久式模板是指那些施工时起模板作用而浇筑混凝土后又是结构本身组成部分之一的预制板材。目前国内外常用的有异形（波形、密肋形等）金属薄板（亦称压型钢板）、预应力混凝土薄板、玻璃纤维水泥模板、钢桁架型混凝土板等。

3. 模板安装

尽管模板结构是钢筋混凝土工程施工时所使用的临时结构物，但它对钢筋混凝土工程的施工质量和工程成本影响很大。模板安装的基本要求如下：

（1）安装现浇结构的上层模板及其支架时，下层楼板应具有承受上层荷载的承载能力，或加设支架；上、下层支架的立柱应对准，并铺设垫板。

（2）模板与混凝土的接触面应清理干净并涂刷隔离剂。在涂刷模板隔离剂时，不得沾污钢筋和混凝土接槎处。

（3）模板的接缝严密，不应漏浆；在浇筑混凝土前，木模板应浇水湿润。

（4）浇筑混凝土前，模板内的杂物应清理干净。

（5）用作模板的地坪、胎模等应平整光洁，不得产生影响构件质量的下沉、裂缝、起砂或起鼓。

（6）对跨度不小于 4m 的钢筋混凝土梁、板，其模板应按设计要求起拱；当设计无具体要求时，起拱高度宜为跨度的 $1/1000 \sim 3/1000$。

（7）固定在模板上的预埋件、预留孔和预留洞均不得遗漏，且应安装牢固，其偏差应符合《混凝土结构工程施工质量验收规范》（GB 50204—2015）的规定。

（8）模板安装应保证结构和构件各部分的形状、尺寸和相互间位置的正确性。现浇结构模板安装的偏差、预制构件模板安装的偏差应符合《混凝土结构工程施工质量验收规范》（GB 50204—2015）的规定。

（9）构件简单，装拆方便，能多次周转使用。

4. 模板拆除

（1）模板拆除要求：

1）底模及其支架拆除时的混凝土强度应符合设计要求；当设计无具体要求时，混凝土强度应符合相应规范的规定。

2）对后张法预应力混凝土结构构件，侧模宜在预应力张拉前拆除；底模支架的拆除应按施工技术方案执行，当无具体要求时，不应在结构构件建立预应力前拆除。

3）后浇带模板的拆除和支顶应按施工技术方案执行。

4）侧模拆除时的混凝土强度应能保证其表面及棱角不受损伤。

5）模板拆除时，不应对楼层形成冲击荷载。拆除的模板和支架宜分散堆放并及时清运。

（2）模板拆除顺序：模板的拆除顺序一般是先拆非承重模板，后拆承重模板；先拆侧模板，后拆底模板。

框架结构模板的拆除顺序一般是：柱→梁侧模→楼板→梁底模。拆除大型结构的模板时，必须事先制定详细方案。

（三）混凝土工程

混凝土工程是钢筋混凝土工程中的重要组成部分，混凝土工程的施工过程有混凝土的制备、运输、浇筑和养护等。

1. 施工配合比及配料计算

（1）混凝土配合比确定的步骤：初步计算配合比（用体积法或重量法，经试配调整得）→实验室配合比（据现场砂石含水量调整得）→施工配合比（随气候变化等随时调整，据搅拌机出料容量计算得）→每盘配料量。

（2）混凝土施工配合比换算方法（增加含水的砂石用量，减少加水量）：

已知实验室配合比：水泥∶砂∶石＝1∶X∶Y，水灰比为 W/C。

又测知现场砂、石含水率：W_x、W_y。

则施工配合比：水泥∶砂∶石∶水＝1∶$X(1+W_x)$∶$Y(1+W_y)$∶$(W-X \cdot W_x - Y \cdot W_y)$。

（3）配料计算：根据施工配合比及搅拌机一次出料量计算出一次投料量，使用袋装水泥时可取整袋水泥量，但超量不大于10％。

【例 1.3.1】 某建筑工程混凝土实验室配合比为 1∶2.28∶4.47，水灰比为 0.63，水泥用量为 285kg/m³，现场实测砂的含水率为 3％，石含水率为 1％。拟用装料容量为 400L 的搅拌机拌制，试计算施工配合比及每盘投料量。

解： 混凝土施工配合比为：

水泥∶砂∶石∶水＝1∶2.28×(1+0.03)∶4.47×(1+0.01)∶(0.63−2.28×0.03−4.47×0.01)

＝1∶2.35∶4.51∶0.517

搅拌机出料量：400×0.625＝250(L)＝0.25(m³)

每盘投料量：

水泥——285×0.25＝71(kg)，取75kg，则：

砂 ——75×2.35＝176(kg)

石 ——75×4.51＝338(kg)

水 ——75×0.517＝38.8(kg)

2. 混凝土搅拌

混凝土的搅拌就是根据混凝土的配合比，把水泥、砂、石、外加剂、矿物掺合料和水通过搅拌的手段使其成为均质的混凝土。

（1）原材料的质量要求：

1）水泥进场时应对其品种、级别、包装或散装仓号、出厂日期等进行检查，并应对其强度、安定性及其他必要的性能指标进行复验，其质量必须符合《通用硅酸盐水泥》（GB 175—2007）等的规定。

2）混凝土外加剂种类较多，且均有相应的质量标准，使用时其质量及应用技术应符合国家现行标准和有关环境保护的规定。

3）普通混凝土所用的粗细骨料的质量，应符合《房屋渗漏修缮技术规程》（JGJ/T 53—2011）《普通混凝土用砂、石质量及检验方法标准》（JGJ 52—2006）的规定。

4）拌制混凝土宜采用饮用水。当采用其他水源时，水质应符合《混凝土用水标准》（JGJ 63—2006）的规定。

5）混凝土中氯化物和碱的总含量应符合《混凝土结构设计规范》（GB 50010—2015）和设计的要求。

（2）混凝土搅拌机类型及选用：混凝土搅拌机按其工作原理，可以分为自落式和强制式两大类。

自落式混凝土搅拌机适用于搅拌塑性混凝土。强制式搅拌机的搅拌作用比自落式搅拌机强烈，宜于搅拌干硬性混凝土和轻骨料混凝土。

（3）混凝土搅拌制度确定：为了拌制出均匀优质的混凝土，除合理地选择搅拌机外，还必须正确地确定搅拌制度，即搅拌时间、投料顺序和进料容量等。

1）进料容量：进料容量是指将搅拌前各种材料的体积累积起来的容量，进料容量宜控制在搅拌机的额定容量以下。施工配料就是根据施工配合比以及施工现场搅拌机的型号，确定现场搅拌时原材料的进料容量。

2）混凝土搅拌时间：混凝土搅拌时间是指从原材料全部投入搅拌筒时起，到开始卸料时止所经历的时间。它与搅拌质量密切相关。为获得混合均匀、强度和工作性能都能满足要求的混凝土，混凝土搅拌时间不得小于最小搅拌时间。

3）投料顺序：投料顺序是影响混凝土质量及搅拌机生产率的重要因素。按照原材料加入搅拌筒内的投料顺序的不同，常用的投料顺序有一次投料法和二次投料法。

3. 混凝土的运输

（1）运输混凝土的要求：不论用何种运输方法，混凝土在运输过程中，都应满足下列要求：

1）在运输过程中应保持混凝土的均质性，不发生离析现象。

2）混凝土运至浇筑点开始浇筑时，应满足设计配合比所规定的坍落度。

3）应保证在混凝土初凝之前能有充分时间进行浇筑和振捣。

（2）混凝土运输方法：混凝土运输分为地面运输、垂直运输和楼地面运输三种情况。

混凝土地面运输（如运输预拌混凝土），多采用自卸汽车或混凝土搅拌运输车。如混凝土来自现场搅拌站，多采用小型机动翻斗车、双轮手推车等。

混凝土垂直运输多采用塔式起重机、混凝土泵、快速提升斗和井架等。

4. 混凝土的浇筑

（1）混凝土浇筑的一般规定：

1）在混凝土浇筑前，应检查模板的标高、位置、尺寸、强度和刚度是否符合要求。

2）检查钢筋和预埋件的位置、数量和保护层厚度，并将检查结果填入隐蔽工程记录表。

3）混凝土运输、浇筑及间歇的全部时间不应超过混凝土的初凝时间。同一施工段的混凝土应连续浇筑，并应在底层混凝土初凝之前将上一层混凝土浇筑完毕。

4）在浇筑竖向结构混凝土前，应先在底部填以 50～100mm 厚与混凝土内砂浆成分相同的水泥砂浆；为了防止发生离析现象，混凝土自高处倾落的自由高度不应超过 2m，在竖向结构中限制自由高度不宜超过 3m，否则应采用串筒、溜管或振动溜管使混凝土下落。

5）在混凝土浇筑过程中应经常观察模板、支架、钢筋、预埋件、预留孔洞的情况，当发现有变形、移位时，应及时采取措施进行处理。

6）混凝土浇筑必须保证混凝土均匀密实，强度符合设计要求，保证结构的整体性和耐久性及尺寸准确。拆模后，混凝土表面应平整光洁。

（2）混凝土浇筑方法：为了使混凝土能振捣密实，同时，为了保证在下层混凝土初凝之前将上一层混凝土浇筑完毕，应采用分层浇筑和连续浇筑方法进行混凝土浇筑。

1）梁、板、柱、墙的浇筑：在每一施工层中，应先浇筑柱或墙。在每一施工段中的柱或墙应连续浇筑到顶。每排柱子由外向内对称顺序进行浇筑，以防柱子模板连续受侧推力而倾斜。柱、墙浇筑完毕后应停歇 1～1.5h，使混凝土拌合物获得初步沉实后，再浇筑梁、板混凝土。

梁和板一般同时浇筑，从一端开始向前推进。当梁高大于 1m 时，才允许将梁单独浇筑，此时的施工缝留在楼板板面下 20～30mm 处。

2）大体积混凝土结构浇筑：大体积混凝土结构由于承受的荷载大，整体性要求高，往往不允许留设施工缝，要求一次连续浇筑完毕。另外，大体积混凝土结构在浇筑后，水泥水化热量大而且聚积在内部不易散发，浇筑初期混凝土内部温度显著升高，而表面散热较快，这样形成较大的内外温差，混凝土内部产生压应力，而表面产生拉应力，如温差过大（20～30℃），则混凝土表面会产生裂缝。

要防止大体积混凝土结构浇筑后产生裂缝，就要降低混凝土的温度应力，这就必须减少浇筑后混凝土的内外温差，不宜超过 25℃。为此应采取相应的措施有：应优先选用水化热低的水泥；在满足设计强度要求的前提下，尽可能减少水泥用量；掺入适量的粉煤灰（粉煤灰的掺量一般以 15％～25％为宜）；降低浇筑速度和减小浇筑层厚度；采取蓄水法或覆盖法进行人工降温措施；必要时经过计算和取得设计单位同意后可留后浇带或施工缝且分层分段浇筑。

大体积混凝土结构的浇筑方案，一般分为全面分层、分段分层和斜面分层三种。全面分层法要求的混凝土浇筑强度较大，斜面分层法混凝土浇筑强度较小。施工中可根据结构物的具体尺寸、捣实方法和混凝土供应能力，认真选择浇筑方案。目前应用较多的是斜面分层法。

（3）混凝土密实成型：

1）混凝土振动密实成型：用于振动捣实混凝土拌合物的振动器按其工作方式可分为内部振动器、外部振动器、表面振动器和振动台四种。

内部振动器又称插入式振动器，其工作部分是一棒状空心圆柱体，内部装有偏心振子，在电动机带动下产生高速转动而产生高频微幅的振动。内部振动器适用于基础、柱、梁、墙等深度或厚度较大的结构构件的混凝土捣实。振捣时要"快插慢拔"。快插是为了防止先将表面混凝土振实而造成分层离析；慢拔是为了使混凝土来得及填满振动棒拔出时所形成的空洞。

表面振动器又称平板振动器，是由带偏心块的电动机和平板等组成。表面振动器是放在混凝土表面进行振捣，适用于振捣楼板、地面和薄壳等薄壁构件。

外部振动器又称附着式振动器，它是直接固定在模板上，利用带偏心块的振动器产生的振动通过模板传递给混凝土拌合物，达到振实目的。适用于振捣断面较小或钢筋较密的柱、梁、墙等构件。

振动台是混凝土预制构件厂中的固定生产设备，用于振实预制构件。

2）混凝土真空作业法：混凝土真空作业法是指借助于真空负压，将水从刚浇筑成型的混凝土拌合物中吸出，同时使混凝土拌合物密实的一种成型方法。按真空作业的方式，分为表面真空作业和内部真空作业。表面真空作业是在混凝土构件的上、下表面或侧面布置真空腔进行吸水。上表面真空作业适用于楼板、预制混凝土平板、道路、机场跑道等；下表面真空作业适用于薄壳、隧道顶板等；墙壁、水池、桥墩等则宜用侧表面真空作业。

有时还可将上述几种方法结合使用。

（4）施工缝留置及处理：混凝土结构多要求整体浇筑，但由于技术上或组织上的原因，浇筑不能连续进行时，且中间的间歇时间有可能超过混凝土的初凝时间，则应事先确定在适当位置留置施工缝。

施工缝的位置应在混凝土浇筑前按设计要求和施工技术方案确定。由于施工缝是结构中的薄弱环节，因此，施工缝宜留置在结构受剪力较小且便于施工的部位。

柱子宜留在基础顶面、梁或吊车梁牛腿的下面、吊车梁的上面、无梁楼盖柱帽的下面（图 1.3.1），同时又要照顾到施工的方便。与板连成整体的大断面梁应留在板底面以下 20～

30mm 处，当板下有梁托时，留置在梁托下部。单向板应留在平行于板短边的任何位置。有主次梁楼盖宜顺着次梁方向浇筑，应留在次梁跨度的中间 1/3 跨度范围内（图 1.3.2）。楼梯应留在楼梯长度中间 1/3 长度范围内。墙可留在门洞口过梁跨中 1/3 范围内，也可留在纵横墙的交接处。双向受力的楼板、大体积混凝土结构、拱、薄壳、多层框架等及其他结构复杂的结构，应按设计要求留置施工缝。

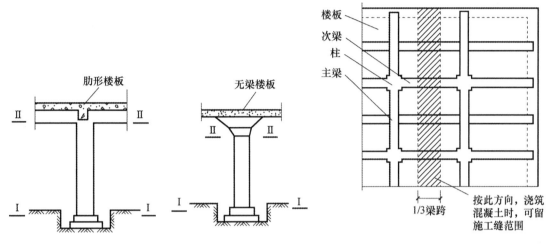

图 1.3.1　柱子的施工缝位置　　　　图 1.3.2　有主次梁楼盖的施工缝位置

在施工缝处继续浇筑混凝土时，应除掉水泥薄膜和松动石子，加以湿润并冲洗干净，先铺抹水泥浆或与混凝土砂浆成分相同的砂浆一层，待已浇筑的混凝土的强度不低于 $1.2N/mm^2$ 时才允许继续浇筑。

5. 混凝土的养护

养护的目的是为混凝土硬化创造必要的湿度、温度等条件，使混凝土能充分水化。混凝土养护一般可分为标准养护、加热养护和自然养护。

（1）标准养护：混凝土在温度为 20℃±3℃，相对湿度为 90％以上的潮湿环境或水中的条件下进行的养护，称为标准养护。用于对混凝土立方体试件进行养护。

（2）加热养护：为了加速混凝土的硬化过程，对混凝土拌合物进行加热处理，使其在较高的温度和湿度环境下迅速凝结、硬化的养护，称为加热养护。常用的热养护方法是蒸汽养护。

（3）自然养护：在常温下（平均气温不低于＋5℃）采用适当的材料覆盖混凝土，并采取浇水润湿、防风防干、保温防冻等措施所进行的养护，称为自然养护。混凝土的自然养护应符合下列规定：

1）应在浇筑完毕后的 12h 以内对混凝土加以覆盖并保湿养护；干硬性混凝土应于浇筑完毕后立即进行养护。当日平均气温低于 5℃时，不得浇水。

2）混凝土浇水养护的时间：当采用硅酸盐水泥、普通硅酸盐水泥或矿渣硅酸盐水泥时，不得少于 7d；当采用火山灰水泥、粉煤灰水泥、掺有缓凝型外加剂或有抗渗要求的混凝土时，不得少于 14d；当采用其他品种水泥时，混凝土的养护时间应根据所采用水泥的技术性能确定。

3）浇水次数应能保持混凝土处于湿润状态，混凝土养护用水应与拌制用水相同。

4）采用塑料布覆盖养护的混凝土，其敞露的全部表面应覆盖严密，并应保持塑料布内有凝结水。

5）混凝土强度达到 $1.2N/mm^2$ 前，不得在其上踩踏或安装模板及支架。

自然养护分洒水养护和喷涂薄膜养生液养护两种。洒水养护就是用草帘将混凝土覆盖，经常浇水使其保持湿润。喷涂薄膜养生液养护适用于不宜浇水养护的高耸构筑物和大面积混凝土结构。喷涂薄膜养生液养护是指混凝土表面覆盖薄膜后，能阻止混凝土内部水分的过早过多蒸发，保证水泥充分水化。

五、预应力混凝土工程施工

预应力混凝土是近几十年来发展起来的一门新技术，它是在构件承受外荷载前，预先在构件的受拉区对混凝土施加预压力，这种压力通常称为预应力。构件在使用阶段的外荷载作用下产生的拉应力，首先要抵消预压应力，这就推迟了混凝土裂缝的出现，同时也限制了裂缝的开展，从而提高了构件的抗裂度和刚度。对混凝土构件受拉区施加预压应力的方法，是张拉受拉区中的预应力钢筋，通过预应力钢筋和混凝土间的黏结力或锚具，将预应力钢筋的弹性收缩力传递到混凝土构件中，并产生预压应力。

（一）预应力钢筋的种类

（1）冷拔低碳钢丝：冷拔低碳钢丝是由圆盘的 HPB235 级钢筋在常温下通过拔丝模冷拔而成，常用的钢丝直径为 3mm、4mm 和 5mm。冷拔钢丝强度比原材料屈服强度显著提高，但塑性降低。适用于小型构件的预应力筋。

（2）冷拉钢筋：冷拉钢筋是将 HRB335、HRtM00、RRB400 级热轧钢筋在常温下通过张拉到超过屈服点的某一应力，使其产生一定的塑性变形后卸荷，再经时效处理而成。冷拉钢筋的塑性和弹性模量有所降低而屈服强度和硬度有所提高，可直接用作预应力钢筋。

（3）高强度钢丝：高强钢丝是用优质碳素钢热轧盘条经冷拔制成，然后可用机械方式对钢丝进行压痕处理形成刻痕钢丝，对钢丝进行低温（一般低于 500℃）矫直回火处理后便成为矫直回火钢丝。常用的高强钢丝分为冷拉和矫直回火两种，按外形分为光面、刻痕和螺旋肋三种。

（4）钢绞线：钢绞线一般是由几根碳素钢丝围绕一根中心钢丝在绞丝机上绞成螺旋状，再经低温回火制成。钢绞线的直径较大，一般为 9～15 mm，较柔软，施工方便，但价格较贵。钢绞线的强度较高。钢绞线规格有 2 股、3 股、7 股和 19 股等。7 股钢绞线由于面积较大、柔软、施工定位方便，适用于先张法和后张法预应力结构与构件，是目前国内外应用最广的一种预应力筋。

（5）热处理钢筋：热处理钢筋是由普通热轧中碳合金钢经淬火和回火调质热处理制成，具有高强度、高韧性和高黏结力等优点，直径为 6～10mm。产品钢筋为直径 2m 的弹性盘卷，每盘长度为 100～120m。热处理钢筋的螺纹外形有带纵肋和无纵肋两种。

（二）对混凝土的要求

在预应力混凝土结构中，混凝土的强度等级不应低于 C30；当采用钢绞线、钢丝、热处理钢筋作预应力钢筋时，混凝土强度等级不宜低于 C40。在预应力混凝土构件的施工中，不能掺用对钢筋有侵蚀作用的氯盐、氯化钠等，否则会发生严重的质量事故。

（三）预应力的施加方法

预应力的施加方法，根据与构件制作相比较的先后顺序，分为先张法、后张法两大类。按钢筋的张拉方法又分为机械张拉和电热张拉。后张法中因施工工艺的不同，又分为一般后张法、后张自锚法、无黏结后张法、电热法等。目前电热法已较少应用。

（四）先张法

先张法是在浇筑混凝土构件前张拉预应力钢筋，并将张拉的预应力钢筋临时固定在台座或钢模上，然后再浇筑混凝土，待混凝土达到一定强度（一般不低于设计强度等级的75%），保证预应力筋与混凝土有足够的黏结力时，放松预应力筋，借助于混凝土与预应力筋的黏结，使混凝土产生预压应力。

先张法多用于预制构件厂生产定型的中小型构件，也常用于生产预应力桥跨结构等。

1. 台座

采用台座法生产预应力混凝土构件时，预应力筋锚固在台座横梁上，台座承受全部预应力的拉力，故台座应有足够的强度、刚度和稳定性，以避免因台座变形、倾覆和滑移而引起预应力的损失。

2. 钢丝的夹具和张拉机具

（1）钢丝的夹具：夹具是预应力筋进行张拉和临时固定的工具，可以重复使用。对夹具的要求是：工作方便可靠，构造简单，加工方便。

1）张拉夹具：张拉夹具是将预应力筋与张拉机械连接起来，张拉时夹持预应力筋的工具。常用的张拉夹具有偏心式夹具、销片式夹具、墩式夹具、钳式夹具等。

2）锚固夹具：锚固夹具是将预应力筋临时固定在台座横梁上的工具。常用的锚具夹具有锥形夹具、楔形夹具、穿心式夹具、墩头钢筋夹具等。

（2）张拉机具：

1）穿心式千斤顶：穿心式千斤顶的构造特点是沿千斤顶轴线有一穿心孔道，供穿预应力筋用。

2）电动螺杆张拉机：电动螺杆张拉机由螺杆、电动机、变速箱测力计及顶杆等组成。张拉时，顶杆支于台座横梁上，用张拉夹具夹紧钢筋后开动电动机张拉钢筋，待达到要求的张拉力时停车，并用预先套在钢筋上的锚固夹具锚住钢筋，然后开倒车，使张拉机卸载。

3）卷扬机：当缺乏千斤顶时，也可用卷扬机单根张拉。

3. 先张法施工工艺

（1）预应力筋的张拉：预应力筋张拉应根据设计要求，采用合适的张拉方法、张拉顺序及张拉程序进行，并应有可靠的质量保证措施和安全技术措施。

1）预应力筋的张拉程序：

$$0 \longrightarrow 1.05\sigma_{con} \xrightarrow{\text{持荷 2min}} \sigma_{con}$$

$$0 \longrightarrow 1.03\sigma_{con}$$

式中　σ_{con}——预应力筋的张拉控制应力。

建立上述张拉程序的目的是为了减少预应力的松弛损失。

2）预应力筋张拉的相关规定：预应力筋张拉时，混凝土强度应符合设计要求；当设计无具体要求时，不应低于设计的混凝土立方体抗压强度标准值的 75%。

预应力筋的张拉可采用单根张拉或多根同时张拉。多根预应力筋同时张拉时，必须事先调整初应力，使其相互之间的应力一致。

用应力控制张拉时，为了校核预应力值，在张拉过程中应测出预应力筋的实际伸长值，实际伸长值比设计计算理论伸长值的相对允许偏差为±6%。如实际伸长值大于计算伸长值的 10% 或小于计算伸长值的 5%，应暂停张拉，查明原因并采取措施予以调整后，方可继续张拉。

预应力筋张拉锚固后实际建立的预应力值与工程设计规定检验值的相对允许偏差为±5%。

（2）混凝土的浇筑与养护：确定预应力混凝土的配合比时，应尽量减少混凝土的收缩和徐变，以减少预应力损失。预应力筋张拉完成后，钢筋绑扎、模板拼装和混凝土浇筑等工作应尽快跟上，每条生产线应一次浇筑完毕。

采用重叠法生产构件时，应待下层构件的混凝土强度达到 5.0MPa 后，方可浇筑上层构件的混凝土。

混凝土可采用自然养护或湿热养护。当预应力混凝土构件进行湿热养护时，应采取正确的养护制度以减少由于温差引起的预应力损失。

（3）预应力筋放张：预应力筋放张过程是预应力的传递过程，应确定合宜的放松顺序、放松方法及相应的技术措施。为保证预应力筋与混凝土的良好黏结，预应力筋张拉时，混凝土强度应符合设计要求；当设计无具体要求时，不应低于设计的混凝土立方体抗压强度标准值的 75%。

放张的方法可用放张横梁来实现，横梁可用千斤顶或预先设置在横梁支点处的砂箱或楔块来放张。预应力筋应采用砂轮锯或切断机切断，不得采用电弧切割。

（五）后张法

后张法是先浇筑混凝土，后张拉钢筋的方法。在制作构件时，在放置预应力筋的部位预先留设孔道，待混凝土达到设计规定的强度后，将预应力筋穿入预留孔道内，用张拉机具将预应力筋张拉到设计规定的控制应力后，借助锚具把预应力筋锚固在构件端部，最后进行孔道灌浆。

后张法的特点是直接在构件上张拉预应力筋，构件在张拉预应力筋的过程中，完成混凝土的弹性压缩，因此，混凝土的弹性压缩，不直接影响预应力筋有效预应力值的建立。后张法预应力的传递主要靠预应力筋两端的锚具。锚具作为预应力构件的一个组成部分，永远留在构件上，不能重复使用。

后张法施工分为有黏结后张法施工和无黏结预应力施工。后张法宜用于现场生产大型预应力构件、特种结构和构筑物，也可作为一种预应力预制构件的拼装手段。

后张法施工工艺如下：

（1）孔道的留设：孔道留设是后张法构件制作的关键工序之一。后张黏结预应力筋预留孔道的规格、数量、位置和形状除应符合设计要求外。孔道留设的方法有钢管抽芯法、胶管抽芯法和预埋波纹管法。钢管抽芯法只可留设直线孔道，胶管抽芯法不仅可留设直线孔道，也能留设曲线孔道。

（2）预应力筋张拉：张拉预应力筋时，构件混凝土的强度应按设计规定，如设计无规定，则不低于设计的混凝土立方体抗压强度标准值的 75%。

后张法预应力筋的张拉程序与所采用的锚具种类有关，为减少松弛应力损失，张拉程序一般与先张法相同。为了减少张拉时预应力筋与预留孔孔壁摩擦而引起的应力损失，可采用两端张拉、一端张拉另一端补足张拉力的方法；分批张拉时为了减少后批预应力筋张拉时产生的混凝土弹性压缩所造成的对先批张拉的预应力筋的预应力损失，可采用超张拉或补张拉的方法；平卧叠层浇筑预应力混凝土构件时，为了减少上层构件质量产生的水平摩阻力对下层构件引起的预应力损失，宜先上后下逐层进行张拉，并逐层增大张拉力来弥补该预应力损失。

当采用应力控制方法张拉时，应校核预应力筋的伸长值，实际伸长值比设计计算理论伸长值的相对允许偏差为 ±6%。如实际伸长值比设计计算理论伸长值大 10% 或小 5%，应暂停张拉，在采取措施予以调整后，方可继续张拉。

(3) 孔道灌浆：预应力筋张拉后，应随即进行孔道灌浆，孔道内水泥浆应饱满、密实，以防预应力筋锈蚀，同时增加结构的抗裂性和耐久性。

灌浆前，混凝土孔道应用压力水冲刷干净并润湿孔壁，可用电动或手动压浆泵进行灌浆。水泥浆应均匀缓慢地注入，不得中断。灌浆顺序应先下后上，以避免上层孔道漏浆而把下层孔道堵塞；曲线孔道灌浆，宜由最低点压入水泥浆，至最高点排出空气及溢出浓浆为止。

(六) 无黏结预应力混凝土

无黏结预应力施工方法是后张法预应力混凝土的发展。无黏结预应力施工方法是：在预应力筋表面刷涂料并包塑料布（管）后，如同普通钢筋一样先铺设在安装好的模板内，然后浇筑混凝土，待混凝土达到设计要求强度后，进行预应力筋张拉锚固。这种预应力工艺的优点是不需要预留孔道和灌浆，施工简单，张拉时摩阻力较小，预应力筋易弯成曲线形状，适用于曲线配筋的结构。在双向连续平板和密肋板中应用无黏结预应力束比较经济合理，在多跨连续梁中也很有发展前途。

六、结构吊装工程施工

将建筑物设计成许多单独的构件，分别在施工现场或工厂预制结构构件或构件组合，然后在施工现场用起重机械把它们吊起并安装在设计位置上去的全部施工过程，称为结构吊装工程。用这种施工方式形成的结构称为装配式结构。

(一) 混凝土结构吊装

混凝土结构吊装分为构件吊装和结构吊装两大类。其中，构件的吊装包括构件的制作、运输、堆放、吊装，结构吊装分为单层工业厂房结构吊装和多层装配式框架结构吊装，吊装顺序由于吊装方案的不同而不同。

1. 预制构件吊装工艺

预制构件吊装工艺应考虑构件的制作、运输、堆放、平面布置和构件的吊装过程。

(1) 预制构件的制作和运输：预制构件如柱、屋架、梁、桥面板等一般在现场预制或工厂预制。在许可的条件下，预制时尽可能采用叠浇法，重叠层数由地基承载能力和施工条件确定，一般不超过 4 层，上、下层间应做好隔离层，上层构件的浇筑应等到下层构件混凝土达到设计强度的 30％以后才可进行。整个预制场地应平整夯实，不可因受荷、浸水而产生不均匀沉陷。

工厂预制的构件需在吊装前运至工地。对构件运输时的混凝土强度要求是：如设计无规定时，不应低于设计的混凝土强度标准值的 75％。

（2）构件的平面布置：预制构件的堆放应考虑便于吊升及吊升后的就位，特别是大型构件，应做好构件堆放的布置图，以便一次吊升就位，减少起重设备负荷开行。对于小型构件，则可考虑布置在大型构件之间，也应以便于吊装、减少二次搬运为原则。但小型构件常采用随吊随运的方法，以减少对施工场地的占用。

（3）预制构件的吊装：预制构件吊装过程一般包括绑扎、吊升、就位、临时固定、校正和最后固定等工序。

1）柱的吊装：

① 柱的绑扎：柱身绑扎点数和绑扎位置，要保证柱在吊装过程中受力合理，不发生变形或裂缝而折断。一般中、小型柱绑扎一点；重型柱或配筋少而细长的柱常绑扎两点甚至两点以上以减少柱的吊装弯矩。必要时，需经吊装应力和裂缝控制计算后确定。一点绑扎时，绑扎位置在牛腿下面。

② 柱的起吊：柱的起吊方法，按柱在吊升过程中柱身运动的特点分为旋转法和滑行法；按使用起重机的数量，有单机起吊和双机抬吊。单机起吊的工艺如下：

a. 旋转法：起重机边起钩、边旋转，使柱身绕柱脚旋转而逐渐吊起的方法称为旋转法。其要点是保持柱脚位置不动，并使柱的吊点、柱脚中心和杯口中心三点共圆。其特点是柱吊升中所受需动较小，但对起重机的机动性要求高。一般采用自行式起重机。

b. 滑行法：起吊时起重机不旋转，只起升吊钩，使柱脚在吊钩上升过程中沿着地面逐渐向前滑行，直至柱身直立的方法称为滑行法。其要点是柱的吊点要布置在杯口旁，并与杯口中心两点共圆弧。其特点是起重机只需转动吊杆，即可将柱子吊装就位，较安全，但滑行过程中柱子受震动。故只有起重机场地受限时才采用此法。

③ 柱的就位和临时固定：柱脚插入杯口后，使柱的安装中心线对准杯口的安装中心线（吊装准线），然后用八个楔块从柱四周插入杯口，打紧将柱临时固定。吊装重型、细长柱时，除采用以上措施进行临时固定外，必要时增设缆风绳拉锚。

④ 柱的校正：柱的校正包括平面定位轴线、标高和垂直度的校正。

⑤ 柱的最后固定：柱底部四周与基础杯口的空隙之间，浇筑细石混凝土，捣固密实，使柱的底脚完全嵌固在基础内作为最后固定。

2）吊车梁的吊装：吊车梁的吊装须在柱子最后固定好，接头混凝土达到 70％设计强度后进行。吊车梁的绑扎应使吊钩对准吊车梁的重心，起吊后使构件保持水平。吊车梁就位时应缓慢落下，争取使吊车梁中心线与支承面的中心线能一次对准，并使两端搁置长度相等。吊车梁的校正，应在屋盖结构构件校正和最后固定后进行。校正的内容有：中心线对定位轴线的位移、标高、垂直度。

3）屋盖的吊装：屋盖构件包括屋架（或屋面梁）、屋架上下弦水平支撑和垂直支撑、天沟板和屋面板、天窗架和天窗侧板等。屋盖的吊装一般都按节间逐一依次采用综合吊装法。吊装的施工顺序是：绑扎、扶直堆放、吊升、就位、临时固定、校正和最后固定。

2. 单层工业厂房结构吊装

单层工业厂房的主要承重结构由基础、柱、吊车梁、屋架、天窗架、屋面板等组成。一般中小型单层工业厂房的特点：承重结构多数采用装配式钢筋混凝土结构，除基础在施工现场就地浇筑外，其他构件多采用钢筋混凝土预制构件；平面尺寸大，承重结构跨度与质量大，构件类型少，厂房内设备基础多。因此，在拟定结构吊装方案时，应着重解决起重机的选用、结构吊装方案。

（1）起重机械选择与布置：

1）起重机械选择：起重机的选择要根据所吊装构件的尺寸、质量及吊装位置来确定。可选择的机械有履带式起重机、轮式起重机或塔式起重机等。选择起重机要保证其三个工作参数，即起重量 Q、起重高度 H 和起重幅度 R，均应满足结构吊装的要求。

2）起重机的平面布置：起重机的布置方案主要根据房屋平面形状、构件质量、起重机性能及施工现场环境条件等确定。一般有四种布置方案：单侧布置、双侧布置、跨内单行布置和跨内环形布置。

（2）结构吊装方法与吊装顺序：

1）分件吊装法：起重机在车间内或车间外每开行一次，仅吊装一种或两种构件。通常分三次开行吊装完全部构件：第一次开行，吊装全部柱子，并加以校正及最后固定；第二次开行，吊装全部吊车梁、连系梁及柱间支撑；第三次开行，分节间吊装屋架、天窗架、屋面板及屋面支撑等。

这种方法的优点是：由于每次均吊装同类型构件，可减少起重机变幅和索具的更换次数，从而提高吊装效率，能充分发挥起重机的工作能力，构件供应与现场平面布置比较简单，也能给构件校正、接头焊接、灌筑混凝土和养护提供充分的时间。缺点是：不能为后续工序及早提供工作面，起重机的开行路线较长。分件吊装法是目前单层工业厂房结构吊装中采用较多的一种方法。

2）综合吊装法：起重机在车间内每开行一次（移动一次），就分节间吊装完节间内所有各种类型的构件。一个节间的全部构件吊装完后，起重机移至下一个节间进行吊装，直至整个厂房结构吊装完毕。

这种方法的优点是：开行路线短，停机点少；吊完一个节间，其后续工种就可进入节间内工作，使各个工种进行交叉平行流水作业，有利于缩短工期。缺点是：采用综合吊装法，每次吊装不同构件需要频繁变换索具，工作效率低；使构件供应紧张和平面布置复杂；构件的校正困难。因此，目前较少采用。

（二）升板法施工

升板法施工是指楼板用提升法施工的板柱框架结构工程。其方法是利用柱子作为导杆，配备相应的提升设备，将预制在地面上的各层楼板，提升到设计标高，然后加以固定。其施工顺序是：先将预制柱吊装好，再浇筑室内地坪，然后以地坪作为胎膜，就地叠层浇筑各层楼板和屋面板，待混凝土达到一定强度后，利用沿柱自升的提升机，将柱作为提升支承和导杆，把各层板逐一提升到设计标高，并加以固定。

升板结构及其施工特点：柱网布置灵活，设计结构单一；各层板叠浇制作，节约大量模板，提升设备简单，不用大型机械；高空作业减少，施工较为安全；劳动强度减轻，机械化程度提高；节省施工用地，适宜狭地施工；但用钢量较大，造价偏高。

七、装饰工程施工

（一）一般抹灰

1. 一般抹灰的构造层次

一般抹灰是指采用砂浆对建筑物的面层进行罩面处理，其主要目的是对墙体表面进行找平处理并形成墙体表面的涂层。为确保抹灰粘贴牢固，避免开裂、脱落，通常采用分层施工的做法，其具体构造分为底层、中层和面层等三层。

（1）底层：底层是墙体基层的表面处理，作用是与基层粘接和初步找平。

（2）中层：中层砂浆主要起找平的作用，根据设计和质量要求，可以一次抹成，也可以分层操作，具体根据墙体平整度和垂直度偏差情况而定，用料与底层用料基本相同。中层抹灰厚度一般为5～9mm。

（3）面层：面层又称为罩面，一般抹灰饰面的基本要求是表面平整、色泽均匀、无裂缝。外墙面层抹灰由于防水抗冻的要求，一般用1：2.5或1：3的水泥砂浆；而内墙罩面材料一般用石灰类砂浆1：1：4或1：1：6，由于是气硬性材料，和易性极佳，因此可以粉刷得相当平整。粉刷好的墙面可以作为其他饰面如卷材饰面、涂料饰面的基层。

2. 施工要点

（1）基层处理应符合下列规定：

1）砖砌体应清除表面杂物、尘土，抹灰前应洒水湿润。

2）混凝土表面应凿毛或在表面洒水润湿后涂刷1：1水泥砂浆（加适量胶粘剂）。

3）加气混凝土应在湿润后边刷界面剂，边抹强度不大于M5的水泥混合砂浆。

（2）抹灰层的平均总厚度应符合设计要求。

（3）大面积抹灰前应设置标筋。抹灰应分层进行，每遍厚度宜为5～7mm。抹石灰砂浆和水泥混合砂浆每遍厚度宜为7～9mm。当抹灰总厚度超出35mm时应采取措施。

（4）用水泥砂浆和水泥混合砂浆抹灰时，应待前一抹灰层凝结后方可抹后一层；用石灰砂浆抹灰时，应待前一抹灰层七八成干后方可抹后一层。

（5）底层的抹灰层强度不得低于面层的抹灰层强度。

（6）水泥砂浆拌好后，应在初凝前用完，凡结硬砂浆不得继续使用。

3. 工艺流程。

水泥砂浆抹灰工艺流程如图1.3.3所示。

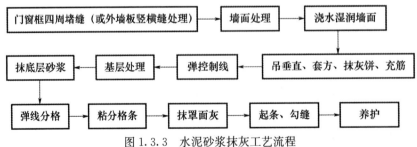

图1.3.3 水泥砂浆抹灰工艺流程

（二）水泥砂浆地面

水泥砂浆地面是传统的地面施工工艺中一种低档做法，在当前室内装修工程中一般不作为最后面层使用，仅作为其他装饰材料的基面，但由于它具有造价低、使用耐久、施工简便等优点，应用尚相当广泛，其操作不当，易引起起砂、脱皮、起灰等现象。

水泥砂浆地面层表面的坡度应符合设计要求，不得有倒泛水和积水现象；面层表面应洁净，无裂纹、脱皮、麻面、起砂等缺陷；踢脚线与墙面应紧密结合，高度一致，出墙厚度均匀。

1. 施工准备

（1）材料：

1）水泥：优先采用硅酸盐水泥、普通硅酸盐水泥，强度等级不低于 42.5，严禁不同品种、不同强度等级的水泥混用。

2）砂：采用中砂、粗砂，含泥量不大于 3%，过 8mm 孔径筛子；如采用细砂，砂浆强度偏低，易产生裂缝。

3）采用石屑代砂，粒径宜为 3～6mm，含泥量不大于 3%，可拌制成水泥石屑浆。

（2）地面垫层中各种预埋管线已完成，穿过楼面的方管已安装完毕，管洞已落实，有地漏的房间已找泛水。

（3）施工前应在四周墙身弹好＋50cm 的水平墨线。

（4）门框已立好。

（5）墙、顶抹灰已完，屋面防水已做。

2. 施工方法

（1）基层处理：基层处理方法为先将基层上的灰尘扫掉，用钢丝刷和錾子刷净，剔掉灰浆皮和灰渣层，用 10% 的火碱水溶液刷掉基层上的油污，并用清水及时将碱液冲净。表面比较光滑的基层，应进行凿毛，并用清水冲洗干净。

（2）弹线、找标高：按设计要求的水泥砂浆面层厚度在四周墙身弹好＋50cm 的水平墨线，作为确定水泥砂浆面层标高的依据。

（3）洒水：用喷壶将地面基层均匀洒水一遍。

（4）抹灰饼和标筋：根据＋50cm 的水平墨线弹出楼地面面层上皮的水平基准线，在四周墙角处每隔 1.5～2m 用 1∶2 水泥砂浆抹 8～10cm 见方的标志块（即灰饼），待标志块结硬后，再按标志块的高度做出纵横方向通长的标筋以控制面层的厚度。标筋用 1∶2 水泥砂浆，宽度一般为 8～10cm。

（5）搅拌砂浆：面层水泥砂浆的配合比不低于 1∶2，其稠度（以标准圆锥体沉入度计）不大于 3.5cm。水泥砂浆必须用搅拌机拌和均匀，颜色一致。应注意掌握水泥砂浆的配比，水泥量偏少时，地面强度低，表面粗糙，耐磨性差，容易起砂；水泥偏多则收缩量大，地面容易产生裂缝。

（6）刷水泥砂浆结合层：在铺设水泥砂浆之前，应涂刷水泥浆一层，其水灰比为 0.4～0.5，随刷随铺面层砂浆。如果水泥素浆结合层过早涂刷，则起不到与基层和面层两者粘接的作用，反而造成地面空鼓。

（7）铺水泥砂浆：涂刷水泥浆之后紧跟着铺水泥砂浆，在灰饼（或标筋）之间将砂浆铺均匀，然后用木刮杠按灰饼（或标筋）高度刮平。铺砂浆时如果灰饼（或标筋）已硬化，木刮杠刮平后，同时将利用过的灰饼（或标筋）敲掉，并用砂浆填平。刮时要由里到外刮到门口，符合门框锯口线标高。

木刮杠刮平后，立即用木抹子搓平，从内向外退着操作，并随时用 2m 靠尺检查其平整度。木抹子抹平后，立即用铁抹子压第一遍。直到出浆为止。在水泥砂浆终凝前进行第三遍压光（人踩上去稍有脚印），铁抹子抹上去不再有抹纹时，用铁抹子把第二遍抹压时留下的全部抹纹压平、压实、压光。面层的压光工序应在表面初步收水后，水泥终凝前完成。

（8）养护：水泥砂浆面层抹压后，应在常温湿润条件下养护。养护要适时，如浇水过早易起皮，如浇水过晚则会使面层强度降低而加剧其干缩和开裂倾向。一般在夏天是在 24h 后养护，春秋季节应在 48h 后养护。养护一般不少于 7d。最好是在铺上锯木屑（或以草垫覆盖）后再浇水养护，浇水时宜用喷壶喷洒，使锯木屑（或草垫等）保持湿润即可。如采用矿渣水泥时，养护时间应延长到 14d。

在水泥砂浆面层强度达不到 5MPa 之前，不准在上面行走或进行其他作业，以免损坏地面。

（三）其他材料地面装饰

1. 石材地面装饰

室内地面所用石材一般为镜面板材，板厚 20mm 左右。每块大小在 600mm×600mm～800mm×800mm。可使用 1∶2 水泥砂浆掺 107 胶铺贴。

（1）石材地面装饰基本工艺流程：清扫整理基层地面→水泥砂浆找平→定标高、弹线→选料→板材浸水湿润→安装标准块→摊铺水泥砂浆→铺贴石材→灌缝→清洁→养护交工。

（2）施工要点：

1）基层处理干净，高低不平出要先凿平和修补。基层不能有砂浆，尤其是白灰砂浆灰、油渍等，并用水湿润基层。

2）铺装石材、瓷质砖时必须安放在十字线交点，对角安装。铺装操作时要每行依次挂线，石材必须浸水湿润，阴干后擦净背面。

3）铺装后的养护十分重要，安装 24h 后必须洒水养护，铺贴完后覆盖锯末养护。

（3）注意事项：

1）铺贴前将板材进行试拼，对花、对色、编号，以便铺设出的地面花色一致。

2）石材必须浸水阴干。以免影响砂浆凝结硬化，发生空鼓、起壳等问题。

3）铺贴完成后，2～3d 内不得上人。

2. 陶瓷地面砖铺贴

（1）基本工艺流程：

1）铺贴彩色釉面砖类：处理基层→弹线→瓷砖浸水湿润→摊铺水泥砂浆→铺贴地面砖→勾缝→清洁→养护。

2）铺贴陶瓷锦砖（马赛克）类：处理基层→弹线、标筋→摊铺水泥砂浆→铺贴→拍实→洒水、揭纸→拨缝、灌缝→清洁→养护。

（2）铺贴陶瓷地砖的施工要点：

1）混凝土地面应将基层凿毛，凿毛深度 5～10mm，凿毛痕的间距为 30mm 左右。之后，清净浮灰、砂浆、油渍。

2）铺贴前应弹好线，在地面弹出与门道口成直角的基准线，弹线应从门口开始，以保证进口处为整砖，非整砖置于阴角或家具下面，弹线应弹出纵横定位控制线。

3）铺贴陶瓷地面砖前，应先将陶瓷地面砖浸泡阴干。

4）铺贴时，水泥砂浆应饱满地抹在陶瓷地面砖背面，铺贴后用橡皮锤敲实。同时，用水平尺检查校正，擦净表面水泥砂浆。

5）铺贴完 2～3h 后，用白水泥擦缝，用水泥：砂子＝1∶1（体积比）的水泥砂浆，缝要填充密实，平整光滑。再用棉丝将表面擦净。

（3）注意事项：

1）基层必须处理合格，不得有浮土、浮灰。

2）陶瓷地面砖必须浸泡后阴干。以免影响其凝结硬化，发生空鼓、起壳等问题。

3）铺贴完成后，2～3h 内不得上人。陶瓷锦砖应养护 4～5d 才可上人。

3. 木地板装饰

（1）木地板装饰的做法：

1）粘贴式木地板：在混凝土结构层上用 15mm 厚 1∶3 水泥砂浆找平，然后采用高分子粘接剂，将木地板直接粘贴在地面上。

2）实铺式木地板：实铺式木地板基层采用梯形截面木搁栅（俗称木楞），木搁栅的间距一般为 400mm，中间可填一些轻质材料，以减低人行走时的空鼓声、并改善保温隔热效果。为增强整体性，木搁栅之上铺钉毛地板，最后在毛地板上钉固或粘贴木地板。在木地板与墙的交接处，要用踢脚板压盖。为散发潮气，可在踢脚板上开孔通风。

3）架空式木地板：架空式木地板是在地面先砌地垄墙，然后安装木搁栅、毛地板、面层地板。因家庭居室高度较低，这种架空式木地板很少在家庭装饰中使用。

（2）木地板装饰的基本工艺流程：

1）粘贴法施工工艺：基层清理→涂刷底胶→弹线、找平→钻孔、安装预埋件→安装毛地板、找平、刨平→钉木地板、找平、刨平→钉踢脚板→刨光、打磨→油漆→上蜡。

2）强化复合地板施工工艺：清理基层→铺设塑料薄膜地垫→粘贴复合地板→安装踢脚板。

3）实铺法施工工艺：基层清理→弹线→钻孔安装预埋件→地面防潮、防水处理→安装木龙骨→垫保温层→弹线、钉装毛地板→找平、刨平→钉木地板、找平、刨平→装踢脚板→刨光、打磨→油漆→上蜡。

（3）木地板施工要点：

1）实铺地板要先安装地龙骨，然后再进行木地板的铺装。

2）龙骨的安装方法：应先在地面做预埋件，以固定木龙骨，预埋件为螺栓及铅丝，预埋件间距为 800mm。

3）木地板的安装方法：实铺实木地板应有基面板，基面板使用大芯板。

4）地板铺装完成后，先用刨子将表面刨平刨光，将地板表面清扫干净后涂刷地板漆，进行抛光上蜡处理。

5）所有木地板运到施工安装现场后，应拆包在室内存放一个星期以上，使木地板与居室温度、湿度相适应后才能使用。

6）木地板安装前应进行挑选，剔除有明显质量缺陷的不合格品。将颜色花纹一致的铺在同一房间，有轻微质量缺欠但不影响使用的，可摆放在床、柜等家具底部使用，同一房间的板厚必须一致。购买时应按实际铺装面积增加 10％的损耗一次购买齐备。

7）铺装木地板的龙骨应使用松木、杉木等不易变形的树种，木龙骨、踢脚板背面均应进行防腐处理。

8）铺装实木地板应避免在大雨、阴雨等气候条件下施工。施工中最好能够保持室内温度、湿度的稳定。

9）同一房间的木地板应一次铺装完，因此要备有充足的辅料，并要及时做好成品保护，严防油渍、果汁等污染表面。安装时挤出的胶液要及时擦掉。

（4）注意事项：

1）木地板粘贴式铺贴要确保水泥砂浆地面不起砂、不空裂，基层必须清理干净。

2）基层不平整应用水泥砂浆找平后再铺贴木地板。基层含水率不大于15%。

3）粘贴木地板涂胶时，要薄且均匀。相邻两块木地板高差不超过1mm。

（四）瓷砖、面砖面层

瓷砖、面砖面层的表面应洁净，图案清晰，色泽一致，接缝平整，深浅一致，周边顺直，板块无裂纹、掉角和缺棱等缺陷；面层邻接处的镶边用料及尺寸应符合设计要求，边角整齐、光滑。

1. 施工方法

（1）基层处理：

1）混凝土基层：应对光滑的基体表面应进行凿毛处理。凿毛深度应为0.5～1.5cm，间距3cm左右。基体表面残留的砂浆、灰尘及油渍等，应用钢丝刷洗干净。基体表面凹凸明显部位，应事先剔平或用1:3水泥砂浆补平。不同基体材料相接处，应铺钉金属网，方法与抹灰饰面做法相同。门窗口与主墙交接处应用水泥砂浆嵌填密实。

2）砖墙基体：墙面清扫干净，提前1d浇水湿润。

（2）抹底灰：抹灰前应使用经纬仪打垂直线找直，做灰饼、冲筋，使其底层灰做到横平竖直。抹底层灰应分层进行，水泥砂浆配合比一般为1:3，第一遍厚度宜为5mm，第二遍厚度为8～12mm，抹后用木抹子搓平，隔天浇水养护。

（3）弹线、排砖：外墙面砖镶贴前，应根据施工大样图统一弹线分格、排砖，并在墙面上每隔1.5～2m做出标高块。饰面砖在墙面的排列有"直缝"和"错缝"两种方法，对直缝铺贴的瓷片，需要在墙面弹出水平控制线和垂直控制线。而错缝铺贴的饰面砖只需弹出水平控制线。

（4）浸砖：饰面砖在铺贴前应在水中充分浸泡，陶瓷无釉砖和陶瓷磨光砖应浇水湿润，以保证铺贴后不致因吸走灰浆中水分而粘贴不牢。

（5）铺贴：铺贴顺序应自下而上分层分段进行，外墙面先贴附墙柱面，后贴大墙面，再贴窗间墙。内墙面应从阳角开始贴起，在阴角收边。

2. 施工要点

（1）墙面砖铺贴前应进行挑选，并应浸水2h以上，晾干表面水分。

（2）铺贴前应进行放线定位和排砖，非整砖应排放在次要部位或阴角处。每面墙不宜有两列非整砖，非整砖宽度不宜小于整砖的1/3。

（3）铺贴前应确定水平及竖向标志，垫好底尺，挂线铺贴。墙面砖表面应平整，接缝应平直，缝宽应均匀一致。阴角砖应压向正确，阳角线宜做成45°角对接，在墙面突出物处，应整砖套割吻合，不得用非整砖拼凑铺贴。

（4）结合砂浆宜采用 1：2 水泥砂浆，砂浆厚度宜为 6～10mm。水泥砂浆应满铺在墙砖背面，一面墙不宜一次铺贴到顶，以防塌落。

（五）其他墙面装饰

1. 裱糊类墙面装饰

裱糊类墙面指用墙纸、墙布等裱糊的墙面。

（1）裱糊类墙面的构造：墙体上用水泥石灰浆打底，使墙面平整。干燥后满刮腻子，并用砂纸磨平，然后用 107 胶或其他胶粘剂粘贴墙纸。

（2）裱贴墙纸、墙布主要工艺流程：清扫基层、填补缝隙→石膏板面接缝贴接缝带、补腻子、磨砂纸→满刮腻子、磨平→涂刷防潮剂→涂刷底胶→墙面弹线→壁纸浸水→壁纸、基层涂刷粘接剂→墙纸裁纸、刷胶→上墙裱贴、拼缝、搭接、对花→赶压胶粘剂气泡→擦净胶水→修整。

（3）裱贴墙纸、墙布施工要点：

1）基层处理时，必须清理干净、平整、光滑，防潮涂料应涂刷均匀，不宜太厚。

① 混凝土和抹灰基层：墙面清扫干净，将表面裂缝、坑洼不平处用腻子找平，再满刮腻子，打磨平。根据需要决定刮腻子遍数。

② 木基层：木基层应刨平，无毛刺、戗茬，无外露钉头。接缝、钉眼用腻子补平。满刮腻子，打磨平整。

③ 石膏板基层：石膏板接缝用嵌缝腻子处理，并用接缝带贴牢。表面刮腻子。涂刷底胶一般使用 107 胶，底胶一遍成活，但不能有遗漏。

2）为防止墙纸、墙布受潮脱落，可涂刷一层防潮涂料。

3）弹垂直线和水平线，是保证墙纸、墙布横平竖直、图案正确的依据。

4）塑料墙纸遇水后胶水会膨胀，因此要用水润纸，使塑料墙纸充分膨胀，玻璃纤维基材的壁纸、墙布等，遇水无伸缩，无需润纸。复合纸壁纸和纺织纤维壁纸也不宜闷水。

5）粘贴后，赶压墙纸胶粘剂，不能留有气泡，挤出的胶要及时揩净。

（4）注意事项：

1）墙面基层含水率应小于 8%。

2）墙面平整度达到用 2m 靠尺检查高低差不超过 2mm。

3）拼缝时先对图案后拼缝，使上下图案吻合。

4）禁止在阳角处拼缝，墙纸要裹过阳角 20mm 以上。

5）裱贴玻璃纤维墙布和无纺墙布时，背面不能刷胶粘剂，应当将胶粘剂刷在基层上。因为墙布有细小孔隙，胶粘剂会印透表面而出现胶痕，影响美观。

2. 罩面类墙面装饰

（1）木护墙板、木墙裙的构造：在墙内埋设防腐木砖，将木龙骨架固定在木砖上，然后将面板钉或粘在木龙骨架上。木龙骨断面为 20～40mm×40～50mm，木龙骨间距为 400～600mm。

（2）木护墙板、木墙裙施工工艺流程：处理墙面→弹线→制作木骨架→固定木骨架→安装木饰面板→安装收口线条。

（3）施工要点：

1）墙面要求平整。如墙面平整误差在 10mm 以内，可采取抹灰修整的办法；如误差大于 10mm，可在墙面与龙骨之间加垫木块。

2）根据护墙板高度和房间大小制作木龙骨架，整片或分片安装，在木墙裙底部安装踢脚板，将踢脚板固定在垫木及墙板上，踢脚板高度 150mm，冒头用木线条固定在护墙板上。

3）根据面板厚度确定木龙骨间尺寸，横龙骨一般在 400mm 左右，竖龙骨一般在 600mm。面板厚度 1mm 以上时，横龙骨间距可适当放大。

4）钉木钉时，护墙板顶部要拉线找平，木压条规格尺寸要一致。

5）木墙裙安装后，应立即进行饰面处理，涂刷清油一遍，防止其他工种污染板面。

（4）注意事项：

1）墙面潮湿，应待干燥后施工，或做防潮处理。一是可以先在墙面做防潮层；二是可以在护墙板上、下留通气孔；三是可以通过墙内木砖出挑，使面板、木龙骨与墙体离开一定距离，避免潮气对面板的影响。

2）两个墙面的阴阳角处，必须加钉木龙骨。

3）如涂刷清漆，应挑选同树种、颜色和花纹的面板。

3. 石材类墙面装饰

（1）天然花岗岩、大理石板材墙面构造：天然石材较重，为保证安全，一般采用双保险的办法，即板材与基层用铜丝绑扎连接，再灌水泥砂浆。饰面板材与结构墙间隔 3～5cm，作为灌浆缝，灌浆时每次灌入高度 20cm 左右，且不超过板高的 1/3，初凝后继续灌注。

（2）天然花岗岩、大理石板材墙面施工工艺：基层处理→安装基层钢筋网→板材钻孔→绑扎板材→灌浆→嵌缝→抛光。

（3）青石板墙面构造和施工工艺：青石板墙面构造和施工工艺可采用与釉面砖类似的方法粘贴。青石板吸水率高，粘贴前要用水浸透。

（4）墙面石材铺装施工要点：

1）墙面砖铺贴前应进行挑选，并应按设计要求进行预拼。

2）强度较低或较薄的石板应在背面粘贴玻璃纤维网布。

3）当采用湿作业法施工时，固定石材的钢筋网应与预埋件连接牢固。每块石材与钢筋网拉接点不得少于 4 个。灌注砂浆前应将石材背面及基层湿润。并应用填缝材料临时封闭石材板缝，避免漏浆；灌注砂浆宜用 1：2.5 水泥砂浆。

4）当采用粘贴法施工时，基层处理应平整但不应压光，胶粘剂的配合比应符合产品说明书的要求。胶液应均匀、饱满的刷抹在基层和石材背面，石材就位时应准确，并应立即挤紧、找平、找正，进行预、卡固定。溢出胶液应随时清除。

（六）油漆

油漆施工应涂饰均匀、粘接牢固，不得漏涂、透底、起皮和反锈。施工要点如下：

（1）使用材料的品种、色号等应符合设计要求，必要时由设计人员现场配色、调色。

（2）施工环境应通风良好，湿作业已完并具备一定的强度，环境比较干燥。

（3）大面积施工前，应事先做样板间，经有关质量部门检查鉴定合格后，方可组织班组进行大面积施工。

（4）施工前应对木门窗等木材外形进行检查，有变形不合格者应拆换，木材制品含水率不大于 12%。

（5）操作前应认真进行交接检查工作，并对遗留问题进行妥善处理。

（6）刷末道油漆前，必须将玻璃全部安装好。

（七）建筑涂料装饰施工

1. 基层处理

喷涂前必须将已做好的基层表面的灰浆、浮土、附着物等冲洗干净；基层表面的油污、隔离剂洗净。基层表面要求平整，大的孔洞、裂缝应提前修补平整，轻微的可用腻子刮平，深的用聚合物水泥砂浆（水泥：108 胶：水＝1：2：3）修补。

2. 涂料准备

涂料使用前应将其倒入较大的容器内充分搅拌均匀后可使用。使用过程中仍需不断搅拌，防止涂料中的添加剂沉底。

3. 涂层形成

（1）底涂料：直接涂装在基层上的涂料，作用是增强涂料层与基层之间的结合力。另外，底层涂料还兼具有基层封底的作用，防止水泥砂浆抹灰层的可溶性盐等渗出表面，造成对涂饰饰面的破坏。

（2）中间层涂料：是整个涂料的成型层，起着保护基层和保护面层形成所需的装饰效果的作用。

（3）面层涂料：面层的作用是体现涂层的色彩和光感，并满足耐久性、耐磨性等方面的要求，面层至少要涂刷两遍以上。

4. 涂装方式

常见的涂装方式有：刷涂、喷涂、滚涂、弹涂。

外墙喷涂时，门窗处必须遮挡，空压机压力保持在 0.4～0.7MPa，要根据涂料的稠度、喷嘴的直径大小来调整喷头的进气阀门，以喷成雾状为宜。喷涂质量的好坏与喷头距墙面远近和角度大小有关。近则易成片，造成流坠；远则易虚，造成花脸和漏喷。喷头距墙一般以 50～70cm 为宜。

（八）玻璃幕墙

1. 玻璃幕墙结构形式

玻璃幕墙主要部分的构造可分为两方面，一是饰面的玻璃，二是固定玻璃的骨架。只有将玻璃与骨架连接，玻璃才能成为幕墙。骨架支撑玻璃并固定玻璃，然后通过连接件与主体结构相连，将玻璃的自重及墙体所受到的荷载及其他荷载传递给主体结构，使之与主体结构融为一体。

目前生产玻璃幕墙骨架材料的厂家很多，各厂家在节点构造及安装方式等方面存在一定的差异。玻璃幕墙的制作和安装涉及力学（强度、刚度、稳定性）、隔热、隔声、防火、气密、抗震、避雷等方面的技术，这些与使用功能和人身安全都有密切的关系，因此，凡从事玻璃幕墙设计、制作、安装的企业，必须由国家有关部门资质审查合格后，方能进行。安装亦必须由专业施工队伍承接和操作。

2. 施工方法

玻璃幕墙表面应平整、洁净；整幅玻璃的色泽应均匀一致；不得有污染和镀膜损坏，每平方米玻璃不允许有明显划伤和长度大于 100mm 的轻微划伤，长度不大于 100mm 的轻微划伤应少于 8 条，擦伤总面积应不大于 500mm² 。

（1）安装紧固连接件：根据土建预埋件上已弹好线的位置，用连接件将骨架与主体结构相连。连接件与主体结构的固定方法，是在主体结构上预埋铁件，将连接件与预埋铁件焊牢；在连接件与其焊接时，要注意焊接质量。对于电焊所使用的焊条型号、焊缝的高度及长度，均应符合设计要求，并应该做好检查记录。

（2）固定竖向主龙骨：幕墙竖向杆件即竖框的固定，也就是用型钢连接件与主体结构相连。其连接件最常用的是角码，将角码与主体结构固定，再用不锈钢螺栓将幕墙立柱与角码连接。

安装到最顶层之后，再用经纬仪进行垂直度校正，检查无误后，把所有竖向龙骨与结构连接的螺栓、螺母、垫圈拧紧。所有焊缝重新加焊至设计要求，并将焊药皮砸掉，清理检查符合要求后，刷两遍防锈漆。

（3）固定横向次龙骨：对于铝合金型材骨架，其横档与竖框的连接一般是通过拉铆钉与连接件进行固定。连接件多为角铝，其一肢固定横挡，另一肢固定立柱。

（4）安装玻璃：将玻璃安装在铝合金型材上，是目前应用最多的幕墙做法。它的构造较简单，安装方便，同时也较为经济。其安装操作应注意下述几点：

1）玻璃与硬质金属之间应避免硬接触，而须用弹性材料使之过渡（减震）。这个弹性材料就是封缝材料。

2）在下框，不能直接将玻璃坐落在金属框上，需在金属框内垫上氯丁橡胶一类的弹性材料，在玻璃冷缩热胀变形时起缓冲作用。橡胶垫块的宽度，以不超过玻璃的厚度为标准；橡胶垫块的长度，则根据玻璃的质量来决定。

3）框内凹槽两侧的封缝材料，一般是由两部分组成。一部分起填缝同时兼具固定作用，多采用通长的橡胶压条。第二部分是在填缝材料的上面，注一道防水密封胶，由于硅酮系列的密封胶耐久性能好，所以应用较多。密封胶要注得均匀、饱满，一般注入深度为 5mm 左右。

4）由于玻璃幕墙的结构类型不同，故所采用的吊装方法也各有差异。对于单块面积较大的玻璃，一般都是借助于吊装机械和玻璃吸盘机才可完成吊装任务。

5）将玻璃置入框格并安装支承于设计位置，而后采取嵌缝密封措施。其他因构造需要而应设置的封口压板或封口压条等，均应及时操作完毕，且不可将吊装就位的玻璃仅做临时固定，更不得明摆浮搁。

八、防水工程施工

（一）屋面防水工程施工

屋面防水工程根据屋面防水材料的不同分为卷材防水层屋面（柔性防水层屋面）、涂膜防水屋面、刚性防水屋面等。目前应用最普遍的是卷材防水屋面。

1. 卷材防水屋面施工

（1）铺贴方法：卷材防水层面铺贴方法的选择应根据屋面基层的结构类型、干湿程度等实际情况来确定。卷材防水层一般用满粘法、点粘法、条粘法和空铺法等进行铺贴。当卷材防水层上有重物覆盖或基层变形较大时，应优先采用空铺法、点粘法、条粘法或机械固定法，但距屋面周边 800mm 内以及叠层铺贴的各层之间应满粘；当防水层采取满粘法施工时，找平层的分隔缝处宜空铺，空铺的宽度宜为 100mm。

高聚物改性沥青防水卷材的施工方法一般有热熔法、冷粘法和自粘法等。合成高分子防水卷材的施工方法一般有冷粘法、自粘法、焊接法和机械固定法。

（2）铺贴方向：卷材的铺贴方向根据屋面坡度和屋面是否受震动来确定。卷材铺贴方向应符合下列规定：当屋面坡度小于 3％时，宜平行于屋脊铺贴；当屋面坡度在 3％～15％时，卷材可平行或垂直于屋脊铺贴，但尽可能地优先采用平行于屋脊方向铺贴卷材，这样做可减少卷材接头，便于施工操作；当屋面坡度大于 15％或屋面受震动时，由于沥青软化点较低，防水层厚而重，沥青油毡应垂直于屋脊方向铺贴，以免发生流淌而下滑；高聚物改性沥青防水卷材和合成高分子防水卷材不存在上述现象，既可平行于屋脊铺贴，又可垂直于屋脊铺贴。当屋面坡度大于 25％时，一般不宜使用卷材做防水层，若用卷材做防水层，则应采取措施将卷材固定，并尽量避免短边搭接。如必须短边搭接，在搭接部位应采取机械固定措施，防止下滑。当采用叠层卷材组成防水层时，上下层卷材不允许相互垂直铺贴，因为这样铺贴后卷材间的重叠缝较多，铺贴就不易平整，交叉处平顺，容易造成屋面渗漏水。铺贴天沟、檐沟卷材时，宜顺天沟、檐沟方向，减少卷材的搭接。

（3）搭接方法与铺贴顺序：铺贴卷材应采用搭接法。平行于屋脊的搭接缝，应顺流水方向搭接；垂直于屋脊的搭接缝应顺年最大频率风向搭接。叠层铺贴的各层卷材，在天沟与屋面的交接处，应采用叉接法搭接，搭接缝应错开；搭接缝宜留在屋面或天沟侧面，不宜留在沟底。上下层及相邻两幅卷材的搭接缝应错开。

屋面防水层施工时，应先做好节点、附加层和屋面排水比较集中等部位的处理，然后由屋面最低处向上进行。当卷材平等于屋脊铺贴时，应按从排水口、檐口、天沟等屋面最低标高处向上铺贴至屋脊最高标处的铺贴顺序进行施工。

2. 涂膜防水屋面施工

涂膜防水层用于 Ⅲ、Ⅳ 级防水屋面时均可单独采用一道设防，也可用于 Ⅰ、Ⅱ 级屋面多道防水设防中的一道防水层。二道以上设防时，防水涂料与防水卷材应采用相容类材料；涂膜防水层与刚性防水层之间（如刚性防水层在其上）应设隔离层；防水涂料与防水卷材复合使用形成一道防水层时，涂料与卷材应选择相容类材料。

将适用于涂膜防水层的涂料分成两类：①高聚物改性沥青防水涂料；②合成高分子防水涂料。除此之外，无机盐类防水涂料不适用于层面防水工程。

防水涂膜施工应符合下列规定：①涂膜应根据防水涂料的品种分层分遍涂布，不得一次涂成；②应待先涂的涂层干燥成膜后，方可涂后一遍涂料；③需铺设胎体增强材料时，屋面坡度小于 15％可平行层脊铺设，屋面坡度大于 15％应垂直于屋脊铺设；④胎体长边搭接宽度不应小于 50mm，短边搭接宽度不应小于 70mm；⑤采用两层胎体增强材料时，上下层不得相互垂直铺设，短接缝应错开，其间距不应小于幅宽的 1/3。

3. 刚性防水屋面施工

刚性防水屋面主要适用于屋面防水等级为 Ⅲ 级，无保温层的建筑屋面防水；Ⅱ 级以上的重要建筑物，只有与卷材刚柔结合做两道以上防水时方可使用。采取刚柔结合、相互弥补的防水措施，将起到良好的防水效果。刚性材料防水不适用于设有松散材料保温层的屋面以及受较大震动或冲击的和坡度大于 15％的建筑屋面。

（1）刚性防水屋面的一般要求：

1）刚性防水层与山墙、女儿墙以及突出屋面结构的交接处应留缝隙，并应做柔性密封处理。

2）刚性防水层应设置分格缝，分格缝内嵌填密封材料。分格缝应设在屋面板的支撑端、屋面转角处、防水层与突出屋面结构的交接处，并应与板缝对齐。普通细石混凝土和补偿收缩混凝土防水层的分格缝，其纵横间距不宜大于 6m，宽度宜为 5～30mm。

3）细石混凝土防水层与基层间宜设置隔离层。

4）细石混凝土防水层厚度不应小于 40mm。

5）为了使混凝土抵御温度应力，防水层内应配置直径为 4～6mm，间距为 100～200mm 的双向钢筋网片，钢筋网片在分格缝处应断开；钢筋网片的保护层厚度不应小于 10mm，不得出现露筋现象，也不能贴近屋面板。

（2）刚性防水屋面对基层坡度和强度的要求：

1）对基层坡度的要求：刚性防水层常用于平屋面防水，坡度一般可为 2%～5%，并且应采用结构找坡。

2）对强度的要求：普通细石混凝土、补偿收缩混凝土的强度等级不应小于 C20。

（二）地下防水工程施工

1. 防水混凝土

防水混凝土结构具在取材容易、施工简便、工期短、造价低、耐久性好等优点，因此，在地下工程防水中广泛应用。

（1）防水混凝土在施工中的注意事项：

1）保持施工环境干燥，避免带水施工。

2）模板支撑牢固、接缝严密。

3）防水混凝土浇筑前无沁水、离析现象。

4）防水混凝土浇筑时的自落高度不得大于 1.5m。

5）防水混凝土应采用机械振捣，并保证振捣密实。

6）防水混凝土自然养护，养护时间不少于 14d。

（2）防水构造处理：

1）施工缝处理：防水混凝土应连续浇筑，宜少留施工缝。当留设施工缝时，应遵守下列规定：

① 墙体水平施工缝不应留在剪力与弯矩最大处或底板与侧墙的交接处，应留在高出底板表面不小于 300mm 的墙体上。拱（板）墙结合的水平施工缝，宜留在拱（板）墙接缝线以下 150～300mm 处。墙体有预留孔洞时，施工缝距孔洞边缘不应小于 300mm。

② 垂直施工缝应避开地下水和裂隙水较多的地段，并宜与变形缝相结合。

2）贯穿铁件处理：地下建筑施工中墙体模板的穿墙螺栓，穿过底板的基坑围护结构等，均是贯穿防水混凝土的铁件。由于材质差异，地下水分较易沿铁件与混凝土的界面向地下建筑内渗透。为保证地下建筑的防水要求，可在铁件上加焊一道或数道止水铁片，延长渗水路径、减小渗水压力，达到防水目的。

2. 表面防水层防水

表面防水层防水有刚性、柔性两种。

（1）水泥砂浆防水层：水泥砂浆防水层适用于地下砖石结构的防水层或防水混凝土结构的加强层。对于受腐蚀、高温及反复冻融的砖砌体工程不宜采用。

水泥砂浆品种和配合比设计应根据防水工程要求确定。聚合物水泥砂浆防水层厚度单层施工宜为 6~8mm，双层施工宜为 10~12mm，掺外加剂、掺合料等的水泥砂浆防水层厚度宜为 18~20mm。水泥砂浆防水层基层，其混凝土强度等级不应小于 C15；砌体结构砌筑用的砂浆强度等级不应低于 M7.5。

（2）卷材防水层：卷材防水层施工的铺贴方法，按其与地下防水结构施工的先后顺序分为外贴法和内贴法两种。

1）外贴法：外贴法是指在地下建筑墙体做好后，直接将卷材防水层铺贴在墙上，然后砌筑保护墙。外贴法的优点是建筑物与保护墙有不均匀沉降时，对防水层影响较小；防水层做好后即可进行漏水试验，修补方便。缺点是工期较长，占地面积较大，底板与墙身接头处卷材易受损。

2）内贴法：内贴法施工是指在地下建筑墙体施工前，先砌筑保护墙，然后将卷材防水层铺贴在保护墙上，最后进行地下建筑墙体浇筑。内贴法的优点是防水层的施工比较方便，不必留接头，施工占地面积小。缺点是构筑物与保护墙有不均匀沉降时，对防水层影响较大，保护墙稳定性差，竣工后如发现漏水较难修补。

卷材防水层可为一层或二层。高聚物改性沥青防水卷材厚度不应小于 3mm，单层使用时，厚度不应小于 4mm，双层使用时，总厚度不应小于 6mm；合成高分子防水卷材单层使用时，厚度不应小于 1.5mm，双层使用时，总厚度不应小于 2.4mm。

阴阳角处应做成圆弧或 45°（135°）折角，其尺寸视卷材品质确定。在转角处、阴阳角等特殊部位，应增贴 1~2 层相同的卷材，宽度不宜小于 500mm。

3. 止水带防水

为适应建筑结构沉降、温度伸缩等因素产生的变形，在地下建筑的变形缝（沉降缝或伸缩缝）、地下通道的连接口等处，两侧的基础结构之间留有 20~30mm 的空隙，两侧的基础是分别浇筑的，这是防水结构的薄弱环节，如果这些部位产生渗漏时，抗渗堵漏较难实施。为防止变形缝处的渗漏水现象，除在构造设计中考虑防水的能力外，通常还采用止水带防水。

目前，常见的止水带材料有橡胶止水带、塑料止水带、氯丁橡胶板止水带和金属止水带等。其中，橡胶及塑料止水带均为柔性材料，抗渗、适应变形能力强，是常用的止水带材料；氯丁橡胶止水板是一种新的止水材料，具有施工简便、防水效果好、造价低且易修补的特点；金属止水带一般仅用于高温环境条件下，而无法采用橡胶止水带或塑料止水带时。

止水带构造形式有：粘贴式、可卸式和埋入式等。目前较多采用的是埋入式。根据防水设计的要求，有时在同一变形缝处，可采用数层、数种止水带的构造形式。

（三）楼层、厕浴间、厨房间防水

住宅和公共建筑中穿过楼地面或墙体的上下管道，供热、燃气管道一般都集中明敷在厕浴间和厨房间，其防水方法应用柔性涂膜防水层和刚性防水砂浆防水层，或两者复合的防水层防水。

防水涂料涂布于复杂的细部构造部位，能形成没有接缝的、完整的涂膜防水层。由于防水涂膜的延伸性较好，基本能适应基层变形的需要。涂膜防水层必须在管道安装完毕，管孔四周堵填密实后，做地面工程之前施工。防水层必须翻至墙面并做到离地面 150mm 处。

防水砂浆则以补偿收缩水泥砂浆较为理想，其微膨胀的特性，能防止或减少砂浆收缩开裂，使砂浆致密化，提高其抗裂性和抗渗性。主要用于厕浴和厨房中的穿楼板管道、地漏口、蹲便器下水管等节点的防水。

九、外墙节能工程施工

（一）施工准备

（1）与施工有关的人员施工前必须认真阅览施工图纸，并与施工现场进行比对，及时检查现场和图纸变更的情况。

（2）落实施工材料及施工工具存放地、施工人员食宿安排等相关事宜。

（3）检查吊篮或脚手架，不得有任何安全隐患。

（4）检查施工用水、电的情况。

（二）施工条件

（1）按照《建筑装饰装修工程质量验收标准》（GB 50210—2018）普通抹灰标准检查基层墙体。立面垂直度、表面平整度、阴阳角方正、分格条（缝）直线度等项目的允许偏差均不得大于 4mm。

（2）施工期间及完工后的 24h 内，环境和基层表面温度均应高于 5℃，风力不大于 5 级。

（3）严禁雨中施工，遇雨或雨季施工应有可靠的防雨措施。

（4）夏季施工应做好防晒措施，抹面层和饰面层应避免阳光直射。

（三）施工程序

系统的安装施工程序为：基层处理→弹线→调制聚合物胶浆→铺设翻包网布→铺设保温板→安装锚固件→涂抹面层聚合物胶浆→铺设网布→涂抹面层聚合物胶浆→验收。

（四）施工要点

1. 基层处理

（1）基层墙体应坚实平整，墙面应清洁，清除灰尘、油污、脱模剂、涂料、空鼓及风化物等影响黏结强度的杂物。

（2）用 2m 靠尺检查墙体的平整度，最大偏差大于 4mm 时，应用 1:3 的水泥砂浆找平。

（3）若基层墙体不具备粘接条件，可采取直接用锚固件固定的方法，固定件数量应视建筑物的高度及墙体性质决定。

2. 弹线

按照图纸规定弹好散水水平线，在设计伸缩缝处的墙面弹出伸缩缝宽度线等。在阴阳角位置设置垂线，在两个墙面弹出垂直线，用此线检查保温板施工垂直度。

3. 调制聚合物胶浆

使用干净的塑料桶倒入约 5.5kg 的净水，加入 25kg 的聚合物胶浆，并用低速搅拌器搅拌成稠度适中的胶浆，净置 5min。使用前再搅拌一次。调好的胶浆宜在 2h 内用完。

4. 铺设翻包网

裁剪翻包网布的宽度应为 200mm 加上保温板厚度的总合。先在基层墙体上所有门、窗、洞周边及系统终端处，涂抹黏结聚合物胶浆，宽度为 100mm，厚度为 2mm。将裁剪好的网布一边 100mm 压入胶浆内，不允许有网眼外露，将边缘多余的聚合物胶浆刮净，保持甩出部分的网布清洁。

5. 铺设保温板

（1）保温板若为挤塑板，则应在涂刷黏结胶浆的一面涂刷一道专用界面剂，放置 20min 晾干后待用。

（2）保温板一般应采取横向铺设的方式，由下向上铺设，错缝宽度为 1/2 板长，必要时进行适当的裁剪，尺寸偏差不得大于 ±1.5mm。

（3）将保温板四周均匀涂抹一层黏结聚合物胶浆，涂抹宽度为 50mm，厚度 10mm，并在板的一边留出 50mm 宽的排气孔，中间部分采用点粘，直径为 100mm，厚度 10mm，中心距 200mm，对于 1200mm×600mm 的标准板，中间涂 8 个点，对于非标准板，则应使保温板粘贴后，涂抹胶浆的面积不小于板总面积的 30%。板的侧边不得涂胶。

（4）基层墙体平整度良好时，亦可采用条粘法，条宽 10mm，厚度 10mm，条间距 50mm。

（5）将涂好胶浆的保温板立即粘贴于墙体上，滑动就位，用 2m 靠尺压平，保证其平整度和粘贴牢固。

（6）板与板间之间要挤紧，板间缝隙不得大于 2mm，板间高差不得大于 1.5mm。板间缝隙大于 2mm 时，应用保温条将缝塞满。板条不得粘接，更不得用胶粘剂直接填缝，板间高差大于 1.5mm 的部位应打磨平整。

（7）在所有门、窗、洞的拐角处均不允许有拼接缝，须用整块的保温板进行切割成型，且板缝距拐角不小于 200mm。

（8）在所有阴阳角拐角处，必须采用错缝粘贴的方法，并按垂线用靠尺控制其偏差，用 90° 靠尺检查。

6. 安装锚固件

对于 7 层以下的建筑保温施工时，可不用锚固件固定。

保温板粘贴完毕，24h 后方可进行锚固件的安装。在每块保温板的四周接缝及板中间，用电锤打孔，钻孔深度为基层内约 50mm，锚固深度为基层内约 45mm。

锚固件的数量应根据楼层高低及基层墙体的性质决定，在阳角及窗洞周围，锚固件的数量应适当增加，锚固件的位置距窗洞口边缘，混凝土基层不小于 50mm，砌块基层不小于 100mm。对于保温板面积大于 0.1m² 的板块，中间须加锚固件固定，面积小于 0.1m² 的板块，如位于基层边缘时也须加锚固件固定。锚固件的头部要略低于保温板，并及时用抹面聚合物胶浆抹平，防止雨水渗入。

7. 分格缝的施工

（1）如图纸上设计有分格缝，则应在设置分格缝处弹出分格线，剔出分格缝，宽度为 15mm，深度 10mm 或根据图纸而定。

（2）裁剪宽度为 130mm＋分格缝宽度的总和的网布，将分格缝隙及两边 65mm 宽的范围内涂抹聚合物胶浆，厚度为 2mm，将网布中间部分压入分格缝，并压入塑料条，使塑料条的边沿与保温板表面平齐。两边网布压入胶浆中，不允许有翘边、皱褶等。

8. 铺设网格布

涂抹面层胶浆前应先检查保温板是否干燥，用 2m 靠尺检查平整度，偏差应小于 4mm，去除表面的有害物质、杂质等。用抹子在保温板表面均匀涂抹一层面积略大于一块网格布的抹面聚合物胶浆，厚度为 2mm，立即将网格布按"T"字形顺序压入。同时应注意以下几点：

（1）网格布应自上而下沿外墙一圈一圈铺设。

（2）不得有网线外露，不得使网布皱褶、空鼓、翘边。

（3）当网格布需拼接时，搭接宽度应不小于 100mm。

（4）在阳角处需从每边双向绕角且相互搭接宽度不小于 200mm，阴角处不小于 100mm。

（5）当遇到门窗洞口时，应在洞口四角处沿 45°方向补贴一块 200mm×300mm 的标准网格布，防止开裂。

（6）在分格缝处，网布应相互搭接。

（7）铺设网格布时应防止阳光曝晒，并应避免在风雨气候条件下施工，在干燥前墙面不得沾水，以免导致颜色变化。

9. 抹面层聚合物胶浆并找平

待表面胶浆稍干可以碰触时，立即用抹子涂抹第二道胶浆，以找平墙面，将网格布全部覆盖，使面层胶浆总厚度为 3～5mm。

（五）质量保证实施细则

（1）基层墙体平整度在 4mm 之内。

（2）基层表面必须黏结牢固，无空鼓、风化、污垢、涂料等影响黏结强度的物质及质量缺陷。

（3）基层墙面如用 1∶3 水泥砂浆找平，应对粘接拉浆与基层墙体的黏结力做专门的试验。

（4）黏结胶浆确保不掺入砂、速凝剂、防冻剂、聚合物等其他添加剂。

（5）保温板的切割应尽量使用标准尺寸。

（6）保温板到场，施工前应进行验收，是否符合要求。

（7）保温板的粘贴应采用点框法，黏结胶浆的涂抹面积不应小于保温板总面积的 30%。

（8）保温板的接缝应紧密且平齐，板间缝隙不得大于 2mm，如大于 2mm，则应用保温条填实后磨平。

（9）板与板间不得有粘接剂。

（10）保温板的粘接操作应迅速，安装就位前黏结胶浆不得有结皮。

（11）门、窗、洞口及系统终端的保温板，应用整块板裁出直角，不得有拼接，接缝距拐角不小于 200mm。

（12）保温板粘贴完毕至少静置 24h，方可进行下一道工序。

（13）不得在雨中铺设网格布。

（14）标准网布搭接至少 100mm，阴阳角搭接不小于 200mm。

（15）若用聚苯板做保温层时，建筑物 2m 以下或易受撞击部位可加铺一层网格布，以增加强度。铺设第一层网格布时不需搭接，只对接。

（16）保护已完工的部分免受雨水的渗透和冲刷。

（17）使用泡沫塑料棒及密封膏时须提供合格证以及相关技术资料，泡沫棒直径按缝宽

1.3 倍采用。

（18）打胶前应确保节点没有油污、浮尘等杂质。

（19）密封膏应完全塞满节点空腔，并与两侧抹面胶浆紧密结合。

第四节　土建工程常用施工机械的类型及应用

一、土石方工程施工机械

由于土石方工程量大、劳动繁重，施工时应尽可能采用机械化施工，以减轻繁重的体力劳动，加快施工进度，降低工程造价。土方开挖时应根据地质条件、地下水情况、工程规模、开挖深度、基础形式、土方运距、现场条件等合理选择土方作业机械。

常用的土方作业机械有：推土机、铲运机、挖掘机、装载机等。

1. 推土机

推土机由拖拉机和推土铲刀组成，是一种自行式的挖土、运土工具。按铲刀的操作方式分类，推土机有索式和液压式。按推土机行走方式分类，推土机有履带式和轮胎式。推土机的经济运距在 100m 以内，以 30～60m 为最佳运距。推土机的特点是操作灵活、运输方便，所需工作面较小，行驶速度较快，易于转移。推土机可以单独使用，也可以卸下铲刀牵引其他无动力的土方机械，如拖式铲运机、松土机、羊足碾等。

使用推土机推土的几种施工方法如下：

（1）下坡推土法：推土机顺地面坡势进行下坡推土，可以借机械本身的重力作用，增加铲刀的切土力量，因而可增大推土机铲土深度和运土数量，提高生产效率，在推土丘、回填管沟时，均可采用。

（2）分批集中，一次推送法：在较硬的土中，推土机的切土深度较小，一次铲土不多，可分批集中，再整批地推送到卸土区。应用此法，可使每次的推送土量增大，缩短运输时间，提高生产效率 12%～18%。

（3）并列推土法：在较大面积的平整场地施工中，采用两台或三台推土机并列推土能减少土的散失，因为两台或三台单独推土时，有四边或六边向外撒土，而并列后只有两边向外撒土，一般可使每台推土机的推土量增加 20%。并列推土时，铲刀间距 15～30cm。并列台数不宜超过四台，否则互相影响。

（4）沟槽推土法：就是沿第一次推过的原槽推土，前次推土所形成的土埂能阻止土的散失，从而增加推运量。这种方法可以和分批集中、一次推送法联合运用。能够更有效地利用推土机，缩短运土时间。

（5）斜角推土法：将铲刀斜装在支架上，与推土机横轴在水平方向形成一定角度进行推土。一般在管沟回填且无倒车余地时，可采用这种方法。

2. 铲运机

铲运机有拖式铲运机和自行式铲运机两种。拖式铲运机是由拖拉机牵引及操纵，自行式铲运机的行驶和工作，都靠本身的动力设备，不需要其他机械的牵引和操纵。

铲运机的特点是能独立完成铲土、运土、卸土、填筑、压实等工作，对行驶道路要求较低，行驶速度快，操纵灵活，运转方便，生产效率高。常用于坡度在 20° 以内的大面积场地平整，开挖大型基坑、沟槽，以及填筑路基等土方工程。铲运机可在Ⅰ～Ⅲ类土中直接挖土、运土，适宜运距为600～1500m，当运距为200～350m时效率最高。

（1）铲运机的开行路线：由于挖填区的分布不同，根据具体条件，选择合理的铲运路线，对生产率影响很大。根据实践，铲运机的开行路线有以下几种：

1）环形路线：施工地段较短、地形起伏不大的挖、填工程，适宜采用环形路线，如图1.4.1（a）、（b）所示。当挖土和填土交替，而挖填之间距离又较短时，则可采用大环形路线，如图1.4.1（c）所示。大环形路线的优点是一个循环能完成多次铲土和卸土，从而减少了铲运机的转弯次数，提高了工作效率。

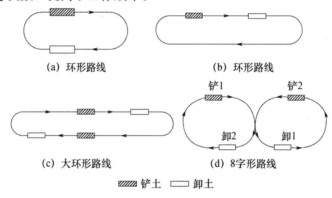

（a）环形路线　　　　　　　　　（b）环形路线

（c）大环形路线　　　　　　　　（d）8字形路线

▨ 铲土　▢ 卸土

图1.4.1　铲运机开行路线

2）8字形路线：对于挖、填相邻、地形起伏较大，且工作地段较长的情况，可采用8字路线，如图1.4.1（d）所示。其特点是铲运机行驶一个循环能完成两次作业，而每次铲土只需转弯一次，可比环形路线缩短运行时间，提高生产效率。同时，一个循环中两次转弯方向不同，机械磨损较均匀。

（2）铲运机铲土的施工方法：为了提高铲运机的生产率，除规划合理的开行路线外，还可根据不同的施工条件，采用下列施工方法：

1）下坡铲土：利用铲运机的重力来增大牵引力，使铲斗切土加深，缩短装土时间，从而提高生产率。一般地面坡度以5°～7°为宜。

2）跨铲法：预留土埂，间隔铲土的方法。可使铲运机在挖两边土槽时减少向外撒土量，挖土埂时增加了两个自由面，阻力减小，铲土容易，土埂高度应不大于300mm，宽度以不大于拖拉机两履带间净距为宜。

3）助铲法：在地势平坦、土质较坚硬时，可采用推土机助铲以缩短铲土时间。一般每3～4台铲运机配1台推土机助铲。推土机在助铲的空隙时间，可进行松土或其他零星的平整工作，为铲运机施工创造条件。

当铲运机铲土接近设计标高时，为了正确控制标高，宜沿平整场地区域每隔10m左右，配合水平仪抄平，先铲出一条标准槽，以此为准，使整个区域平整达到设计要求。

3. 挖掘机

按其行走装置的不同，分为履带式和轮胎式两类；按其工作装置的不同，可以更换为正铲、反铲、拉铲和抓铲四种；按其传动装置又可分为机械传动和液压传动两种。

当场地起伏高差较大、土方运输距离超过1000m，且工程量大而集中时，可采用挖土机挖土，配合自卸汽车运土，并在卸土区配备推土机平整土堆。

（1）正铲挖土机：正铲挖土机的挖土特点是：前进向上，强制切土。其挖掘力大，生产效率高，能开挖停机面以上的Ⅰ～Ⅳ级土，开挖大型基坑时需设下坡道，适宜在土质较好、无地下水的地区工作。

根据挖土机与运输工具的相对位置不同，正铲挖土和卸土的方式有以下两种：正向挖土、侧向卸土，正向挖土、后方卸土。

（2）反铲挖土机：反铲挖土机的特点是：后退向下，强制切土。其挖掘力比正铲小，能开挖停机面以下的Ⅰ～Ⅲ级的砂土或黏土，适宜开挖深度 4m 以内的基坑，对地下水位较高处也适用。反铲挖土机的开挖方式，可分为沟端开挖与沟侧开挖。

（3）拉铲挖土机：拉铲挖土机的挖土特点是：后退向下，自重切土。其挖掘半径和挖土深度较大，能开挖停机面以下的Ⅰ～Ⅱ级土，适宜开挖大型基坑及水下挖土。拉铲挖土机的开挖方式基本与反铲挖土机相似，也可分为沟端开挖和沟侧开挖。

（4）抓铲挖土机：抓铲挖土机的挖土特点是：直上直下，自重切土。其挖掘力较小，只能开挖Ⅰ～Ⅱ级土，可以挖掘独立基坑、沉井，特别适于水下挖土。

二、起重机具

结构吊装工程中常采用的起重机具包括索具设备与起重机械。

1. 索具设备

索具设备主要应用于吊装工程中的构件绑扎、吊运。索具设备包括钢丝绳、吊索、卡环、横吊梁、卷扬机、锚碇等。

2. 起重机械

结构吊装工程中常用的起重机械有自行杆式起重机、塔式起重机和桅杆式起重机等。自行杆式起重机包括履带式起重机、汽车式起重机和轮胎式起重机等。

（1）履带式起重机：履带式起重机由行走装置、回转机构、机身及起重杆等组成，其优点是操作灵活，使用方便，起重杆可分节接长，在装配式钢筋混凝土单层工业厂房结构吊装中得到广泛的使用。其缺点是稳定性较差。履带式起重机的主要参数有三个：起重量 Q、起重高度 H 和起重半径 R。

（2）汽车起重机：汽车起重机是一种将起重作业部分安装在通用或专用汽车底盘上，具有载重汽车行驶性能的轮式起重机。汽车起重机的主要技术性能有最大起重量、整机质量、吊臂全伸长度、吊臂全缩长度、最大起重高度、最小工作半径、起升速度、最大行驶速度等。汽车起重机机动灵活性好，能够迅速转移场地，广泛用于土木工程。但汽车起重机不能负荷行驶。

（3）轮胎起重机：轮胎起重机不采用汽车底盘，而另行设计轴距较小的专门底盘。其构造与履带式起重机基本相同，只是底盘上装有可伸缩的支腿，起重时可使用支腿以增加机身的稳定性，并保护轮胎。轮胎起重机的优点是行驶速度较高，能迅速地转移工作地点或工地，对路面破坏小。但这种起重机不适合在松软或泥泞的地面上工作。轮胎起重机的主要技术性能有额定起重量、整机质量、最大起重高度、最小回转半径、起升速度等。

（4）塔式起重机：塔式起重机具有高的塔身，起重臂安装在塔身顶部，具有较高的有效高度和较大的工作半径，起重臂可以回转 360°。因此，塔式起重机在多层及高层结构吊装和垂直运输中得到广泛应用。常用的塔式起重机有轨道式、爬升式、附着式。

三、夯实机械

夯实机械是一种适用于对黏性土壤和非黏性土壤进行夯实作业的冲击式机械，夯实厚度可达 1～1.5m，在公路、铁路、建筑、水利等工程施工中应用广泛。在公路修筑施工中，可用于夯实桥背涵侧路基、阵实路面坑槽以及夯实、平整路面养护维修，是筑路工程中不可缺少的设备之一。

夯实机械可按冲击能量、结构和工作原理进行分类：

按夯实冲击能量大小分为轻型（0.8～1kN·m）、中型（1～10kN·m）和重型（10～50kN·m）三种。

按结构和工作原理分为自由落锤式夯实机、振动平板夯实机、振动冲击夯实机、爆炸式夯实机和蛙式夯实机。

冲击式压路机是一种不同于传统的径静碾压实、振动压实和打夯机压实原理的新型压实设备。这种 20 世纪 90 年代才实际投入使用的压路机，特别适用于湿陷性黄土压实和大面积深填土石方的压实工作。

四、混凝土搅拌机械

混凝土搅拌机按搅拌原理可分为自落式搅拌机和强制式搅拌机两大类

1. 自落式搅拌机

反转出料式搅拌机是一种应用较广的自落式搅拌机，拌筒为双锥形，内壁焊有叶片，可带动物料上升到一定高度后，再利用自重下落，不断循环从而完成搅拌工作。其工作特点是正转搅拌、反转出料，结构较简单。

2. 强制式搅拌机

强制式搅拌机是利用拌筒内运动着的叶片强迫物料朝着各个方向运动，由于各物料颗粒的运动方向、速度各不相同，相互之间产生剪切滑移而相互穿插、扩散，从而在很短的时间内，使物料拌合均匀，其搅拌机理被称为剪切搅拌机理。

强制式搅拌机适用于搅拌干硬混凝土和轻骨料混凝土。

五、混凝土运输机械

1. 运输混凝土的要求

不论用何种运输方法，混凝土在运输过程中，都应满足下列要求：

（1）在运输过程中应保持混凝土的均质性，不发生离析现象。

（2）混凝土运至浇筑点开始浇筑时，应满足设计配合比所规定的坍落度。

（3）应保证在混凝土初凝之前能有充分时间进行浇筑和振捣。

2. 混凝土运输方法

混凝土运输分为地面运输、垂直运输和楼地面运输三种情况。

（1）混凝土地面运输。如运输预拌混凝土，多采用自卸汽车或混凝土搅拌运输车。如混凝土来自现场搅拌站，多采用小型机动翻斗车、双轮手推车等。

（2）混凝土垂直运输多采用塔式起重机、混凝土泵、快速提升斗和井架等。

（3）混凝土楼地面运输一般以双轮手推车为主，亦可用小型机动翻斗车。如用混凝土泵则用布料机布料。

混凝土泵是一种有效的混凝土运输的浇筑工具。它以泵为动力，沿管道输送混凝土，能一次连续完成混凝土的水平运输和垂直运输，配以布料杆还可以进行混凝土的浇筑。我国目前主要采用活塞泵。

混凝土泵宜与混凝土搅拌运输车配套使用，且应使混凝土搅拌站的供应能力和混凝土搅拌运输车的运输能力大于混凝土泵的泵送能力，以保证混凝土能连续工作，保证不堵塞。进行输送管线布置时，应尽可能直，转弯要缓，管段接头要严，少用锥形管，以减少压力损失。为减少泵送阻力，用前先泵送适量的水和水泥浆或水泥砂浆以润滑输送管内壁，然后进行正常的泵送。

第五节　施工组织设计的编制原理、内容及方法

一、施工组织设计编制原理

（一）施工组织设计概念

施工组织设计是规划和指导拟建工程投标、签订合同、施工准备到竣工验收全过程的全局性的技术经济文件；它是根据工程承包组织的需要编制的技术经济文件，其内容既包括技术的，也包括经济的，是技术和经济相结合的文件，既要解决技术问题，又考虑经济效果。所谓"全局性"是指工程对象是整体的，文件内容是全面的，发挥作用是全方位的。

（二）施工组织设计的作用

施工组织设计对施工的全过程起着重要的规划和指导作用，具体来说主要有：

（1）指导工程投标与签订工程承包合同，作为投标书的内容和合同文件的一部分。

（2）指导施工准备和工程施工全过程的工作。

（3）作为项目管理的规划性文件，提出工程施工中进度控制、质量控制、成本控制、安全控制、现场管理、各项生产要素管理的目标及技术组织措施，提高综合效益。

（三）施工组织设计的分类

根据工程施工组织设计编制阶段的不同可划分为两类：一类是投标前编制的施工组织设计，简称标前设计；另一类是签订工程承包合同后编制的施工组织设计，简称标后设计。

按施工组织设计的工程对象分类，施工组织设计可分为三类：施工组织总设计、单项（或单位）工程施工组织设计和分部分项工程施工组织设计。

（1）施工组织总设计：它是以整个建设项目或群体工程为对象，规划其施工全过程各项活动的技术、经济的全局性、指导性文件。它是整个建设项目施工的战略部署，涉及范围较广，内容比较概括。它一般是在初步设计或扩大设计批准之后，由总承包单位的总工程师负责，会同建设、设计和分包单位的总工程师共同编制的。它也是施工单位编制年度计划和单位工程施工组织设计的依据。

（2）单项（或单位）工程施工组织设计：它是施工组织总设计的具体化，以单项（或单位）工程为对象编制的，是用以直接指导单项（或单位）工程施工全过程各项活动的技术、

经济的局部性、指导性文件。它是拟建工程施工的战术安排。它在施工组织总设计和施工单位总的施工部署指导下，具体地安排人力、物力和安装工程，是施工单位编制月旬作业计划的基础性文件。

单位工程施工组织设计是在施工图设计完成后，以施工图为依据，由工程项目的项目经理或主管工程师负责编制的。

（3）分部分项工程施工组织设计：它是以某些施工难度大或施工技术复杂的大型工业厂房或公共建筑物为对象编制的专门的、更为详细的专业工程设计文件。一般在编制单项（或单位）工程施工组织设计之后，由施工队技术队长负责编制，用以指导各分部工程的施工。如复杂的基础工程、钢筋混凝土框架工程、钢结构安装工程、大型结构构件吊装工程、高级装修工程、大量土石方工程等。分部工程施工组织设计应突出作业性。

（四）施工组织设计的编制原则和程序

1. 施工组织设计的编制原则

（1）严格遵守工期定额和合同规定的工程竣工及交付使用期限编制的原则。

（2）遵循科学程序进行编制的原则：建筑施工有其本来的客观规律，按照反映这种规律的程序组织施工，能够保证各项施工活动相互促进、紧密衔接，避免不必要的重复工作，加快施工速度，缩短工期。

（3）应用科学技术和先进方法进行编制的原则：如用流水作业法和网络计划技术安排进度计划；贯彻多层次技术结构的技术政策，因时因地制宜地促进技术进步和建筑工业化的发展。

（4）按照建筑产品施工规律进行编制的原则。

（5）实施目标管理的原则：编制施工组织设计的过程，也就是提出施工项目目标及实现办法的规划过程。因此，必须遵循目标管理的原则，应使目标分解得当，决策科学，实施有法。

（6）与施工项目管理相结合的原则：这是由施工组织设计对施工项目管理的作用所决定的。应力求使施工组织设计不仅服务于施工和施工准备，而且服务于经营管理和施工管理。

2. 施工组织设计编制程序

（1）标前设计的编制程序：熟悉招标文件→进行调查研究→编制施工方案并选用主要施工机械→编制施工进度计划→确定开、竣工日期和总工期→绘制施工平面图→确定标价及钢材、水泥等主要材料用量→建立保证质量和工期的技术组织措施→提出合同谈判方案，包括谈判组织、目标、准备和策略等。

（2）标后设计的编制程序：调查研究，获得编制依据→确定施工部署→拟定施工方案→编制施工进度计划→编制施工准备工作计划及运输计划→编制水、热、电供应计划→编制施工准备工作计划→设计施工平面图→计算技术经济指标。

二、施工组织设计总设计编制内容和方法

施工组织总设计一般由项目总承包单位或建设主管部门委托的项目管理公司负责编制。

（一）施工组织总设计的编制依据和主要内容

1. 施工组织设计的编制依据

（1）计划文件，包括国家批准的基本建设计划文件、单位工程项目一览表、分期分批投产的要求、投资指标和设备材料订货指标、建设地点所在地区主管部门的批件、施工单位主管上级下达的施工任务等。

（2）设计文件，包括批准的初步设计或技术设计、设计说明书、总概算或修正总概算、可行性研究报告。

（3）合同文件，即施工单位与建设单位签订的工程承包合同。

（4）建设地区的调查资料，包括气象、地形、地质和其他地区性条件等。

（5）定额、规范、建设政策法令、类似工程项目建设的经验资料等。

2. 施工组织总设计的主要内容

其主要内容包括：工程概况和特点分析，施工部署和主要工程项目施工方案，施工总进度计划，施工准备工作及各项资源需要量计划，施工总平面图，主要技术组织措施，主要技术经济指标等。

其中工程概况和特点分析是对整个建设项目的总说明、总分析，一般应包括以下内容：

（1）工程项目、工程性质、建设地点、建设规模、总期限、分期分批投入使用的项目和工期、总占地面积、建筑面积、主要工种工程量；设备安装及其型号、数量；总投资，建筑安装工程量、工厂区和生活区的工作量，生产流程和工艺特点，建筑结构类别、新技术、新材料和复杂程序的应用情况。

（2）建设地区的自然条件和技术经济条件：如气象、水文、地质和地形情况，能为该项目服务的施工单位及人力和机械设备情况，工程的材料来源、供应情况，建筑构件的生产能力，交通运输及其能够提供给工程施工用的劳动力、水、电和建筑等情况。

（3）上级对施工企业的要求、企业的施工能力、技术装备水平、管理水平和完成各项经济指标的情况等。

（二）施工部署

施工部署是对整个建设项目从全局上做出的统筹规划和全面安排，它主要解决影响建设项目全局的重大战略问题。

施工部署的内容和侧重点根据建设项目的性质、规模和客观条件不同而有所不同。一般应包括确定工程开展程序、拟定主要工程项目的施工方案、明确施工任务划分与组织安排、编制施工准备工作计划等内容。

1. 确定工程开展程序

根据建设项目总目标的要求，确定合理的工程建设分期分批开展的程序。在确定施工开展程序时，主要应考虑以下几点：

（1）在保证工期的前提下，实行分期分批建设，即可使各具体项目迅速建成，尽早投入使用，又可在全局上实现施工的连续性和均衡性，减少暂设工程数量，降低工程成本，充分发挥国家基本建设投资的效果。

（2）统筹安排各类项目施工，保证重点，兼顾其他，确保工程项目按期投产。

对于建设项目中工程量小、施工难度不大，周期较短而又不急于使用的辅助项目，可以考虑与主体工程相配合，作为平衡项目穿插在主体工程的施工中进行。

（3）所有工程项目均应按照先地下、后地上；先深后浅；先干线后支线的原则进行安排。如地下管线和修筑道路的程序，应该先铺设管线，后在管线上修筑道路。

（4）考虑季节对施工的影响。例如大规模土方工程的深基础施工，最好避开雨季。寒冷地区入冬以后最好封闭房屋并转入室内作业的设备安装。

2. 拟定主要项目的施工方案

施工组织总设计中要拟定一些主要工程项目的施工方案。这些项目通常是建设项目中工程量大、施工难度大、工期长，对整个建设项目的建成起关键性作用的建筑物（或构筑物），以及全场范围内工程量大、影响全局的特殊分项工程。其目的是为了进行技术和资源的准备工作，同时也为了施工顺利开展和现场的合理布置。其内容包括工程量、施工方法、施工工艺流程、施工机械设备等。施工方法的确定要兼顾技术的先进性和经济上的合理性；对施工机械的选择，应使主导机械的性能既能满足工程的需要，又能发挥其效能，在各个工程上能够实现综合流水作业，减少其拆、装、运的次数；对于辅助配套机械，其性能应与主导施工机械相适应，以充分发挥主导施工机械的工作效率。

3. 明确施工任务划分与组织安排

在明确施工项目管理体制、机构的条件下，划分各参与施工单位的工作任务，明确总包与分包的关系，建立施工现场统一的组织领导机构及职能部门，确定综合和专业化的施工队伍，明确各单位之间的分工协作关系，划分施工阶段，确定各单位分期分批的主攻项目和穿插项目。

4. 编制施工准备工作计划

根据施工开展程序和主要工程项目的施工方案，编制好施工项目全场性的施工准备工作计划。主要内容包括：

（1）安排好场内外运输和施工用主干道、水电气来源及其引入方案。

（2）安排场地平整方案和全场性排水、防洪。

（3）安排好生产和生活基地建设。包括商品混凝土搅拌站，预制构件厂，钢筋、木材加工厂，金属结构制作加工厂，机修厂以及职工生活设施等。

（4）安排建筑材料、成品、半成品的货源和运输、储存方式。

（5）安排现场区域内的测量工作，设置永久性测量标志，为放线定位做好准备。

（6）编制新技术、新材料、新工艺、新结构的试验计划和职工技术培训计划。

（7）冬、雨季施工所需要的特殊准备工作。

（三）施工总进度计划

施工总进度计划是施工现场各项施工活动在时间上的体现。编制施工总进度计划就是根据施工部署中的施工方案和工程项目的开展程序，对各个单位工程的施工活动做出顺序和时间上的统筹安排。其作用在于确定出各个建筑物及其主要工种、工程、准备工作和全工地性工程的施工期限及其开工和竣工的日期，从而确定建筑施工现场上劳动力、材料、成品、半成品、施工机械的需要数量和调配情况，以及现场临时设施的数量、水电供应数量和能源、交通的需要数量等。

编制施工总进度计划的基本要求是：保证拟建工程在规定的期限内完成；迅速发挥投资效益；保证施工的连续性和均衡性；节约施工费用。

1. 列出工程项目一览表并计算工程量

通常按照分期分批投产顺序和工程开展顺序列出，并突出每个交工系统中的主要工程项目。一些附属项目及民用建筑、临时设施可以合并列出。

根据批准的总承建工程项目一览表，依据工程的开展顺序和单位工程计算出主要实物工程量，为确定施工方案的主要施工、运输机械，初步规划主要施工过程的流水施工、估算各项目的完成时间、计算劳动力的技术物资的需要量等奠定基础。工程量可按初步（或扩大初步）设计图纸并根据各种定额手册进行计算。常用的定额资料有以下几种：每万元、10 万元投资工程量、劳动力及材料消耗扩大指标；概算指标或扩大结构定额；标准设计或已建房屋、构筑物的资料。

除房屋外，还必须计算主要的全工地性工程的工程量，如场地平整、铁路及道路和地下管线的长度等，这些可以根据建筑总平面图来计算。

将按上述方法计算出的工程量填入统一的工程量汇总表中。

2. 确定各单位工程的施工期限

建筑物的施工期限，应根据各施工单位的具体条件，如施工技术与施工管理水平、机械化程度、劳动力和材料供应情况并考虑建筑物的建筑结构类型、体积大小和现场地形地质、施工环境条件等因素加以确定。此外，也可参考有关的工期定额来确定各单位工程的施工期限。

3. 确定各单位工程的开竣工时间和相互搭接关系

在确定了总的施工期限、施工程序和各系统的控制期限及搭接后，就可以对每一个单位工程的开竣工时间进行具体确定，并通过对各主要建筑物的工期进行计算分析，具体安排各建筑物的搭接施工时间。通常应考虑以下各主要因素：

（1）保证重点，兼顾一般。在安排进度时，要分清主次、抓住重点，同期进行的项目不宜过多，以免分散有限的人力物力。主要工程项目，是指工程量大、工期长、质量要求高、施工难度大，对其他工程施工影响大，对整个建设项目顺利完成起关键性作用的工程子项。这些项目在各系统的期限内应优先安排。

（2）要满足连续、均衡施工要求。在安排施工进度时，应尽量使各工种施工人员、施工机械在全工地内连续施工，同时尽量使劳动力、施工机具和物资消耗量在全工地上达到均衡，避免出现突出的高峰和低谷，以利于劳动力的调度和原材料供应。为达到这种要求，可以在工程项目之间组织大流水施工，也可以留出一些后备项目，如宿舍、附属或辅助车间、临时设施等，作为调节项目，穿插在主要项目的流水中。

（3）要满足生产工艺要求。工业企业的生产工艺系统是串联各个建筑物的主动脉。要根据工艺所确定的分期分批建设方案，合理安排各个建筑物的施工顺序，使土建施工、设备安装和试生产实现"一条龙"，以缩短建设周期，尽快发挥投资效益。

（4）认真考虑施工总平面图的空间关系。工业企业建设项目的建筑总平面设计，应在满足有关规范要求的前提下，使各建筑物的布置尽量紧凑，这可以节省占地面积，缩短场内各种道路、管线的长度。

（5）全面考虑各种条件限制。这些限制如施工企业的施工力量，各种原材料、机械设备的供应情况，设计单位提供图纸的时间，各年度建设投资数量，施工季节和环境条件等。

4. 安排施工进度

施工总进度计划一般用图表表示，通常有横道图和网络图两种。当用横道图表达总进度计划时，项目的排列可按施工总体方案所确定的工程展开程序排列，图上应表达出各施工项目的开工竣工时间及其施工持续时间。

（四）资源需要量计划

施工总进度计划编好以后，即可根据工程项目的工程量和总进度计划的要求，通过查定额指标，或类似工程的经验资料，编制各种主要资源的需要量计划。包括：劳动力、材料、构件、加工品、施工机械等的需要量计划。使得施工先后顺序的合理性、各种有效的组织运输供应、劳力的合理调配变得有据可循，从而保证施工按计划、正常进行。

（五）施工总平面图设计

施工总平面图是用来正确处理全工地在施工期间所需各项设施和永久性建筑之间的空间关系。通常按施工方案、施工进度的要求对施工现场交通道路、仓库、临时建筑、临时水、电管线等做出合理规划，并反映在施工总平面上。施工总平面的比例一般为：1：2000 或 1：1000。

1. 施工总平面图设计的内容

（1）整个建设项目的施工总平面图，包括所有地上、地下已有的和拟建的建筑物、构筑物以及其他设施的位置和尺寸。

（2）一切为全施工工地服务的临时设施的布置位置，包括：

1）施工用地范围，施工用的各种道路。

2）加工厂、制备站及有关机械的位置。

3）永久性及半永久性坐标位置。

2. 施工总平面图设计的原则

（1）尽量减少施工用地，少占农田，使平面布置紧凑合理。

（2）合理组织运输，减少运输费用，保证运输方便通畅。

（3）施工区域的划分和场地的确定，应符合施工流程要求，尽量减少专业工种和各工程之间干扰。

（4）充分利用各种永久性建筑物、构筑物和原有设施为施工服务，降低临时设施的费用。

（5）各种生产生活设施应便于工人的生产和生活。

（6）满足安全防火和劳动保护的要求。

3. 施工总平面图设计的依据

（1）各种设计资料，包括建筑总平面图、地形地貌图、区域规划图、建设项目范围内有关的一切已有和拟建的各种设施位置。

（2）建设地区的自然条件和技术经济条件。

（3）建设项目的建筑概况、施工方案、施工进度计划，以便了解各施工阶段情况，合理规划施工场地。

（4）各种建筑材料、构件、加工品、施工机械和运输工具需要量一览表，以便规划工地内部的储放场地和运输线路。

4. 施工总平面图的设计步骤

（1）场外交通的引入：设计全工地性施工总平面图时，首先应考虑大宗材料、成品、半成品、设备等进入工地的运输方式。一般先布置场内仓库和加工厂，然后再布置场外交通的引入。

（2）仓库与材料堆场的布置：通常考虑设置在运输方便、位置适中、运距较短并且安全防火的地方，并应区别不同材料、设备和运输方式来设置。

一般中心仓库布置在工地中央或靠近材料使用的地方，也可以布置在靠近于外部交通连接处。砂、石、水泥、石灰、木材等仓库或堆场宜布置在搅拌站、预制场和木材加工厂附近；砖、瓦和预制构件等直接使用的材料应该直接布置在施工对象附近，以免二次搬运。工业项目建筑工地还应考虑主要设备的仓库（或堆场），一般笨重设备应尽量放在车间附近，其他设备仓库可布置在外围或其他空地上。

（3）加工厂的布置：各种加工厂布置，应以方便使用、安全防火、运输费用最少、不影响建筑安装工程施工的正常进行为原则。一般应将加工厂集中布置在同一个地区，且多处于工地边缘。各种加工厂应与相应的仓库或材料堆场布置在同一地区。

混凝土搅拌站可根据工程的具体情况采用集中、分散或集中与分散相结合的三种布置方式。当现浇混凝土量大时，宜在工地设置混凝土搅拌站；当运输条件好时，以采用集中搅拌最有利；当运输条件较差时，以分散搅拌为宜。

预制加工厂，一般设置在建设单位的空闲地带上，如材料进场专用线转弯的扇形地带或场外临近处。

钢筋加工厂，采用分散或集中布置。对于需进行冷加工、对焊、点焊的钢筋和大片钢筋网，宜设置中心加工厂，其位置应靠近预制构件加工厂；对于小型加工件，使用简单机具进行的钢筋加工，可在靠近使用地点的分散的钢筋加工棚里进行。

木材加工厂，要视木材加工的工作量、加工性质和种类决定是集中设置还是分散设置几个临时加工棚。一般原木、锯木堆场布置在铁路专用线、公路或水路沿线附近；木材加工场亦应设置在这些地段附近；锯木、成材、细木加工和成品堆放，应按工艺流程布置。

砂浆搅拌站，对于工业建筑工地，由于砂浆量小、分散，可以分散设在使用地点附近。

金属结构、锻工、电焊和机修等车间。由于它们在生产上联系密切，应尽可能布置在一起。

（4）内部运输道路的布置：根据各加工厂、仓库及各施工对象的相应位置，确定货物转运图，区分主要道路和次要道路，进行道路的规划。规划厂区内道路时，应考虑：合理规划临时道路与地下管网的施工程序；保证运输通畅；选择合理的路面结构。

（5）行政与生活临时设施的布置：行政与生活临时设施包括：办公室、汽车库、职工休息室、开水房、小卖部、食堂、俱乐部和浴室等。要根据工地施工人数计算这些临时设施和建筑面积，应尽量利用建设单位的生活基地或其他永久建筑，不足部分另行建造。

一般全工地行政管理用房宜在全工地人口处，以便对外联系；也可以在工地中间，便于全工地管理。工人用的福利设施应设置在工人较集中的地方，或工人必经之处。生活基地应设在场外，以距工地 500~1000m 为宜。食堂可布置在工地内部或工地与生活区之间。

（6）临时水电管网及其他动力设施的布置：当有可以利用的水源、电源时，可以将水电从外面接入工地，沿主要干道布置干管、主线，然后与各用户接通。临时总变电站应设置在高压电引入处，不应放在工地中心；临时水池应放在地势较高处。

根据工程防火要求，应设立消防站，一般设置在易燃建筑物（木材、仓库等）附近，并须有通畅的出口和消防车道，其宽度不宜小于 6m，与拟建房屋的距离不得大于 25m，也不得小于 5m；沿道路布置消火栓时，其间距不得大于 100m，消火栓到路边的距离不得大于 2m。

上述布置应采用标准图例绘制在总平面图上，比例一般为 1∶1000 或 1∶2000。上述各设计步骤互相联系、互相制约，需要综合考虑、反复修正才能确定下来。当有几种方案时，还应进行方案比较。

三、单位工程施工组织设计编制内容和方法

单位工程施工组织设计是以一个单位工程（或一个建筑物、构筑物或一个交工系统）为编制对象，用以指导其施工全过程的各项施工活动的技术、经济和组织的综合性文件。

单位工程施工组织设计一般在施工图设计完成后，在拟建工程开工之前，由项目经理部的技术负责人主持编制。

（一）单位工程施工组织设计的编制依据和内容

1. 单位工程施工组织设计的编制依据

（1）上级领导机关对该单位工程的要求、建设单位的意图和要求、工程承包合同、施工图对施工的要求等。

（2）施工组织总设计和施工图。

（3）年度施工计划对该工程的安排和规定的各项指标。

（4）预算文件提供的有关数据。

（5）劳动力配备情况，材料、构件、加工品的来源和供应情况，主要施工机械的生产能力和配备情况。

（6）水、电供应条件。

（7）设备安装进场时间和对土建的要求以及所需场地的要求。

（8）建设单位可提供的施工用地，临时房屋、水、电等条件。

（9）施工现场的具体情况：地形，地上、地下障碍物，水准点，气象，工程与水文地质，交通运输道路等。

（10）建设用地购买、拆迁情况，施工许可证办理情况，国家有关规定、规范、规程和定额等。

2. 单位工程施工组织设计的内容

单位工程施工组织设计的内容，根据工程性质、规模、结构特点、技术复杂程度和施工条件的不同包括以下几项：工程概况、施工方案、施工进度计划、资源需要量计划、施工平面设计、技术组织措施及主要技术经济指标等。

（二）工程概况

1. 工程建设概况

主要介绍拟建工程的建设单位，工程性质、名称、用途、作用和建设目的，资金来源及工程造价（投资额），开工、竣工日期，设计单位，施工单位（总包、分包情况），施工图纸

情况（是否出齐、会审），施工合同是否签订，主管部门的有关文件或要求，以及组织施工的指导思想等。

2. 工程施工概况

（1）建筑设计的特点：主要介绍拟建工程的平面组合、总高、总宽、层数、层高、总长等尺寸，建筑面积及室内外装修的构造及做法。

（2）结构设计的特点：主要介绍基础的类型、埋置深度、设备基础的形式、桩基础的根数及深度，主体结构的类型，墙、柱、板的材料及截面尺寸，预制构件的类型及安装位置，楼梯构造及形式等。

（3）工程施工特点。

3. 建设地点的特征

主要介绍：拟建工程位置、地形、工程地质与水文地质条件、不同深度的土壤分析、冻结期与冻层厚度、地下水位、水质、气温、冬雨季时间，主导风向、风力、地震烈度等。

4. 施工条件

主要介绍："三通一平"情况，施工现场及周围环境情况，材料及预制加工品的供应情况，施工单位的机械、运输、劳动力和企业管理情况等。

（三）施工方案

施工方案的设计是单位工程施工组织设计的核心内容，也是单位工程施工组织设计中带决策性的环节。施工方案是否恰当合理，将关系到单位工程的施工效益、施工质量、工期和技术经济效果，因此必须引起足够的重视。

施工方案的内容主要包括确定施工起点、流向及施工程序、施工段划分、施工方法和施工机械的选择、技术组织措施的拟定等。

1. 确定施工起点、流向和施工程序

（1）确定施工起点及流向。施工起点及流向的确定是指单位工程平面上或空间上施工开始的部位及开展方向。

对单层建筑物要确定出分段（跨）在平面上的施工流向；对多层建筑物，除了应确定每层平面上的流向外，还应确定其每层或单元竖向上的施工流向。后者关键指装修工程，不同的施工流向可产生不同的质量、时间和成本效果。施工流向应当优选。确定施工流向应考虑以下因素：生产使用的先后，适当的施工区段划分，与材料、构件、土方的运输方向不发生矛盾，适应主导工程（工程量大、技术复杂、占用时间长的施工过程）和合理施工顺序。一般考虑以下几个因素：

1）生产工艺流程或使用要求：生产性工程的生产工艺过程往往是确定施工流向的关键因素，故影响其他工段试车投产的工段应先施工。建设单位对生产或使用要求在先的部位应先施工。

2）施工的简繁程度：技术复杂、工期长的部位应先施工。

3）房屋的高低层或高低跨：当有高低层或高低跨并列时，应先从并列处开始；当基础埋深不同时应先深后浅。

4）工程现场条件和施工机械：施工场地的大小，道路的布置和施工机械的开行路线或布置位置决定着施工起点和流向。

5）施工组织的分层分段：划分施工层、施工段的部位，如伸缩缝、沉降缝、施工缝等，也是确定施工流向时应考虑的因素。

6）分部分项工程的特点及相互关系：如基础工程由施工机械和施工方法决定其平面上的施工流向；主体工程在平面上哪边先施工都可以，但竖向施工应自下而上进行；装修工程竖向施工流向较复杂，一般外装修可采用自上而下的流向，室内装修可采用自上而下、自下而上及自中而下再自上而中三种流向。

（2）确定施工程序。施工程序指分部工程、专业工程和施工阶段的先后施工关系。不同专业工程有不同的施工程序。

1）建筑工程的施工程序：应遵守"先地下、后地上""先主体、后围护""先结构、后装饰"的基本要求。

2）沥青混凝土路面的施工程序：施工准备（机械准备、路面基层清理、其他小型工具准备、人员准备），施工测量，沥青混凝土运输，沥青混凝土摊铺，沥青混凝土碾压。

2. 施工段的划分

划分施工段，目的是适应流水施工的要求，将单一而庞大的工程实体划分成多个部分以形成"假定产品批量"。划分施工段应考虑以下几点要求：

（1）有利于结构的整体性，尽量利用伸缩缝或沉降缝、在平面上有变化处以及留槎而不影响质量处。住宅可按单元、楼层划分；厂房可按柱距、按生产线划分；线性工程可依主导施工过程的工程量为平衡条件，按长度比例分段；建筑群也可按区、栋分段。

（2）分段应尽量使各段工程量大致相等，以便组织等节奏流水，使施工均衡、连续、有节奏。

（3）段数的多少应与主要施工过程相协调，以主导施工过程为主形成工艺组合。工艺组合数应等于或小于施工段数，因此分段不宜过多，过多则可能延长工期或使工作面狭窄；过少则因无法流水而使劳动力或机械设备停歇窝工。

（4）分段的大小应与劳动组织相适应，有足够的工作面。以机械为主的施工对象还应考虑机械的台班能力，使其能力得以发挥。混合结构、大模板现浇混凝土结构、全装配结构等工程的分段大小，都应考虑吊装机械的能力及其对工作面的要求。

3. 施工方法和施工机械的选择

由于施工产品的多样性、地区性和施工条件的不同，因而施工机械和施工方法的选择也是多种多样的。施工机械和施工方法的选择应当统一协调，相应的施工方法要求选用相应的施工机械，不同的施工机械适用于不同的施工方法。选择时，要根据工程的结构特征、抗震要求、工程量大小、工期长短、物质供应条件、场地四周环境等因素，拟订可行方案，进行优选后再决策。具体应注意以下几点：

（1）施工机械的选择应遵循切合需要、实际可能、经济合理的原则。

（2）选择施工机械时，首先应选择主导工程的机械，根据工程特点决定其最适宜的类型。例如选择起重设备时，当工程量较大而集中时，可采用塔式起重机或桅杆起重机；当工程量较小或工程量虽大但又相当分散时，则采用无轨自行式起重机。

为了充分发挥主导机械的效率，应相应选择好与其配套的辅助机械或运输工具，以使其生产能力协调一致，充分发挥主导机械的效率。还应力求一机多用及综合利用。挖土机可用于挖土、装卸和打桩，起重机械可用于吊装和短距离水平运输。

（3）考虑施工方法选择时，应着重于影响整个工程施工的分部分项工程的方法。对于按照常规做法和工人熟知的分项工程，则不予详细拟定，只要提出应注意的一些特殊问题即可。

（4）选择主要项目的施工方法时，应围绕以下对象进行选择：土石方工程、混凝土及钢筋混凝土工程、结构吊装工程、现场垂直与水平运输、特殊项目等。其中特殊项目包括："四新"、高耸、大跨、重构件、水下、深基、软弱地基等项目。

4. 技术组织措施的制定

技术组织措施是指在技术、组织方面对保证质量、安全、节约和季节施工所采用的方法。技术组织措施的制定是在严格执行施工验收规范、检验标准、操作规程的前提下，针对工程施工特点的不同，分别对待，制定出相应的措施。这些措施有：

（1）保证质量措施：保证质量的关键是对施工组织设计的工程对象经常发生的质量通病制定防治措施，要从全面质量管理的角度，把措施订到实处，建立质量体系，保证"PDCA循环"（计划—执行—检查—处理）的正常运转。

（2）安全施工措施：应贯彻安全操作规程，对施工中可能发生安全问题的环节进行预测，提出预防措施。

（3）降低成本措施：降低成本措施的制定应以施工预算为尺度，以企业或项目部年度、季度降低成本计划和技术组织措施计划为依据进行编制。要针对工程施工中降低成本潜力大的（工程量大、有采取措施的可能性、有条件）的项目，提出措施，并计算出经济效果和指标，加以评价、决策。

（4）季节性施工措施：当工程施工跨越冬季和雨季时，就要制定冬期施工措施和雨期施工措施。制定这些措施的目的是保质量、保安全、保工期、保节约。

（5）防止环境污染的措施：为了保护环境、防止污染，尤其是防止在城市施工中造成污染，在编制施工方案时应提出防止污染的措施。

（四）施工进度计划的编制

1. 施工进度计划的编制依据

单位工程施工进度计划的编制依据包括：

（1）经过审批的建筑总平面图及单位工程的全套施工图及地质及地形图、工艺设计图、设备及基础图、采用的各种标准图等图纸及技术资料。

（2）施工组织总设计对本单位工程的要求及施工总进度计划。

（3）要求的施工工期及开、竣工时间。

（4）施工条件、劳动力、材料、构件及机械的供应条件、分包单位的情况等。

（5）重要分部分项工程的施工方案、施工预算、预算定额、施工定额、领导对工期的要求、建设单位对工期的要求（即合同工期）等。

2. 施工进度计划的编制程序

单位工程施工进度计划的编制程序是：收集编制依据→划分施工项目→计算工程量→套用工程量→套用施工定额→计算劳动量和机械台班需用量→确定施工项目持续时间→确定各项目之间的关系及搭接→编制初步计划方案并绘制进度计划图→判别进度计划并作必要调整→绘制正式进度计划。

3. 划分施工项目

施工项目的划分是包括一定工作内容的施工过程，是施工进度计划的基本组成单元。项目内容的多少，划分的粗细程度，应该根据计划的需要来决定。一般来说，单位工程进度计划的项目应明确到分项工程或更具体，以满足指导施工作业的要求。

4.计算工程量和确定持续时间

计算工程量应针对划分的每一个项目并分段计算。可套用施工预算的工程量，也可以根据施工图纸、有关的计算规则和相应的施工方法进行计算，或根据施工预算加以整理。

项目的持续时间一般按正常情况确定。待编制出初始计划并经过计算再结合实际情况做必要的调整。现在一般多采按照实际施工条件估算项目的持续时间。具体计算方法有以下两种：

（1）经验估计法：即根据过去的施工经验进行估计。这种方法多适用于采用新工艺、新方法、新材料等无定额可循的工程。在经验估计法中，有时为了提高其准确程度，往往采用"三时估计法"，即先估计出该项目的最长、最短和最可能的二种持续时间，然后据以求出期望的持续时间作为该项目的持续时间。

（2）定额计算法：

$$T=\frac{Q}{RS}=\frac{P}{R} \qquad (1.5.1)$$

式中　T——项目持续时间，按进度计划的粗细，可采用小时、日或周；

　　　Q——项目的工程量，可以用实物量单位表示；

　　　R——拟配备的人力或机械的数量，以人数或台数表示；

　　　S——产量定额，即单位工日或台班完成的工程量；

　　　P——劳动量（工日）或机械台班量（台班）。

上述公式是根据配备的人力或机械决定项目的持续时间，即先定 R 后求 T，但有时根据组织需要（如流水施工时），要先定 T 后求 R。

5.确定施工顺序

施工顺序是在施工方案中确定的施工流向和施工中确定的施工流向和施工程序的基础上，按照所选施工方法和施工机械的要求确定的。在施工进度计划编制时确定施工顺序。

一般来说，施工顺序受工艺和组织两方面的制约。当施工方案确定后，项目之间的工艺顺序也就随之确定了，如果违背这种关系，将不可能施工，或者导致出现质量、安全事故，或者造成返工浪费。

由于劳动力、机械、材料和构件等资源的组织和安排需要而形成的各项目之间的先后顺序关系，称为组织关系。这种关系不是由工程本身决定的，而是人为的。组织方式不同，组织关系也就不同。不同的组织关系产生不同的经济效果，所以组织关系不但可以调整，而且应该按规律、按管理需要与管理水平进行优化，并将工艺关系和组织关系有机地结合起来，形成项目之间的合理顺序关系。

不同专业的工程，同一专业的不同工程，其施工顺序各不相同。因此，设计施工顺序时，必须根据工程的特点、技术上和组织上的要求以及施工方案等进行研究，即既要考虑施工顺序具有单件性的特点，又要考虑施工顺序的共性特点。

6.组织流水作业并绘制施工进度计划图

（1）首先应选择进度图的形式。主要包括横道图计划、双代号网络计划、单代号网络计划、时标网络计划。

（2）安排计划时应先安排各分部工程的计划，然后再组织成单位工程施工进度计划。

（3）安排各分部工程施工进度计划应首先确定主导施工过程，并以它为主导，组织等节奏或异节奏流水，从而组织单位工程的分别流水。

（4）施工进度计划图编制以后要计算总工期并进行判别，目的是满足工期目标要求。如不满足，应进行调整或优化，然后绘制资源动态曲线（主要是劳动力动态曲线）进行资源均衡程度的判别；如不满足要求，再进行资源优化，主要是"限定工期、资源均衡"的优化。

（5）优化完成以后再绘制正式的单位工程施工进度计划图，付诸实施。

（五）资源需要量计划的编制

根据施工进度计划编制的各项资源需要量计划，是做好各项资源的供应、调整、平衡、落实的依据，其内容一般包括劳动力、施工工具、主要材料、构件和半成品等需要量计划。

（六）单位工程施工平面图设计

单位工程施工平面图是布置施工现场的依据，也是施工准备工作的一项重要依据，是实现文明施工、节约土地、减少临时设施费用的先决条件。如果单位工程施工平面图是拟建建筑群的组成部分，它的施工平面图就是全工地总施工平面图的一部分，应受到全工地总施工平面图的约束，并应具体化。

1. 单位工程施工平面图的设计内容

施工平面图设计是按照工程特点和场地条件，按照一定的设计要求，对施工平面图所需要的内容进行平面布置和规划，并将布置方案按照一定的比例和图例绘制成图，即成为施工平面图。单位工程施工平面图的内容包括：

（1）建筑平面图上已建和拟建的地上和地下的一切建筑物、构筑物和管线的位置或尺寸。

（2）测量放线标桩、地形等高线或取舍土地点。

（3）移动式起重机的开行路线及垂直运输设施的位置。

（4）材料、加工半成品、构件和机具的堆场。

（5）生产、生活用临时设施。如搅拌站、高压泵站、钢筋棚、木工棚、仓库、办公室、供水管、供电线路、消防设施、安全设施、道路以及其他需搭建和建造的设施。

（6）必要的图例、比例尺、方向及风向标记。

上述内容可根据工程总平面图、施工图、现场地形图及现有水源和电源、场地大小、可利用已有工程和设施等情况、调查得来的资料、施工组织总设计、施工方案、施工进度计划等，经过科学的计算甚至优化，并遵照国家有关规定来进行设计。

2. 单位工程施工平面图的设计要求

（1）布置紧凑，占地要省，不占或少占农田。

（2）短运输、少搬运，二次搬运要求减到最少。

（3）临时工程要在满足要求的前提下少用资金，途径是利用已有的、多用装配的，精心计算和设计。

（4）利用生产、生活、安全、消防、环保、市容、卫生、劳动保护等，应符合国家有关规定和法规。

3. 单位工程施工平面图的设计步骤

单位工程平面图的一般设计步骤是：确定起重机的位置→确定搅拌站、仓库、材料和构件堆场、加工厂的位置→布置运输道路→布置行政管理、文化、生活、福利用临时设施→布置水电管线→计算技术经济指标。

四、施工组织设计技术经济分析

（一）施工组织设计技术经济分析概述

1. 施工组织设计技术经济分析的目的与步骤

对施工组织设计技术经济分析的目的是论证所编制的施工组织设计在技术上是否可行、在经济上是否合理，从而选择满意的方案，并寻求节约的途径。施工组织设计技术经济分析分成了施工方案分析、施工进度计划分析、施工平面图分析、综合技术经济分析和决策五个步骤。其中，决策是根据综合分析提出的。

2. 施工组织设计技术经济分析方法

（1）定性分析方法：定性分析法是根据经验对施工组织设计的优劣进行分析。

（2）定量分析方法：

1）多指标比较法：该法简便实用，也用得较多，比较时要选用适当的指标．注意可比性。

2）评分法：即组织专家对施工组织设计进行评分，采用加权计算法计算总分，高者为优。

3）价值法：即对各方案均计算出最终价值，用价值大小评定方案优劣。

（二）施工组织总设计技术经济分析

施工组织总设计的技术分析以定性分析为主，定量分析为辅。分析服从于施工组织总设计每项设计内容的决策，应避免忽视认真技术经济分析而盲目做出决定的倾向。进行定量分析时，主要应计算以下指标。

1. 施工周期

施工周期是指建设项目从工程正式开工到全部投产使用为止的持续时间。应计算的相关指标有：施工准备期、部分投产期、单位工程工期。

2. 劳动生产率

应计算的相关指标有：

（1）全员劳动生产率（元/人·年）。

（2）单位用工（工日/平方米竣工面积）。

（3）劳动力不均衡系数：

$$劳动力不均衡系数 = \frac{施工期高峰人数}{施工期平均人数} \qquad (1.5.2)$$

3. 单位工程质量优良率

4. 降低成本

（1）降低成本额：

$$降低成本额 = 全部承包成本 - 全部计划成本 \qquad (1.5.3)$$

（2）降低成本率：

$$降低成本率 = \frac{降低成本总额}{承包成本总额} \qquad (1.5.4)$$

5. 安全指标

6. 机械指标

(1) 施工机械完好率。

(2) 施工机械利用率。

7. 预制加工程度

$$预制加工程度 = \frac{预制加工所完成的工作量}{总工作量} \qquad (1.5.5)$$

8. 临时工程

(1) 临时工程投资比例：

$$临时工程投资比例 = \frac{全部临时工程投资}{建安工程总值} \qquad (1.5.6)$$

(2) 临时工程费用比例：

$$临时工程费用比例 = \frac{临时工程投资 - 预计回收费 + 租用费}{建安工程总值} \qquad (1.5.7)$$

9. 节约三大材百分比

(1) 节约钢材百分比。

(2) 节约木材百分比。

(3) 节约水泥百分比。

(三) 单位工程施工组织设计技术经济分析

1. 单位工程施工组织设计技术经济分析

(1) 全面分析：要对施工的技术方法、组织方法及经济效果进行分析，对需要与可能进行分析，对施工的具体环节及全过程进行分析。

(2) 做技术经济分析时，应抓住施工方案、施工进度计划和施工平面图三大重点内容，并据此建立技术经济分析指标体系。

(3) 做技术经济分析时，要灵活运用定性方法和有针对性地应用定量方法。在做定量分析时，应对主要指标、辅助指标和综合指标区别对待。

(4) 技术经济分析应以设计方案的要求、有关的国家规定及工程的实际需要为依据。

2. 施工组织设计技术经济分析的指标体系

单位工程施工组织设计中技术经济指标应包括：工期指标、劳动生产率指标、质量指标、安全指标、降低成本率、主要工程工种机械化程度、三大材料节约指标。这些指标应在施工组织设计基本完成后进行计算，并反映在施工组织设计的文件中，作为考核的依据。

3. 主要指标的计算要求

(1) 总工期指标：从破土动工至单位工程竣工的全部日历天数。

(2) 单方用工：它反映劳动的使用和消耗水平。不同建筑物的单方用工之间有可比性，其计算公式：

$$单项工程单方用工数 = \frac{总用工数（工日）}{建筑面积（m^2）} \qquad (1.5.8)$$

(3) 质量优良品率：这是在施工组织设计中确定的控制目标，主要通过保证质量措施实现，可分别对单位工程、分部工程和分项工程进行确定。

(4) 主要材料节约指标：可分别计算主要材料节约量，主要材料节约额或主要材料节约率。

$$主要材料节约量＝技术组织措施节约量 \qquad (1.5.9)$$

或 $$主要材料节约量＝预算用量－施工组织设计计划用量 \qquad (1.5.10)$$

$$主要材料节约率＝\frac{主要材料计划节约量}{主要材料预算金额}×100\% \qquad (1.5.11)$$

或 $$主要材料节约率＝\frac{主要材料节约量}{主要材料预算用量}×100\% \qquad (1.5.12)$$

（5）大型机械耗用台班数及费用：

$$大型机械单方耗用台班数＝\frac{耗用总台班（台班）}{建筑面积（\mathrm{m}^2）} \qquad (1.5.13)$$

$$单方大型机械费＝\frac{计划大型机械台班费（元）}{建筑面积（\mathrm{m}^2）} \qquad (1.5.14)$$

4. 单位工程施工组织设计技术经济分析指标的重点

技术经济分析应围绕质量、工期、成本三个主要方面。选用某一方案的原则是，在质量能达到优良的前提下，工期合理，成本节约。

对于单位工程施工组织设计的施工方案，不同的设计内容，应有不同的技术经济分析重点指标。

（1）基础工程应以土方工程、现浇混凝土、打桩、排水和防水、运输进度与工期为重点。

（2）结构工程应以垂直运输机械选择、流水段划分、劳动组织、现浇钢筋混凝土支模、浇灌及运输、脚手架选择、特殊分项工程施工方案、各项技术组织措施为重点。

（3）装修阶段应以施工顺序、质量保证措施、劳动组织、分工协作配合、节约材料、技术组织措施为重点。

（4）单位工程施工组织设计的综合技术经济分析指标应以工期、质量、成本、劳动力节约、材料节约、机械台班节约为重点。

第二章　工程计量

第一节　建筑工程识图基本原理与方法

一、施工图的分类与特点

（一）建筑工程图的分类

建筑工程图包括效果图和施工图两大类。

效果图主要用来表现建筑外观、内部装饰等的实际效果，它一般是利用透视的原理进行绘制，模拟人眼所看到的实际效果，因此它一般只用于展示，不能用于指导实际工作。

施工图是指利用投影原理、根据国家规定的制图规则，将建筑物的形状大小完整的绘制出来，并注以材料和施工要求等的工程图样，可以直接用来指导实际工程的施工。因此施工图也是学习的重点。

（二）施工图的种类

按照专业分工的不同，施工图一般可分为建筑施工图、结构施工图、装饰施工图和水暖电等施工图。而每个专业图纸中又可分为基本图和详图两类。基本图表明全局性内容，详图表明某些构件或局部详细尺寸和材料构成等。

（1）建筑施工图（简称建施 J）主要表示建筑物的总体布局、外部造型、内部布置、细部构造、装修和施工要求等。一般包括总平面图、建筑平面图、立面图、剖面图、详图等。其中详图一般包括墙身、楼梯、门窗、屋檐等细部的构造及做法。

（2）结构施工图（简称结施 G）主要表示建筑物承重结构的布置情况、构件类型及构造和做法等。一般包括基础图、楼层结构布置图、屋顶结构平面图、详图等。详图一般包括楼梯、雨篷等构件。

（3）装饰施工图主要表示建筑物内部或外部等造型，构造要求、材料及做法等。装饰施工图一般用于精装修，而一般的装修通常将其合并在建筑图中，以装饰装修构造做法表的形式出现。

（4）给排水、采暖、通风、电气等专业施工图（统称为设备施工图），简称为水施、暖施、电施等，它们主要用来表示管道（线路）与设备的布置和走向、做法和安装要求等。一般由平面图、轴测系统图、详图等组成。

一套完整的施工图纸的编排顺序是：图纸目录、设计说明、总平面图、建筑施工图、结构施工图、水暖电施工图。各专业图纸一般是全局性图纸在前，局部性图纸在后，先施工的在前，后施工在后。

（三）施工图的基本特点

（1）利用投影原理绘制：任何一种施工图纸，都是利用投影原理绘制的，符合投影的基本特点，因此掌握投影原理是识图的基本要求。

（2）由于建筑的形体庞大而图纸幅面有限，所以施工图一般是利用缩小比例绘制的。

（3）由于建筑是由多种材料、构配件等建造而成的，施工图中，常用各种图例符号来表示这些构配件的材质，因此掌握常用的图例可以方便看图。

（4）建筑中有很多构配件已有标准定型设计，并有标准设计图集可供使用，为了节省设计与制图工作，凡有标准设计之处，往往采用标准图集，只需绘制出标准图集的编号、页码、图号就可以了。

（四）识读建筑图的方法

识图建筑施工图，必须具备一定的投影知识、掌握形体的各种图示方法和建筑制图标准的有关规定，熟记建筑图中常用的图例、符号、线型、尺寸和比例的意义，了解建筑的基本构造及基本的施工常识。

识读建筑图的一般方法与步骤如下：

（1）查看目录。通过目录看施工图的组成及张数，确定图纸的完整性。

（2）看设计说明。了解工程概况以及工程在设计和施工方面的一般要求。

（3）通读。依照图纸的先后顺序对整套图纸通读一遍，对整个工程在头脑中形成概念，建筑工程的框架，如工程建设地点、周围地形、建筑物的形状、结构情况及建筑物的特点、关键部位等情况，做到心中有数。

（4）精读。按专业次序深入仔细阅读，先读基本图，再读详图。不断补充建筑的细部构造，使整个建筑物在头脑中逐渐清晰。

（5）配合阅读。读图时把有关联的图纸联系在一起对照着读，了解他们之间的关系，建立完整准确的工程概念。如建筑施工图的平面图、立面图、剖面图配合阅读，基本图和详图配合阅读，不同专业之间配合阅读。

二、施工图的基本规定

（一）图纸幅面

图纸幅面即图纸的大小，常用图纸的规格一般有 A0、A1、A2、A3、A4 五种。具体尺寸如表 2.1.1 所示。

表 2.1.1　图纸幅面及图框尺寸

幅面代号	A0	A1	A2	A3	A4
$B \times L$	841×1189	594×841	420×594	297×420	210×297
c	10			5	
a	25				

（二）图线

工程图中有不同的图线，不同图线的线型、线宽是不一致的，代表着不同的含义。常用的图示及含义如表 2.1.2 和表 2.1.3 所示。

表 2.1.2 线宽组

线宽比	线宽组					
b	2.0	1.4	1.0	0.7	0.5	0.35
$0.5b$	1.0	0.7	0.5	0.35	0.25	0.18
$0.25b$	0.5	0.35	0.25	0.18	—	—

表 2.1.3 图线

名称		线型	线宽	一般用途
实线	粗		b	主要可见轮廓线
	中		$0.5b$	可见轮廓线
	细		$0.25b$	可见轮廓线、图例线
虚线	粗		b	见各有关专业制图标准
	中		$0.5b$	不可见轮廓线
	细		$0.25b$	不可见轮廓线、图例线
单点长画线	粗		b	见各有关专业制图标准
	中		$0.5b$	见各有关制图标准
	细		$0.25b$	中心线、对称线等
双点长画线	粗		b	见各有关专业制图标准
	中		$0.5b$	见各有关专业制图标准
	细		$0.25b$	假想轮廓线成型前原始轮廓线
折断线			$0.25b$	断开界线
波浪线			$0.25b$	断开界线

同一张图纸上各类线型的线宽应保持一致。实线的接头应准确,不可偏离或超出;当虚线位于实线的延长线上时,相接处应留有空隙;当虚线与实线相接时,应以虚线的线段部分与实线相接;当两虚线相交接时,应以两虚线的线段部分相交接;单点长画线与单点长画线,或单点长画线与其他图线相交时,应交于单点长画线的线段上,如图 2.1.1 所示。

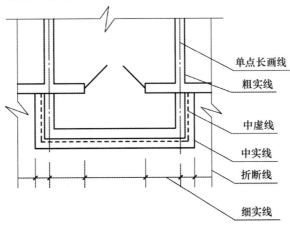

图 2.1.1 各种线型的应用

143

（三）字体

工程图中采用长仿宋体，字高有：3.5、5、7、14、20mm 几种，如表 2.1.4 所示。

表 2.1.4　字高与字宽的关系　　　　　　　　　　　　　　　　　　（mm）

字号（字高）	2.5	3.5	5	7	10	14	20
字宽	1.8	2.5	3.5	5	7	10	14

（四）比例

比例是指图形与实物相对应的线性尺寸之比。比例的大小是指其比值的大小，如 1∶50 大于 1∶100。比例越大，图上相同尺寸所代表的实际尺寸越小。

绘图所用比例如表 2.1.5 所示。

表 2.1.5　绘图所用比例

常用比例	1∶1、1∶2、1∶5、1∶10、1∶20、1∶50、1∶100、1∶150、1∶200、1∶500、1∶1000、1∶2000、1∶5000、1∶10000、1∶20000、1∶50000、1∶100000、1∶200000
可用比例	1∶3、1∶4、1∶6、1∶15、1∶25、1∶30、1∶40、1∶60、1∶80、1∶250、1∶300、1∶400、1∶600

（五）尺寸标注

尺寸标注符号由尺寸界线、尺寸线、尺寸起止符号和尺寸数字组成，如图 2.1.2 所示。

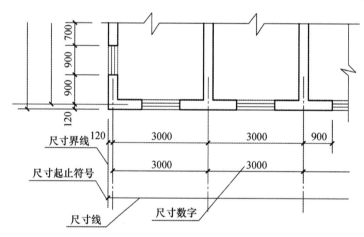

图 2.1.2　尺寸标注的组成

尺寸界线，通常与被注长度垂直。图样轮廓线可以用作尺寸界线。

尺寸线，应与被注长度平行，图样本身任何图纸均不得用作尺寸界线。起止符号：通常用短粗线绘制，倾斜方向与尺寸界线成顺时针 45°角。图样上的尺寸，应以尺寸数字为准，不得从图上直接量取。尺寸数字通常依据其方向注写在靠近尺寸线的上方中部。单位除标高及总平面图尺寸以 m 为单位外，其他均为 mm，如图 2.1.3～图 2.1.8 所示。

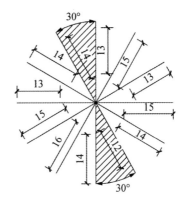

图 2.1.3 尺寸箭头的形式及大小　　　图 2.1.4 尺寸数字的注写方向

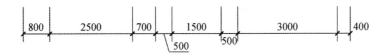

图 2.1.5 尺寸界线较密时尺寸标注形式举例

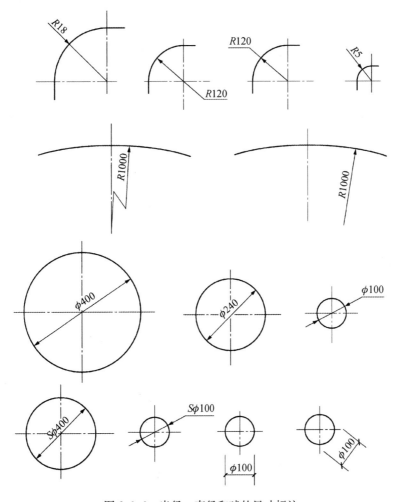

图 2.1.6 半径、直径和球的尺寸标注

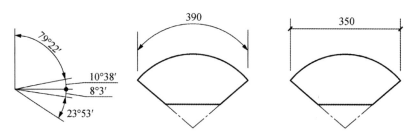

图 2.1.7　角度、弧长和弦长的尺寸标注

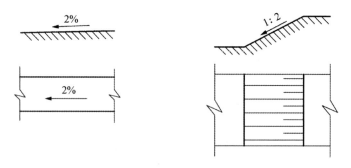

图 2.1.8　坡度的尺寸标注

（六）轴线

　　轴线也称定位轴线，是人们在实际工作过程中，为了便于施工放线和查阅图线而假想出来的一种图线。轴线一般位于基础、柱、承重墙等的承重构件的中心线。

　　定位纵向墙体或柱（长方向）的轴线，称为纵向轴线，用拉丁字母，从下至上的顺序编号。其中 I、O、Z 不得用作轴线编号。纵向轴线之间的尺寸称为进深。

　　定位横向墙体或柱（短方面）的轴线，称为横向轴线，用阿拉伯数字，从左至右的顺序编号。横向轴线之间的尺寸称为开间，如图 2.1.9 所示。

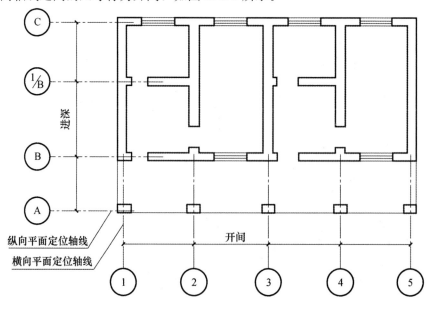

图 2.1.9　轴线定位图

附加定位轴线：对于一些与主要承重构件相联系的局部构件，用附加定位轴线表示。附加定位轴线的表示方法为：分母表示前一轴线的编号，分子表示附加轴线的编号。其中 A 号或 1 号轴线之前用 0A 或 01 表示，如图 2.1.10 所示。

通用轴线：多用于详图，如一个详用适用于几根定位轴线时，可以使用通用轴线，其表示方式如图 2.1.11 所示。

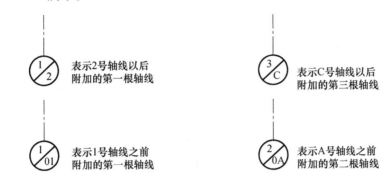

图 2.1.10　附加轴线的编号

图 2.1.11　详图的轴线编号

（七）标高

施工图中，常用标高符号来表示某一部位的高度。

标高有两种。以我国黄海海平面为标高零点，而引出的标高为绝对标高。凡标高的基准面是根据工程需要而自行设定的，这类标高称为相对标高。实际工作中，通常把建筑特首层室内地面定为相对标高的零点。

零点标高注写为 ±0.000。低于零点标高的为负标高，标高数字前加"－"号，如 －0.450。高于零点标高的为正标高，标高数字前可省略"＋"号，如 3.000。

相对标高通常也包括两类：一是表示建筑完成面的标高，称为建筑标高；二是表示结构面的标高，称为结构标高，如图 2.1.12～图 2.1.14 所示。

图 2.1.12　标高表示方式　　　　图 2.1.13　建筑标高和结构标高

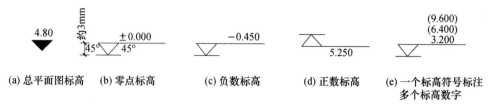

| (a) 总平面图标高 | (b) 零点标高 | (c) 负数标高 | (d) 正数标高 | (e) 一个标高符号标注
多个标高数字 |

图 2.1.14 符号及标高数字的注写

（八）详图索引符号

图样中某一局部或构件，如需另外绘制详图，应以详图索引符号。索引符号表示方法有以下几种：

索引出的详图与被索引的详图在同一张图纸内，如图 2.1.15 所示。

索引出的详图与被索引的详图不在同一张图纸内，如图 2.1.15 所示。

索引出的详图采用标准图集的，如图 2.1.15 所示。

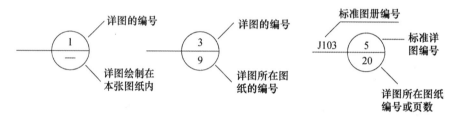

图 2.1.15 索引出的详图表示

索引符号用作索引剖视详图，应在被剖切位置绘制剖切位置线，并以引出线引出索引符号，引出线所在一侧为投影方向，如图 2.1.16 所示。

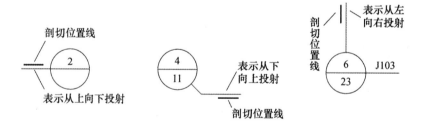

图 2.1.16 索引符号用作索引剖视详图表示

（九）引出线

引出线作用为引出文字标注。多层构造共用引出线时，引出线应通过被引出的各层，文字说明注写在水平线上方或水平线端部，说明顺序应由上至下，并应与初说明的层次相互一致；如层次

图 2.1.17 引出线表示方法

为横向排列则由上至下的说明顺序与从左至右的层次相互一致，如图 2.1.17 和图 2.1.18 所示。

图 2.1.18　共用引出线的表示方法

（十）对称符号和连接符号

对称符号：当房屋施工图的图形完全对称时，可只画该图形的一半，并画出对称符号，以节省图纸篇幅。对称符号即是在对称中心线（细单点长画线）的两端画出两段平行线（细实线），如图 2.1.19 所示。

连接符号：对于较长的构件，当其长度方向的形状相同或按一定规律变化时，可断开绘制，断开处应用连接符号表示。连接符号为折断线（细实线），并用大写拉丁字母表示连接编号，如图 2.1.20 所示。

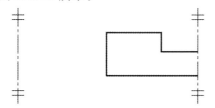
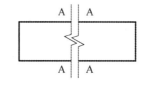

图 2.1.19　对称符号表示方法　　　　图 2.1.20　连接符号表示方法

（十一）指北针和风玫瑰图

在总平面图及底层建筑平面图上，一般都画有指北针，以指明建筑物的朝向。指北针形状如图 2.1.21 所示。

风玫瑰图也称为风向频率玫瑰图。它是根据某一地区多年平均统计的各个风向和风速的百分数值，并按一定比例绘制，一般多用八个或十六个罗盘方位表示。将罗盘上 360° 方位按照每 22.5° 一格划分成 16 格，将实时采集的各个风向统计到这 16 个方向上。玫瑰图上所表示风的吹向（即风的来向），是指从外面吹向地区中心的方向。

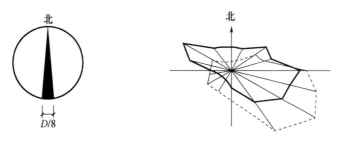

图 2.1.21　指北针和风玫瑰图

三、常用代号与图例

建筑施工图中，常用各种代号及图例来表示相应地构件及其材质。

常用代号如表 2.1.16 和表 2.1.7 所示。

表2.1.6 建筑结构施工图中常用代号

结构	代号	结构	代号	结构	代号	结构	代号
构造柱	GZ	圈梁	QL	楼梯板	TB	基础	J
暗柱	AZ	过梁	GL	板墙	QB	设备基础	SJ
端柱	DZ	基础梁	JL	悬挑板	XB	承台	CT

表2.1.7 建筑装饰施工图中常用代号

结构	代号	结构	代号	结构	代号
门	M	洞	D	雨篷	YP
窗	C	矩形洞	JD	楼梯	LT
防火门	FM	圆形洞	YD	推拉门	TM
飘窗	PC	墙	Q	幕墙	MQ
门连窗	MLC	阳台	YT		

常用图例如表2.1.8～表2.1.11所示。

表2.1.8 施工总平面图图例

名称	图例	说明	名称	图例	说明
新建建筑物	8 ▲	1. 用粗实线表示，需要时，用▲表示出入口 2. 需要时可在图形内右上角用点数或数字表示层数	拆除的建筑物	×—×—×	用细实线表示
原有建筑物		用细实线表示	建筑物下面的通道		
计划扩建的预留地或建筑物		用中粗虚线表示	散状材料露天堆场		需要时可注明材料名称
其他材料露天堆场或露天作业厂			室内标高	151.00(±0.00)	

表2.1.9 常用建筑材料图例

图例	名称	图例	名称
	自然土壤		多孔材料
	素土夯实		空心砖
	砂、灰土及粉刷		饰面砖

续表 2.1.9

图例	名称	图例	名称
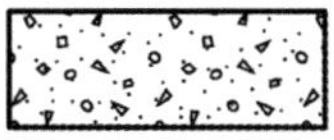	混凝土	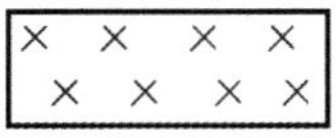	石膏板
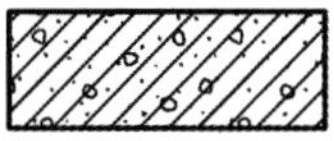	钢筋混凝土	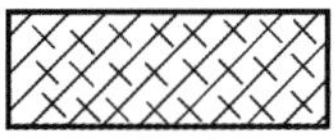	橡胶
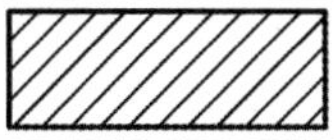	砖砌体	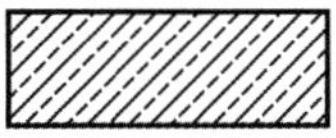	耐火砖
	木材	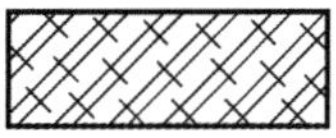	塑料
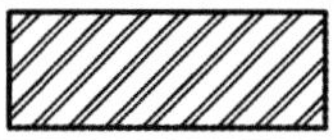	金属		防水材料
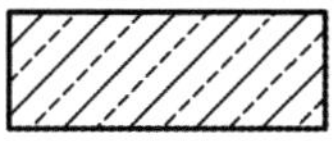	石材	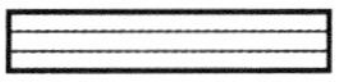	玻璃

表 2.1.10　建筑施工图图例 1

名称	图例	说明
楼梯	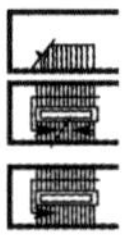	（1）上图为底层楼梯平面，中图为中间层楼梯平面，下图为顶层楼梯平面 （2）楼梯的形式及步数应按实际情况绘制
坡道	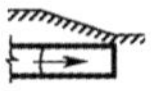	
空门洞		用于平面图中
单扇门（平开或单开弹簧）		用于平面图中
单扇双面弹簧门		用于平面图中
双扇门（包括平开或单面弹簧）	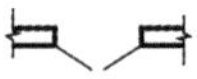	用于平面图中
对开折叠门	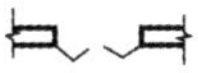	用于平面图中
双扇双面弹簧门	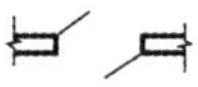	用于平面图中
检查孔		左图为可见检查孔，右图为不可见检查孔

表 2.1.11　建筑施工图图例 2

名称	图例	说明
单层固定窗	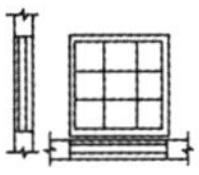	窗的立面形式应按实际情况绘制
单层外开上悬窗	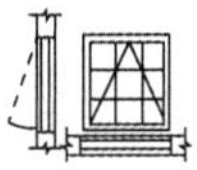	立面图中的斜线表示窗的开关方向，实线为外开，虚线为内开

续表 2.1.11

名称	图例	说明
中悬窗		立面图中的斜线表示窗的开关方向，实线为外开，虚线为内开
单层外开平开窗		立面图中的斜线表示窗的开关方向，实线为外开，虚线为内开
高窗		用于平面图中
墙上预留孔	宽×高或φ	用于平面图中
墙上预留槽	宽×高×长或φ	用于平面图中

四、建筑施工图绘图原理

（一）五视图

为准确反映建筑物外部的构造，通常用五面视图的方法，向建筑物的各个方位做投影，形成每个面的投影图：屋顶平面图、正立面图、背立面图、左侧立面图、右侧立面图，如图 2.1.22 所示。

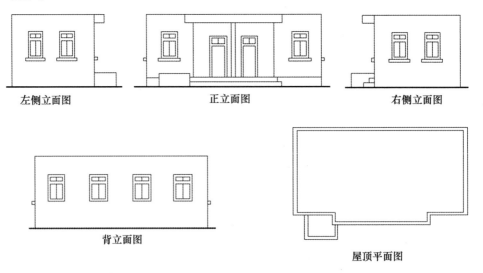

图 2.1.22　房屋的多面投影图

（二）正投影及其特性

以上所述的各种视图都是用投影法绘制的。

1. 投影及分类

实际生活中所接触的建筑物都是三维立体的，但图纸是平面的，要想把三维立体的形体通过二维的平面的反映出来，通常采用投影法。投影是所有工程图绘制的基本原理，掌握投影原理，对于识图是很大的帮助。

假设有一个形体，其上有一个光源，在下方有一个平面。在光线的照射下，形体便在平面上投出一个多边形的影子。假设光线可以透过形体（或者形体本身是透明的，但棱线是不透明的），此时在平面上会形成一个反映其形体的图形，这个图形即是投影，这种作出形体的投影方法，称为投影法。

其中，光源称为投影中心，光线称为投影线，平面 H 称为投影面。投影线、投影面、形体称为投影的三要素，如图 2.1.23 所示。

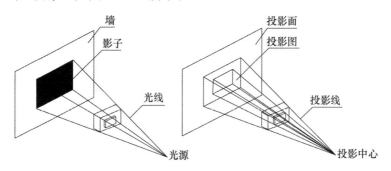

图 2.1.23　投影中心与投影线

投影法可分为中心投影和平行投影两类。

（1）中心投影：投影中心在有限的距离内，形成锥状的投影线，所作出的空间形体的投影，称为中心投影。中心投影有"近大远小"的透视规律，符合人的视觉，适用于绘制透视图、效果图。

（2）平行投影：当投影中心移至无限处，投影线按一定方向平行投射，形成柱状的投影线，所作出的空间形体的投影，称为平行投影。平行投影所得投影的大小与形体离投影中心的距离远近无关，平行投影又分为斜投影和正投影两种。

投影方向倾斜于投影面时，所做出的形体的平行投影，称为斜投影。斜投影可以同时反映形体的多个侧面，因此常用来绘制轴测图，用在水电安装等设备图的系统图。

投影方向垂直于投影面时，所做出的形体的平行投影，称为正投影。正投影的基本特性反映形体的真实大小及形状，因此广泛用于绘制各种施工图。也是我们学习投影理论的重点。

2. 正投影的特性

（1）点的投影永远为点。

（2）直线的投影：

当直线平行于投影面时，其投影反映实长。

当直线垂直于投影面时，其投影积聚于一点，如屋顶的雨水管。

当直线倾斜于投影面时，其投影小于实长，如坡屋面的斜脊线。

（3）平面的投影：

当平面平行于投影时，其投影反映实形。

当平面垂直于投影面时，其投影积聚成一直线，如台阶、楼梯的梯面；

当平面倾斜于投影面时，其投影小于平面实形，如坡屋面。

（4）形体的投影：形体的投影可以分解为面、线、点，如图 2.1.24 所示。

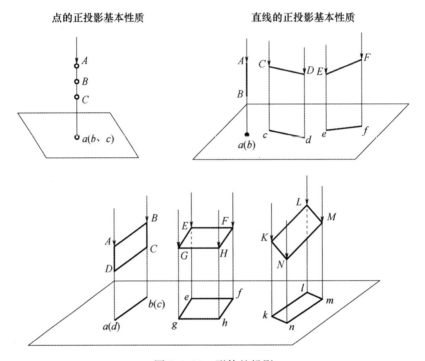

图 2.1.24　形体的投影

3. 正投影特性的应用

实际图纸中的每一个面、每一条线、每一个点，在不同的图纸中其代表着不同的含义：如屋顶平面图的一个点可以代表垂直于地面的线状形体，一个面线可能代表着真实的长度，也可能小于实长；一个面可以反映真实形状，也可能小于真实形状。因此，需要得利用投影原理对其进行具体分析。

（三）剖面图与断面图

对于复杂的形体，为了表达建筑物的内部的构造，通常采用剖面图或断面图的方式进行表达。

1. 剖面图

假设一个剖切平面，将建筑物剖开，将剖切面与观察者之间部分移去，做剩余部分的投影，所形成的投影图称为剖面图。剖面图主要用来反映建筑物内部的构造、形状、布局等，如平面图（水平剖切）、剖面图（垂直剖切）。

（1）剖切符号及含义：在建筑工程图中用剖切符号表示剖切平面的位置及其剖切开以后的投影方向。《房屋建筑制图统一标准》（GB/T 50001—2017）中规定剖切符号由剖切位置线及剖视方向组成，均以粗实线绘制，如图 2.1.25 所示。在剖切符号上应用阿拉伯数字加以编号，数字应写在剖视方向一边。在剖切图的下方应写上带有编号的图名，如 1—1 剖面图、2—2 剖面图，在填图名下方画出图名线（粗实线）。在剖切时，剖切平面将形体剖开，从剖切开的截面上能反映形体所采用的材料。因此，在截面上应表示该形体所用的材料，未剖切部分则不需要画出。

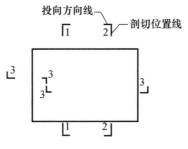

图 2.1.25　剖切符号

（2）下列剖面图通常不标注剖切符号：

通过门窗洞口位置剖切房屋，所绘制的建筑平面图。

通过形体的对称平面、中心线等位置剖切形体，所绘制的剖面图，如图 2.1.26 所示。

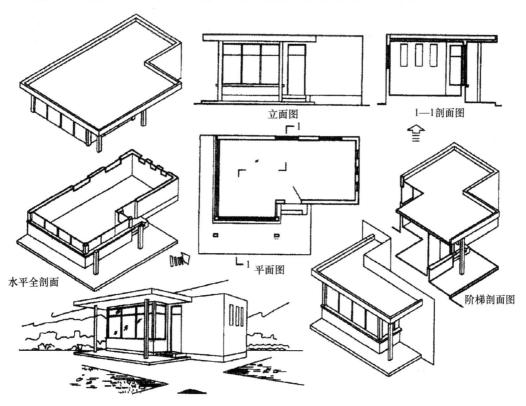

图 2.1.26　通常不标注剖切符号的剖面图

（3）常用的剖切方法：

1）全剖面图：用一个剖切平面将形体完整地剖切开，得到的剖面图，称为全剖面图，如图 2.1.27 所示。

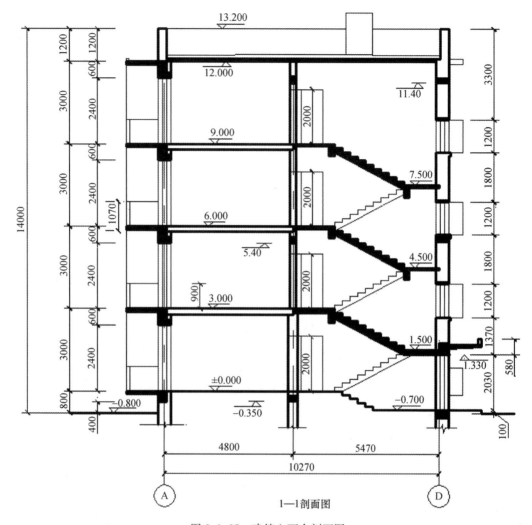

图 2.1.27　建筑立面全剖面图

2）半剖面图：如果形体是对称的，画图时常把形体投影图的一半画成剖面图，另一半画成外形图，这样组合而成的投影图称为半剖面图，如图 2.1.28 所示。

3）阶梯剖面图：不便同时剖切两个孔洞，因此，用两个相互平行的平面通过两个孔洞剖切。这样在同一个剖切图上将两个不在同一方向上的孔洞同时反映出来。这种用两个或两个以上互相平行的剖切平面将形体剖开，得到的剖面图称为阶梯剖面图，如图 2.1.26 所示。

4）局部剖面图：形体的局部剖开形成局部剖面的形式，称为局部剖面图，如图 2.1.29 所示。

5）展开剖面图：用两个相交剖切平面将形体剖切开，所得到的剖面图，经旋转展开，平行于某个基本投影后再进行正投影称为展开剖面图，如图 2.1.30 所示。

6）分层剖面图：在建筑工程中为了表示楼面、墙面及地面等的构造和所用材料，常用分层剖切的方法画出各个不同构造层次的剖面图，称为分层剖面图，是局部剖切的一种形式，如图 2.1.31 所示。

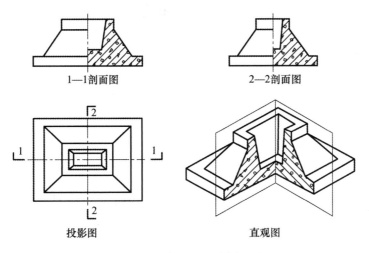

1—1剖面图　　　　　　2—2剖面图

投影图　　　　　　直观图

图 2.1.28　杯口基础半剖面图

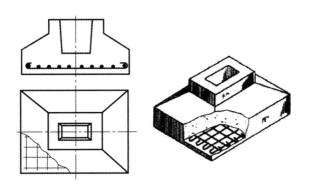

图 2.1.29　杯口基础局部剖面图

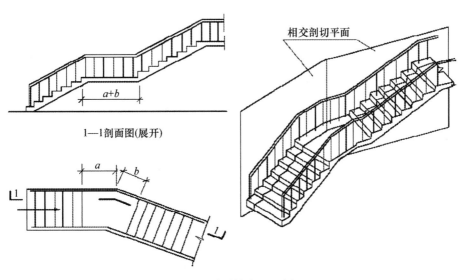

1—1剖面图(展开)

相交剖切平面

图 2.1.30　楼梯转角展开剖面图

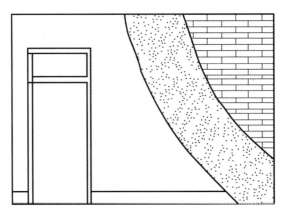

图 2.1.31　墙面分层剖面图

2. 断面图

在实际工作中表示内部构造时，也常用到断面图。对于某些单一的杆件或需要表示某一部位的截面形状时，可以只画出形体与剖切平面相交的那部分图形，即假想用剖切平面将物体剖切后，仅画出断面的投影图，称为断面图，简称断面。断面图的原理与剖面图是相同的，只不过其反映的内容不同。剖面图反映的是剩余部分的全部的投影，断面图反映的是剖切面所剖到的部分。

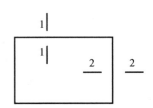

图 2.1.32　断面的剖切符号

（1）断面图的剖切符号：如图 2.1.32 所示。

（2）剖面图与断面图的区别：断面图只画出截断面的图形，而剖面图则画出被剖切后剩余部分的投影。断面图和剖面图的符号也有不同。

（3）断面的图示方式如下：

1）移出断面：将断面图画在原构件投影图之外，如图 2.1.33 所示。

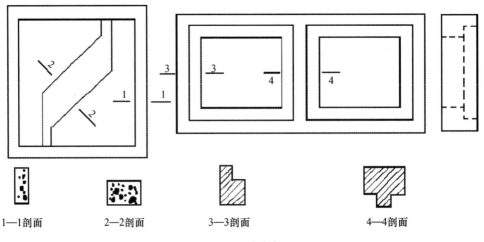

1—1剖面　　　2—2剖面　　　3—3剖面　　　4—4剖面

图 2.1.33　移出断面

2）重合断面：将断面向左旋转，使其与原投影图重合；此时断面的轮廓线应画粗些，以便与投影图上线条有所区别,这种断面可不加任何说明,只在断面轮廓线内沿边缘加画45°的细斜线,如图 2.1.34 所示。

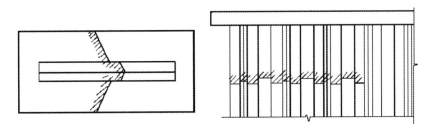

图 2.1.34 重合断面

3) 中断断面:将断面图画在原投影图杆件中断处,如图 2.1.35 所示。

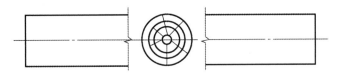

图 2.1.35 中断断面

五、建筑施工图的组成及识图要领

建筑施工图通常有总平面图、平面图、立面图、剖面图及详图。

(一) 总平面图

1. 图示内容

总平面图主要表明新建建筑所在基地范围内的总体布置,它反映新建建筑物或构筑物的位置和朝向,室外场地、道路、绿化等的布置,地形、地貌、标高以及与原有环境的关系和临界情况。它是施工定位及施工总平面设计的重要依据。

2. 识图要领

了解总平面图的图例。由于总平面图中的一些表示方法不常用,所以在阅读总平面时需要弄清楚所使用的图例。如新建建筑物、原的建筑物,层数及高度的表示等。

明确新建建筑物的具体位置,并向外扩展,搞清楚新建建筑物与周围建筑物、道路、绿化设施等位置关系。通常是以坐标或以建筑红线、道路中心线、外边线等来进行描述。

明确建筑物的标高、层数及室外的地面的绝对标高。

(二) 平面图

1. 成图原理

假设一水平剖切面,沿房屋门窗洞口的位置,将房屋剖开,做剖切面以下的水平投影图。平面图实质是一个水平全剖图,符合正投影及剖面图的特性,如图 2.1.36 所示。

2. 图示内容

(1) 建筑物的平面形状、房间布局,墙体或柱的位置、大小、材料、厚度,门窗的类型及位置。

(2) 装饰做法:结合装修材料做法表。

（3）标高，剖切符号、详图索引符号，以便和其他图纸进行结合。

（4）底层平面图，除了上述内容外，还要反映室外台阶、散水、花池等构件。

（5）屋顶平面图，一般要反映屋顶的形状，排水分区及坡度，屋顶构件（烟囱、通风道、楼梯间、屋顶水箱等），挑檐、女儿墙、檐沟的位置及做法，雨水管，屋面做法等内容。

3. 识图要领

识图过程强调的是读图顺序，当拿到施工图后，首先要了解建筑的基本情况，找出其结构特点，如对称、局部相同或相似等。然后根据其结构特点灵活确定读图的顺序。只有按照一定的顺序，才可以做到"大图化小、复杂化简"，方便进行识图。常用顺序：

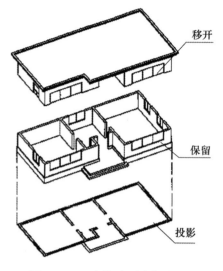

图 2.1.36 建筑平面图成图原理

设计动线顺序，整体到局部的顺序，分块阅读的顺序，先内后外、从上到下、从左至右的顺序。

熟记常用的图例图号、构件代号及构件的表示方法；结合水平剖视图及正投影的绘图原理，从投影原理角度去理解图纸；建立空间立体感，想象实际生活中所见到的建筑物，使两者有机融合，建立空间立体感。

4. 注意事项

房屋建筑中的个别构件应画在那一层平面图上是有分工的，室外台阶、散水等构件及指北针、剖面符号，通常仅绘制在底层剖面图中。其中，散水也只在墙角或外墙的局部分段绘制。

凡是被水平剖切面剖切到的墙、柱等断面轮廓线用粗实线绘制，其他用细实线绘制。

粉刷层在 1∶100 的平面中是不绘制的，在 1∶50 或者更大的平面中用细实线绘制。

受结构的局限，每层平面图的基本内容是相同的，因此，对于其他层平面图，只要找出其与底层平面图不一致的地方就可以了。

（三）立面图

1. 成图原理

立面图是向建筑物各外立面做正投影，所得到的投影图，如图 2.1.37 所示。

2. 图示内容

建筑物立面的造型，建筑物外墙装饰做法（通过文字说明加图例来进行说明，注意不同材质的分格）以及标高等。

3. 识图要领

立面图在阅读时一定要注意和平面图是相结合，首先确定是绘制的那个立面，然后根据其标注的轴线确定大概位置，最后两者相结合，仔细

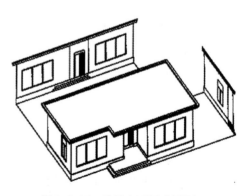

图 2.1.37 建筑立面图成图原理

对照阅读。

4. 注意事项

立面图的图示有三种。

按立面的主次来命名：正立面、背立面、左侧立面、右侧立面。

按房屋的朝向来命名：东立面、南立面、西立面、背立面。

按立面图两端的轴线编号来命名（从左向右）。

（四）剖面图

1. 成图原理

假设一竖直的剖切平面，垂直于外墙，将房屋剖开，移去剖切平面与观察者之间的部分，作剩下部分的正投影，所形成的投影图，称之为剖面图，如图 2.1.38 所示。

剖面图主要用来表示房屋内部的楼层分层、垂直方向的高度，简要的结构形式及材料等情况。

2. 图示内容

（1）房屋内部构造和结构形式：如各层梁板、楼梯、屋面的结构形式、位置及与其（柱）的相互关系等。

（2）建筑物内部各部位的高度：如室内地坪、屋面、门窗顶、窗台、檐口等处的标高。

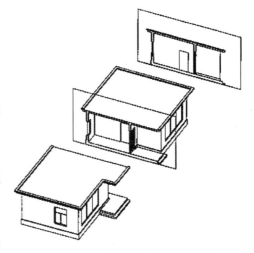

图 2.1.38　建筑剖面图成图原理

（3）楼地面、屋面的构造等。

3. 识图要领

根据图名，在平面图中找到对应的剖切符号，确定剖切平面的位置及投影方向；根据轴线，确定剖切面的具体位置，结合平面图，对照阅读。

4. 注意事项

（1）剖切平面通常选择在能显露房屋内部结构和构造比较复杂、有变化、有代表性的部位，并应通过门窗洞口的位置。通常的情况选择楼梯间和主要出入口的位置。

（2）剖面图中不绘制基础。其中凡剖切面剖切的构件需用粗实线表示且用图例来表示其材质。

（五）详图

平、立、剖面图一般采用较小的比例绘制，因而某些建筑的构配件（如门、窗、楼梯、及各种装饰等）和某些建筑剖面节点（如檐口、窗台、散水等）的详细构造（包括样式、层次、做法、用料、详细尺寸等）都无法表达清楚。根据施工需要，通常需对以上内容采用较大比例绘制，称为详图，也称大样图。建筑详图是建筑平、立、剖面图的补充，是建筑施工图的重要组成部分。

详图包括两种，一是由设计人员自行绘制的详图或剖面节点详图，另一类是直接引用标准图或通用详图的节点详图及剖面节点详图。

墙身所涉及的内容比较多，一般有楼梯、墙身、阳台、门窗等详图。

（1）图示内容：样式、造型，构造做法：如材质等，细部尺寸。

（2）读图重点：

1）图例：由于详图的比例较大，所以构件的组成均需用材料来表示其材质，所以掌握图例符号是阅读详图的基本要求。

2）文字注解：详图一般均配有较多的文字注解，如做法通常采用文字引出线引出来进行表示，文字注解是详图必不可少的一部分，所以在阅读详图时必须结合文字说明来时行。

3）细部尺寸标注：由于详图本身所表示的构件较小，其尺寸也比较细微，在实际读图时需要仔细分别，必要时需进行简单的推算。

（3）楼梯详图：楼梯详图一般由楼梯平面图、剖面图以及踏步、栏杆等详图组成。

1）楼梯平面图：楼梯平面图是用水平剖切面作出的楼梯间水平全剖面，水平剖切面规定设在上楼的第一个梯段（即平台下）剖切。断开线用 45°斜线表示。

楼梯平面图所反映的尺寸：①楼梯间的开间和进深；②梯段的宽度、梯井的宽度；③楼段水平投影长；④平台的深度；⑤平台的标高等。

2）楼梯剖面图：楼梯剖面图是用一假想的垂直剖切平面沿着各层楼梯段、平台、及窗洞口的位置剖切。向未被剖切的梯段方向做正投影，所得到的投影图。它能完整地表示各层梯段、栏杆与地面、平台和楼板等的构造及相互关系。

3）楼梯栏杆、踏步的详图：楼梯的标杆、踏步的详图通常引用标准图集。

六、施工图的审核及图纸会审

任何一套图纸，都不可避免地会出现如设计不合理、构造上无法实现、绘制或设计上的错误等各种问题，因此作为后期的施工和预算人员，在拿到图纸后，首先需要对图纸进行审核，找出图纸中的不合理之处及错误的地方，由设计单位给出的统一的解释或修正。

（一）图纸审核的程序

（1）专业施工部门进行阅读自审。在自审的基础上有工程负责人组织不同专业进行交流阅图情况及进行校核，解决一些局部性的内容。

（2）会同建设单位、设计单位进行图纸交底会审，把问题统一，形成会审纪要，对原图纸进处修正。图纸会审纪要的效力等同于设计文件。

（二）图纸审核的内容

（1）图纸上标注不清楚、无法施工或进行预算的部位。

（2）图纸上前后设计不对应的部位：如平面图与剖面图中不符，基本图与详图不符；建筑施工图与结构施工图不符等情况。

（3）设计深度没有达到实际施工的精度，无法进行施工或预算的部位。

（4）设计不合理的地方，及按照原设计无法进行施工或施工不便的部位。

（三）图纸审核单的填写

填写注意事项，如表 2.1.12 所示。

（1）分专业，按图纸顺序进行描述

（2）使用轴线等标注清楚所要描述的部位。

（3）描述清楚所要表达的问题。

表 2.1.12　施工图纸会审记录

工程名称	××中学教学楼工程			共 2 页　第 2 页	
会审地点		记录整理人	×××	日期	2012 年 7 月 4 日
序号	图纸编号	提出图纸问题		图纸修订意见	
8	结施 9	14-17/A 轴如何施工？			
9	20 号、23 号楼	20 号、23 号楼是否不在一条直线上？ 需规划人员复线			
10					
11					
12					

第二节　建筑面积计算规则及应用

一、建筑面积的概念

建筑面积是表示建筑物平面特征的几何参数，是指建筑物各层水平平面面积之和，它是表示建筑技术经济效果的重要数据，也是计算某些分项工程量的基本依据。其组成内容包括使用面积、辅助面积和结构面积。使用面积是指建筑物各层平面布置中可直接为生产或生活使用的净面积总和，如住宅楼中的卧室、起居室所占的净面积。辅助面积是指建筑物各层平面布置中为辅助生产或生活所占净面积总和，如住宅楼中的厨房、厕所、走道等所占的净面积。结构面积是指建筑物各层平面布置中的墙体、柱及通风道、垃圾道等结构所占面积的总和。

首层建筑面积也称为底层建筑面积，是指建筑物底层勒脚以上外墙外围水平投影面积。首层建筑面积作为"三线一面"中的一个重要指标，在工程量计算中被反复使用。

二、建筑面积的作用

建筑面积是国家控制基本建设规模的主要指标；是一项重要的技术经济指标，是编制概预算、确定工程造价的重要依据；是检验控制工程进度和竣工任务的重要指标；是审查评价建筑工程单位造价标准的主要衡量指标；是计算面积利用系数，简化部分工程量的基本数据；是划分工程类别大小的划分标准之一。

（1）单位工程每平方米建筑面积消耗指标：

$$单方造价 = \frac{单位工程造价}{建筑面积} \qquad (2.2.1)$$

$$单方工(料、机)消耗量 = \frac{单位工程工(料、机)消耗量}{建筑面积} \qquad (2.2.2)$$

（2）建筑平面系数指标体系（反应建筑设计平面布置合理性）：

$$建筑平面系数（K 值）= \frac{使用面积}{建筑面积} \times 100\%（一般为 50\% \sim 55\%） \qquad (2.2.3)$$

$$辅助面积系数＝\frac{辅助面积}{建筑面积}×100\%\qquad(2.2.4)$$

$$结构面积系数＝\frac{结构面积}{建筑面积}×100\%\qquad(2.2.5)$$

$$有效面积系数＝\frac{有效面积}{建筑面积}×100\%\qquad(2.2.6)$$

（3）建筑密度（反应建筑用地经济性）：

$$建筑密度＝\frac{建筑基底总面积}{建筑用地总面积}\qquad(2.2.7)$$

（4）容积率（反应建筑用地使用强度）：

$$容积率＝\frac{总建筑面积}{建筑用地面积}\qquad(2.2.8)$$

三、建筑面积计算规则

建筑面积计算规则现在执行的是《建筑工程建筑面积计算规范》（GB/T 50353—2013），自 2014 年 7 月 1 日起实施，原《建筑工程建筑面积计算规范》（GB/T 50353—2005）同时废止。该规范适用于新建、扩建、改建的工业与民用建筑工程建设全过程的建筑面积计算。

建筑工程的建筑面积计算，除应符合《建筑工程建筑面积计算规范》（GB/T 50353—2013）外，尚应符合国家现行有关标准的规定。

1. 主要术语与解释

（1）建筑面积：建筑物（包括墙体）所形成的楼地面面积。建筑面积包括附属于建筑物的室外阳台、雨篷、檐廊、室外走廊、室外楼梯等。

（2）自然层：按楼地面结构分层的楼层，如图 2.2.1 所示。

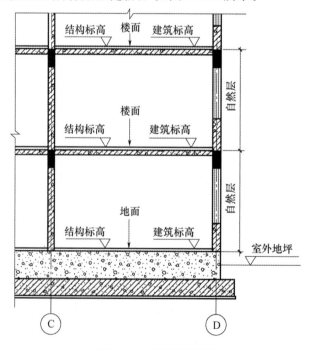

图 2.2.1　自然层表示图

（3）结构层高：楼面或地面结构层上表面至上部结构层上表面之间的垂直距离。层高在《民用建筑通则》2.0.14 里面的规定是：由该层楼面面层（完成面）至平屋面的结构面层或至坡顶的结构面层与外墙外皮延长线的交点计算的垂直距离。所以，以前有人碰到坡屋面建筑顶层屋面结构顶板到顶层楼面高度超过 3.6m 部分要按两层计容是错误的，如图 2.2.2 所示。

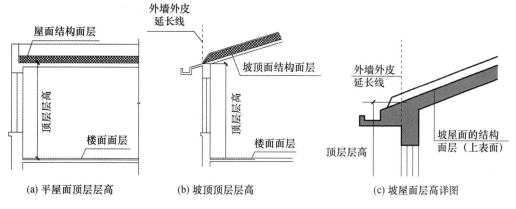

(a) 平屋面顶层层高　(b) 坡顶顶层层高　(c) 坡屋面层高详图

图 2.2.2　结构层高

（4）围护结构：围合建筑空间的墙体、门、窗。

（5）建筑空间：以建筑界面限定的、供人们生活和活动的场所。具备可出入、可利用条件（设计中可能标明了使用用途，也可能没有标明使用用途或使用用途不明确）的围合空间，均属于建筑空间。

（6）结构净高：楼面或地面结构层上表面至上部结构层下表面之间的垂直距离。

（7）围护设施：为保障安全而设置的栏杆、栏板等围挡。

（8）地下室：室内地平面低于室外地平面的高度超过室内净高的 1/2 的房间，如图 2.2.3 所示。

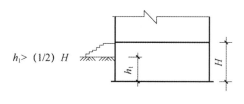

图 2.2.3　地下室

（9）半地下室：室内地平面低于室外地平面的高度超过室内净高的 1/3，且不超过 1/2 的房间，如图 2.2.4 所示。

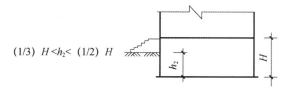

图 2.2.4　半地下室

（10）架空层：仅有结构支撑而无外围护结构的开敞空间层，如图 2.2.5 所示。

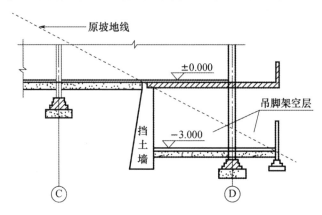

图 2.2.5　架空层

（11）走廊：建筑物中的水平交通空间，如图 2.2.6 所示。

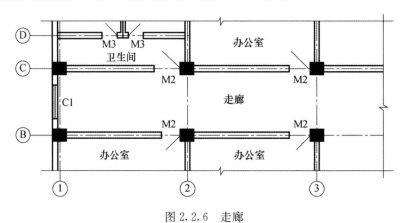

图 2.2.6　走廊

（12）架空走廊：专门设置在建筑物的二层或二层以上，作为不同建筑物之间水平交通的空间，如图 2.2.7 所示。

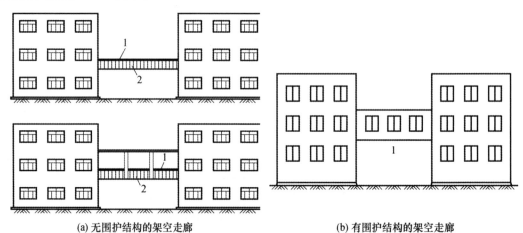

（a）无围护结构的架空走廊　　　　　　（b）有围护结构的架空走廊

图 2.2.7　架空走廊

（13）结构层：整体结构体系中承重的楼板层。特指整体结构体系中承重的楼层，包括板、梁等构件。结构层承受整个楼层的全部荷载，并对楼层的隔声、防火等起主要作用。

（14）落地橱窗：突出外墙面且根基落地的橱窗。落地橱窗是指在商业建筑临街面设置的下槛落地、可落在室外地坪也可落在室内首层地板，用来展览各种样品的玻璃窗，如图2.2.8所示。

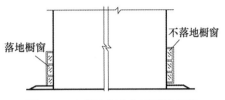

图2.2.8 落地橱窗和不落地橱窗

（15）凸窗（飘窗）：凸出建筑物外墙面的窗户。凸窗（飘窗）既作为窗，就有别于楼（地）板的延伸，也就是不能把楼（地）板延伸出去的窗称为凸窗（飘窗）。凸窗（飘窗）的窗台应只是墙面的一部分且距（楼）地面应有一定的高度，如图2.2.9所示。

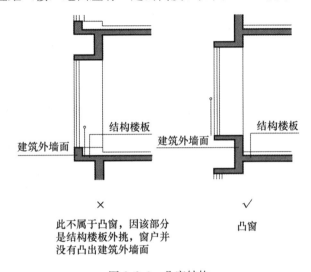

图2.2.9 凸窗结构

（16）檐廊：建筑物挑檐下的水平交通空间。檐廊是附属于建筑物底层外墙有屋檐作为顶盖，其下部一般有柱或栏杆、栏板等的水平交通空间，如图2.2.10所示。

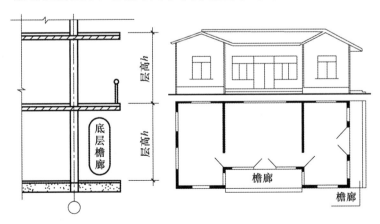

图2.2.10 檐廊

（17）挑廊：挑出建筑物外墙的水平交通空间，如图2.2.11所示。

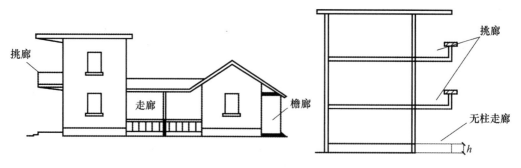

图2.2.11　挑廊

（18）门斗：建筑物入口处两道门之间的空间，如图2.2.12所示。

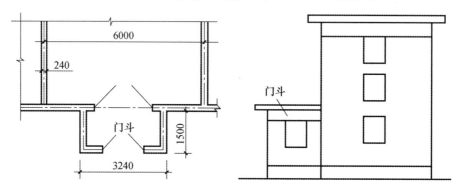

图2.2.12　门斗

（19）雨篷：建筑出入口上方为遮挡雨水而设置的部件。雨篷是指建筑物出入口上方、凸出墙面、为遮挡雨水而单独设立的建筑部件。雨篷分为有柱雨篷（包括独立柱雨篷、多柱雨篷、柱墙混合支撑雨篷、墙支撑雨篷）和无柱雨篷（悬挑雨篷）。如凸出建筑物，且不单独设立顶盖，利用上层结构板（如楼板、阳台底板）进行遮挡，则不视为雨篷，不计算建筑面积。对于无柱雨篷，如顶盖高度达到或超过两个楼层时，也不视为雨篷，不计算建筑面积，如图2.2.13所示。

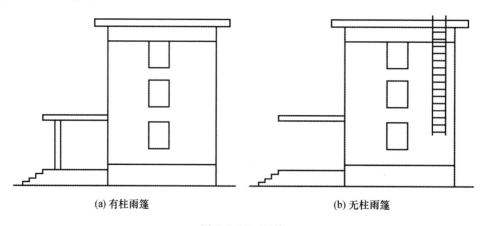

(a) 有柱雨篷　　　　　　　　(b) 无柱雨篷

图2.2.13　雨篷

（20）门廊：建筑物入口前有顶棚的半围合空间。门廊是在建筑物出入口，无门、三面或二面有墙，上部有板（或借用上部楼板）围护的部位。

（21）楼梯：由连续行走的梯级、休息平台和维护安全的栏杆（或栏板）、扶手以及相应的支托结构组成的作为楼层之间垂直交通使用的建筑部件。

（22）阳台：附设于建筑物外墙，设有栏杆或栏板，可供人活动的室外空间，如图2.2.14 所示。

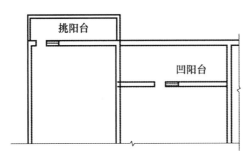

图 2.2.14　挑阳台与凹阳台

（23）主体结构：接受、承担和传递建设工程所有上部荷载，维持上部结构整体性、稳定性和安全性的有机联系的构造。

（24）变形缝：防止建筑物在某些因素作用下引起开裂甚至破坏而预留的构造缝。变形缝是指在建筑物因温差、不均匀沉降以及地震而可能引起结构破坏变形的敏感部位或其他必要的部位，预先设缝将建筑物断开，令断开后建筑物的各部分成为独立的单元，或者是划分为简单、规则的段，并令各段之间的缝达到一定的宽度，以能够适应变形的需要。根据外界破坏因素的不同，变形缝一般分为伸缩缝、沉降缝、抗震缝三种，如图2.2.15 所示。

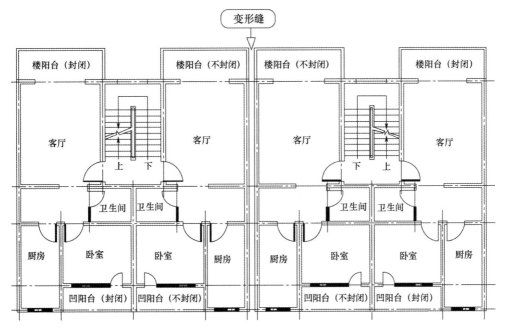

图 2.2.15　变形缝位置

（25）骑楼：建筑底层沿街面后退且留出公共人行空间的建筑物。骑楼是指沿街二层以上用承重柱支撑骑跨在公共人行空间之上，其底层沿街面后退的建筑物，如图2.2.16所示。

（26）过街楼：跨越道路上空并与两边建筑相连接的建筑物。过街楼是指当有道路在建筑群穿过时为保证建筑物之间的功能联系，设置跨越道路上空使两边建筑相连接的建筑物，如图2.2.17所示。

（27）建筑物通道：为穿过建筑物而设置的空间，如图2.2.17所示。

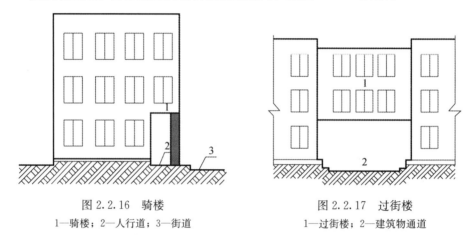

图2.2.16　骑楼　　　　　　　　　　图2.2.17　过街楼
1—骑楼；2—人行道；3—街道　　　　1—过街楼；2—建筑物通道

（28）露台：设置在屋面、首层地面或雨篷上的供人室外活动的有围护设施的平台。露台应满足四个条件：一是位置，设置在屋面、地面或雨篷顶，二是可出入，三是有围护设施，四是无盖，这四个条件须同时满足。如果设置在首层并有围护设施的平台，且其上层为同体量阳台，则该平台应视为阳台，按阳台的规则计算建筑面积。

（29）勒脚：在房屋外墙接近地面部位设置的饰面保护构造，如图2.2.18所示。

（30）台阶：联系室内外地坪或同楼层不同标高而设置的阶梯形踏步。台阶是指建筑物出入口不同标高地面或同楼层不同标高处设置的供人行走的阶梯式连接构件。室外台阶还包括与建筑物出入口连接处的平台，如图2.2.18所示。

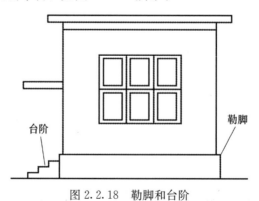

图2.2.18　勒脚和台阶

2.计算建筑面积的范围与应用

（1）建筑物的建筑面积应按自然层外墙结构外围水平面积之和计算。结构层高在2.20m及以上的，应计算全面积；结构层高在2.20m以下的，应计算1/2面积。

注：建筑面积计算，在主体结构内形成的建筑空间，满足计算面积结构层高要求的均应按本条规定计算建筑面积。主体结构外的室外阳台、雨篷、檐廊、室外走廊、室外楼梯等按相应条款计算建筑面积。当外墙结构本身在一个层高范围内不等厚时，以楼地面结构标高处的外围水平面积计算。

【例 2.2.1】　图 2.2.19 为某单层建筑物平面图，层高为 5.4m，试计算其建筑面积。

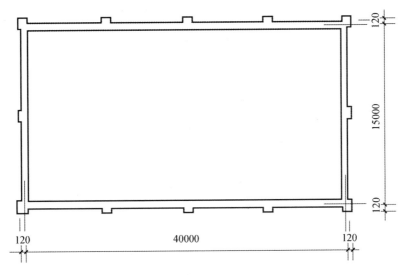

图 2.2.19　某单层建筑物平面图

解： $S=(40.00+0.24)\times(15+0.24)=613.26(\text{m}^2)$

【例 2.2.2】　某单层建筑物外墙轴线尺寸如图 2.2.20 所示。墙厚均为 240mm，轴线坐中，结构层高 2.1m，试计算建筑面积。

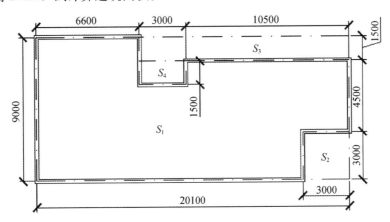

图 2.2.20　某建筑物外墙

解： $S=(S_1-S_2-S_3-S_4)\div 2=(20.34\times 9.24-3\times 3-13.5\times 1.5-2.76\times 1.5)\div 2=77.276(\text{m}^2)$

【例 2.2.3】　图 2.2.21 为层数不同的建筑物，尺寸线为外边线，试计算该建筑物的建筑面积。

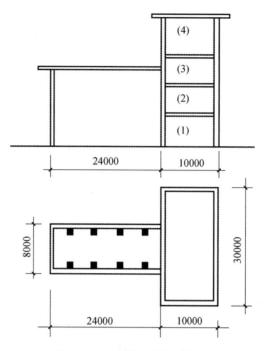

图 2.2.21　层数不同的建筑物

解： 该建筑物结构、层数均不同，应分别计算建筑面积。在同一建筑物中，若一部分为框架结构，另一部分为砖混结构时，框架结构以柱外边线，砖混结构以墙外边线分开计算建筑面积。

单层框架结构部分：$S=24\times8=192(\text{m}^2)$

多层砖混结构部分：$S=10\times30=300(\text{m}^2)$

（2）建筑物内设有局部楼层时，对于局部楼层的二层及以上楼层，有围护结构的应按其围护结构外围水平面积计算，无围护结构的应按其结构底板水平面积计算，且结构层高在 2.20m 及以上的，应计算全面积，结构层高在 2.20m 以下的，应计算 1/2 面积。

【例 2.2.4】 图 2.2.22 为设有局部楼层的建筑物平面和剖面图，局部楼层位置一层结构层高 $h_1=3\text{m}$，若二层结构层高 $h_2=2.7\text{m}$，三层结构层高 $h_3=3.0\text{m}$，试计算其建筑面积；若二层结构层高 $h_2=2.1\text{m}$，三层结构层高 $h_3=3.0\text{m}$，再计算其建筑面积。

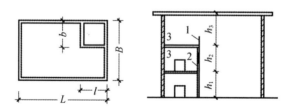

图 2.2.22　有局部楼层的建筑物

解： 当 $h_2=2.7\text{m}$ 时，$S=L\times B+l\times b\times2$

当 $h_2=2.1\text{m}$ 时，$S=L\times B+l\times b+1/2\times l\times b$

【例 2.2.5】 试计算图 2.2.23 所示有局部三层的建筑物的建筑面积。

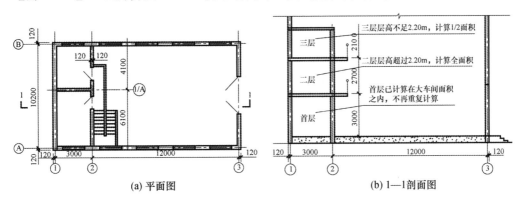

图 2.2.23 有局部三层的建筑物

解： 建筑面积 $S=10.440\times15.240+3.240\times10.440+3.240\times10.440\times1/2=209.844(\text{m}^2)$

（3）对于形成建筑空间的坡屋顶，结构净高在 2.10m 及以上的部位应计算全面积；结构净高在 1.20m 及以上至 2.10m 以下的部位应计算 1/2 面积；结构净高在 1.20m 以下的部位不应计算建筑面积。

【例 2.2.6】 某坡屋顶建筑如图 2.2.24 所示，试计算其建筑面积。

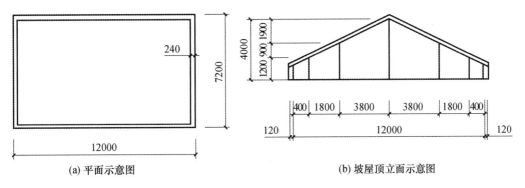

图 2.2.24 某坡顶建筑物

解： $S=3.8\times2\times(7.2+0.24)+1.8\times(7.2+0.24)\times0.5\times2=69.94(\text{m}^2)$

【例 2.2.7】 计算如图 2.2.25 所示有局部楼层的单层坡屋顶建筑物面积。

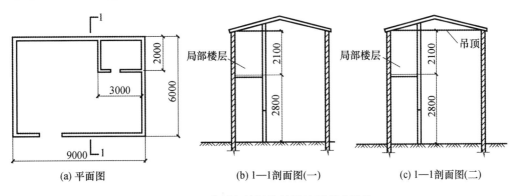

图 2.2.25 有局部楼层的单层坡屋顶建筑物

解： 无吊顶 $S_1 = (9+0.24) \times (6+0.24) + (3+0.24) \times (2+0.24) = 64.92(\text{m}^2)$

有吊顶 $S_2 = (9+0.24) \times (6+0.24) + (3+0.24) \times (2+0.24) \times 0.5 = 61.29(\text{m}^2)$

（4）对于场馆看台下的建筑空间，结构净高在 2.10m 及以上的部位应计算全面积；结构净高在 1.20m 及以上至 2.10m 以下的部位应计算 1/2 面积；结构净高在 1.20m 以下的部位不应计算建筑面积。室内单独设置的有围护设施的悬挑看台，应按看台结构底板水平投影面积计算建筑面积。有顶盖无围护结构的场馆看台应按其顶盖水平投影面积的 1/2 计算面积，如图 2.2.26 所示。

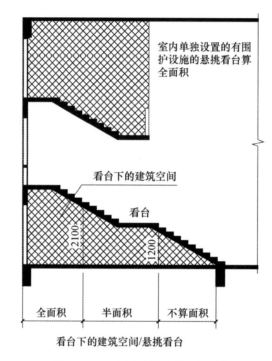

图 2.2.26 有围护设施的悬挑看台

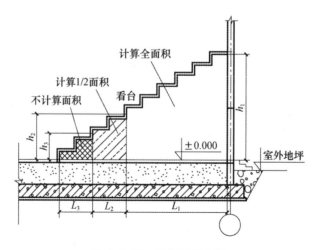

图 2.2.27 看台下部空间

注：场馆看台下的建筑空间因其上部结构多为斜板，所以采用净高的尺寸划定建筑面积的计算范围和对应规则。室内单独设置的有围护设施的悬挑看台，因其看台上部设有顶盖且可供人使用，所以按看台板的结构底板水平投影计算建筑面积。"有顶盖无围护结构的场馆看台"所称的"场馆"为专业术语，指各种"场"类建筑，如体育场、足球场、网球场、带看台的风雨操场等，如图 2.2.27 所示。

【例 2.2.8】 如图 2.2.28 所示，求所利用的建筑物场馆看台下的建筑面积。

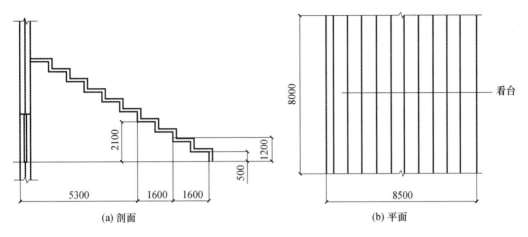

图 2.2.28 看台下的建筑面积

解：$S = 8 \times 5.3 + 8 \times 1.6 \times 0.5 = 48.8 (\text{m}^2)$

（5）地下室、半地下室应按其结构外围水平面积计算。结构层高在 2.20m 及以上的，应计算全面积；结构层高在 2.20m 以下的，应计算 1/2 面积。

注：地下室作为设备、管道层按《建筑工程建筑面积计算规范》（GB/T 50353—2013）第 26 条执行；地下室的各种竖向井道按规范第 19 条执行；地下室的围护结构不垂直于水平面的按规范第 18 条规定执行。

【例 2.2.9】 计算图 2.2.29 中地下室的建筑面积。

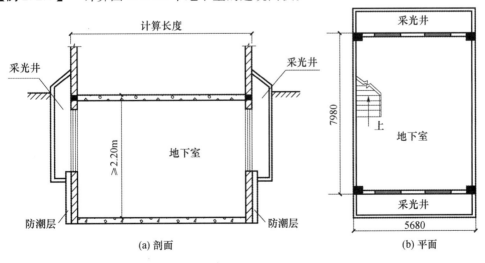

图 2.2.29 地下室建筑面积

解： $S=7.98\times5.68=45.33(m^2)$

此题题干中未让计算采光井面积，否则还要考虑采光井面积问题。

（6）出入口外墙外侧坡道有顶盖的部位，应按其外墙结构外围水平面积的 1/2 计算面积。

注：出入口坡道分有顶盖出入口坡道和无顶盖出入口坡道，出入口坡道顶盖的挑出长度，为顶盖结构外边线至外墙结构外边线的长度；顶盖以设计图纸为准，对后增加及建设单位自行增加的顶盖等，不计算建筑面积。顶盖不分材料种类（如钢筋混凝土顶盖、彩钢板顶盖、阳光板顶盖等）。地下室出入口如图 2.2.30 所示。

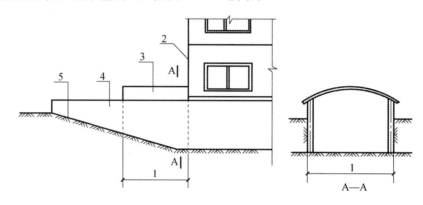

图 2.2.30 地下室出入口
1—计算 1/2 投影面积部位；2—主体建筑；3—出入口顶盖；4—封闭出入口侧墙；5—出入口坡道

（7）建筑物架空层及坡地建筑物吊脚架空层，应按其顶板水平投影计算建筑面积。结构层高在 2.20m 及以上的，应计算全面积；结构层高在 2.20m 以下的，应计算 1/2 面积。

注：本条既适用于建筑物吊脚架空层、深基础架空层建筑面积的计算，也适用于目前部分住宅、学校教学楼等工程在底层架空或在二楼或以上某个甚至多个楼层架空，作为公共活动、停车、绿化等空间的建筑面积的计算。架空层中有围护结构的建筑空间按相关规定计算。建筑物吊脚架空层如图 2.2.31 所示。

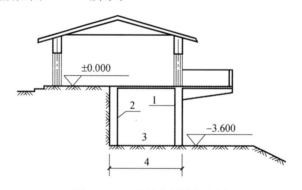

图 2.2.31 建筑物吊脚架空层
1—柱；2—墙；3—吊脚架空层；4—计算建筑面积范围

【例 2.2.10】 计算图 2.2.32 深层基础架空层建筑面积。

解： $S=(4.2+0.24)\times(6+0.24)=27.71(m^2)$

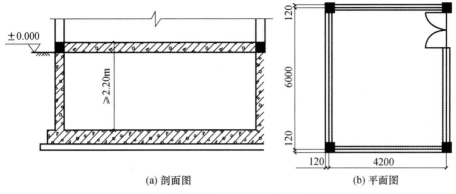

(a) 剖面图　　　　　　　　　(b) 平面图

图 2.2.32　深层基础架空层

【例 2.2.11】　计算图 2.2.33 所示坡地建筑吊脚架空层建筑面积。

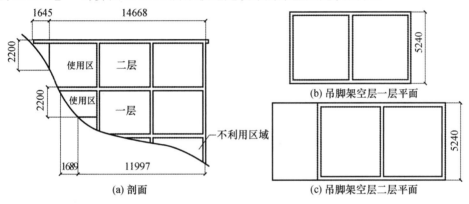

(a) 剖面

(b) 吊脚架空层一层平面

(c) 吊脚架空层二层平面

图 2.2.33　坡地建筑吊脚架空层

解： $S = (11.997 + 1.689 \times 0.5) \times 5.24 + (14.668 + 1.645 \times 0.5) \times 5.24 = 148.46 (m^2)$

（8）建筑物的门厅、大厅应按一层计算建筑面积，门厅、大厅内设置的走廊应按走廊结构底板水平投影面积计算建筑面积。结构层高在 2.20m 及以上的，应计算全面积；结构层高在 2.20m 以下的，应计算 1/2 面积，如图 2.2.34 所示。

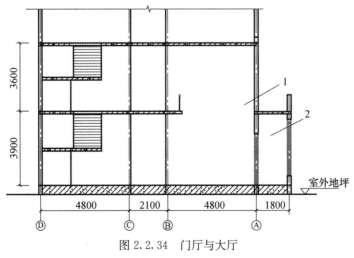

图 2.2.34　门厅与大厅

1—大厅；2—门厅

注：门厅是专指公共建筑物的大门至内部房间或通道的连接空间。可兼作门房收发室。大厅是指较大的建筑物中宽敞的房间，用于会客、宴会、行礼、展览等。走廊是指有遮阴挡雨顶盖的人行通道。根据用途和形式不同有各种称谓，如内走廊、外走廊、长廊、回廊、挑廊、檐廊。回廊是指曲折环绕的走廊。一般在影剧院、购物中心、宾馆、舞厅等建筑中多见，多沿大厅四周布置，如图 2.2.35 所示。

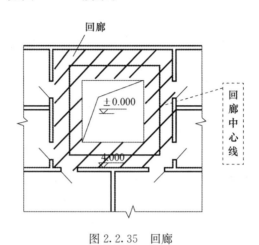

图 2.2.35　回廊

【例 2.2.12】　　图 2.2.36 为带有走廊的大厅，求大厅部分的走廊建筑面积。

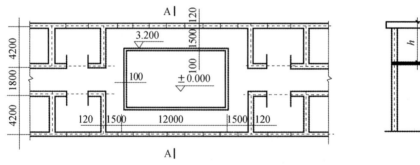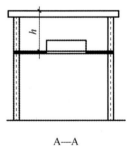

图 2.2.36　带有走廊的大厅

解：若走廊的层高 $h \geqslant 2.2\text{m}$，则走廊建筑面积为：

$S=（15-0.24）\times（1.6+0.12）\times 2+（4.2+1.8+4.2-1.6\times 2）\times（1.6-0.12）\times 2=71.49$（$\text{m}^2$）

若走廊的层高 $h < 2.2\text{m}$，则走廊建筑面积为：

$S=[（15-0.24）\times（1.6+0.12）\times 2+（4.2+1.8+4.2-1.6\times 2）\times（1.6-0.12）\times 2]\times 0.5=35.75$（$\text{m}^2$）

（9）对于建筑物间的架空走廊，有顶盖和围护设施的，应按其围护结构外围水平面积计算全面积；无围护结构、有围护设施的，应按其结构底板水平投影面积计算 1/2 面积，如图 2.2.7 所示。

注：要区分好有围护结构的架空走廊和无围护结构的架空走廊。

【例 2.2.13】　试计算图 2.2.37 所示架空走廊的建筑面积，尺寸线为墙体中心线，墙厚 240mm。

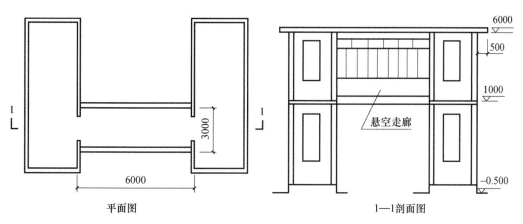

平面图　　　　　　　　　　　　　　1—1剖面图

图 2.2.37　架空走廊

解： $S=(6-0.24)\times(3+0.24)=18.66(\text{m}^2)$

（10）对于立体书库、立体仓库、立体车库：有围护结构的，应按其围护结构外围水平面积计算建筑面积；无围护结构、有围护设施的，应按其结构底板水平投影面积计算建筑面积。无结构层的应按一层计算，有结构层的应按其结构层面积分别计算。结构层高在 2.20m 及以上的，应计算全面积；结构层高在 2.20m 以下的，应计算 1/2 面积。

注：本条主要规定了图书馆中的立体书库、仓储中心的立体仓库、大型停车场的立体车库等建筑的建筑面积计算规定。其中结构层特指整个结构体系中承重的楼板，包括板、梁等构件。结构层承受整个楼层的全部荷载，并对楼层的隔声、防火等起主要作用。其局部分隔、存储等作用的书架层、货架层或可升降的立体钢结构停车层均不属于结构层，故该部分分层不计算建筑面积。

【例 2.2.14】　图 2.2.38 为立体书库，求该书库的建筑面积（设墙厚为 240mm）。

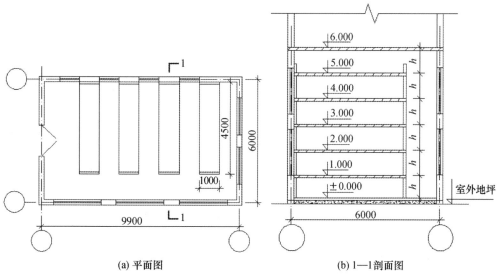

(a) 平面图　　　　　　　　　　　(b) 1—1剖面图

图 2.2.38　立体书库

解： $S=(9.9+0.24)\times(6+0.24)=63.27(\text{m}^2)$

（11）有围护结构的舞台灯光控制室，应按其围护结构外围水平面积计算。结构层高在 2.20m 及以上的，应计算全面积；结构层高在 2.20m 以下的，应计算 1/2 面积，如图 2.2.39 所示。

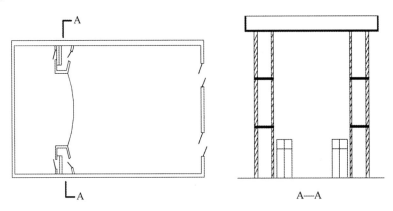

图 2.2.39　舞台灯光控制室

【例 2.2.15】　某悬挑单层圆弧形舞台灯光控制室如图 2.2.40 所示，半径 2m，试计算其建筑面积。

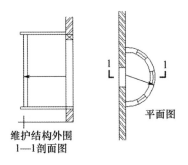

图 2.2.40　舞台灯光控制室

解： $S=3.14\div2\times2^2=6.28(\text{m}^2)$

（12）附属在建筑物外墙的落地橱窗，应按其围护结构外围水平面积计算。结构层高在 2.20m 及以上的，应计算全面积；结构层高在 2.20m 以下的，应计算 1/2 面积，如图 2.2.8 所示。

注：落地橱窗是指在商业建筑临街面设置的下槛落地、可落在室外地坪也可落在室内首层地板，用来展览各种样品的玻璃窗。而不落地橱窗参照凸窗计算面积。

（13）窗台与室内楼地面高差在 0.45m 以下且结构净高在 2.10m 及以上的凸（飘）窗，应按其围护结构外围水平面积计算 1/2 面积。

注：飘窗是凸出建筑物外墙面的窗户。凸窗（飘窗）作为窗，应有别于楼（地）板的延伸，也就是不能把楼（地）板延伸出去的窗称为凸窗（飘窗）。凸窗（飘窗）的窗台应只是墙面的一部分且距（楼）地面应有一定的高度。

【**例 2.2.16**】　图 2.2.41 为凸窗（飘窗），图中 $h_1 < 0.45m$，$h_2 \geqslant 2.1m$ 时，计算其建筑面积。

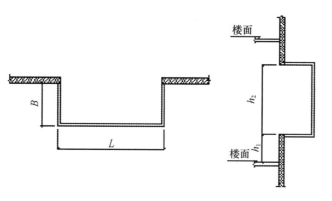

图 2.2.41　凸窗

解：$S = B \times L/2$

（14）有围护设施的室外走廊（挑廊），应按其结构底板水平投影面积计算 1/2 面积；有围护设施（或柱）的檐廊，应按其围护设施（或柱）外围水平面积计算 1/2 面积，如图 2.2.42 所示。

注：挑廊是指挑出建筑物外墙的水平交通空间。檐廊是附属于建筑物底层外墙有屋檐作为顶盖，其下部一般有柱或栏杆、栏板等的水平交通空间。

（15）门斗应按其围护结构外围水平面积计算建筑面积，且结构层高在 2.20m 及以上的，应计算全面积；结构层高在 2.20m 以下的，应计算 1/2 面积。

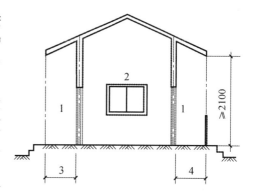

图 2.2.42　檐廊
1—檐廊；2—室内；3—不计算建筑面积部位；
4—计算 1/2 建筑面积部位

注：门斗是指建筑物入口处两道门之间的空间，如图 2.2.43 所示。

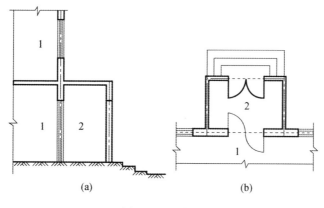

(a)　　　　　　　　(b)

图 2.2.43　门斗
1—室内；2—门斗

【例 2.2.17】 计算图 2.2.44 所示门斗的建筑面积（结构层高 2.7m）。

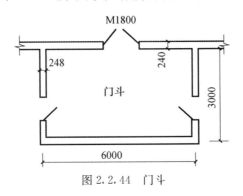

图 2.2.44 门斗

解： $S = 3.12 \times 6.24 = 19.47(\text{m}^2)$

（16）门廊应按其顶板的水平投影面积的 1/2 计算建筑面积；有柱雨篷应按其结构板水平投影面积的 1/2 计算建筑面积；无柱雨篷的结构外边线至外墙结构外边线的宽度在 2.10m 及以上的，应按雨篷结构板的水平投影面积的 1/2 计算建筑面积。

注：门廊指建筑物入口前有顶棚的半围合空间，是在建筑物出入口，无门、三面或二面有墙，上部有板（或借用上部楼板）围护的部位。

雨篷是指建筑物出入口上方、凸出墙面、为遮挡雨水而单独设立的建筑部件。

雨篷划分为有柱雨篷（包括独立柱雨篷、多柱雨篷、柱墙混合支撑雨篷、墙支撑雨篷）和无柱雨篷（悬挑雨篷）。

有柱雨篷没有出挑宽度的限制，也不受跨越层数的限制，均按其结构板水平投影面积的 1/2 计算建筑面积，如图 2.2.45 所示。

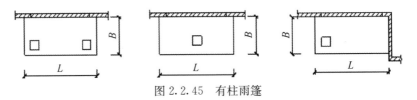

图 2.2.45 有柱雨篷

无柱雨篷的结构板不能跨层，并受出挑宽度的限制，设计出挑宽度大于或等于 2.10m 时，才计算建筑面积。如顶盖高度达到或超过两个楼层时，也不视为雨篷，不计算建筑面积。出挑宽度，是指雨篷结构外边线至外墙结构外边线的宽度，弧形或异形时，取最大宽度，如图 2.2.46 所示。

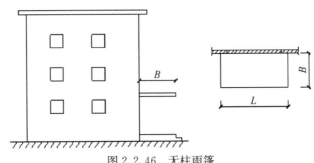

图 2.2.46 无柱雨篷

如突出建筑物，且不单独设立顶盖，利用上层结构板（如楼板、阳台底板）进行遮挡，则不视为雨篷，不计算建筑面积。

如图2.2.45所示的有柱雨篷，不论B大小，其建筑面积$S=B\times L/2$。

如图2.2.46所示的无柱雨篷，只有当$B\geqslant 2.10\mathrm{m}$时，其建筑面积$S=B\times L/2$。

【例2.2.18】 求如图2.2.47所示雨篷的建筑面积。

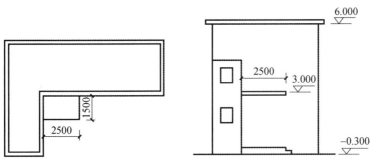

图2.2.47 雨篷

解： $S=2.5\times 1.5\times 0.5=1.88（\mathrm{m^2}）$

（17）设在建筑物顶部的、有围护结构的楼梯间、水箱间、电梯机房等，结构层高在2.20m及以上的应计算全面积；结构层高在2.20m以下的，应计算1/2面积，如图2.2.48所示。

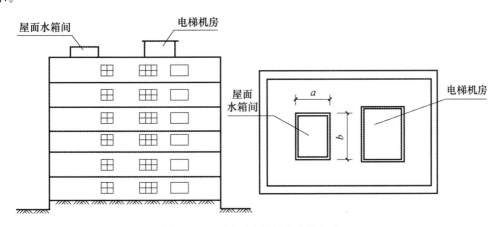

图2.2.48 屋面水箱间和电梯机房

（18）围护结构不垂直于水平面的楼层，应按其底板面的外墙外围水平面积计算。结构净高在2.10m及以上的部位，应计算全面积；结构净高在1.20m及以上至2.10m以下的部位，应计算1/2面积；结构净高在1.20m以下的部位，不应计算建筑面积。

注：《建筑工程建筑面积计算规范》（GB/T 50353—2005）中仅对围护结构向外倾斜的情况进行了规定。《建筑工程建筑面积计算规范》（GB/T 50353—2013）对于向内、向外倾斜均适用。在划分高度上，本条使用的是"结构净高"，与其他正常平楼层按层高划分不同，但与斜屋面的划分原则一致。由于目前很多建筑设计追求新、奇、特，造型越来越复杂，很多时候根本无法明确区分什么是围护结构、什么是屋顶，因此对于斜围护结构与斜屋顶采

用相同的计算规则，即只要外壳倾斜，就按结构净高划段，分别计算建筑面积。斜围护结构如图 2.2.49 所示。

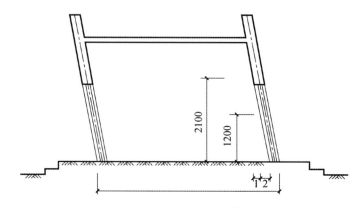

图 2.2.49 斜围护结构
1—计算 1/2 建筑面积的部位；2—不计算建筑面积的部位

【例 2.2.19】 求如图 2.2.50 所示倾斜房屋的建筑面积。

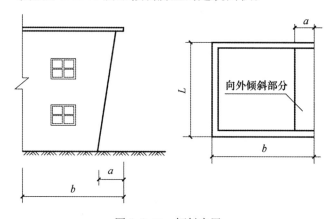

图 2.2.50 倾斜房屋

解： $S = L \times (b - a)$

（19）建筑物的室内楼梯、电梯井、提物井、管道井、通风排气竖井、烟道，应并入建筑物的自然层计算建筑面积。有顶盖的采光井应按一层计算面积。结构净高在 2.10m 及以上的，应计算全面积；结构净高在 2.10m 以下的，应计算 1/2 面积。

注：楼梯是指由连续行走的梯级、休息平台和维护安全的栏杆（或栏板）、扶手以及相应的支托结构组成的作为楼层之间垂直交通使用的建筑部件。

建筑物的楼梯间层数按建筑物的层数计算。遇跃层建筑，其共用的室内楼梯应按自然层计算面积；上下两错层户室共用的室内楼梯，应选上一层的自然层计算面积。

电梯井附筑在主体墙外，电梯井应按建筑物楼层的自然层乘以电梯井投影面积计算建筑面积，如图 2.2.51 所示。

电梯井附筑在主体墙内，且两边自然层相同，其建筑面积应按建筑物楼层的自然层乘以电梯井投影面积计算，如图 2.2.52 所示。

户室错层楼梯剖面，且两边自然层不同，其建筑面积应按建筑物楼层层数较多一边的层数乘以楼梯间投影面积计算，如图 2.2.53 所示。

　　有顶盖的采光井包括建筑物中的采光井和地下室采光井。地下室采光井如图 2.2.54 所示。

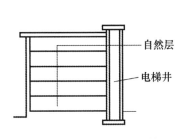

图 2.2.51　电梯井附筑在主体墙外

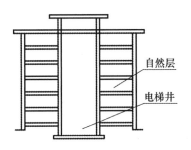

图 2.2.52　电梯井附筑在主体墙内

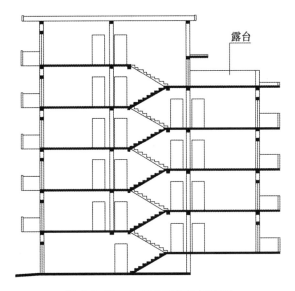

图 2.2.53　户室错层楼梯剖面图

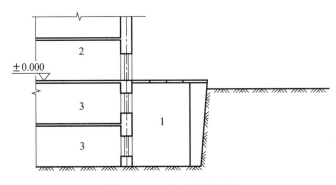

图 2.2.54　地下室采光井

1—采光井；2—室内；3—地下室

【例 2.2.20】　计算图 2.2.55 所示的电梯井建筑面积 F 及垃圾道的建筑面积 S。

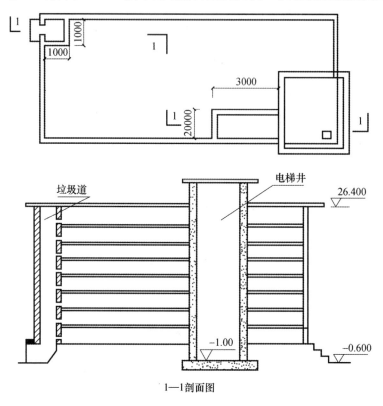

图 2.2.55　电梯井

解： $F=3\times2\times8=48$（m^2）

$S=1\times1\times8=8$（m^2）

（20）室外楼梯应并入所依附建筑物自然层，并应按其水平投影面积的 1/2 计算建筑面积，如图 2.2.56 所示。

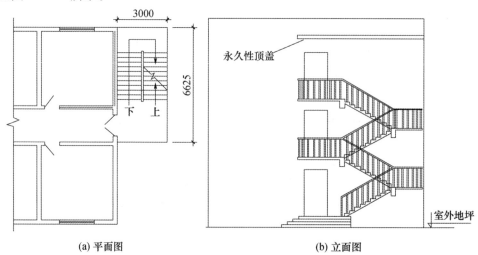

图 2.2.56　某室外楼梯

注：室外楼梯作为连接该建筑物层与层之间交通不可缺少的基本部件，无论从其功能、还是工程计价的要求来说，均需计算建筑面积。层数为室外楼梯所依附的楼层数，即梯段部分投影到建筑物范围的层数。利用室外楼梯下部的建筑空间不得重复计算建筑面积；利用地势砌筑的为室外踏步，不计算建筑面积。

室外钢楼梯需要区分具体用途，如专用于消防楼梯，则不计算建筑面积，如果是建筑物唯一通道，兼用于消防，则应依据本条计算建筑面积。

【例 2.2.21】　图 2.2.56 为某室外楼梯，求其建筑面积。

解： 室外楼梯不论是否有永久性顶盖，均按其水平投影面积的 1/2 计算建筑面积。

$S=6.625\times3\times1/2\times2=19.88(\mathrm{m}^2)$

（21）在主体结构内的阳台，应按其结构外围水平面积计算全面积；在主体结构外的阳台，应按其结构底板水平投影面积计算 1/2 面积。

注：阳台是指附设于建筑物外墙，设有栏杆或栏板，可供人活动的室外空间。主体结构是指接受、承担和传递建设工程所有上部荷载，维持上部结构整体性、稳定性和安全性的有机联系的构造。

建筑物的阳台，不论其形式如何，均以建筑物主体结构为界分别计算建筑面积。

【例 2.2.22】　计算图 2.2.57 所示阳台建筑面积，墙厚 240mm。

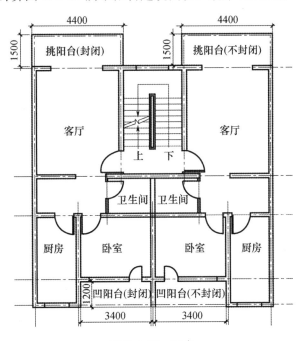

图 2.2.57　阳台

解： 客厅外阳台：在主体结构之外，为挑阳台，无论封闭与否，均按其结构底板水平投影面积计算 1/2 面积。$S=4.4\times1.5\times1/2\times2=6.6$（$\mathrm{m}^2$）

卧室外阳台：在主体结构之内，为凹阳台，无论封闭与否，均按其结构外围水平面积计算全面积。$S=3.4\times1.2\times2=8.16$（$\mathrm{m}^2$）

（22）有顶盖无围护结构的车棚、货棚、站台、加油站、收费站等，应按其顶盖水平投影面积的 1/2 计算建筑面积。

注：有永久性顶盖无围护结构的车棚、货棚、站台、加油站、收费站等，不论是单排柱还是双排柱，均应按其顶盖水平投影面积的一半计算，如图 2.2.58 所示。

（23）以幕墙作为围护结构的建筑物，应按幕墙外边线计算建筑面积。

注：幕墙以其在建筑物中所起的作用和功能来区分，直接作为外墙起围护作用的幕墙，按其外边线计算建筑面积；设置在建筑物墙体外起装饰作用的幕墙，不计算建筑面积，如图 2.2.59 所示。

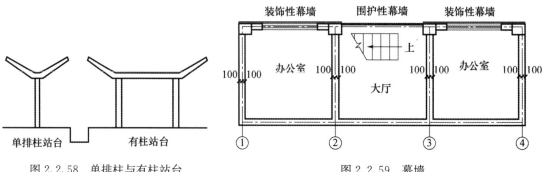

图 2.2.58　单排柱与有柱站台 　　　　　　　图 2.2.59　幕墙

（24）建筑物的外墙外保温层，应按其保温材料的水平截面积计算，并计入自然层建筑面积。

注：为贯彻国家节能要求，鼓励建筑外墙采取保温措施，《建筑工程建筑面积计算规范》（GB/T 50353—2013）将保温材料的厚度计入建筑面积，但计算方法较《建筑工程建筑面积计算规范》（GB/T 50353—2005）有一定变化。建筑物外墙外侧有保温隔热层的，保温隔热层以保温材料的净厚度乘以外墙结构外边线长度按建筑物的自然层计算建筑面积，其外墙外边线长度不扣除门窗和建筑物外已计算建筑面积构件（如阳台、室外走廊、门斗、落地橱窗等部件）所占长度。

当建筑物外已计算建筑面积的构件（如阳台、室外走廊、门斗、落地橱窗等部件）有保温隔热层时，其保温隔热层也不再计算建筑面积。

外墙是斜面者按楼面楼板处的外墙外边线长度乘以保温材料的净厚度计算。

外墙外保温以沿高度方向满铺为准，某层外墙外保温铺设高度未达到全部高度时（不包括阳台、室外走廊、门斗、落地橱窗、雨篷、飘窗等），不计算建筑面积。

保温隔热层的建筑面积是以保温隔热材料的厚度来计算的，不包含抹灰层、防潮层、保护层（墙）的厚度。建筑外墙外保温如图 2.2.60 所示。

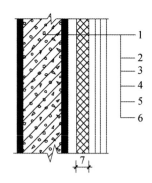

图 2.2.60　建筑外墙外保温
1—墙体；2—黏结胶浆；
3—保温材料；4—标准网；
5—加强网；6—抹面胶浆；
7—计算建筑面积的部位

（25）与室内相通的变形缝，应按其自然层合并在建筑物建筑面积内计算。对于高低联跨的建筑物，当高低跨内部连通时，其变形缝应计算在低跨面积内。

注：变形缝是指防止建筑物在某些因素作用下引起开裂甚至破坏而预留的构造缝。根据外界破坏因素的不同，变形缝一般分为伸缩缝、沉降缝、抗震缝三种。

本条所指的与室内相通的变形缝,是指暴露在建筑物内,在建筑物内可以看得见的变形缝。

【例 2.2.23】 计算图 2.2.61 所示高低跨食堂建筑面积。

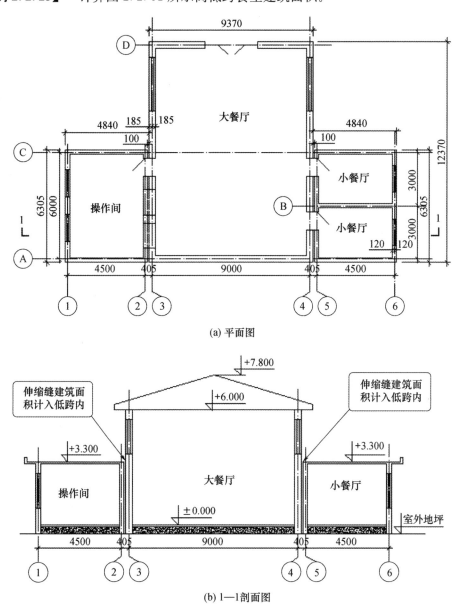

(a) 平面图

(b) 1—1剖面图

图 2.2.61 高低跨食堂

解: 大餐厅建筑面积 $S_1 = 9.37 \times 12.37 = 115.9069(\text{m}^2)$

操作间和小餐厅建筑面积 $S_2 = 4.84 \times 6.305 \times 2 = 61.0324(\text{m}^2)$

食堂建筑面积 $= S_1 + S_2 = 176.94(\text{m}^2)$

(26) 对于建筑物内的设备层、管道层、避难层等有结构层的楼层,结构层高在 2.20m 及以上的,应计算全面积;结构层高在 2.20m 以下的,应计算 1/2 面积。

注:设备层、管道层虽然其具体功能与普通楼层不同,但在结构上及施工消耗上并无本质区别,且本规范定义自然层为"按楼地面结构分层的楼层",因此设备、管道楼层归为自

然层，其计算规则与普通楼层相同。在吊顶空间内设置管道的，则吊顶空间部分不能被视为设备层、管道层，如图2.2.62所示。

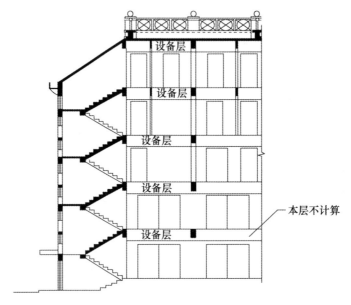

图2.2.62　建筑物内的吊顶空间设置的设备管道夹层

3. 不计算建筑面积的范围

（1）与建筑物内不相连通的建筑部件。

条文说明：指的是依附于建筑物外墙外不与户室开门连通，起装饰作用的敞开式挑台（廊）、平台，以及不与阳台相通的空调室外机搁板（箱）等设备平台部件。

（2）骑楼、过街楼底层的开放公共空间和建筑物通道。

条文说明：特别注意骑楼的定义。骑楼是指沿街二层以上用承重柱支撑骑跨在公共人行空间之上，其底层沿街面后退的建筑物，如图2.2.16和图2.2.17所示。

（3）舞台及后台悬挂幕布和布景的天桥、挑台等。

条文说明：指的是影剧院的舞台及为舞台服务的可供上人维修、悬挂幕布、布置灯光及布景等搭设的天桥和挑台等构件设施。

（4）露台、露天游泳池、花架、屋顶的水箱及装饰性结构构件。

条文说明：露台是指设置在屋面、首层地面或雨篷上的供人室外活动的有围护设施的平台。露台应满足四个条件：一是位置，设置在屋面、地面或雨篷顶；二是可出入；三是有围护设施；四是无盖。这四个条件须同时满足。如果设置在首层并有围护设施的平台，且其上层为同体量阳台，则该平台应视为阳台，按阳台的规则计算建筑面积，如图2.2.63所示。

（5）建筑物内的操作平台、上料平台、安装箱和罐体的平台。

条文说明：建筑物内不构成结构层的操作平台、上料平台（包括：工业厂房、搅拌站和料仓等建筑中的设备操作控制平台、上料平台等），其主要作用为室内构筑物或设备服务的独立上人设施，因此不计算建筑面积，如图2.2.64所示。

（6）勒脚、附墙柱、垛、台阶、墙面抹灰、装饰面、镶贴块料面层、装饰性幕墙，主体结构外的空调室外机搁板（箱）、构件、配件，挑出宽度在2.10m以下的无柱雨篷和顶盖高

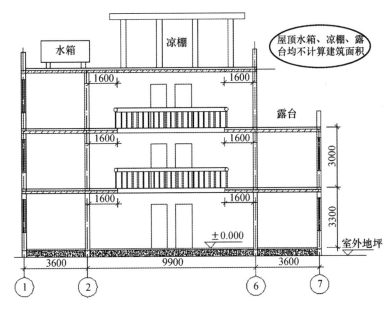

图 2.2.63 建筑物屋顶水箱、凉棚、露台

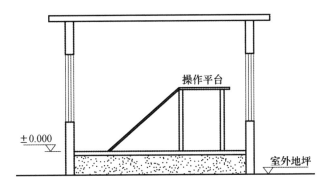

图 2.2.64 建筑物内操作平台

度达到或超过两个楼层的无柱雨篷。

条文说明：勒脚是指在房屋外墙接近地面部位设置的饰面保护构造。台阶是指建筑物出入口不同标高地面或同楼层不同标高处设置的供人们行走的阶梯式连接构件。室外台阶还包括与建筑物出入口连接处的平台。附墙柱是指非结构性装饰柱。

（7）窗台与室内地面高差在 0.45m 以下且结构净高在 2.10m 以下的凸（飘）窗，窗台与室内地面高差在 0.45m 及以上的凸（飘）窗。

（8）室外爬梯、室外专用消防钢楼梯。

条文说明：室外钢楼梯需要区分具体用途，如专用于消防楼梯，则不计算建筑面积，如果是建筑物唯一通道，兼用于消防，则需要按《建筑工程建筑面积计算规范》（GB/T 50353—2013）的第 3.0.20 条计算建筑面积。

（9）无围护结构的观光电梯。

条文说明：注意外面有玻璃幕墙形成外围护结构的观光梯要算面积。

（10）建筑物以外的地下人防通道，独立的烟囱、烟道、地沟、油（水）罐、气柜、水塔、贮油（水）池、贮仓、栈桥等构筑物。

4. 建筑面积计算实例

【例 2.2.24】 如图 2.2.65 所示，某多层住宅变形缝宽度为 0.20m，阳台水平投影尺寸为 1.80m×3.60 m（共 18 个），雨篷水平投影尺寸为 2.60m×4.00m，坡屋面阁楼室内净高最高点为 3.65m，坡屋面坡度为 1：2；平屋面女儿墙顶面标高为 11.60 m。请按《建筑工程建筑面积计算规范》（GB/T 50353—2013）计算该图的建筑面积。

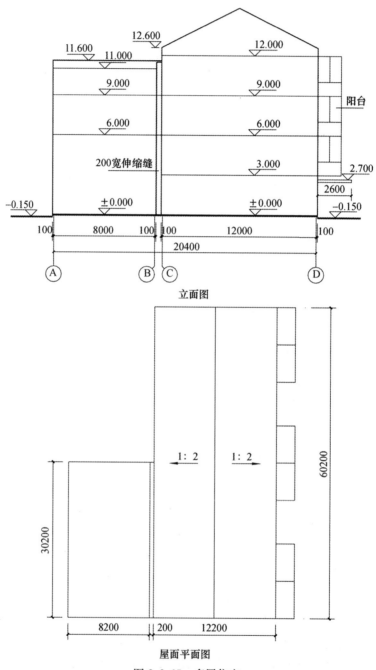

图 2.2.65　多层住宅

解： 建筑面积量计算表如表 2.2.1 所示。

表 2.2.1 建筑面积量计算表

序号	名称	计算公式
1	A—B轴	$30.20 \times (8.40 \times 2 + 8.40 \times 1/2) = 634.20(m^2)$
2	C—D轴	$60.20 \times 12.20 \times 4 = 2937.76(m^2)$
3	坡屋面	$60.20 \times (6.20 + 1.80 \times 2 \times 1/2) = 481.60(m^2)$
4	雨篷	$2.60 \times 4.00 \times 1/2 = 5.20(m^2)$
5	阳台	$18 \times 1.80 \times 3.60 \times 1/2 = 58.32 （m^2)$
	合计	$4117.08m^2$

5.2013 版《建筑工程建筑面积计算规范》与 2005 版的对比变化

2013 版《建筑工程建筑面积计算规范》）与 2005 版的对比变化如表 2.2.2 所示。

表 2.2.2 2013 版《建筑工程建筑面积计算规范》（表中简称《规范》）与 2005 版的对比变化

序号	项目	2005 版《规范》	2013 版《规范》	变化
1	设备层、管道层	不计算建筑面积	3.0.26 对于建筑物内的设备层、管道层、避难层等有结构层的楼层，结构层高在 2.20m 及以上的，应计算全面积；结构层高在 2.20m 以下的，应计算 1/2 面积	设备层、管道层归自然层（按楼地面结构分层的楼层），其计算规则与普通楼层相同
2	阳台	3.0.18 建筑物的阳台均应按其水平投影面积的 1/2 计算	3.0.21 在主体结构内的阳台，应按其结构外围水平面积计算全面积；在主体结构外的阳台，应按其结构底板水平投影面积计算 1/2 面积	2005 版《规范》中不以建筑物主体结构为界，均按其水平投影面积的 1/2 计算。2013 版《规范》中，以建筑物主体结构为界，结构内的按其结构外围水平面积计算全面积，结构外的按其结构底板水平投影面积计算 1/2 面积
3	外墙外保温层	3.0.22 建筑物外墙外侧有保温隔热层的，应按保温隔热层外边线计算建筑面积	3.0.24 建筑物的外墙外保温层，应按其保温材料的水平截面积计算，并计入自然层建筑面积	2005 版《规范》厚度指保温材料净厚度＋粘接层厚度（若有），2013 版《规范》厚度指保温材料净厚度
4	凸（飘）窗	不计算建筑面积	3.0.13 窗台与室内楼地面高差在 0.45m 以下且结构净高在 2.10m 及以上的凸（飘）窗，应按其围护结构外围水平面积计算 1/2 面积	新增了凸（飘）窗的建筑面积计算要求
5	架空层	3.0.6 坡地的建筑物吊脚架空层、深基础架空层，设计加以利用并有围护结构的，层高在 2.20m 及以上的部位应计算全面积；层高不足 2.20m 的部位应计算 1/2 面积。设计加以利用、无围护结构的建筑吊脚架空层，应按其利用部位水平面积的 1/2 计算；设计不利用的深基础架空层、坡地吊脚架空层、多层建筑坡屋顶内、场馆看台下的空间不应计算面积	3.0.7 建筑物架空层及坡地建筑物吊脚架空层，应按其顶板水平投影计算建筑面积。结构层高在 2.20m 及以上的，应计算全面积；结构层高在 2.20m 以下的，应计算 1/2 面积	1. 不再强调设计是否加以利用，无论设计是否加以利用均计算。 2.2013 版《规范》增加了建筑物架空层的面积计算规定

续表 2.2.2

序号	项目	2015版《规范》	2013版《规范》	变化
6	永久性顶盖	3.0.8建筑物间有围护结构的架空走廊，应按其围护结构外围水平面积计算。层高在2.20m及以上者应计算全面积；层高不足2.20m者应计算1/2面积。有永久性顶盖无围护结构的应按其结构底板水平面积的1/2计算	3.0.9对于建筑物间的架空走廊，有顶盖和围护设施的，应按其围护结构外围水平面积计算全面积；无围护结构、有围护设施的，应按其结构底板水平投影面积计算1/2面积	2005版《规范》中，架空走廊需有顶盖方可计算面积，且计算时有围护结构的按层高分别计算，无围护结构的按结构底板水平面积的1/2计算；2013版《规范》中不再强调必须有顶盖，按是否有围护结构分别计算，增加了无围护结构有围护设施的面积计算规定
7.	落地橱窗、门斗、挑廊、走廊、檐廊、雨棚	3.0.11建筑物外有围护结构的落地橱窗、门斗、挑廊、走廊、檐廊，应按其围护结构外围水平面积计算。层高在2.20m及以上者应计算全面积；层高不足2.20m者应计算1/2面积。有永久性顶盖无围护结构的应按其结构底板水平面积的1/2计算。 3.0.16雨篷结构的外边线至外墙结构外边线的宽度超过2.10m者，应按雨篷结构板的水平投影面积的1/2计算	3.0.12附属在建筑物外墙的落地橱窗，应按其围护结构外围水平面积计算。结构层高在2.20m及以上的，应计算全面积；结构层高在2.20m以下的，应计算1/2面积。 3.0.14有围护设施的室外走廊（挑廊），应按其结构底板水平投影面积计算1/2面积；有围护设施（或柱）的檐廊，应按其围护设施（或柱）外围水平面积计算1/2面积。 3.0.15门斗应按其围护结构外围水平面积计算建筑面积，且结构层高在2.20m及以上的，应计算全面积；结构层高在2.20m以下的，应计算1/2面积。 3.0.16有柱雨篷应按其结构板水平投影面积的1/2计算建筑面积；无柱雨篷的结构外边线至外墙结构外边线的宽度在2.10m及以上的，应按雨篷结构板的水平投影面积的1/2计算建筑面积	1.2005版《规范》中挑廊、走廊、檐廊计算时有围护结构的按层高分别计算，无围护结构的按结构底板水平面积的1/2计算；2013版《规范》中以有无围护设施分别计算，有围护设施的室外走廊（挑廊），应按其结构底板水平投影面积计算1/2面积，有围护设施（或柱）的檐廊，应按其围护设施（或柱）外围水平面积计算1/2面积。 2.原《规范》中雨篷以外边线至外墙结构外边线的宽度是否超过2.10m分别计算；2013版《规范》中以雨篷是否有柱分别计算，有柱雨篷按其结构板水平投影面积的1/2计算，无柱雨篷的结构外边线至外墙结构外边线的宽度在2.10m及以上的，应按雨篷结构板的水平投影面积的1/2计算
8	围护结构不垂直于水平面的楼层	3.0.14设有围护结构不垂直于水平面而超出底板外沿的建筑物，应按其底板面的外围水平面积计算。层高在2.20m及以上者应计算全面积；层高不足2.20m者应计算1/2面积	3.0.18围护结构不垂直于水平面的楼层，应按其底板面的外墙外围水平面积计算。结构净高在2.10m及以上的部位，应计算全面积；结构净高在1.20m及以上至2.10m以下的部位，应计算1/2面积；结构净高在1.20m以下的部位，不应计算建筑面积	1.2005版《规范》仅对围护结构向外倾斜的情况进行了规定，2013版《规范》对于向内、向外倾斜均适用。 2.在划分高度上，2005版《规范》中为"层高"，2013版《规范》中为"结构净高"

续表 2.2.2

序号	项目	2015 版《规范》	2013 版《规范》	变化
9	室外楼梯	3.0.17 有永久性顶盖的室外楼梯，应按建筑物自然层的水平投影面积的 1/2 计算	3.0.20 室外楼梯应并入所依附建筑物自然层，并应按其水平投影面积的 1/2 计算建筑面积	2005 版《规范》中室外楼梯需有永久性顶盖方可按建筑物自然层的水平投影面积的 1/2 计算面积，2013 版《规范》中不再强调是否有永久性顶盖
10	门廊		3.0.16 门廊应按其顶板的水平投影面积的 1/2 计算建筑面积	新增
11	有顶盖的采光井	不计算建筑面积	3.0.19 有顶盖的采光井应按一层计算面积，且结构净高在 2.10m 及以上的，应计算全面积；结构净高在 2.10m 以下的，应计算 1/2 面积	2013 版《规范》中，有顶盖的采光井包括建筑物中的采光井和地下室采光井，以结构净高分别计算。且结构净高在 2.10m 及以上的，应计算全面积；结构净高在 2.10m 以下的，应计算 1/2 面积

第三节　土建工程工程量计算规则及应用

一、工程量简介

（一）工程量的含义和分类

1. 工程量的含义

工程量即工程的实物数量，工程量是以自然计量单位或物理计量单位表示的各分部分项工程、措施项目或结构构件的数量。自然计量单位是以物体的自然属性来作为计量单位。如灯箱、镜箱、柜台以"个"为计量单位，晒衣架、帘子杆、毛巾架以"根"或"套"为计量单位等。物理计量单位是以物体的某种物理属性来作为计量单位。如墙面抹灰以"m^2"为计量单位，窗帘合、窗帘轨、楼梯扶手、栏杆以"m"为计量单位等。

准确计算工程量是工程计价活动中最基本的工作。只有准确计算工程量，才能正确计算工程相关费用，合理确定工程造价。工程量是承包方生产经营管理的重要依据，承包方在进行项目管理规划和材料供应计划的编制和工程进度的安排，以及进行工程统计和工程价款结算时都离不开工程量。同时，工程量也是发包方管理工程建设的重要依据。工程量是编制建设计划、筹集资金、工程招投标、工程量清单、建筑工程预算、安排工程价款的拨付和结算、进行投资控制的重要依据。

2. 工程量的分类

根据工程计价的阶段、目的的不同，工程量可分为定额工程量、清单工程量、施工工程量。

（1）定额工程量：定额工程量是指以预算定额（或消耗量定额）规定的工程量计算规则和设计图纸为基础，

结合施工方法、定额说明计算出的工程实物数量，用于定额计价及清单综合单价分析。

（2）清单工程量：清单工程量是指按照《建设工程工程量清单计价规范》（GB 50500—2013）和国家制定的各行业工程量计算规则，以图纸为依据，计算出的工程实物数量，用于工程量清单编制和计价。

（3）施工工程量：施工工程量是指按照施工实际的范围、尺寸、综合考虑施工组织设计确定的施工方法、采取的技术措施及相关影响因素计算出的工程实物数量，用于指导施工用量。

（二）工程量计算的依据

工程量的计算需要根据施工图及其相关说明，技术规范、标准、定额，有关图集，有关的计算手册等，按照一定的工程量计算规则逐项进行的。主要依据如下：

（1）经审定的施工设计图纸及其说明和配套的标准图集。施工图纸全面反映建筑物（或构筑物）的结构构造、各部位的尺寸及工程做法，是工程量计算的基础资料和基本依据。除了施工设计图纸及其说明，还应配合有关的标准图集进行工程量计算。

（2）国家发布的工程量计算规范和国家、地方和行业发布的预算定额（或消耗量定额）规定的工程量计算规则。

（3）经审定的施工组织设计（项目管理实施规划）或施工方案。施工图纸主要表现拟建工程的实体项目，分项工程的具体施工方法及措施，应按施工组织设计（项目管理实施规划）或施工方案确定。如计算挖基础土方，施工方法是采用人工开挖，还是采用机械开挖，基坑周围是否需要放坡、预留工作面或做支撑防护等，应以施工方案为计算依据。

（4）经审定通过的其他有关技术经济文件。如工程施工合同、招标文件的商务条款等。

二、工程量计算规范内容简介

（一）清单计价规范规定的工程量计算规则

为规范建设工程造价计价行为，统一建设工程计价文件的编制原则和计价方法，根据《中华人民共和国建筑法》《中华人民共和国合同法》《中华人民共和国招投标法》等法律法规，住房和城乡建设部于 2012 年 12 月 25 日以住房和城乡建设部第 1567 号公告发布了《建设工程工程量清单计价规范》（GB 50500—2013），对工程量计算规则做出了明确规定，包括：

（1）《房屋建筑与装饰工程工程量计算规范》（GB 50854—2013）。

（2）《仿古建筑工程工程量计算规范》（GB 50855—2013）。

（3）《通用安装工程工程量计算规范》（GB 50856—2013）。

（4）《市政工程工程量计算规范》（GB 50857—2013）。

（5）《园林绿化工程工程量计算规范》（GB 50858—2013）。

（6）《矿山工程工程量计算规范》（GB 50859—2013）。

（7）《构筑物工程工程量计算规范》（GB 50860—2013）。

（8）《城市轨道交通工程工程量计算规范》（GB 50861—2013）。

(9)《爆破工程工程量计算规范》(GB 50862—2013)。

(二) 预算定额(或消耗量定额)规定的工程量计算规则

2014年,为贯彻落实《住房城乡建设部关于进一步推进工程造价管理改革的指导意见》[建标(2014)142号],住房城乡建设部部组织修订了《房屋建筑与装饰工程消耗量定额》(编号为 TY01-31-2015)、《通用安装工程消耗量定额》(编号为 TY02-31-2015)、《市政工程消耗量定额》(编号为 ZYA1-31-2015)、《建设工程施工机械台班费用编制规则》以及《建设工程施工仪器仪表台班费用编制规则》,自2015年9月1日起施行。

为加强各地建筑市场管理,适应当地市场经济规律,引导市场合理确定并有效控制工程造价,构建和维护健康有序的市场环节,各地住房和城乡委员会在国家规范的调整下编制了适合本地区的预算定额(或消耗量定额),并对工程量计算规则做出了明确规定。

各地预算定额(或消耗量定额)章节划分与清单工程量计算规范附录顺序基本一致。其中,房屋建筑与装饰工程预算定额(或消耗量定额)包括:土石方工程,地基处理及边坡支护工程,桩基工程,砌筑工程,混凝土及钢筋混凝土工程,金属结构工程,木结构工程,门窗工程,屋面及防水工程,保温、隔热、防腐工程,楼地面装饰工程,墙、柱面装饰与隔断、幕墙工程,天棚工程,油漆、涂料、裱糊工程,其他装饰工程,拆除工程,措施项目等十七章,与清单工程量计算规范附录是一致的。

三、工程量计算方法

(一) 工程量计算顺序

为了避免漏算或重算,提高计算的准确程度,工程量的计算应按照一定的顺序进行。具体的计算顺序应根据具体工程和个人习惯来确定,一般有以下几种顺序。

1. 单位工程计算顺序

一个单位工程,其工程量计算顺序一般有以下几种:

(1)按施工顺序计算。按施工先后顺序依次计算工程量,即按平整场地、挖基础土方、基础垫层、砖石基础、回填土、钢筋混凝土工程、砌筑工程、门窗工程、屋面防水工程、外墙抹灰、楼地面、内墙抹灰、粉刷、油漆等分项工程进行计算。

(2)按定额的分部分项顺序计算。按当地定额中的分部分项编排顺序计算工程量,即从定额的第一分部第一项开始,对照施工图纸,凡遇定额所列项目,在施工图中有的,就按该分部工程量计算规则算出工程量。凡遇定额所列项目,在施工图中没有,就忽略,继续看下一个项目。若遇到有的项目,其计算数据与其他分部的项目数据有关,则先将项目列出,其工程量待有关项目工程量计算完成后,再进行计算。

这种按定额编排计算工程量顺序的方法,可使初学者有效地防止漏算、重算现象。

(3)按清单工程量计算规范的顺序计算。按照清单工程量计算规范附录先后顺序,从前向后,逐项对照计算。

(4)按图纸顺序计算。根据图纸排列的先后顺序,由建施到结施;每个专业图纸有前向后,按"先平面→再立面→再剖面,先基本图→再详图"的顺序计算。

2. 单个分部分项工程计算顺序

(1)按顺时针方向计算。从平面图左上角开始,按顺时针方向依次计算。如图2.3.1所示，外墙从左上角开始，依箭头所指示的次序计算，绕一周后又回到左上角。此方法适用于外墙、外墙基础、外墙挖地槽、楼地面、天棚、室内装饰等工程量的计算。

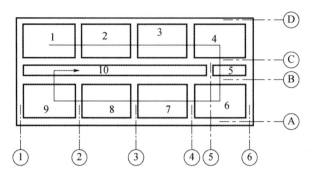

图 2.3.1　按顺时针方向计算

（2）按先横后竖、先上后下、先左后右的顺序计算。即在平面图上的横竖方向分别从左到右或从上到下依次计算，如图 2.3.2 所示。此方法适用于内墙、内墙条形基础土方、内墙基础和内墙装饰等工程量的计算。

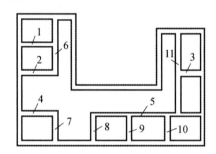

图 2.3.2　按先横后竖、先上后下、先左后右的顺序计算

（3）按照图纸上的构、配件编号顺序计算。在图纸上注明记号，按照各类不同的构、配件，如柱、梁、板等编号，顺序地按柱 Z_1、Z_2、Z_3、Z_4…，梁 L_1、L_2、L_3…，板 B_1、B_2、B_3…构件编号依次计算，如图 2.3.3 所示。

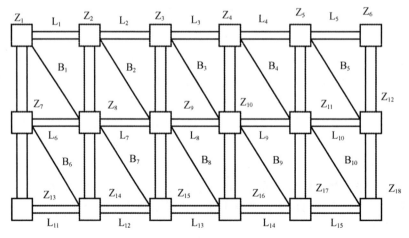

图 2.3.3　按构、配件编号顺序计算

（4）按照平面图上的定位轴线编号顺序计算。对于造型或结构复杂的工程，为了计算和审核方便，可以根据施工图纸轴线编号来确定工程量计算顺序。如位于 A 轴线上的外墙，①～②，③～④段，可分别标记为 A：①～②和 A：③～④。

按一定顺序计算工程量的目的是防止漏算少算或重复多算的现象发生，只要能实现这一目的，采用哪种顺序方法计算都可以。

（二）用统筹法计算工程量

1. 统筹法计算工程量的基本原理

一个单位工程是由几十个甚至上百个分项工程组成的。在计算工程量时，无论按哪种计算顺序，都难以充分利用项目之间数据的内在联系，及时地编出预算，而且还会出现重算、漏算和错算现象。

运用统筹法计算工程量，就是分析工程量计算中各分项工程量计算之间的固有规律和相互之间的依赖关系，运用统筹法原理和统筹图图解来合理安排工程量的计算程序，以达到节约时间、简化计算、提高工效、为及时准确地编制工程预算提供科学数据的目的。

根据统筹法原理，对工程量计算过程进行分析，可以看出各分项工程量之间，既有各自的特点，也存在着内在联系。虽然这些分项工程工程量的计算各有其不同的特点，但都离不开计算"线"和"面"之类的基数，另外，某些分项工程的工程量计算结果往往是另一些分部分项工程的工程量计算的基础数据，因此，根据这个特性，运用统筹法原理，对每个分部分项工程的工程量进行分析，然后依据计算过程的内在联系，按先主后次，统筹安排计算程序，可以简化烦琐的计算，形成统筹计算工程量的计算方法。

2. 统筹法计算工程量的基本要点

运用统筹法计算工程量的基本要点是："统筹程序、合理安排；利用基数，连续计算；一次算出，多次使用；结合实际，灵活机动"。

（1）统筹程序，合理安排。工程量计算程序的安排是否合理，关系着工程量计算工作的效率高低，进度快慢。按施工顺序或定额顺序进行计算工程量，往往不能充分利用数据间的内在联系而形成重复计算，浪费时间和精力，有时还易出现计算差错。

例如：某室内地面有地面垫层、找平层及地面面层三道工序，如按施工顺序或定额顺序计算则为：

① 地面垫层体积＝长×宽×垫层厚（m^3）。

② 找平层面积＝长×宽（m^2）。

③ 地面面层面积＝长×宽（m^2）。

这样，长×宽就要进行三次重复计算，没有抓住各分项工程量计算中的共性因素，而按照统筹法原理，根据工程量自身计算规律，按先主后次统筹安排，把地面面层放在其他两项的前面，利用它得出的数据供其他工程项目使用。即：

① 地面面层面积＝长×宽（m^2）。

② 找平层面积＝地面面层面积（m^2）。

③ 地面垫层体积＝地面面层面积×垫层厚（m^3）。

按上面程序计算，抓住地面面层这道工序，长×宽只计算一次，还把后两道工序的工程量带算出来，且计算的数字结果相同，减少了重复计算。从这个简单的实例中，说明了统筹程序的意义。

（2）利用基数，连续计算。就是以"线"或"面"为基数，利用连乘或加减，算出与它有关的分项工程量。基数就是"线"和"面"的长度和面积。

"线"是某一建筑物平面图中所示的外墙中心线、外墙外边线和内墙净长线。根据分项工程量的不同需要，分别以这三条线为基数进行计算。

外墙外边线：用 $L_外$ 表示，$L_外$＝建筑物平面图的外围周长之和。

外墙中心线：用 $L_中$ 表示，$L_中$＝$L_外$－外墙厚×4。

内墙净长线：用 $L_内$ 表示，$L_内$＝建筑平面图中所有的内墙长度之和。

与"线"有关的项目有：

$L_中$：外墙基挖地槽、外墙基础垫层、外墙基础砌筑、外墙墙基防潮层、外墙圈梁、外墙墙身砌筑等分项工程。

$L_外$：平整场地、勒脚，腰线，外墙勾缝，外墙抹灰，散水等分项工程。

$L_内$：内墙基挖地槽，内墙基础垫层，内墙基础砌筑，内墙基础防潮层，内墙圈梁，内墙墙身砌筑，内墙抹灰等分项工程。

"面"是指某一建筑物的底层建筑面积，用 $S_底$ 或 $S_基$ 表示。

$S_底$＝建筑物底层平面图勒脚以上外围水平投影面积。

与"面"有关的计算项目有：平整场地、天棚抹灰、楼地面及屋面等分项工程。

一般工业与民用建筑工程，都可在这三条"线"和一个"面"的基础上，连续计算出它的工程量。也就是说，把这三条"线"和一个"面"先计算好，作为基数，然后利用这些基数再计算与它们有关的分项工程量。

（3）一次算出，多次使用。在工程量计算过程中，往往有一些不能用"线""面"基数进行连续计算的项目，如木门窗、屋架、钢筋混凝土预制标准构件等，事先组织力量，将常用数据一次算出，汇编成土建工程量计算手册（即"册"），其次也要把那些规律较明显的如槽、沟断面、砖基础大放脚断面等，都预先一次算出，也编入册。当需计算有关的工程量时，只要查手册就可很快算出所需要的工程量。这样可以减少那种按图逐项地进行繁琐而重复的计算，亦能保证计算的及时与准确性。

（4）结合实际，灵活机动。用"线""面""册"计算工程量，只是一般常用的工程量基本计算方法，实践证明，在一般工程上完全可以利用。但在特殊工程上，由于基础断面、墙厚、砂浆标号和各楼层的面积不同，就不能完全用"线"或"面"的一个数作为基数，而必须结合实际灵活地计算。

一般常遇到的几种情况及采用的方法如下：

1）分段计算法：当基础断面不同，在计算基础工程量时，就应分段计算。

2）分层计算法：如遇多层建筑物，各楼层的建筑面积或砌体砂浆标号不同时，均可分层计算。

3）补加计算法：即在同一分项工程中，遇到局部外形尺寸或结构不同时，为便于利用基数进行计算，可先将其看作相同条件计算，然后再加上多出部分的工程量。如基础深度不同的内外墙基础、宽度不同的散水等工程。

4）补减计算法：与补加计算法相似，只是在原计算结果上减去局部不同部分工程量。如在楼地面工程中，各层楼面除每层盥厕间为水磨石面层外，其余均为水泥砂浆面层，则可先按各楼层均为水泥砂浆面层计算，然后补减盥厕间的水磨石地面工程量。

3. 统筹图

运用统筹法计算工程量，首先要根据统筹法原理，预算定额和工程量计算规则，设计出"计算工程量程序统筹图"（以下简称"统筹图"）。统筹图以"三线一面"作为基数，连续计算与之有共性关系的分项工程量，而与基数无共性关系的分项工程量则用"册"或图示尺寸进行计算。

（1）统筹图的主要内容。统筹图主要由计算工程量的主次程序线、基数、分项工程量计算式及计算单位组成。主要程序线是指在"线""面"基数上连续计算项目的线，次要程序线是指在分项项目上连续计算的线。

（2）计算程序的统筹安排。统筹图的计算程序安排是根据下述原则考虑的：

1）共性合在一起，个性分别处理。分项工程量计算程序的安排，是根据分项工程之间共性与个性的关系，采取共性合在一起，个性分别处理的办法。共性合在一起，就是把与墙的长度包括外墙外边线、外墙中心线、内墙净长线有关的计算项目，分别纳入各自系统中，把与建筑面积有关的计算项目，分别归于建筑物底层面积和分层面积系统中，把与墙长或建筑面积这些基数串不起来的计算项目，如楼梯、阳台、门窗、台阶等，则按其个性分别处理，或利用"工程量计算手册"，或另行单独计算。

2）先主后次，统筹安排。用统筹法计算各分项工程量是从"线""面"基数的计算开始的。计算顺序必须本着先主后次原则统筹安排，才能达到连续计算的目的。先算的项目要为后算的项目创造条件，后算的项目就能在先算的基础上简化计算，有些项目只和基数有关系，与其他项目之间没有关系，先算后算均可，前后之间要参照定额程序安排，以方便计算。

3）独立项目单独处理。预制混凝土构件、钢窗或木门窗、金属或木构件、钢筋用量、台阶、楼梯、地沟等独立项目的工程量计算，与墙的长度、建筑面积没有关系，不能合在一起，也不能用"线""面"基数计算时，需要单独处理，可采用预先编制"手册"的方法解决，只要查阅"手册"即可得出所需要的各项工程量。或者利用前面所说的按表格形式填写计算的方法，与"线""面"基数没有关系又不能预先编入"手册"的项目，按图示尺寸分别计算。

（3）统筹法计算工程量的步骤。用统筹法计算工程量大体上可分为五个步骤，如图2.3.4所示。

四、工程量计算的规则与方法

本部分介绍房屋建筑与装饰工程工程量的计算规则与方法，以《房屋建筑与装饰工程工程量计算规范》（GB 50854—2013）附录中清单项目设置和工程量计算规则为主。其他工程量计算规则还可以参考《房屋建筑与装饰工程消耗量定额》（TY01-31-2015）。

（一）土石方工程（编码：0101）

土石方工程包括土方工程、石方工程及回填三部分内容。

1. 土方工程（编码：010101）

土方工程包括平整场地、挖一般土方、挖沟槽土方、挖基坑土方、动土开挖、挖淤泥（流沙）、管沟土方等项目。平整场地、挖一般土方、挖沟槽土方、挖基坑土方项目划分的规定如下：

① 建筑物场地厚度小于或等于±300mm 的挖、填、运、找平，应按平整场地项目编码列项。厚度大于±300mm 的竖向布置挖土或山坡切土应按挖一般土方项目编码列项。

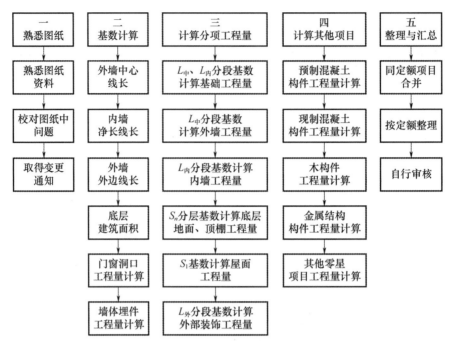

图 2.3.4　利用统筹法计算工程量步骤

② 沟槽、基坑、一般土方的划分为：底宽小于或等于 7m 且底长大于 3 倍底宽为沟槽；底长小于或等于 3 倍底宽且底面积小于或等于 150m² 为基坑；超出上述范围则为一般土方。

（1）平整场地。按设计图示尺寸以建筑物首层建筑面积计算。项目特征包括土壤类别、弃土运距、取土运距。

平整场地若需要外运土方或取土回填时，在清单项目项目特征中应描述弃土运距或取土运距，其报价应包括在平整场地项目中；当清单中没有描述弃、取土运距时，应注明由投标人根据施工现场实际情况自行考虑，确定报价。

（2）挖一般土方。项目特征包括土壤类别、挖土深度、弃土运距。按设计图示尺寸以体积计算。挖土方平均厚度应按自然地面测量标高至设计地坪标高间的平均厚度确定。土方体积应按挖掘前的天然密实体积计算。非天然密实土方应按表 2.3.1 折算。挖土方如需截桩头时，应按桩基工程相关项目列项。桩间挖土不扣除桩的体积，并在项目特征中加以描述。

表 2.3.1　土方体积折算系数

天然密实度体积	虚方体积	夯实后体积	松填体积
0.77	1.00	0.67	0.83
1.00	1.30	0.87	1.08
1.15	1.50	1.00	1.25
0.92	1.20	0.80	1.00

注：1. 虚方指未经碾压、堆积时间小于或等于 1 年的土壤。

2. 本表按《全国统一建筑工程预算工程量计算规则》（GJDG2-101-95）整理。

3. 设计密实度超过规定的，填方体积按工程设计要求执行；无设计要求按各省、自治区、直辖市或行业建设行政主管部门规定的系数执行。

土壤的不同类型决定了土方工程施工的难易程度、施工方法、功效及工程成本，所以应明确土壤类别，如土壤类别不能准确划分时，招标人可注明为综合，由投标人根据地勘报告决定报价。土壤的分类应按表 2.3.2 确定。

表 2.3.2 土壤分类

土壤分类	土壤名称	开挖方法
一、二类土	粉土、砂土（粉砂、细砂、中砂、粗砂、砾砂）粉质黏土、弱中盐渍土、软土（淤泥质土、泥炭、泥炭质土）、软塑红黏土、冲填土	用锹、少许用镐、条锄开挖。机械能全部直接铲挖满载者
三类土	黏土、碎石土（圆砾、角砾）混合土、可塑红黏土、硬塑红黏土、强盐渍土、素填土、压实填土	主要用镐、条锄、少许用锹开挖。机械需部分刨松方能铲挖满载者或可直接铲挖但不能满载者
四类土	碎石土（卵石、碎石、漂石、块石）、坚硬红黏土、超盐渍土、杂填土	全部用镐、条锄挖掘、少许用撬棍挖掘。机械须普遍刨松方能铲挖满载者

注：本表土的名称及其含义按《岩土工程勘察规范》（GB 50021—2001，2009 年版）定义。

（3）挖沟槽土方、挖基坑土方。项目特征包括土壤类别、挖土深度、弃土运距。按设计图示尺寸以基础垫层底面积乘以挖土深度计算。基础土方开挖深度应按基础垫层底表面标高至交付施工场地标高确定，无交付施工场地标高时，应按自然地面标高确定。

挖沟槽、基坑、一般土方因工作面和放坡增加的工程量（管沟工作面增加的工程量）是否并入各土方工程量中，应按各省、自治区、直辖市或行业建设主管部门的规定实施，如并入各土方工程量中，办理工程结算时，按经发包人认可的施工组织设计规定计算，编制工程量清单时，可按表 2.3.3～表 2.3.5 规定计算。

表 2.3.3 放坡系数

土类别	放坡起点（m）	人工挖土	机械挖土		
			坑内作业	坑上作业	顺沟槽在坑上作业
一、二类土	1.20	1：0.5	1：0.33	1：0.75	1：0.5
三类土	1.50	1：0.33	1：0.25	1：0.67	1：0.33
四类土	2.00	1：0.25	1：0.10	1：0.33	1：0.25

注：1. 沟槽、基坑中土类别不同时，分别按其放坡起点、放坡系数，依不同土类别厚度加权平均计算。

2. 计算放坡时，在交接处的重复工程量不予扣除，原槽、坑作基础垫层时，放坡自垫层上表面开始计算。

表 2.3.4 基础施工所需工作面宽度计算

基础材料	每边各增加工作面宽度（mm）
砖基础	200
浆砌毛石、条石基础	150
混凝土基础垫层支模板	300
混凝土基础支模板	300
基础垂直面做防水层	1000（防水层面）

注：本表按《全国统一建筑工程预算工程量计算规则》（GJDGZ-101-95）整理。

表 2.3.5　管沟施工每侧所需工作面宽度计算

管道结构（mm） 管沟材料	≤500	≤1000	≤2500	>2500
混凝土及钢筋混凝土管道（mm）	400	500	600	700
其他材质管道（mm）	300	400	500	600

注：1. 本表按《全国统一建筑工程预算工程量计算规则》（GJDGZ-101-95）整理。

　　2. 管道结构宽：有管座的按基础外缘，无管座的按管道外径。

（4）冻土开挖。项目特征包括冻土厚度、弃土运距。按设计图示尺寸开挖面积乘以厚度以体积计算。

（5）挖淤泥、流砂。项目特征包括挖掘深度、弃淤泥、流砂距离。按设计图示位置、界限以体积计算。挖方出现流砂、淤泥时，如设计未明确，在编制工程量清单时，其工程数量可为暂估量，结算时应根据实际情况由发包人与承包人双方现场签证确认工程量。

（6）管沟土方。项目特征包括土壤类别、管外径、挖沟深度、回填要求。按设计图示以管道中心线长度计算，或按设计图示管底垫层面积乘以挖土深度以体积计算。无管底垫层按管外径的水平投影面积乘以挖土深度计算。不扣除各类井的长度，井的土方并入。管沟土方项目适用于管道（给排水、工业、电力、通信）、光（电）缆沟〔包括：人（手）孔、接口坑〕及连接井（检查井）等。

2. 石方工程（编码：010102）

石方工程包括一般石方、挖沟槽石方、挖基坑石方、挖管沟石方。挖一般石方、挖沟槽石方等项目。挖基坑石方项目划分的规定：

（1）挖石应按自然地面测量标高至设计地坪标高的平均厚度确定。基础石方开挖深度应按基础垫层底表面标高至交付施工现场地标高确定，无交付施工场地标高时，应按自然地面标高确定。

（2）厚度大于±300mm 的竖向布置挖石或山坡凿石应按挖一般石方项目编码列项。

（3）沟槽、基坑、一般石方的划分为：底宽小于或等于 7m 且底长大于 3 倍底宽为沟槽；底长小于或等于 3 倍底宽且底面积小于或等于 150m² 为基坑；超出上述范围则为一般石方。

（1）挖一般石方。项目特征包括岩石类别、开凿深度、弃渣运距。按设计图示尺寸以体积计算。岩石分类按表 2.3.6 确定。弃渣运距可以不描述，但应注明由投标人根据施工现场实际情况自行考虑，决定报价。石方体积应按挖掘前的天然密实体积计算。非天然密实石方应按表 2.3.7 折算。

表 2.3.6　岩石分类

岩石分类		代表性岩石	开挖方法
极软岩		1. 全风化的各种岩石 2. 各种半成岩	部分用手凿工具、部分用爆破法开挖
软质岩	软岩	1. 强风化的坚硬岩或较硬岩 2. 中等风化—强风化的较软岩 3. 未风化—微风化的页岩、泥岩、泥质砂岩等	用风镐和爆破法开挖

续表 2.3.6

岩石分类		代表性岩石	开挖方法
软质岩	较软岩	1. 中等风化—强风化的坚硬岩或较硬岩 2. 未风化—微风化的凝灰岩、千枚岩、泥灰岩、砂质泥岩等	用爆破法开挖
硬质岩	较硬岩	1. 微风化的坚硬岩 2. 未风化—微风化的大理岩、板岩、石灰岩、白云岩、钙质砂岩等	用爆破法开挖
	坚硬岩	未风化—微风化的花岗岩、闪长岩、辉绿岩、玄武岩、安山岩、片麻岩、石英岩、石英砂岩、硅质砾岩、硅质石灰岩等	用爆破法开挖

注：本表依据《工程岩体分级标准》（GB/T 50218—2014）和《岩土工程勘察规范》（GB 50021—2001，2009 年版）整理。

表 2.3.7 石方体积折算系数

石方类别	天然密实度体积	虚方体积	松填体积	码方
石方	1.0	1.54	1.31	
块石	1.0	1.75	1.43	1.67
砂夹石	1.0	1.07	0.94	

注：本表按建设部颁发《爆破工程消耗量定额》（GYD-102-2008）整理。

（2）挖沟槽（基坑）石方。项目特征包括岩石类别、开凿深度、弃渣运距。按设计图示尺寸沟槽（基坑）底面积乘以挖石深度以体积计算。

（3）挖管沟石方。项目特征包括岩石类别、管外径、挖沟深度。按设计图示以管道中心线长度计算，或按设计图示截面积乘以长度以体积计算。

3. 回填（编码：010103）

回填包括回填方、余方弃置等项目。

（1）回填方。项目特征包括密实度要求、填方材料品种、填方粒径要求、填方来源及运距。按设计图示尺寸以体积计算。场地回填：回填面积乘以平均回填厚度。室内回填：主墙间面积乘以回填厚度，不扣除间隔墙。基础回填：按挖方清单项目工程量减去自然地坪以下埋设的基础体积（包括基础垫层及其他构筑物）。在项目特征描述中应注意的问题：

1）填方密实度要求，在无特殊要求情况下，项目特征可描述为满足设计和规范的要求。

2）填方材料品种可以不描述，但应注明由投标人根据设计要求验方后方可填入，并符合相关工程的质量规范要求。

3）填方粒径要求，在无特殊要求情况下，项目特征可以不描述。

4）如需买土回填应在项目特征填方来源中描述，并注明买土方数量。

（2）余方弃置。项目特征包括废弃料品种、运距。按挖方清单项目工程量减利用回填方体积（正数）计算（余方点装料运输至弃置点）。

【例 2.3.1】 某基础平面及剖面图如图 2.3.5 所示，其中轴线②上内墙基础剖面如图 2.3.5（c）所示，其余外墙基础剖面图如图 2.3.5（b）所示。施工方案为：人工开挖三类土，内墙沟槽周边不能堆土，采用双轮车在场内运100m，余土采用人装自卸汽车外运6km。试计算挖基础土方、基础回填土、室内回填土（地坪总厚度为120mm）三个分项工程的工程量。

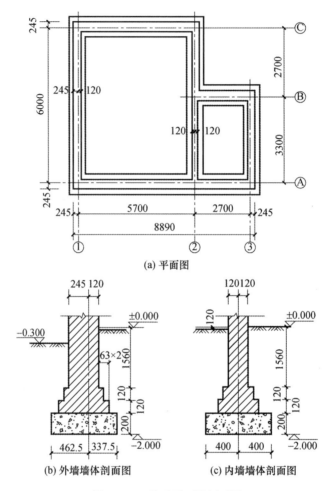

(a) 平面图

(b) 外墙墙体剖面图   (c) 内墙墙体剖面图

图 2.3.5　基础平面及剖面图

解：（1）挖沟槽土方工程量计算。

挖土深度 $H=2.0-0.3=1.7$（m），混凝土基础底面宽度 $a=0.8$m，沟槽长度 L 的计算如下：

1）外墙中心线长度计算。由于墙厚为365mm，外墙轴线都不在图形中心线上，所以应对外墙中心线进行调整处理。

偏心距为 $(365\div2-120)=62.5$（mm）$=0.0625$（m）

$L_{中}=(8.4+6.0)\times2+0.0625\times8=29.3$（m）

2）内墙取基底净长线计算。

$L_{基底}=3.3-0.3375\times2=2.625$（m）

故挖基础土方清单量为：$V=(29.3+2.625)\times0.8\times1.7=43.42$（m³）

（2）室外地坪以下埋入工程量计算。

1）200mm厚混凝土基础体积为：$V_1=(29.3+2.625)\times0.8\times0.2=5.11$（m³）

2）砖基础（算至室外地坪）：

外墙基础断面积 $S_1 = (1.7-0.2) \times 0.365 + 0.12 \times 3 \times 0.063 \times 2 = 0.59$（$m^2$）

内墙基础净长线 $L_净 = 3.3 - 0.12 \times 2 = 3.06$（m）

内墙基础断面积 $S_2 = (1.7-0.2) \times 0.24 + 0.12 \times 3 \times 0.063 \times 2 = 0.41$（$m^2$）

则地坪以下砖基础体积 $V_2 = 29.3 \times 0.59 + 3.06 \times 0.41 = 18.54$（$m^3$）

（3）回填土工程量计算。

1）基础回填土工程量：$V = 43.42 - 5.11 - 18.54 = 19.77$（$m^3$）

2）室内回填土工程量：按室内主墙间净面积乘以回填土厚度计算。

$V = [(5.7-0.12-12) \times (6.0-0.12 \times 2) + (2.7-0.12-0.12) \times (3.3-0.12 \times 2)] \times (0.3-0.12) = 38.98 \times 0.18 = 7.02$（$m^3$）

（二）地基处理与边坡支护工程（编码：0102）

地基处理与边坡支护工程包括地基处理、基坑与边坡支护两部分。

1. 地基处理（编码：010201）

地基处理包括换填垫层、铺设土工合成材料、预压地基、强夯地基、振冲密实（不填料）、振冲桩（填料）、砂石桩、水泥粉煤灰碎石桩、深层搅拌桩、粉喷桩、夯实水泥土桩、高压喷射注浆装、石灰桩、灰土（土）挤密桩、柱锤冲扩桩、注浆地基、褥垫层等项目。

（1）换填垫层的项目特征包括材料种类及配比、压实系数、掺加剂品种。工程量按设计图示尺寸以体积计算。换填垫层是将基础地面以下一定范围内的软弱土挖去，然后回填强度高，压缩性较低，并且没有侵蚀性的材料、并夯压密实形成的垫层。

（2）铺设土工合成材料的工程量按设计图示尺寸以面积计算。土工合成材料是土木工程应用的合成材料的总称。

作为一种土木工程材料，它是以人工合成的聚合物（如塑料、化纤、合成橡胶等）为原料，制成各种类型的产品，置于土体内部、表面或各种土体之间，发挥加强或保护土体的作用。土工合成材料分为土工织物、土工膜、土工特种材料和土工复合材料，土工网，玻纤网，土工垫等类型。

（3）预压地基、强夯地基、振冲密实（不填料）的工程量按设计图示处理范围以面积计算。

预压地基主要是指砂井加载预压地基，它具有固结速度快、施工工艺简单、效果好等特点，使用范围较广。它在含有饱和水的软黏土或冲积土地基中，打入一批排水砂井，桩顶铺设砂垫层，先在砂垫层上分期加荷预压，使土层中孔隙水不断通过砂井上升，至砂垫层排出地表，在建筑物施工之前，地基土大部分先期排水固结，减小建筑物的沉降量，增强了地基稳定性。

强夯地基是将夯锤从高处自由落下，给地基以冲击力和振动，从而提高地基土的强度并降低其压缩性的地基。

振冲密实是利用振动和压力水使砂层液化，砂颗粒相互挤密，重新排列，孔隙减少，从而提高地基承载力和抗液化能力，故又名振冲挤密砂桩。

（4）振冲桩（填料）的工程量计算规则有两种：以米计量，按设计图示尺寸以桩长计算；以立方米计量，按设计桩截面乘以桩长以体积计算。应结合拟建工程项目的实际情况确定（其他同）。

振冲桩是指适用于振冲法成孔，灌注填料加以振密所形成的桩体。是利用功率为30～150kW的振冲器，配合高压喷射水流或高压空气在软基中建成密实的碎石桩。

（5）砂石桩的工程量计算规则有两种：以米计量，按设计图示尺寸以桩长（包括桩尖）计算；以立方米计量，按设计桩截面乘以桩长（包括桩尖）以体积计算。

砂石桩是将碎石、砂或砂石混合料挤压入已成的孔中，形成密实砂石竖向增强桩体，与桩间土形成复合地基。

（6）水泥粉煤灰碎石桩、夯实水泥土桩、石灰桩、灰土（土）挤密桩的工程量均按设计图示尺寸以桩长（包括桩尖）计算。

（7）深层搅拌桩、粉喷桩、高压喷射注浆装、柱锤冲扩桩的工程量均按设计图示尺寸以桩长计算。

（8）注浆地基的工程量计算规则有两种：以米计量，按设计图示尺寸以钻孔深度计算；以立方米计量，按设计图示尺寸以加固体积计算。

注浆地基是指将配置好的化学浆液或水泥浆液，通过导管注入土体间隙中，与土体结合，发生物化反应，从而提高土体强度。高压喷射注浆类型包括旋喷、摆喷、定喷，高压喷射注浆方法包括单管法、双重管法、三重管法。

（9）褥垫层的工程量计算规则有两种：以平方米计量，按设计图示尺寸以铺设面积计算；以立方米计量，按设计图示尺寸以体积计算。

褥垫层是CFG复合地基中解决地基不均匀的一种方法。如建筑物一边在岩石地基上，一边在黏土地基上时，采用在岩石地基上加褥垫层（级配砂石）来解决。

2. 地基处理与边坡支护（编码：010202）

基坑与边坡支护包括地下连续墙、咬合灌注桩、圆木桩、预制钢筋混凝土板桩、型钢桩、钢板桩、锚杆（锚索）、土钉、喷射混凝土（水泥砂浆）、钢筋混凝土支撑、钢支撑等项目。

（1）地下连续墙的工程量按设计图示墙中心线长乘以厚度乘以槽深以体积计算。地下连续墙和喷射混凝土（砂浆）的钢筋网、咬合灌注桩的钢筋笼及钢筋混凝土支撑的钢筋制作、安装，混凝土挡土墙按混凝土及钢筋混凝土工程中相关项目列项。

（2）咬合灌注桩的工程量计算规则有两种：以米计量，按设计图示尺寸以桩长计算；以根计量，按设计图示数量计算。

咬合桩是在桩与桩之间形成相互咬合排列的一种基坑围护结构。桩的排列方式为一条不配筋并采用超缓凝素混凝土桩（A桩）和一条钢筋混凝土桩（B桩）间隔布置。施工时，先施工A桩，后施工B桩，在A桩混凝土初凝之前完成B桩的施工。A桩、B桩均采用全套管钻机施工，切割掉相邻A桩相交部分的混凝土，从而实现咬合。

（3）圆木桩、预制钢筋混凝土板桩的工程量计算规则有两种：以米计量，按设计图示尺寸以桩长（包括桩尖）计算；以根计量，按设计图示数量计算。

（4）型钢桩的工程量计算规则有两种：以吨计量，按设计图示尺寸以质量计算；以根计量，按设计图示数量计算。

（5）钢板桩的工程量计算规则有两种：以吨计量，按设计图示尺寸以质量计算；以平方米计量，按设计图示墙中心线长乘以桩长以面积计算。

（6）锚杆（锚索）、土钉的工程量计算规则有两种：以米计量，按设计图示尺寸以钻孔深度计算；以根计量，按设计图示数量计算。

锚杆是指由杆体（钢绞线、普通钢筋、热处理钢筋或钢管）、注浆形成的固结体、锚具、套管、连接器所组成的一端与支护结构构件连接，另一端锚固在稳定岩土体内的受拉杆件。杆件采用钢绞线时，也可称为锚索。

土钉是设置在基坑侧壁土体内的承受拉力与剪力的杆件。例如，成孔后植入钢筋杆体并通过孔内注浆在杆体周围形成固结体的钢筋土钉，将设有出浆孔的钢管直接击入基坑侧壁土中并在钢管内注浆的钢管土钉。

（7）喷射混凝土（水泥砂浆）的工程量按设计图示尺寸以面积计算。

（8）钢筋混凝土支撑、钢支撑的工程量按设计图示尺寸以质量计算。不扣除孔眼质量，焊条、铆钉、螺栓等不另增加质量。

【例2.3.2】 如图2.3.6所示，有一地基加固工程，采用强夯处理地基，夯击能力为400t·m，每坑夯击数为4击，设计要求第一遍和第二遍为隔点夯击，第三遍为低锤满夯，试计算该强夯地基清单工程量。

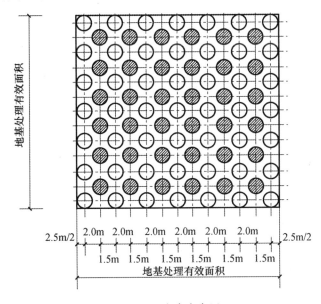

图2.3.6 夯击点布置

解： 依据题意，此工程量清单工程量为：

$$S = (2.0 \times 12 + 2.5) \times (2.0 \times 12 + 2.5) = 26.5 \times 26.5 = 702.25 (\text{m}^2)$$

（三）桩基础工程（编码：0103）

桩基础工程包括打桩、灌注桩。

1. 打桩（编码：010301）

打桩包括预制钢筋混凝土方桩、预制钢筋混凝土管桩、钢管桩、截（凿）桩头等项目。

（1）预制钢筋混凝土方桩、预制钢筋混凝土管桩的工程量计算规则有三种：以米计量，按设计图示尺寸以桩长（包括桩尖）计算；以立方米计量，按设计图示截面积乘以桩长（包括桩尖）以实体积计算；以根计量，按设计图示数量计算。

预制钢筋混凝土方桩、预制钢筋混凝土管桩项目以成品桩编制，应包括成品桩购置费，如果用现场预制，应包括现场预制桩的所有费用。打试验桩和打斜桩应按相应项目单独列项，并应在项目特征中注明试验桩或斜桩（斜率）。

（2）钢管桩的工程量计算规则有两种：以吨计量，按设计图示尺寸以质量计算；以根计量，按设计图示数量计算。

（3）截（凿）桩头的工程量计算规则有两种：以立方米计量，按设计桩截面积乘以桩头长度；体积计算；以根计量，按设计图示数量计算。截（凿）桩头项目适用于地基处理与边坡支护工程、桩基础工程所列的桩的桩头截（凿）。

2. 灌注桩（编码：010302）

灌注桩包括泥浆护壁成孔灌注桩、沉管灌注桩、干作业成孔灌注桩、挖孔桩土（石）方、人工挖孔灌注桩、钻孔压浆桩、灌注桩后压浆。

项目特征中的桩长应包括桩尖，空桩长度＝孔深－桩长，孔深为自然地坪至设计桩底的深度。桩截面（桩径）、混凝土强度等级、桩类型等可直接用标准图代号或设计桩型进行描述。混凝土灌注桩的钢筋笼制作、安装，按混凝土与钢筋混凝土工程相关项目编码列项。

泥浆护壁成孔灌注桩是指在泥浆护壁条件下成孔，采用水下灌注混凝土的桩。其成孔方法包括冲击钻成孔、冲抓锥成孔、回旋钻成孔、潜水钻成孔、泥浆护壁的旋挖成孔等。沉管灌注桩的沉管方法包括锤击沉管法、振动沉管法、振动冲击沉管法、内夯沉管法等。干作业成孔灌注桩是指不用泥浆护壁和套管护壁的情况下，用钻机成孔后，下钢筋笼，灌注混凝土的桩，适用于地下水位以上的土层使用。其成孔方法包括螺旋钻成孔、螺旋钻成孔扩底、干作业的旋挖成孔等。

（1）泥浆护壁成孔灌注桩、沉管灌注桩、干作业成孔灌注桩的工程量计算规则有三种：以米计量，按设计图示尺寸以桩长（包括桩尖）计算；以立方米计量，按不同截面在桩上范围内以体积计算；以根计量，按设计图示数量计算。

（2）挖孔桩土（石）方的工程量按设计图示尺寸（含护壁）截面积乘以挖孔深度以立方米计算。

（3）人工挖孔灌注桩的工程量计算规则有两种：以立方米计量，按桩芯混凝土体积计算；以根计量，按设计图示数量计算。

（4）钻孔压浆桩的工程量计算规则有两种：以米计量，按设计图示尺寸以桩长计算；以根计量，按设计图示数量计算。

（5）灌注桩后压浆的工程量按设计图示以注浆孔数计算。

【例 2.3.3】　螺旋钻孔成孔灌注桩，直径 800，设计桩长为 30m，桩顶标高－2.1m，自然地坪标高－0.1m。试计算螺旋钻孔成孔及灌注混凝土相应工程量。

解：依据题意，该工程可按体积计算。

（1）螺旋钻孔成孔：

$V_{成孔}=\pi(D^2/4)H=3.14\times0.8^2\div4\times[(2.1-0.1)+30]=16.08(m^3)$

（2）灌注混凝土：

$V_{灌注}=\pi(D^2/4)L=3.14\times0.8^2\div4\times30=15.07(m^3)$

（四）砌筑工程（编码：0104）

砌筑工程包括砖砌体、砌块砌体、石砌体、垫层。

1. 砖砌体（编码：010401）

砖砌体包括砖基础、砖砌挖孔桩护壁、实心砖墙、多孔砖墙、空心砖墙、空斗墙、空花墙、填充墙、实心砖柱、多孔砖柱、砖检查井、零星砌砖、砖散水（地坪）、砖地沟（明沟）。砖砌体项目的有关说明：

① 基础与墙身（柱身）的划分：基础与墙（柱）身使用同一种材料时，以设计室内地面为界（有地下室者，以地下室室内设计地面为界），以下为基础，以上为墙（柱）身。基础与墙身使用不同材料时，位于设计室内地面高度小于或等于±300mm 时，以不同材料为分界线，高度大于±300mm 时，以设计室内地面为分界线。

② 砖围墙以设计室外地坪为界，以下为基础，以上为墙身。

③ 在进行砖砌体工程量计算时，墙厚应按标准砖墙体厚度计算，如表 2.3.8 所示。

表 2.3.8 标准砖墙体厚度　　　　　　　　　　　　　　　　　（mm）

用砖	¼砖	½砖	1砖	1½砖	2砖	2½砖	3砖
墙厚	53	115	240	365	490	615	740

（1）砖基础：砖基础项目适用于各种类型砖基础，如柱基础、墙基础、管道基础等。

工程量按设计图示尺寸以体积计算，包括附墙垛基础宽出部分体积，扣除地梁（圈梁）、构造柱所占体积，不扣除基础大放脚 T 形接头处的重叠部分（图 2.3.7）及嵌入基础内的钢筋、铁件、管道、基础砂浆防潮层和单个面积小于或等于 0.3m² 的孔洞所占体积，靠墙暖气沟的挑檐不增加。

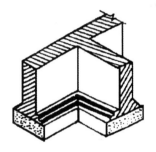

图 2.3.7 基础大放脚
T 形接头

基础长度：外墙按外墙中心线，内墙按内墙净长线计算。

条形砖基础工程量可用式（2.3.1）计算：

基础体积＝墙厚×（设计基础高度＋折加高度）×基础长度－柱及地梁体积　　（2.3.1）

砖基础大放脚的折加高度是把大放脚断面层数，按不同的墙厚折成高度，也可用大放脚增加断面积计算。为了计算方便，将砖基础大放脚的折加高度及大放脚增加断面积编制成表格。计算基础工程量时，可直接查折加高度和大放脚增加断面积表，如表 2.3.9 所示。

表 2.3.9 等高、不等高砖基础大放脚折加高度和大放脚增加断面积

| 放脚层数 | 折加高度（m） | | | | | | | | | | | | 增加断面（m²） | |
| | ½砖（0.115） | | 1砖（0.24） | | 1½砖（0.365） | | 2砖（0.49） | | 2½砖（0.615） | | 3砖（0.74） | | | |
	等高	不等高	等高	不等高	等高	不等高	等高	不等高	等高	不等高	等高	不等高	等高	不等高
一	0.137	0.137	0.066	0.066	0.043	0.043	0.032	0.032	0.026	0.026	0.021	0.021	0.0158	0.0158
二	0.411	0.342	0.197	0.164	0.129	0.108	0.096	0.08	0.077	0.064	0.064	0.053	0.0473	0.0394
三			0.394	0.328	0.259	0.216	0.193	0.161	0.154	0.128	0.128	0.106	0.0945	0.0788
四			0.656	0.525	0.432	0.345	0.321	0.253	0.256	0.205	0.213	0.17	0.1575	0.126
五			0.984	0.788	0.647	0.518	0.482	0.38	0.384	0.307	0.319	0.255	0.2363	0.189

续表2.3.9

放脚层数	折加高度（m）												增加断面（m²）	
	1/2砖（0.115）		1砖（0.24）		1½砖（0.365）		2砖（0.49）		2½砖（0.615）		3砖（0.74）			
	等高	不等高	等高	不等高	等高	不等高	等高	不等高	等高	不等高	等高	不等高	等高	不等高
六			1.378	1.083	0.906	0.712	0.672	0.53	0.538	0.419	0.447	0.351	0.3308	0.2599
七			1.838	1.444	1.208	0.949	0.90	0.707	0.717	0.563	0.596	0.468	0.441	0.3465
八			2.363	1.838	1.553	1.208	1.157	0.90	0.922	0.717	0.766	0.596	0.567	0.4411
九			2.953	2.297	1.942	1.51	1.447	1.125	1.153	0.896	0.958	0.745	0.7088	0.5513
十			3.61	2.789	2.372	1.834	1.768	1.366	1.409	1.088	1.171	0.905	0.8663	0.6694

（2）砖砌挖孔桩护壁的工程量按设计图示尺寸以立方米计算。

（3）实心砖墙、多孔砖墙、空心砖墙：

1）工程量按设计图示尺寸以体积计算：扣除门窗、洞口、嵌入墙内的钢筋混凝土柱、梁、圈梁、挑梁、过梁及凹进墙内的壁龛、管槽、暖气槽、消火栓箱所占体积，不扣除梁头、板头、檩头、垫木、木楞头、沿缘木、木砖、门窗走头、砖墙内加固钢筋、木筋、铁件、钢管及单个面积小于或等于0.3m²的孔洞所占的体积。凸出墙面的腰线、挑檐、压顶、窗台线、虎头砖、门窗套的体积亦不增加。凸出墙面的砖垛并入墙体体积内计算。

其工程量可用式（2.3.2）计算：

墙身体积＝(墙身长度×高度－门窗洞口面积)×墙厚－钢筋混凝土柱、圈梁、过梁等体积＋垛、附墙烟道等体积 （2.3.2）

2）墙长度的确定：外墙按中心线、内墙按净长计算。

3）墙高度的确定：

① 外墙：斜（坡）屋面无檐口天棚者算至屋面板底；有屋架且室内外均有天棚者算至屋架下弦底另加200mm；无天棚者算至屋架下弦底另加300mm，出檐宽度超过600mm时按实砌高度计算；与钢筋混凝土楼板隔层者算至板顶。平屋顶算至钢筋混凝土板底。

② 内墙：位于屋架下弦者，算至屋架下弦底；无屋架者算至天棚底另加100mm；有钢筋混凝土楼板隔层者算至楼板顶；有框架梁时算至梁底。

③ 女儿墙：从屋面板上表面算至女儿墙顶面（如有混凝土压顶时算至压顶下表面）。

④ 内、外山墙：按其平均高度计算。

4）框架间墙：不分内外墙工程量按墙体净尺寸以体积计算。

5）围墙：高度算至压顶上表面（如有混凝土压顶时算至压顶下表面），围墙柱并入围墙体积内。

（4）空斗墙、空花墙、填充墙：

1）空斗墙的工程量按设计图示尺寸以空斗墙外形体积计算。墙角、内外墙交接处、门窗洞口立边、窗台砖、屋檐处的实砌部分体积并入空斗墙体积内。

2）空花墙的工程量按设计图示尺寸以空花部分外形体积计算，不扣除空洞部分体积。空花墙项目适用于各种类型的空花墙，使用混凝土花格砌筑的空花墙，实砌墙体与混凝土花格应分别计算，混凝土花格按混凝土及钢筋混凝土中预制构件相关项目编码列项。

3）填充墙的工程量按设计图示尺寸以填充墙外形体积计算。

（5）实心砖柱、多孔砖柱的工程量按设计图示尺寸以体积计算。扣除混凝土及钢筋混凝土梁垫、梁头、板头所占体积。

（6）砖检查井：工程量按设计图示数量计算。

（7）零星砌砖：按零星项目列项的有框架外表面的镶贴砖部分，空斗墙的窗间墙、窗台下、楼板下、梁头下等的实砌部分，台阶、台阶挡墙、梯带、锅台、炉灶、蹲台、池槽、池槽腿、砖胎模、花台、花池、楼梯栏板、阳台栏板、地垄墙、小于或等于 $0.3m^2$ 的孔洞填塞等，应按零星砌砖项目编码列项。

工程量计算规则有四种：以立方米计量，按设计图示尺寸截面积乘以长度计算；以平方米计量，按设计图示尺寸水平投影面积计算；以米计量，按设计图示尺寸长度计算；以个计量，按设计图示数量计算。砖砌锅台与炉灶可按外形尺寸以个计算，砖砌台阶可按水平投影面积以平方米计算，小便槽、地垄墙可按长度计算、其他工程以立方米计算。

（8）砖散水（地坪）的工程量按设计图示尺寸以面积计算。

（9）砖地沟（明沟）的工程量以米计量，按设计图示以中心线长度计算。

2. 砌块砌体（编码：010402）

砌块砌体包括砌块墙、砌块柱等项目。砌块砌体的有关说明：

（1）砌体内加筋、墙体拉结的制作、安装，应按混凝土及钢筋混凝土中相关项目编码列项。

（2）砌块排列应上、下错缝搭砌，如果搭错缝长度满足不了规定的压搭要求，应采取压砌钢筋网片的措施，具体构造要求按设计规定。若设计无规定时，应注明由投标人根据工程实际情况自行考虑；钢筋网片按混凝土及钢筋混凝土中相应编码列项。

（3）砌体垂直灰缝宽大于 30mm 时，采用 C20 细石混凝土灌实。灌注的混凝土应按混凝土及钢筋混凝土中相关项目编码列项。

3. 石砌体（编码：010403）

石砌体包括石基础、石勒角、石墙、石挡土墙、石柱、石栏杆、石护坡、石台阶、石坡道、石地沟（明沟）等项目。

工程量计算方法，同砖砌体基本一致。

4. 垫层

工程量按设计图示尺寸以立方米计算，如灰土垫层、楼地面垫层等，但混凝土垫层应按混凝土及钢筋混凝土工程中相关项目编码列项。

【例 2.3.4】　某单层建筑物如图 2.3.8 所示，门窗数据如表 2.3.10 所示，试根据图示尺寸计算 1 砖内外墙的工程量。图 2.3.8 中板下设圈梁，圈梁高（含板厚）为 300mm。

表 2.3.10　门窗统计

门窗名称	代号	洞口尺寸（mm×mm）	数量（樘）	单樘面积（m²）	合计面积（m²）
单扇无亮无砂镶板门	M-1	900×2000	4	1.8	7.2
双扇铝合金推拉窗	C-1	1500×1800	6	2.7	16.2
双扇铝合金推拉窗	C-2	2100×1800	2	3.78	7.56

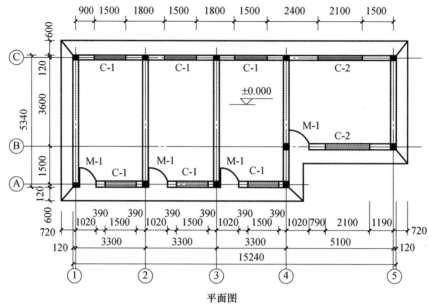

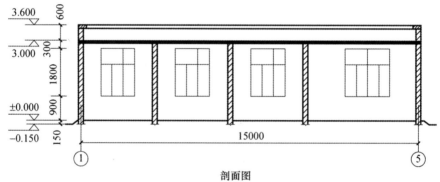

图 2.3.8　某单层建筑示意

解： 外墙中心线长度：$L_{中} = 3.3 \times 3 + 5.1 + 1.5 + 3.6 \times 2 = 40.2$（m）

构造柱可在外墙长度中扣除，即：$L'_{中} = 40.2 - (0.24 + 0.03 \times 2) \times 11 = 33.90$（m）

式中：0.03 为马牙槎平均厚度。

内墙净长线长度 $L_{净} = (1.5 + 3.6) \times 2 + 3.6 - (0.12 + 0.03) \times 6 = 12.90$（m）

外墙高度（扣圈梁）：$H_{外} = 0.9 + 1.8 + 0.6 = 3.3$（m）

内墙高度（扣圈梁）：$H_{内} = 0.9 + 1.8 = 2.7$（m）

应扣门窗洞口面积，取表 2.3.10 中数据相加，得：

$S_{门窗} = 7.2 + 16.2 + 7.56 = 30.96$（m²）

墙厚（c）按表 2.3.8 取定为 0.24m。

应扣门洞口过梁体积：$V_{GL} = (0.9 + 0.25) \times 0.24 \times 0.12 \times 4 = 0.133$（m³）

则内外墙清单工程量为：

$V = (L'_{中} \times H_{外} + L_{净} \times H_{内} - S_{门窗}) \times c - V_{GL} = (36.90 \times 3.3 + 12.90 \times 2.7 - 30.96) \times 0.24 - 0.133 = 30.02$（m³）

（五）混凝土及钢筋混凝土工程（编码：0105）

混凝土及钢筋混凝土工程包括现浇混凝土构件、预制混凝土构件及钢筋工程等部分。项目特征包括混凝土种类（商品混凝土、现场拌制，泵送、非泵送）、混凝土强度等级。预制混凝土构件或预制钢筋混凝土构件，如施工图设计标注做法见标准图集时，项目特征注明标准图集的编码、页号及节点大样即可。现浇或预制混凝土和钢筋混凝土构件，不扣除构件内钢筋、螺栓、预埋铁件、张拉孔道所占体积，但应扣除劲性骨架的型钢所占体积。

1. 现浇混凝土基础（编码：010501）

现浇混凝土基础包括垫层、带形基础、独立基础、满堂基础、桩承台基础、设备基础等项目。工程量按设计图示尺寸以体积计算，不扣除伸入承台基础的桩头、构件内钢筋、预埋铁件所占体积。

垫层项目适用于基础现浇混凝土垫层；有肋带形基础、无肋带形基础应分别编码列项，并注明肋高；箱式满堂基础及框架式设备基础中柱、梁、墙、板按现浇混凝土柱、梁、墙、板分别编码列项；箱式满堂基础底板按满堂基础项目列项；框架设备基础的基础部分按设备基础项目列项。

2. 现浇混凝土柱（编码：010502）

现浇混凝土柱包括矩形柱、构造柱、异形柱等项目。工程量按设计图示尺寸以体积计算，不扣除构件内钢筋、预埋铁件所占体积。柱高按以下规定计算：

（1）有梁板的柱高，应自柱基上表面（或楼板上表面）至上一层楼板上表面之间的高度计算，如图 2.3.9（a）所示。

（2）无梁板的柱高，应自柱基上表面（或楼板上表面）至柱帽下表面之间的高度计算，如图 2.3.9（b）所示。

（3）框架柱的柱高，应自柱基上表面至柱顶高度计算，如图 2.3.9（c）所示。

（4）构造柱按全高计算，嵌接墙体部分（马牙槎）并入柱身体积。

（5）依附柱上的牛腿和升板的柱帽，并入柱身体积计算。

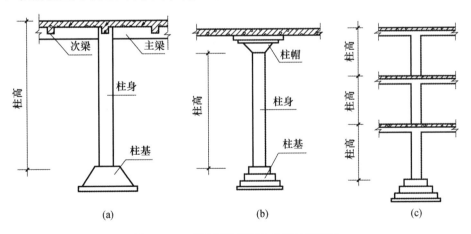

图 2.3.9　现浇钢筋混凝土柱高计算示意

3. 现浇混凝土梁（编码：010503）

现浇混凝土梁包括基础梁、矩形梁、异形梁、圈梁、过梁、弧形梁（拱形梁）等项目。

工程量按设计图示尺寸以体积计算，不扣除构件内钢筋、预埋铁件所占体积，伸入墙内的梁头、梁垫并入梁体积内。

梁长的确定：梁与柱连接时，梁长算至柱侧面；主梁与次梁连接时，次梁长算至主梁侧面，如图 2.3.10 所示。

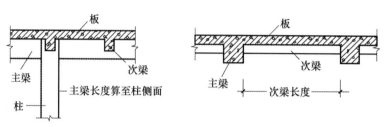

图 2.3.10 现浇梁长度计算示意

4. 现浇混凝土墙（编码：010504）

现浇混凝土墙包括直形墙、弧形墙、短肢剪力墙、挡土墙。工程量按设计图示尺寸以体积计算，不扣除构件内钢筋、预埋铁件所占体积，扣除门窗洞口及单个面积大于 0.3m² 的孔洞所占体积，附墙的暗柱、暗梁、墙垛及突出墙面部分并入墙体体积计算。

其中，短肢剪力墙是指截面厚度不大于 300mm、各肢截面高度与厚度之比的最大值大于 4 但不大于 8 的剪力墙；各肢截面高度与厚度之比的最大值不大于 4 的剪力墙按柱项目编码列项。

5. 现浇混凝土板（编码：010505）

现浇混凝土板包括有梁板、无梁板、平板、拱板、薄壳板、栏板、天沟（檐沟）及挑檐板、雨篷、悬挑板及阳台板、空心板、其他板等项目。

（1）有梁板、无梁板、平板、拱板、薄壳板、栏板的工程量按设计图示尺寸以体积计算，不扣除构件内钢筋、预埋铁件及单个面积小于或等于 0.3m² 的柱、垛以及孔洞所占体积；压形钢板混凝土楼板扣除构件内压形钢板所占体积。

有梁板（包括主、次梁与板）按梁、板体积之和计算，如图 2.3.11（a）所示。无梁板按板和柱帽体积之和计算，如图 2.3.11（b）所示。各类板伸入砌体墙内的板头并入板体积内，薄壳板的肋、基梁并入薄壳体积内计算。

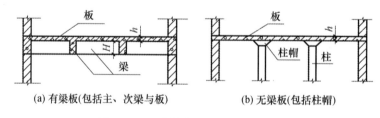

(a) 有梁板（包括主、次梁与板）　　(b) 无梁板（包括柱帽）

图 2.3.11 有梁板、天梁板计算示意

（2）天沟（檐沟）及挑檐板的工程量按设计图示尺寸的以体积计算。

（3）雨篷、悬挑板及阳台板的工程量按设计图示尺寸以墙外部分体积计算。包括伸出墙外的牛腿和雨篷反挑檐的体积，不扣除构件内钢筋、预埋铁件及板中 0.3 m² 以内的孔洞所占体积。

现浇挑檐、天沟板、雨篷、阳台与板（包括屋面板、楼板）连接时，以外墙外边线为分界线；与圈梁（包括其他梁）连接时，以梁外边线为分界线。外边线以外为挑檐、天沟、雨篷或阳台。

（4）空心板的工程量按设计图示尺寸以体积计算。空心板（GBF 高强薄壁蜂巢芯板等）应扣除空心部分体积，不扣除构件内钢筋、预埋铁件及板中 0.3 ㎡ 以内的孔洞所占体积。

（5）其他板的工程量按设计图示尺寸以立方米计算，不扣除构件内钢筋、预埋铁件及板中 0.3 ㎡ 以内的孔洞所占体积。

6. 现浇混凝土楼梯（编码：010506）

现浇混凝土楼梯包括直形楼梯、弧形楼梯。工程量计算规则有两种：以平方米计量，按设计图示尺寸的水平投影面积计算，不扣除宽度小于或等于 500mm 的楼梯井，伸入墙内部分不计算；以立方米计量，按设计图示尺寸以体积计算，如图 2.3.12 所示。

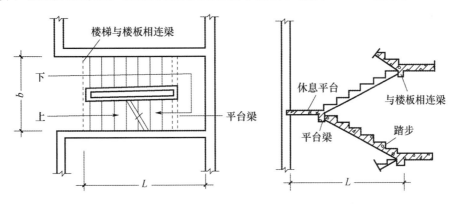

图 2.3.12　钢筋混凝土整体楼梯平面图及剖面图

室外整体楼梯按墙外的水平投影面积计算。

整体楼梯（包括直形楼梯、弧形楼梯）水平投影面积包括休息平台、平台梁、斜梁和楼梯的连接梁。当整体楼梯与现浇楼板无梯梁连接时，以楼梯的最后一个踏步边缘加 300mm 为界。

7. 现浇混凝土其他构件（编码：010507）

现浇混凝土其他构件包括散水与坡道、室外地坪、电缆沟与地沟、台阶、扶手与压顶、化粪池与检查井、其他构件。

（1）散水、坡道、室外地坪的工程量按设计图示尺寸的水平投影以面积计算，不扣除单个小于或等于 0.3m² 的孔洞所占面积。

（2）电缆沟与地沟的工程量按设计图示以中心线长度计算。

（3）台阶的工程量计算规则有两种：以平方米计量，按设计图示尺寸水平投影面积计算；以立方米计量，按设计图示尺寸以体积计算。架空式混凝土台阶，按现浇楼梯计算。

（4）扶手、压顶的工程量计算规则有两种：以米计量，按设计图示的中心线延长米计算；以立方米计量，按设计图示尺寸以体积计算。

（5）化粪池、检查井、其他构件的工程量计算规则有两种：按设计图示尺寸以体积计算；以座计量，按设计图示数量计算。

现浇混凝土小型池槽、垫块、门框等，应按其他构件项目编码列项。

8. 后浇带（编码：010508）

按设计图示尺寸体积计算，不扣除构件内钢筋、预埋铁件及墙、板中 0.3 ㎡以内的孔洞所占体积。

9. 预制混凝土柱（编码：010509）

预制混凝土柱包括矩形柱、异形柱。工程量计算规则有两种：以立方米计量，按设计图示尺寸以体积计算；以根计量，按设计图示尺寸以数量计算。以根计量，必须描述单件体积。

10. 预制混凝土梁（编码：010510）

预制混凝土梁包括矩形梁、异形梁、过梁、拱形梁、鱼腹式吊车梁、其他梁。工程量计算规则有两种：以立方米计量，按设计图示尺寸以体积计算；以根计量，按设计图示尺寸以数量计算。以根计量，必须描述单件体积。

11. 预制混凝土屋架（编码：010511）

预制混凝土屋架包括折线型屋架、组合屋架、薄腹屋架、门式刚架屋架、天窗架。工程量计算规则有两种：以立方米计量，按设计图示尺寸以体积计算；以榀计量，按设计图示尺寸以数量计算。以榀计量，必须描述单件体积。三角形屋架按折线型屋架项目编码列项。

12. 预制混凝土板（编码：010512）

预制混凝土板包括平板、空心板、槽形板、网架板、折线板、带肋板、大型板、沟盖板、井盖板、井圈。以块、套计量，必须描述单件体积。不带肋的预制遮阳板、雨篷板、挑檐板、拦板等，应按平板项目编码列项。预制 F 形板、双 T 形板、单肋板和带反挑檐的雨篷板、挑檐板、遮阳板等，应按带肋板项目编码列项。预制大型墙板、大型楼板、大型屋面板等，按大型板项目编码列项。

（1）平板、空心板、槽形板、网架板、折线板、带肋板、大型板的工程量计算规则有两种：以立方米计量，按设计图示尺寸以体积计算。不扣除单个面积小于或等于 300mm×300mm 的孔洞所占体积，扣除空心板空洞体积；以块计量，按设计图示尺寸以数量计算。

（2）沟盖板、井盖板、井圈的工程量计算规则有两种：以立方米计量，按设计图示尺寸以体积计算；以块计量，按设计图示尺寸以数量计算。

13. 预制混凝土楼梯（编码：010513）

工程量计算规则有两种：以立方米计量，按设计图示尺寸以体积计算，扣除空心踏步板空洞体积；以段计量，按设计图示数量计算。以块计量，必须描述单件体积。

14. 其他预制构件（编码：010514）

其他预制构件包括垃圾道、通风道、烟道、其他构件。以块、根计量，必须描述单件体积。预制钢筋混凝土小型池槽、压顶扶手、垫块、隔热板、花格等，按其他构件项目编码列项。

工程量计算规则有三种：以立方米计量，按设计图示尺寸以体积计算。不扣除单个面积小于或等于 300mm×300mm 的孔洞所占体积，扣除烟道、垃圾道、通风道的孔洞所占体积；以平方米计量，按设计图示尺寸以面积计算，不扣除单个面积小于或等于 300mm×300mm 的孔洞所占面积；以根计量，按设计图示尺寸以数量计算。

15. 钢筋工程（编码：010515）

钢筋工程包括现浇构件钢筋、预制构件钢筋、钢筋网片、钢筋笼、先张法预应力钢筋、后张法预应力钢筋、预应力钢丝、预应力钢绞线、支撑钢筋（铁马）、声测管。

现浇构件中伸出构件的锚固钢筋应并入钢筋工程量内。除设计（包括规范规定）标明的搭接外，其他施工搭接不计算工程量，在综合单价中综合考虑。现浇构件中固定位置的支撑钢筋、双层钢筋用的"铁马"在编制工程量清单时，如果设计未明确，其工程数量可为暂估量，结算时按现场签证数量计算。

（1）现浇构件钢筋、预制构件钢筋、钢筋网片、钢筋笼的工程量按设计图示钢筋（网）长度（面积）乘以单位理论质量计算。

（2）先张法预应力钢筋的工程量按设计图示钢筋长度乘以单位理论质量计算。

（3）后张法预应力钢筋、预应力钢丝、预应力钢绞线的工程量按设计图示钢筋（丝束、绞线）长度乘以单位理论质量计算。

1）低合金钢筋两端均采用螺杆锚具时，钢筋长度按孔道长度减 0.35m 计算，螺杆另行计算。

2）低合金钢筋一端采用镦头插片，另一端采用螺杆锚具时，钢筋长度按孔道长度计算，螺杆另行计算。

3）低合金钢筋一端采用镦头插片，另一端采用帮条锚具时，钢筋增加 0.15m 计算；两端均采用帮条锚具时，钢筋长度按孔道长度增加 0.3m 计算。

4）低合金钢筋采用后张混凝土自锚时，钢筋长度按孔道长度增加 0.35m 计算。

5）低合金钢筋（钢绞线）采用 JM、XM、QM 型锚具，孔道长度小于或等于 20m 时，钢筋长度增加 1m 计算，孔道长度大于 20m 时，钢筋长度增加 1.8m 计算。

6）碳素钢丝采用锥形锚具，孔道长度小于或等于 20m 时，钢丝束长度按孔道长度增加 1m 计算，孔道长度大于 20m 时，钢丝束长度按孔道长度增加 1.8m 计算。

7）碳素钢丝采用镦头锚具时，钢丝束长度按孔道长度增加 0.35m 计算。

（4）支撑钢筋（铁马）的工程量按钢筋长度乘以单位理论质量计算。

（5）声测管的工程量按设计图示尺寸以质量计算。

16. 螺栓、铁件（编码：010516）

螺栓、铁件包括螺栓、预埋铁件、机械连接。螺栓、预埋铁件工程量按设计图示尺寸以质量计算。机械连接按数量计算。编制工程量清单时，如果设计未明确，其工程数量可为暂估量，实际工程量按现场签证数量计算。

【例 2.3.5】 如图 2.3.8 所示的单层建筑物，假设图中现浇屋面板（厚 100mm）处设圈梁，圈梁高度（含板厚）为 300mm，其中窗洞口上部为过梁。试计算现浇混凝土构造柱、过梁、圈梁、现浇屋面板的清单工程量。

解：（1）现浇混凝土构造柱计算。该建筑物外墙上共有构造柱 11 根，若考虑有马牙槎，则 L 形有 5 根，T 形有 6 根。设基础顶标高为 −0.3m，构造柱计算高度为：

$H = 0.3 + 3.3 = 3.6$（m）

构造柱的断面积为：$S = 0.24 \times 0.24 \times 11 + 0.24 \times 0.03 \times 2 \times 5 + (0.24 \times 0.03 \times 2 + 0.24 \times 0.03) \times 6 = 0.0576 \times 11 + 0.0144 \times 5 + 0.0216 \times 6 = 0.6336 + 0.072 + 0.2196 = 0.9252$（m²）

$V_{柱} = S \times H = 0.9252 \times 3.6 = 3.33$（m³）

（2）过梁计算。在该单层建筑中有两种过梁。一是与圈梁连接的窗洞上空过梁，截面尺寸同圈梁，过梁长度按窗宽加 500mm 计算，得：

$V_{窗过}=(2.1+0.5)\times0.3\times0.24\times2+(1.5+0.5)\times0.3\times0.24\times6=1.24$（$m^3$）

二是门洞口上的独立过梁。当门洞口宽小于 1.2m 时，过梁截面高度通常取 0.12m，则：

$V_{门过}=(0.9+0.25)\times0.24\times0.12\times4=0.133$（$m^3$）

$V_{过}=V_{窗过}+V_{门过}=1.24+0.133=1.37$（$m^3$）

（3）圈梁计算。圈梁计算时，外墙取中心线，内墙取净长线，计算出总体积后，扣除窗洞上空过梁，即为圈梁工程量。

$L_{中}=3.3\times3+5.1+1.5+3.6\times2=40.2$（m）

$L_{净}=(1.5+3.6)\times2+3.6-0.12\times6=13.08$（m）

$V_{圈}=(40.2+13.08)\times0.3\times0.24-1.24=2.60$（$m^3$）

（4）现浇屋面板计算。现浇屋面板与圈梁连成整体但不能视为有梁板，应分开计算。

$V_{板}=(3.6+1.5-0.24)\times(3.3-0.24)\times0.1\times3+(5.1-0.24)\times(3.6-0.24)\times0.1=6.09$（$m^3$）

（六）金属结构工程（编码：0106）

金属结构工程包括钢网架，钢屋架、钢托架、钢桁架、钢架桥，钢柱，钢梁，钢板楼板、墙板，钢构件，金属制品。项目特征描述通常包括钢材品种、规格，网架节点形式（球形节点、板式节点等）和连接方式（焊接、丝接等），网架跨度、安装高度，探伤要求，防火要求等。防火要求指耐火极限。金属构件的切边，不规则及多边形钢板发生的损耗在综合单价中考虑。

1. 钢网架（编码：010601）

钢网架是由多根钢杆件按照一定的网格形式通过节点连接而成的空间结构。可用作体育馆、影剧院、展览厅、候车厅、体育场看台雨篷、飞机库、双向大柱网架结构距车间等建筑的屋盖。工程量按设计图示尺寸以质量计算，不扣除孔眼的质量，焊条、铆钉等不另增加质量。

2. 钢屋架、钢托架、钢桁架、钢架桥（编码：010602）

（1）钢屋架的工程量计算规则有两种：以榀计量，按设计图示数量计算；以吨计量，按设计图示尺寸以质量计算。不扣除孔眼的质量，焊条、铆钉、螺栓等不另增加质量。以榀计量，按标准图设计的应注明标准图代号，按非标准图设计的项目特征必须描述单榀屋架的质量。

（2）钢托架、钢桁架的工程量按设计图示尺寸以质量计算。不扣除孔眼的质量，焊条、铆钉、螺栓等不另增加质量。

（3）钢架桥的工程量按设计图示尺寸以质量计算。不扣除孔眼的质量，焊条、铆钉、螺栓等不另增加质量。

3. 钢柱（编码：010603）

钢柱包括实腹钢柱、空腹钢柱、钢管柱等项目。实腹钢柱类型指十字、T形、L形、H形等。空腹钢柱类型指箱形、格构等。型钢混凝土柱浇筑钢筋混凝土，其混凝土和钢筋应按本混凝土及钢筋混凝土工程中相关项目编码列项。

（1）实腹钢柱、空腹钢柱的工程量按设计图示尺寸以质量计算。不扣除孔眼的质量，焊条、铆钉、螺栓等不另增加质量，依附在钢柱上的牛腿及悬臂梁等并入钢柱工程量内。

（2）钢管柱的工程量按设计图示尺寸以质量计算。不扣除孔眼的质量，焊条、铆钉、螺栓等不另增加质量，钢管柱上的节点板、加强环、内衬管、牛腿等并入钢管柱工程量内。

4. 钢梁（编码：010604）

钢梁包括钢梁、钢吊车梁。工程量按设计图示尺寸以质量计算。不扣除孔眼的质量，焊条、铆钉、螺栓等不另增加质量，制动梁、制动板、制动桁架、车挡并入钢吊车梁工程量内。

5. 钢板楼板、墙板（编码：010605）

钢板楼板上浇筑钢筋混凝土，其混凝土和钢筋应按混凝土及钢筋混凝土工程中相关项目编码列项。压型钢楼板按钢板楼板项目编码列项。

（1）钢板楼板的工程量按设计图示尺寸以铺设水平投影面积计算。不扣除单个面积小于或等于 $0.3m^2$ 柱、垛及孔洞所占面积。

（2）钢板墙板的工程量按设计图示尺寸以铺挂展开面积计算。不扣除单个面积小于或等于 $0.3m^2$ 的梁、孔洞所占面积，包角、包边、窗台泛水等不另加面积。

6. 钢构件（编码：010606）

钢构件包括钢支撑、钢拉条，钢檩条，钢天窗架，钢挡风架，钢墙架，钢平台，钢走道，钢梯，钢护栏，钢漏斗，钢板天沟，钢支架，零星钢构件。钢墙架项目包括墙架柱、墙架梁和连接杆件。钢支撑、钢拉条类型指单式、复式；钢檩条类型指型钢式、格构式；钢漏斗形式指方形、圆形；天沟形式指矩形沟或半圆形沟。加工铁件等小型构件，按本表中零星钢构件项目编码列项。

（1）钢支撑、钢拉条，钢檩条，钢天窗架，钢挡风架，钢墙架，钢平台，钢走道，钢梯，钢护栏，钢支架，零星钢构件的工程量按设计图示尺寸以质量计算，不扣除孔眼的质量，焊条、铆钉、螺栓等不另增加质量。

（2）钢漏斗、钢板天沟的工程量按设计图示尺寸以质量计算，不扣除孔眼的质量，焊条、铆钉、螺栓等不另增加质量，依附漏斗或天沟的型钢并入漏斗或天沟工程量内。

7. 金属制品（编码：010607）

金属制品包括成品空调金属百页护栏、成品栅栏、成品雨篷、金属网栏、砌块墙钢丝网加固、后浇带金属网。抹灰钢丝网加固按砌块墙钢丝加固项目编码列项。

（1）金属百页护栏、成品栅栏、金属网栏的工程量按设计图示尺寸以框外围展开面积计算。

（2）成品雨篷的工程量计算规则有两种：以米计量，按设计图示接触边以米计算；以平方米计量，按设计图示尺寸以展开面积计算。

（3）砌块墙钢丝网加固，后浇带金属网的工程量按设计图示尺寸以面积计算。

（七）木结构（编码：0107）

木结构包括木屋架、木构件、屋面木基层。项目特征描述应包括材料品种、规格，刨光要求，防护材料种类。以榀计量的，按标准图设计的应注明标准图代号，按非标准图设计的项目特征必须按上述要求予以描述。以米计量的，项目特征必须描述构件规格尺寸。

1. 木屋架（编码：010701）

木屋架包括木屋架和钢木屋架。屋架的跨度应以上、下弦中心线两交点之间的距离计算。带气楼的屋架和马尾、折角以及正交部分的半屋架，按相关屋架项目编码列项。

（1）木屋架的工程量计算规则有两种：以榀计量，按设计图示数量计算；以立方米计量，按设计图示的规格尺寸以体积计算。

（2）钢木屋架的工程量以榀计量，按设计图示数量计算。

2. 木构件（编码：010702）

木构件包括木柱、木梁、木檩、木楼梯、其他木构件。

（1）木柱、木梁的工程量按设计图示尺寸以体积计算。

（2）木檩、其他木构件的工程量计算规则有两种：以立方米计量，按设计图示尺寸以体积计算；以米计量，按设计图示尺寸以长度计算。

（3）木楼梯的工程量按设计图示尺寸以水平投影面积计算。不扣除宽度小于或等于300mm的楼梯井，伸入墙内部分不计算。

3. 屋面木基层（编码：010703）

工程量按设计图示尺寸以斜面积计算，不扣除房上烟囱、风帽底座、风道、小气窗、斜沟等所占面积。小气窗的出檐部分不增加面积。

【例2.3.6】 某厂房，方木屋架如图2.3.13所示，共四榀，现场制作，不刨光，拉杆为$\phi 10$的圆钢，铁件刷防锈漆一遍，轮胎式起重机安装，安装高度为6m。试计算该工程方木屋架以立方米计量的分部分项工程量。

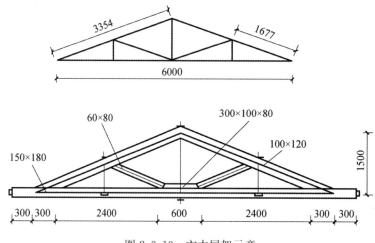

图 2.3.13 方木屋架示意

解： 下弦杆体积＝0.15×0.18×6.6×4＝0.713（m^3）

上弦杆体积＝0.10×0.12×3.354×2×4＝0.322（m^3）

斜撑体积＝0.06×0.08×1.677×2×4＝0.064（m^3）

元宝垫木体积＝0.30×0.10×0.08×4＝0.010（m^3）

合计：0.713＋0.322＋0.064＋0.010＝1.11（m^3）

（八）门窗工程（编码：0108）

门窗工程包括木门、金属门、金属卷帘（闸）门、厂库房大门及特种门、其他门、木窗、金属窗、门窗套、窗台板、窗帘、窗帘盒及窗帘轨等。通常工程量计算规则除特殊说明外，均可任选以下两种规则中的一种：以樘计量，按设计图示数量计算；以平方米计量，按设计图示洞口尺寸或框外围尺寸以面积计算。项目特征描述时，工程量以樘计量的，项目特征必须描述洞口尺寸，没有洞口尺寸必须描述门窗框或扇外围尺寸；以平方米计量的，项目特征可不描述洞口尺寸及门窗框或扇的外围尺寸。以平方米计量，无设计图示洞口尺寸，按门窗框或扇外围以面积计算。

1. 木门（编码：010801）

木门包括木质门、木质门带套、木质连窗门、木质防火门、木门框、门锁安装。木质门应区分镶板木门、企口木板门、实木装饰门、胶合板门、夹板装饰门、木纱门、全玻门（带木质扇框）、木质半玻门（带木质扇框）等项目，分别编码列项。木门五金应包括：折页、插销、门碰珠、弓背拉手、搭机、木螺钉、弹簧折页（自动门）、管子拉手（自由门、地弹门）、地弹簧（地弹门）、角铁、门轧头（地弹门、自由门）等。

（1）木质门、木质门带套、木质连窗门、木质防火门：木门带套计量按洞口尺寸以面积计算，不包括门套的面积，但门套应计算在综合单价中。

工程量计算规则不变。

（2）木门框：单独制作安装木门框按木门框项目编码列项。工程量计算规则有两种：以樘计量，按设计图示数量计算；以米计量，按设计图示框的中心线以延长米计算。

（3）门锁安装：工程量按设计图示数量计算。

2. 金属门（编码：010802）

金属门包括金属（塑钢）门、彩板门、钢质防火门、防盗门。金属门应区分金属平开门、金属推拉门、金属地弹门、全玻门（带金属扇框）、金属半玻门（带扇框）等项目，分别编码列项。铝合金门五金包括：地弹簧、门锁、拉手、门插、门铰、螺钉等。金属门五金包括L形执手插锁（双舌）、执手锁（单舌）、门轧头、地锁、防盗门机、门眼（猫眼）、门碰珠、电子锁（磁卡锁）、闭门器、装饰拉手等。

工程量计算规则不变。

3. 金属卷帘（闸）门（编码：010803）

金属卷帘（闸）门包括金属卷帘（闸）门、防火卷帘（闸）门。

工程量计算规则不变。

4. 厂库房大门、特种门（编码：010804）

厂库房大门、特种门包括木板大门、钢木大门、全钢板大门、防护铁丝门、金属隔栅门、钢质花饰大门，特种门。特种门应区分冷藏门、冷冻间门、保温门、变电室门、隔声门、防射线门、人防门、金库门等项目，分别编码列项。

工程量计算规则不变。

5. 其他门（编码：010805）

其他门包括电子感应门、旋转门、电子对讲门、电动伸缩门、全玻自由门、镜面不锈钢饰面门、复合材料门。

工程量计算规则不变。

6. 木窗（编码：010806）

木窗包括木质窗、木飘（凸）窗、木橱窗、木纱窗。木质窗应区分木百叶窗、木组合窗、木天窗、木固定窗、木装饰空花窗等项目，分别编码列项。木橱窗、木飘（凸）窗以樘计量，项目特征必须描述框截面及外围展开面积。木窗五金包括：折页、插销、风钩、木螺钉、滑轮滑轨（推拉窗）等。

工程量计算规则不变。其中木橱窗工程量计算规则中以平方米计量的，调整为按设计图示尺寸以框外围展开面积计算。

7. 金属窗（编码：010807）

金属窗包括金属（塑钢、断桥）窗、金属防火窗、金属百叶窗、金属纱窗、金属格栅窗、金属（塑钢、断桥）橱窗、金属（塑钢、断桥）飘（凸）窗、彩板窗、复合材料窗。金属窗应区分金属组合窗、防盗窗等项目，分别编码列项。金属橱窗、飘（凸）窗以樘计量，项目特征必须描述框外围展开面积。金属窗五金包括：折页、螺钉、执手、卡锁铰拉、风撑、滑轮、滑轨、拉把、拉手、角码、牛角制等。

工程量计算规则不变。其中金属（塑钢、断桥）橱窗、金属（塑钢、断桥）飘（凸）窗工程量计算规则中以平方米计量的，调整为按设计图示尺寸以框外围展开面积计算。

8. 门窗套（编码：010808）

门窗套包括木门窗套、木筒子板、饰面夹板筒子板、金属门窗套、石材门窗套、门窗木贴脸、成品木门窗套。以樘计量，项目特征必须描述洞口尺寸、门窗套展开宽度。以平方米计量，项目特征可不描述洞口尺寸、门窗套展开宽度。以米计量，项目特征必须描述门窗套展开宽度、筒子板及贴脸宽度。木门窗套适用于单独门窗套的制作、安装。

（1）木门窗套、木筒子板、饰面夹板筒子板、金属门窗套、石材门窗套、成品木门窗套的工程量计算规则有三种：以樘计量，按设计图示数量计算；以平方米计量，按设计图示尺寸以展开面积计算；以米计量，按设计图示中心以延长米计算。

（2）门窗木贴脸的工程量计算规则有两种：以樘计量，按设计图示数量计算；以米计量，按设计图示中心以延长米计算。

9. 窗台板（编码：010809）

窗台板包括木窗台板、铝塑窗台板、石材窗台板、金属窗台板。工程量按设计图示尺寸以展开面积计算。

10. 窗帘、窗帘盒及窗帘轨（编码：010810）

窗帘、窗帘盒及窗帘轨包括窗帘、木窗帘盒、饰面夹板、塑料窗帘盒、铝合金窗帘盒、窗帘轨。在项目特征描述中，当窗帘若是双层，项目特征必须描述每层材质；当窗帘以米计量，项目特征必须描述窗帘高度和宽。

（1）窗帘的工程量计算规则有两种：以米计量，按设计图示尺寸以成活后长度计算；以平方米计量，按图示尺寸以成活后展开面积计算。

（2）木窗帘盒、饰面夹板、塑料窗帘盒、铝合金窗帘盒、窗帘轨的工程量按设计图示尺寸以长度计算。

（九）屋面及防水工程（编码：0109）

屋面及防水工程包括瓦、型材及其他屋面，屋面防水及其他，墙面防水、防潮，楼（地）面防水、防潮。

1. 瓦、型材及其他屋面（编码：010901）

瓦、型材及其他屋面包括瓦屋面、型材屋面、阳光板屋面、玻璃钢屋面、膜结构屋面。瓦屋面若是在木基层上铺瓦，项目特征不必描述粘接层砂浆的配合比，瓦屋面铺防水层，按本屋面防水及其他中相关项目编码列项。型材屋面、阳光板屋面、玻璃钢屋面的柱、梁、屋架，按本规范金属结构工程、木结构工程中相关项目编码列项。

（1）瓦屋面、型材屋面的工程量按设计图示尺寸以斜面积计算。不扣除房上烟囱、风帽底座、风道、小气窗、斜沟等所占面积。小气窗的出檐部分不增加面积。

瓦屋面工程量＝屋面水平投影面积×延尺系数＝前后檐间宽×两山檐间长×延尺系数

$$（2.3.3）$$

$$延尺系数＝\frac{斜长}{水平长} \qquad （2.3.4）$$

延迟系数可通过查找系数表确定，如表 2.3.11 和图 2.3.14 所示。

表 2.3.11　屋面延尺系数

坡度			延尺系数	隔延尺系数	坡度			延尺系数	隔延尺系数
B (A=1)	B/2A	角度 (θ)	C (A=1)	D (A=1)	B (A=1)	B/2A	角度 (θ)	C (A=1)	D (A=1)
1	1/2	45°	1.1442	1.7320	0.4	1/5	21°48′	1.0770	1.4697
0.75		36°52′	1.2500	1.6008	0.35		19°47′	1.0595	1.4569
0.7		35°	1.2207	1.5780	0.3		16°42′	1.0440	1.4457
0.666	1/3	33°40′	1.2015	1.5632	0.25	1/8	14°02′	1.0308	1.4362
0.65		33°01′	1.1927	1.5564	0.2	1/10	11°19′	1.0198	1.4283
0.6		30°58′	1.1662	1.5362	0.15		8°32′	1.0112	1.4222
0.577		30°	1.1545	1.5274	0.125	1/16	7°08′	1.0078	1.4197
0.55		28°49′	1.1413	1.5174	0.1	1/20	5°42′	1.0050	1.4178
0.5	1/4	26°34′	1.1180	1.5000	0.083	1/24	4°45′	1.0034	1.4166
0.45		24°14′	1.0966	1.4841	0.066	1/30	3°49′	1.0022	1.4158

注：1. 对于两坡水屋面面积为屋面水平投影面积乘以延尺系数 C，四坡水屋面面积为屋面水平投影面积乘以隔延尺系数 D。

2. 两坡水屋面的沿山墙泛水长度＝$A×C$，四坡水屋面斜脊长度＝$A×D$（当 $S＝A$ 时）。

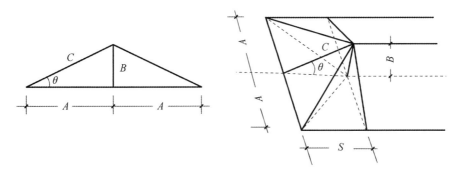

图 2.3.14　两坡水及四坡水屋面示意

（2）阳光板屋面、玻璃钢屋面的工程量按设计图示尺寸以斜面积计算。不扣除屋面面积小于或等于 0.3m² 孔洞所占面积。

（3）膜结构屋面的工程量按设计图示尺寸以需要覆盖的水平投影面积计算。

2. 屋面防水及其他（编码：010902）

屋面防水及其他包括屋面卷材防水，屋面涂膜防水，屋面刚性层，屋面排水管，屋面排

（透）气管，屋面（廊、阳台）泄（吐）水管，屋面天沟、檐沟，屋面变形缝。屋面刚性层无钢筋的，其钢筋项目特征不必描述。屋面找平层按楼地面装饰工程"平面砂浆找平层"项目编码列项。屋面防水搭接及附加层用量不另行计算，在综合单价中考虑。屋面保温找坡层按保温、隔热，防腐工程"保温隔热屋面"项目编码列项。

（1）屋面卷材防水、屋面涂膜防水的工程量按设计图示尺寸以面积计算。斜屋顶（不包括平屋顶找坡）按斜面积计算，平屋顶按水平投影面积计算。不扣除房上烟囱、风帽底座、风道、屋面小气窗和斜沟所占面积。屋面的女儿墙、伸缩缝和天窗等处的弯起部分，并入屋面工程量内。

（2）屋面刚性层的工程量按设计图示尺寸以面积计算，不扣除房上烟囱、风帽底座、风道等所占面积。

（3）屋面排水管的工程量按设计图示尺寸以长度计算。如设计未标注尺寸，以檐口至设计室外散水上表面垂直距离计算。

（4）屋面排（透）气管的工程量按设计图示尺寸以长度计算。

（5）屋面（廊、阳台）泄（吐）水管的工程量按设计图示数量计算。

（6）屋面天沟、檐沟的工程量按设计图示尺寸以展开面积计算。

（7）屋面变形缝的工程量按设计图示尺寸以长度计算。

3. 墙面防水、防潮（编码：010903）

墙面防水、防潮包括墙面卷材防水、墙面涂膜防水、墙面砂浆防水（防潮）、墙面变形缝。

（1）墙面卷材防水、墙面涂膜防水、墙面砂浆防水（防潮）的工程量按设计图示尺寸以面积计算。墙面防水搭接及附加层用量不另行计算，在综合单价中考虑。墙面找平层按墙、柱面装饰与隔断、幕墙工程"立面砂浆找平层"项目编码列项。

（2）墙面变形缝的工程量按设计图示以长度计算。墙面变形缝，若做双面，工程量乘以系数 2。

4. 楼（地）面防水、防潮（编码：010904）

楼（地）面防水、防潮包括楼（地）面卷材防水、楼（地）面涂膜防水、楼（地）面砂浆防水（防潮）、楼（地）面变形缝。楼（地）面防水找平层按楼地面装饰工程"平面砂浆找平层"项目编码列项。

（1）楼（地）面卷材防水、楼（地）面涂膜防水、楼（地）面砂浆防水（防潮）的工程量按设计图示尺寸以面积计算。楼（地）面防水搭接及附加层用量不另行计算，在综合单价中考虑。

1）楼（地）面防水的工程量按主墙间净空面积计算，扣除凸出地面的构筑物、设备基础等所占面积，不扣除间壁墙及单个面积小于或等于 0.3m² 柱、垛、烟囱和孔洞所占面积。

2）楼（地）面防水反边高度小于或等于 300mm 算作地面防水，反边高度大于 300mm 按墙面防水计算。

（2）楼（地）面变形缝的工程量按设计图示尺寸以长度计算。

【例 2.3.7】 某工程 SBS 改性沥青卷材防水屋面平面、剖面图如图 2.3.15 所示。其自结构层由下向上的做法为：钢筋混凝土板上用 1：12 水泥珍珠岩找坡，坡度 2‰，最薄处60mm，保温隔热层上 1：3 水泥砂浆找平层反边高 300mm，在找平层上刷冷底子油，加热烤铺，贴 3mm 厚 SBS 改性沥青防水卷材一道（反边高 300mm），在防水卷材上抹 1：2.5 水泥砂浆找平层（反边高 300mm）。不考虑嵌缝，砂浆以使用中砂为拌合料，女儿墙不计算，未列项目不补充。试计算该屋面找平层、保温及卷材防水分部分项工程量。

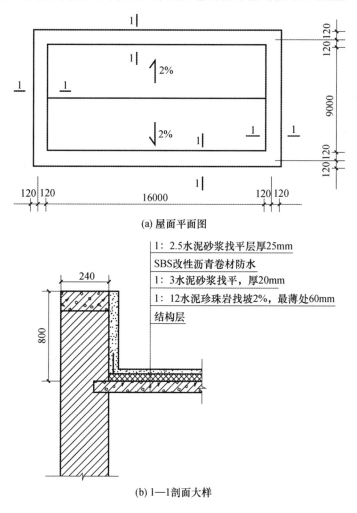

图 2.3.15 屋面平面、剖面图

解：屋面保温：$S = 16 \times 9 = 144$（m^2）

屋面卷材防水：$S = 16 \times 9 + (16 + 9) \times 2 \times 0.3 = 159$（$m^2$）

屋面找坡层：$S = 16 \times 9 + (16 + 9) \times 2 \times 0.3 = 159$（$m^2$）

（十）保温、隔热、防腐工程（编码：0110）

保温、隔热、防腐工程包括保温、隔热，防腐面层，其他防腐。

1. 保温、隔热（编码：011001）

保温、隔热包括保温隔热屋面，保温隔热天棚，保温隔热墙面，保温柱、梁，保温隔热楼地面，其他保温隔热。

（1）保温隔热屋面的工程量按设计图示尺寸以面积计算，扣除面积大于 $0.3m^2$ 孔洞及占位面积。

（2）保温隔热天棚的工程量按设计图示尺寸以面积计算，扣除面积大于 0.3m² 上柱、垛、孔洞所占面积，与天棚相连的梁按展开面积，计算并入天棚工程量内。柱帽保温隔热应并入天棚保温隔热工程量内。

（3）保温隔热墙面的工程量按设计图示尺寸以面积计算，扣除门窗洞口以及面积大于 0.3m² 梁、孔洞所占面积；门窗洞口侧壁以及与墙相连的柱，并入保温墙体工程量内。

（4）保温柱、梁适用于不与墙、天棚相连的独立柱、梁。工程量按设计图示尺寸以平方米计算：

1）柱按设计图示柱断面保温层中心线展开长度乘以保温层高度以面积计算，扣除面积大于 0.3m² 梁所占面积。

2）梁按设计图示梁断面保温层中心线展开长度乘以保温层长度以面积计算。

（5）保温隔热楼地面的工程量按设计图示尺寸以面积计算，扣除面积大于 0.3m² 柱、垛、孔洞等所占面积。门洞、空圈、暖气包槽、壁龛的开口部分不增加面积。

（6）其他保温隔热的工程量按设计图示尺寸以展开面积计算，扣除面积大于 0.3m² 孔洞及占位面积。池槽保温隔热应按其他保温隔热项目编码列项。

2. 防腐面层（编码：011002）

防腐面层包括防腐混凝土面层、防腐砂浆面层、防腐胶泥面层、玻璃钢防腐面层、聚氯乙烯板面层、块料防腐面层、池及槽块料防腐面层。防腐踢脚线，应按楼地面装饰工程"踢脚线"项目编码列项。

（1）防腐混凝土面层、防腐砂浆面层、防腐胶泥面层、玻璃钢防腐面层、聚氯乙烯板面层、块料防腐面层的工程量按设计图示尺寸以面积计算。

1）平面防腐：扣除凸出地面的构筑物、设备基础等以及面积大于 0.3m² 孔洞、柱、垛等所占面积，门洞、空圈、暖气包槽、壁龛的开口部分不增加面积。

2）立面防腐：扣除门、窗、洞口以及面积大于 0.3m² 孔洞、梁所占面积，门、窗、洞口侧壁、垛突出部分按展开面积并入墙面积内。

（2）池及槽块料防腐面层的工程量按设计图示尺寸以展开面积计算。

3. 其他防腐（编码：011003）

其他防腐包括隔离层、砌筑沥青浸渍砖、防腐涂料。项目特征中浸渍砖砌法指平砌、立砌。

（1）隔离层、防腐涂料的工程量按设计图示尺寸以面积计算。

1）平面防腐：扣除凸出地面的构筑物、设备基础等以及面积大于 0.3m² 孔洞、柱、垛等所占面积，门洞、空圈、暖气包槽、壁龛的开口部分不增加面积。

2）立面防腐：扣除门、窗、洞口以及面积大于 0.3m² 孔洞、梁所占面积，门、窗、洞口侧壁、垛突出部分按展开面积并入墙面积内。

（2）砌筑沥青浸渍砖的工程量按设计图示尺寸以体积计算。

（十一）楼地面装饰工程（编码：0111）

楼地面装饰工程包括整体面层及找平层、块料面层、橡塑面层、其他材料面层、踢脚线、楼梯面层、台阶装饰、零星装饰项目，适用于楼地面、楼梯、台阶等装饰工程。

1. 整体面层及找平层（编码：011101）

整体面层及找平层包括水泥砂浆楼地面、现浇水磨石楼地面、细石混凝土楼地面、菱苦土楼地面、自流坪楼地面、平面砂浆找平层。

（1）水泥砂浆楼地面、现浇水磨石楼地面、细石混凝土楼地面、菱苦土楼地面、自流坪楼地面的工程量按设计图示尺寸以面积计算。扣除凸出地面构筑物、设备基础、室内铁道、地沟等所占面积，不扣除间壁墙及小于或等于 $0.3m^2$ 柱、垛、附墙烟囱及孔洞所占面积。门洞、空圈、暖气包槽、壁龛的开口部分不增加面积。其中，间壁墙是指墙厚小于或等于 120mm 的墙。

（2）平面砂浆找平层的工程量按设计图示尺寸以面积计算。平面砂浆找平层只适用于仅做找平层的平面抹灰。楼地面混凝土垫层另按现浇混凝土基础中垫层项目编码列项，除混凝土外的其他材料垫层按砌筑工程中垫层项目编码列项。

2. 块料面层（编码 011102）

块料面层包括石材楼地面、碎石材楼地面、块料楼地面。工程量按设计图示尺寸以面积计算。门洞、空圈、暖气包槽、壁龛的开口部分并入相应的工程量内。

3. 橡塑面层（编码：011103）

橡塑面层包括橡胶板楼地面、橡胶板卷材楼地面、塑料板楼地面、塑料卷材楼地面。工程量按设计图示尺寸以面积计算。门洞、空圈、暖气包槽、壁龛的开口部分并入相应的工程量内。项目中如有找平层的，另按"整体面层及找平层"找平层项目编码列项。

4. 其他材料面层（编码：011104）

其他材料面层包括地毯楼地面，竹、木（复合）地板，金属复合地板，防静电活动地板。工程量按设计图示尺寸以面积计算。门洞、空圈、暖气包槽、壁龛的开口部分并入相应的工程量内。

5. 踢脚线（编码：011105）

踢脚线包括水泥砂浆踢脚线、石材踢脚线、块料踢脚线、塑料板踢脚线、木质踢脚线、金属踢脚线、防静电踢脚线。工程量计算规则有两种：以平方米计量，按设计图示长度乘以高度以面积计算；以米计量，按延长米计算。

6. 楼梯面层（编码：011106）

楼梯面层包括石材楼梯面层、块料楼梯面层、拼碎块料面层、水泥砂浆楼梯面层、现浇水磨石楼梯面层、地毯楼梯面层、木板楼梯面层、橡胶板楼梯面层、塑料板楼梯面层。工程量按设计图示尺寸以楼梯（包括踏步、休息平台及小于或等于 500mm 的楼梯井）水平投影面积计算。楼梯与楼地面相连时，算至梯口梁内侧边沿；无梯口梁者，算至最上一层踏步边沿加 300mm。

7. 台阶装饰（编码：011107）

台阶装饰包括石材台阶面、块料台阶面、拼碎块料台阶面、水泥砂浆台阶面、现浇水磨石台阶面、剁假石台阶面。工程量按设计图示尺寸以台阶（包括最上层踏步边沿加 300mm）水平投影面积计算。

8. 零星装饰项目（编码：011108）

零星装饰项目包括石材零星项目、拼碎石材零星项目、块料零星项目、水泥砂浆零星项目。按设计图示尺寸以平方米计算。

【例 2.3.8】 如图 2.3.16 所示建筑平面，室内地面做普通水磨石面层，普通水磨石踢脚线，踢脚线高 150mm。M-1 外台阶长度为 7m，室外散水为 C10 混凝土，宽 800mm，厚 80mm，试分别计算普通水磨石面层，普通水磨石踢脚线和混凝土散水的清单工程量。

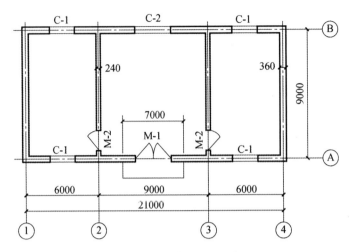

图 2.3.16　建筑平面示意

解：（1）普通水磨石面层工程量计算。属于整体面层，工程量计算规则按主墙间净空面积计算。

$$S_1 = (9.0-0.36) \times (21.0-0.36-0.24 \times 2) = 174.18 \text{（m}^2\text{）}$$

（2）普通水磨石踢脚线工程量计算。

$$S_2 = (6.0-0.18-0.12+9.0-0.36) \times 2 \times 2+(9.0-0.24+9.0-0.36) \times 2 \times 0.15$$
$$= 13.824 \text{（m}^2\text{）}$$

（3）散水工程量计算。

$$S_3 = (21.0+0.36+9.0+0.36) \times 2+0.8 \times 4-7.0 \times 0.8 = 46.11 \text{（m}^2\text{）}$$

（十二）墙、柱面装饰与隔断、幕墙工程（编码：0112）

墙、柱面装饰与隔断、幕墙工程包括墙面抹灰、柱（梁）面抹灰、零星抹灰、墙面块料面层、柱（梁）面镶贴块料、镶贴零星块料、墙饰面、柱（梁）饰面、幕墙工程、隔断。

1. 墙面抹灰（编码：011201）

墙面抹灰包括墙面一般抹灰、墙面装饰抹灰、墙面勾缝、立面砂浆找平层。立面砂浆找平层项目适用于仅做找平层的立面抹灰。墙面抹石灰砂浆、水泥砂浆、混合砂浆、聚合物水泥砂浆、麻刀石灰浆、石膏灰浆等按墙面一般抹灰列项；墙面水刷石、斩假石、干粘石、假面砖等按墙面装饰抹灰列项。飘窗凸出外墙面增加的抹灰并入外墙工程量内。有吊顶天棚的内墙面抹灰，抹至吊顶以上部分在综合单价中考虑。

工程量按设计图示尺寸以面积计算。扣除墙裙、门窗洞口及单个大于 0.3m^2 的孔洞面积，不扣除踢脚线、挂镜线和墙与构件交接处的面积，门窗洞口和孔洞的侧壁及顶面不增加面积。附墙柱、梁、垛、烟囱侧壁并入相应的墙面面积内。

（1）外墙抹灰面积按外墙垂直投影面积计算。

（2）外墙裙抹灰面积按其长度乘以高度计算。

（3）内墙面抹灰面积按主墙间的净长乘以高度计算。

1）无墙裙的，高度按室内楼地面至天棚底面计算。

2）有墙裙的，高度按墙裙顶至天棚底面计算。

3）有吊顶天棚抹灰，高度算至天棚底。

（4）内墙裙抹灰面按内墙净长乘以高度计算。

2. 柱（梁）面抹灰（编码：011202）

柱（梁）面抹灰包括柱、梁面一般抹灰，柱、梁面装饰抹灰，柱、梁面砂浆找平，柱面勾缝。砂浆找平项目适用于仅做找平层的柱（梁）面抹灰。柱（梁）面抹石灰砂浆、水泥砂浆、混合砂浆、聚合物水泥砂浆、麻刀石灰浆、石膏灰浆等按柱（梁）面一般抹灰编码列项；柱（梁）面水刷石、斩假石、干粘石、假面砖等按柱（梁）面装饰抹灰项目编码列项。

（1）柱、梁面一般抹灰，柱、梁面装饰抹灰，柱、梁面砂浆找平。

1）柱面抹灰及勾缝：按设计图示柱断面周长乘以高度以平方米计算。

2）梁面抹灰及勾缝：按设计图示梁断面周长乘以长度以平方米计算。

（2）柱面勾缝。工程量按设计图示柱断面周长乘以高度以面积计算。

3. 零星抹灰（编码：011203）

零星抹灰包括零星项目一般抹灰、零星项目装饰抹灰、零星项目砂浆找平。零星项目抹石灰砂浆、水泥砂浆、混合砂浆、聚合物水泥砂浆、麻刀石灰浆、石膏灰浆等按零星项目一般抹灰编码列项，水刷石、斩假石、干粘石、假面砖等按零星项目装饰抹灰编码列项。墙、柱（梁）面小于或等于 $0.5m^2$ 的少量分散的抹灰按零星抹灰项目编码列项。工程量按设计图示尺寸以面积计算。

4. 墙面块料面层（编码：011204）

墙面块料面层包括石材墙面、拼碎石材墙面、块料墙面、干挂石材钢骨架。

（1）石材墙面、拼碎石材墙面、块料墙面的工程量按镶贴表面积计算。

（2）干挂石材钢骨架的工程量按设计图示以质量计算。

5. 柱（梁）面镶贴块料（编码：011205）

柱（梁）面镶贴块料包括石材柱面、块料柱面、拼碎块柱面、石材梁面、块料梁面。工程量按镶贴表面积计算。

6. 镶贴零星块料（编码：011206）

镶贴零星块料包括石材零星项目、块料零星项目、拼碎块零星项目。工程量按镶贴表面积计算。零星项目干挂石材的钢骨架按"干挂石材钢骨架"项目编码列项。墙柱面小于或等于 $0.5m^2$ 的少量分散的镶贴块料面层按零星项目执行。

7. 墙饰面（编码：011207）

墙饰面包括墙面装饰板、墙面装饰浮雕。

（1）墙面装饰板的工程量按设计图示墙净长乘以净高以面积计算。扣除门窗洞口及单个大于 $0.3m^2$ 的孔洞所占面积。

（2）墙面装饰浮雕的工程量按设计图示尺寸以面积计算。

8. 柱（梁）饰面（编码：011208）

柱（梁）饰面包括柱（梁）面装饰、成品装饰柱。

（1）柱（梁）面装饰的工程量按设计图示饰面外围尺寸以面积计算。柱帽、柱墩并入相应柱饰面工程量内。

（2）成品装饰柱的工程量计算规则有两种：以根计量的，按设计数量计算；以米计量的，按设计长度计算。

9. 幕墙工程（编码：011209）

幕墙工程包括带骨架幕墙、全玻（无框玻璃）幕墙。幕墙钢骨架按干挂石材钢骨架编码列项。

（1）带骨架幕墙的工程量按设计图示框外围尺寸以面积计算。与幕墙同种材质的窗所占面积不扣除。

（2）全玻（无框玻璃）幕墙的工程量按设计图示尺寸以面积计算。带肋全玻幕墙按展开面积计算。

10. 隔断（编码：011210）

隔断包括木隔断、金属隔断、玻璃隔断、塑料隔断、成品隔断、其他隔断。

（1）木隔断、金属隔断的工程量按设计图示框外围尺寸以面积计算。不扣除单个小于或等于 $0.3m^2$ 的孔洞所占面积；浴厕门的材质与隔断相同时，门的面积并入隔断面积内。

（2）玻璃隔断、塑料隔断、其他隔断的工程量按设计图示框外围尺寸以面积计算。不扣除单个小于或等于 $0.3m^2$ 的孔洞所占面积。

（3）成品隔断的工程量计算规则有两种：以平方米计量的，按设计图示框外围尺寸以面积计算；以间计量的，按设计间的数算计算。

【例 2.3.9】 如图 2.3.17 所示的某单层建筑物，室内净高为 2.8m，外墙高为 3.0m，M-1 尺寸为 2400mm×2000mm，M-2 尺寸为 2000mm×900mm，C-1 尺寸为 1500mm×1500mm，试计算内墙、外墙水泥砂浆抹灰面层的工程量。

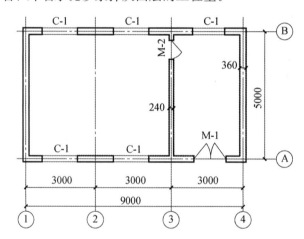

图 2.3.17 单层建筑物平面图

解：（1）内墙水泥砂浆面层工程量计算。

$S_内$＝（6.0－0.36÷2－0.24÷2＋5.0－0.36）×2×2.8－2×0.9－1.5×1.5×4＋（3.0－0.36÷2－0.24÷2＋5.0－0.36）×2×2.8－2.4×2－2×0.9－1.5×1.5＝79.36（m^3）

（2）内墙水泥砂浆面层工程量计算。

$S_外$＝（9.0＋0.36＋5.0＋0.36）×2×3－2.4×2－1.5×1.5×5＝72.27（m^3）

（十三）天棚工程（编码：0113）

天棚工程包括天棚抹灰、天棚吊顶、采光天棚、天棚其他装饰。

1. 天棚抹灰（编码：011301）

工程量按设计图示尺寸以水平投影面积计算。不扣除间壁墙、垛、柱、附墙烟囱、检查口和管道所占的面积，带梁天棚的梁两侧（与板相同抹灰材料时）抹灰面积并入天棚面积内，板式楼梯底面抹灰按斜面积计算，锯齿形楼梯底板抹灰按展开面积计算。天棚的梁板抹灰材料不同时应当分开列项。

2. 天棚吊顶（编码：011302）

天棚吊顶包括天棚吊顶、格栅吊顶、吊筒吊顶、藤条造型悬挂吊顶、织物软雕吊顶、装饰网架吊顶。

（1）天棚吊顶的工程量按设计图示尺寸以水平投影面积计算。天棚面中的灯槽及跌级、阶梯式、锯齿形、吊挂式、藻井式天棚面积不展开计算。不扣除间壁墙、检查口、附墙烟囱、柱垛和管道所占面积，扣除单个大于 $0.3m^2$ 的孔洞、独立柱及与天棚相连的窗帘盒所占的面积。

（2）格栅吊顶、吊筒吊顶、藤条造型悬挂吊顶、织物软雕吊顶、装饰网架吊顶的工程量按设计图示尺寸以水平投影面积计算。

3. 采光天棚（编码：0113303）

采光天棚工程量按框外围展开面积计算。采光天棚骨架不包括在此部分，应单独按金属结构中的相关项目编码列项。

4. 天棚其他装饰（编码：011304）

天棚其他装饰包括灯带（槽），送风口、回风口。

（1）灯带（槽）的工程量按设计图示尺寸以框外围面积计算。

（2）送风口、回风口。

【例 2.3.10】 图 2.3.18 所示为某单层建筑物安装吊顶，采用不上人 U 形轻钢龙骨及 $600 \times 400mm$ 的石膏板面层。其中小房间为一级吊顶，大房间为二级吊顶，大房间吊顶剖面如图图 2.3.19 所示。请列项并计算相应清单量。

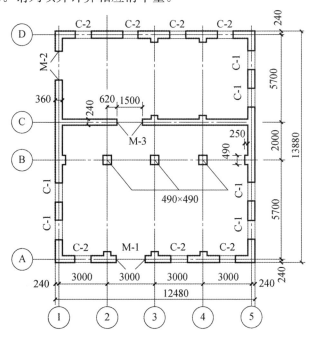

图 2.3.18 单层建筑物平面图

233

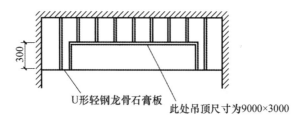

图 2.3.19　吊顶剖面图

解：（1）小房间天棚吊顶工程量计算。清单工程量按设计图示尺寸以水平投影面积计算。

$$S_{小}=(3.0×4-0.12×2)×(5.7-0.12×2)=64.21（m^3）$$

② 大房间天棚吊顶工程量计算。清单工程量按设计图示尺寸以水平投影面积计算，由于独立柱所占面积为 $0.49×0.49=0.24（m^2）$，小于 $0.3m^2$ 不扣除，则：

$$S_{大}=(3.0×4-0.12×2)×(5.7+2-0.12×2)=87.72（m^3）$$

（十四）油漆、涂料、裱糊工程（编码：0114）

油漆、涂料、裱糊工程包括门油漆、窗油漆、木扶手及其他板条（线条）油漆、木材面油漆、金属面油漆、抹灰面油漆、喷刷涂料、裱糊。

1. **门油漆（编码：011401）**

门油漆包括木门油漆、金属门油漆。木门油漆应区分木大门、单层木门、双层（一玻一纱）木门、双层（单截口）木门、全玻自由门、半玻自由门、装饰门及有框门或无框门等项目，分别编码列项。金属门油漆应区分平开门、推拉门、钢制防火门等项目，分别编码列项。

工程量计算规则有两种：以樘计量，按设计图示数量计算；以平方米计量，按设计图示洞口尺寸以面积计算。

2. **窗油漆（编码：011402）**

窗油漆包括木窗油漆、金属窗油漆。木窗油漆应区分单层木门、双层（一玻一纱）木窗、双层框扇（单截口）木窗、双层框三层（二玻一纱）木窗、单层组合窗、双层组合窗、木百叶窗、木推拉窗等项目，分别编码列项。金属窗油漆应区分平开窗、推拉窗、固定窗、组合窗、金属隔栅窗等项目，分别编码列项。

工程量计算规则有两种：以樘计量，按设计图示数量计算；以平方米计量，按设计图示洞口尺寸以面积计算。

3. **木扶手及其他板条、线条油漆（编码：011403）**

木扶手及其他板条、线条油漆包括木扶手油漆，窗帘盒油漆，封檐板、顺水板油漆，挂衣板、黑板框油漆，挂镜线、窗帘棍、单独木线油漆。木扶手应区分带托板与不带托板，分别编码列项，若是木栏杆带扶手，木扶手不应单独列项，应包含在木栏杆油漆中。工程量按设计图示尺寸以长度计算。

4. **木材面油漆（编码：011404）**

木材面油漆包括木护墙、木墙裙油漆，窗台板、筒子板、盖板、门窗套、踢脚线油漆，清水板条天棚、檐口油漆，木方格吊顶天棚油漆，吸声板墙面、天棚面油漆，暖气罩油漆，其他木材面，木间壁、木隔断油漆，玻璃间壁露明墙筋油漆，木栅栏、木栏杆（带扶手）油漆，衣柜、壁柜油漆，梁柱饰面油漆，零星木装修油漆，木地板油漆，木地板烫硬蜡面。

（1）木护墙、木墙裙油漆，窗台板、筒子板、盖板、门窗套、踢脚线油漆，清水板条天棚、檐口油漆，木方格吊顶天棚油漆，吸声板墙面、天棚面油漆，暖气罩油漆，其他木材面的工程量按设计图示尺寸以面积计算。

（2）木间壁、木隔断油漆，玻璃间壁露明墙筋油漆，木栅栏、木栏杆（带扶手）油漆的工程量按设计图示尺寸以单面外围面积计算。

（3）衣柜、壁柜油漆，梁柱饰面油漆，零星木装修油漆的工程量按设计图示尺寸以油漆部分展开面积计算。

（4）木地板油漆，木地板烫硬蜡面的工程量按设计图示尺寸以面积计算。空洞、空圈、暖气包槽、壁龛的开口部分并入相应的工程量内。

5. 金属面油漆（编码：011405）

金属面油漆的工程量计算规则有两种：以吨计量，按设计图示尺寸以质量计算；以平方米计量，按设计展开面积计算。

6. 抹灰面油漆（编码：011406）

抹灰面油漆包括抹灰面油漆、抹灰线条油漆、满刮腻子。

（1）抹灰面油漆的工程量按设计图示尺寸以面积计算。

（2）抹灰线条油漆的工程量按设计图示尺寸以长度计算。

（3）满刮腻子的工程量按设计图示尺寸以面积计算。

7. 喷刷涂料（编码：011407）

喷刷涂料包括墙面喷刷涂料，天棚喷刷涂料，空花格、栏杆刷涂料，线条刷涂料，金属构件刷防火涂料，木材构件刷防火涂料。喷刷墙面涂料部位要注明内墙或外墙。

（1）墙面喷刷涂料，天棚喷刷涂料的工程量按设计图示尺寸以面积计算。

（2）空花格、栏杆刷涂料的工程量按设计图示尺寸以单面外围面积计算。

（3）线条刷涂料的工程量按设计图示尺寸以长度计算。

（4）金属构件刷防火涂料的工程量计算规则有两种：以平方米计量的，按设计图示尺寸的展开面积计算；以吨计量的，按设计图示尺寸以质量计算。

（5）木材构件刷防火涂料的工程量以平方米计量，按设计图示尺寸以面积计算。

8. 裱糊（编码：011408）

裱糊包括墙纸裱糊、织锦缎裱糊。工程量按设计图示尺寸以面积计算。

（十五）其他装饰工程（编码：0115）

其他装饰工程包括柜类、货架，压条、装饰线，扶手、栏杆、栏板装饰，暖气罩，浴厕配件，雨篷，旗杆，招牌，灯箱，美术字。

1. 柜类、货架（编码：011501）

柜类、货架包括柜台、酒柜、衣柜、鞋柜、书柜、厨房壁柜、木壁柜、厨房低柜、厨房吊柜、矮柜、吧台背柜、酒吧吊柜、酒吧台、展台、收银台、试衣间、货架、书架、服务台。工程量计算规则有三种：以个计量，按设计图示数量计量；以米计量，按设计图示尺寸以延长米计算；以立方米计量，按设计图示尺寸以体积计算。

2. 压条、装饰线（编码：011502）

压条、装饰线包括金属装饰线、木质装饰线、石材装饰线、石膏装饰线、镜面玻璃线、铝塑装饰线、塑料装饰线、GRC装饰线条。工程量按设计图示尺寸以长度计算。

3. 扶手、栏杆、栏板装饰（编码：011503）

扶手、栏杆、栏板装饰包括金属扶手、栏杆、栏板，硬木扶手、栏杆、栏板，塑料扶手、栏杆、栏板，GRC栏杆、扶手，金属靠墙扶手，硬木靠墙扶手，塑料靠墙扶手，玻璃栏板。工程量按设计图示以扶手中心线长度（包括弯头长度）计算。

4. 暖气罩（编码：011504）

暖气罩包括饰面板暖气罩、塑料板暖气罩、金属暖气罩。工程量按设计图示尺寸以垂直投影面积（不展开）计算。

5. 浴厕配件（编码：011505）

浴厕配件包括洗漱台、晒衣架、帘子杆、浴缸拉手、卫生间扶手、毛巾杆（架）、毛巾环、卫生纸盒、肥皂盒、镜面玻璃、镜箱。

（1）洗漱台的工程量计算规则有两种：按设计图示尺寸以台面外接矩形面积计算，不扣除孔洞、挖弯、削角所占面积，挡板、吊沿板面积并入台面面积内；按设计图示数量计算。

（2）晒衣架、帘子杆、浴缸拉手、卫生间扶手、毛巾杆（架）、毛巾环、卫生纸盒、肥皂盒的工程量按设计图示数量计算。

（3）镜面玻璃的工程量按设计图示尺寸以边框外围面积计算。

（4）镜箱的工程量按设计图示数量计算。

6. 雨篷、旗杆（编码：011506）

雨篷、旗杆包括雨篷吊挂饰面、金属旗杆、玻璃雨篷。

（1）雨篷吊挂饰面的工程量按设计图示尺寸以水平投影面积计算。

（2）金属旗杆的工程量按设计图示数量计算。

（3）玻璃雨篷的工程量按设计图示尺寸以水平投影面积计算。

7. 招牌、灯箱（编码：011507）

招牌、灯箱包括平面、箱式招牌，竖式标箱，灯箱，信报箱。

（1）平面、箱式招牌的工程量按设计图示尺寸以正立面边框外围面积计算。复杂形的凸凹造型部分不增加面积。

（2）竖式标箱、灯箱、信报箱的工程量按设计图示数量计算。

8. 美术字（编码：011508）

美术字包括泡沫塑料字、有机玻璃字、木质字、金属字、吸塑字。工程量按设计图示数量计算。

（十六）措施项目（编码：0117）

措施项目包括脚手架工程、混凝土模板及支架（撑）、垂直运输、超高施工增加、大型机械设备进出场及安拆、施工排水及降水、安全文明施工及其他措施项目。

1. 脚手架工程（编码：011701）

脚手架工程包括综合脚手架、外脚手架、里脚手架、悬空脚手架、挑脚手架、满堂脚手架、整体提升架、外装饰吊篮。

（1）综合脚手架的工程量按建筑面积计算。使用综合脚手架时，不再使用外脚手架、里脚手架等单项脚手架；综合脚手架适用于能够按"建筑面积计算规则"计算建筑面积的建筑工程脚手架，不适用于房屋加层、构筑物及附属工程脚手架。同一建筑物有不同檐高时，按建筑物竖向切面分别按不同檐高编列清单项目。

（2）外脚手架、里脚手架、整体提升架、外装饰吊篮的工程量按所服务对象的垂直投影面积计算。

（3）悬空脚手架的工程量按搭设的水平投影面积计算。

（4）挑脚手架的工程量按搭设长度乘以搭设层数以延长米计算。

（5）满堂脚手架的工程量按搭设的水平投影面积计算。

2. 混凝土模板及支架（撑）（编码：011702）

混凝土模板及支架（撑）包括基础、矩形柱、构造柱、异形柱、基础梁、矩形梁、异形梁、圈梁、过梁、弧形及拱形梁、直形墙、弧形墙、短肢剪力墙及电梯井壁、有梁板、无梁板、平板、拱板、薄壳板、空心板、其他板、栏板、天沟及檐沟、雨篷、悬挑板及阳台板、楼梯、其他现浇构件、电缆沟及地沟、台阶、扶手、散水、后浇带、化粪池、检查井。

混凝土模板及支撑（架）项目，只适用于以平方米计量，按模板与混凝土构件的接触面积计算。以立方米计量的模板及支撑（支架），按混凝土及钢筋混凝土实体项目执行，其综合单价中应包含模板及支撑（支架）。采用清水模板时，应在特征中注明。若现浇混凝土梁、板支撑高度超过 3.6m 时，项目特征应描述支撑高度。

（1）基础、矩形柱、构造柱、异形柱、基础梁、矩形梁、异形梁、圈梁、过梁、弧形及拱形梁、直形墙、弧形墙、短肢剪力墙及电梯井壁、有梁板、无梁板、平板、拱板、薄壳板、空心板、其他板、栏板的工程量按模板与现浇混凝土构件的接触面积计算。

1）现浇钢筋混凝土墙、板单孔面积小于或等于 $0.3m^2$ 的孔洞不予扣除，洞侧壁模板亦不增加；单孔面积大于 $0.3m^2$ 时应予扣除，洞侧壁模板面积并入墙、板工程量内计算。

2）现浇框架分别按梁、板、柱有关规定计算；附墙柱、暗梁、暗柱并入墙内工程量内计算。

3）柱、梁、墙、板相互连接的重叠部分，均不计算模板面积。

4）构造柱按图示外露部分计算模板面积。

（2）天沟、檐沟、其他现浇构件、电缆沟及地沟、扶手、散水、后浇带、化粪池、检查井的工程量按模板与现浇混凝土构件的接触面积计算。

（3）雨篷、悬挑板及阳台板的工程量按图示外挑部分尺寸的水平投影面积计算，挑出墙外的悬臂梁及板边不另计算。

（4）楼梯的工程量按楼梯（包括休息平台、平台梁、斜梁和楼层板的连接梁）的水平投影面积计算，不扣除宽度小于或等于 500mm 的楼梯井所占面积，楼梯踏步、踏步板、平台梁等侧面模板不另计算，伸入墙内部分亦不增加。

（5）台阶的工程量按图示台阶水平投影面积计算，台阶端头两侧不另计算模板面积。架空式混凝土台阶，按现浇楼梯计算。

3. 垂直运输（编码：011703）

垂直运输指施工工程在合理工期内所需垂直运输机械。工程量计算规则有两种：按建筑面积计算；按施工工期日历天数计算。项目特征应对建筑物建筑类型及结构形式、地下室建筑面积及建筑物檐口高度、层数进行描述。其中，建筑物的檐口高度是指设计室外地坪至檐口滴水的高度（平屋顶系指屋面板底高度），突出主体建筑物屋顶的电梯机房、楼梯出口间、水箱间、瞭望塔、排烟机房等不计入檐口高度。当同一建筑物有不同檐高时，按建筑物的不同檐高做纵向分割，分别计算建筑面积，以不同檐高分别编码列项。

4. 超高施工增加（编码：011704）

单层建筑物檐口高度超过 20m，多层建筑物超过 6 层时，可按超高部分的建筑面积计算超高施工增加。计算层数时，地下室不计入层数。同一建筑物有不同檐高时，可按不同高度的建筑面积分别计算建筑面积，以不同檐高分别编码列项。

5. 大型机械设备进出场及安拆（编码：011705）

安拆费包括施工机械、设备在现场进行安装拆卸所需人工、材料、机械和试运转费用以及机械辅助设施的折旧、搭设、拆除等费用。进出场费包括施工机械、设备整体或分体自停放地点运至施工现场或由一施工地点运至另一施工地点所发生的运输、装卸、辅助材料等费用。工程量按使用机械设备的数量计算。

6. 施工排水及降水（编码：011706）

施工排水及降水包括成井、排水及降水。相应专项设计不具备时，可按暂估量计算。

（1）成井的工程量按设计图示尺寸以钻孔深度计算。

（2）排水、降水的工程量以昼夜为单位计量，按排、降水日历天数计算。

7. 安全文明施工及其他措施项目（编码：011707）

安全文明施工及其他措施项目包括安全文明施工，夜间施工，非夜间施工照明，二次搬运，冬雨季施工，地上地下设施、建筑物的临时保护设施，已完工程及设备保护。应根据工程实际情况计算措施项目费用，需分摊的应合理计算摊销费用。工作内容及包含范围如下：

（1）安全文明施工：

1）环境保护：现场施工机械设备降低噪声、防扰民措施；水泥和其他易飞扬细颗粒建筑材料密闭存放或采取覆盖措施等；工程防扬尘洒水；土石方、建渣外运车辆防护措施等；现场污染源的控制、生活垃圾清理外运、场地排水排污措施；其他环境保护措施。

2）文明施工："五牌一图"；现场围挡的墙面美化（包括内外粉刷、刷白、标语等）、压顶装饰；现场厕所便槽刷白、贴面砖，水泥砂浆地面或地砖，建筑物内临时便溺设施；其他施工现场临时设施的装饰装修、美化措施；现场生活卫生设施；符合卫生要求的饮水设备、淋浴、消毒等设施；生活用洁净燃料；防煤气中毒、防蚊虫叮咬等措施；施工现场操作场地的硬化；现场绿化、治安综合治理；现场配备医药保健器材、物品和急救人员培训；现场工人的防暑降温、电风扇、空调等设备及用电；其他文明施工措施。

3）安全施工：安全资料、特殊作业专项方案的编制，安全施工标志的购置及安全宣传；"三宝"（安全帽、安全带、安全网）、"四口"（楼梯口、电梯井口、通道口、预留洞口）、"五临边"（阳台围边、楼板围边、屋面围边、槽坑围边、卸料平台两侧），水平防护架、垂直防护架、外架封闭等防护；施工安全用电，包括配电箱三级配电、两级保护装置要求、外电防护措施；起重机、塔吊等起重设备（含井架、门架）及外用电梯的安全防护措施（含警示标志）及卸料平台的临边防护、层间安全门、防护棚等设施；建筑工地起重机械的检验检测；施工机具防护棚及其围栏的安全保护设施；施工安全防护通道；工人的安全防护用品、用具购置；消防设施与消防器材的配置；电气保护、安全照明设施；其他安全防护措施。

4）临时设施：施工现场采用彩色、定型钢板，砖、混凝土砌块等围挡的安砌、维修、拆除；施工现场临时建筑物、构筑物的搭设、维修、拆除，如临时宿舍、办公室，食堂、厨房、厕所、诊疗所、临时文化福利用房、临时仓库、加工厂、搅拌台、临时简易水塔、水池等；施工现场临时设施的搭设、维修、拆除，如临时供水管道、临时供电管线、小型临时设施等；施工现场规定范围内临时简易道路铺设，临时排水沟、排水设施安砌、维修、拆除；其他临时设施搭设、维修、拆除。

（2）夜间施工：

1）夜间固定照明灯具和临时可移动照明灯具的设置、拆除。

2）夜间施工时，施工现场交通标志、安全标牌、警示灯等的设置、移动、拆除。

3）包括夜间照明设备及照明用电、施工人员夜班补助、夜间施工劳动效率降低等。

（3）非夜间施工照明：是指为保证工程施工正常进行，在地下室等特殊施工部位施工时所采用的照明设备的安拆、维护及照明用电等。

（4）二次搬运：是指由于施工场地条件限制而发生的材料、成品、半成品等一次运输不能到达堆放地点，必须进行的二次或多次搬运。

（5）冬雨季施工：

1）冬雨（风）季施工时增加的临时设施（防寒保温、防雨、防风设施）的搭设、拆除。

2）冬雨（风）季施工时，对砌体、混凝土等采用的特殊加温、保温和养护措施。

3）冬雨（风）季施工时，施工现场的防滑处理、对影响施工的雨雪的清除。

4）包括冬雨（风）季施工时增加的临时设施、施工人员的劳动保护用品、冬雨（风）季施工劳动效率降低等。

（6）地上地下设施、建筑物的临时保护设施：是指在工程施工过程中，对已建成的地上、地下设施和建筑物进行的遮盖、封闭、隔离等必要保护措施。

（7）已完工程及设备保护：是指对已完工程及设备采取的覆盖、包裹、封闭、隔离等必要保护措施。

【例 2.3.11】　计算图 2.3.20 所示的基础模板工程量。

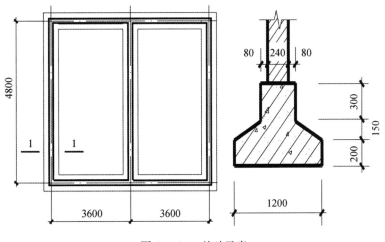

图 2.3.20　基础示意

解： 由图 2.3.20 可以看出，本基础为有梁式条形基础，其支模位置在基础底板（厚 200mm）的两侧和梁（高 300mm）的两侧。所以，混凝土与模板的接触面积应计算的是：基础底板的两侧面积和梁两侧面积。

（1）外墙下：

基础底板 $S=(3.6\times2+0.6\times2)\times2\times0.2+(4.8+0.6\times2)\times2\times0.2+(3.6-0.6\times2)\times4\times0.2+(4.8-0.6\times2)\times2\times0.2=9.12$（$m^2$）

基础梁 $S=(3.6\times2+0.2\times2)\times2\times0.3+(4.8+0.2\times2)\times2\times0.3+(3.6-0.2\times2)\times4\times0.3+(4.8-0.2\times2)\times2\times0.3=14.16$（$m^2$）

（2）内墙下：

基础底板 $S=(4.8-0.6\times2)\times2\times0.2=1.44$（$m^2$）

基础梁 $S=(4.8-0.2\times2)\times2\times0.3=2.64$（$m^2$）

（3）总计：

基础模板工程 $=9.12+14.16+1.44+2.64=27.36$（$m^2$）

第四节　土建工程工程量清单的编制

一、工程量清单的概念及组成

工程量清单是指建设工程的分部分项工程项目、措施项目、其他项目、规费项目和税金项目的名称和相应数量等的明细清单。由分部分项工程量清单、措施项目清单、其他项目清单、规费税金清单组成。

在招投标阶段，招标工程量清单是招标人依据国家标准、招标文件、设计文件以及施工现场实际情况编制的，随招标文件发布供投标报价的工程量清单。招标人对编制的工程量清单的准确性和完整性负责。招标工程量清单为投标人的投标竞争提供了一个平等和共同的基础。工程量清单将要求投标人完成的工程项目及其相应工程实体数量全部列出，为投标人提供拟建工程的基本内容、实体数量和质量要求等信息。这使所有投标人所掌握的信息相同，受到的待遇是客观、公正和公平的。

招标工程量清单是工程量清单计价的基础，应作为编制招标控制价、投标报价、计算或调整工程量、索赔等的依据之一。

已标价工程量清单是构成合同文件组成部分的投标文件中已标明价格，经算术性错误修正（如有）且承包人已确认的工程量清单，包括对其的说明和表格。

二、编制工程量清单的依据

（1）相关专业工程量计算规范和《建设工程工程量清单计价规范》（GB 50500—2013）。

（2）国家或省级、行业建设主管部门颁发的计价依据和办法。

（3）建设工程设计文件。

（4）与建设工程项目有关的标准、规范、技术资料。

（5）招标文件及其补充通知、答疑纪要。

（6）施工现场情况、工程特点及常规施工方案。

（7）其他相关资料。

三、工程量清单的补充项目

在编制工程量清单时，当出现规范附录中未包括的清单项目时，编制人应做补充。在编制补充项目时应注意以下三个方面：

（1）补充项目的编码应按《建设工程工程量清单计价规范》（GB 50500—2013）的规定确定。具体做法如下：补充项目的编码由代码 01（房屋建筑与装饰工程）与 B 和三位阿拉伯数字组成，并应从 01B001 起顺序编制，同一招标工程的项目不得重码。

（2）在工程量清单中应附补充项目的项目名称、项目特征、计量单位、工程量计算规则和工作内容。

（3）将编制的补充项目报省级或行业工程造价管理机构备案。

四、工程量清单的编制程序

1. 分部分项工程量计算

分部分项工程量清单是整个工程量清单中所占比例最大的部分。在进行工程量计算时，先要对拟建工程的设计资料做全面分析，结合实际工程，按《房屋建筑与装饰工程工程量计算规范》（GB 50854—2013）及相关专业工程国家标准的相应项目，确定出各分部分项工程的项目编码和具体的项目名称；然后依据相应的工程量计算规则，详细计算出各分部分项工程的工程数量。

2. 确定其他项目

根据工程量清单编制规则的要求，结合拟建工程的具体情况，列出措施项目清单中的项目名称，和其他项目清单中的属于招标人部分的相应项目及金额，零星工作的名称、计量单位和数量等。

3. 填写工程量清单

将前述分部分项工程量计算结果和确定的其他项目内容，按工程量清单编制规则的规定，填写有关表格，并检查所有的项目编码、工程数量、计量单位、项目描述等是否有误，用词是否准确，以使清单清晰易懂。

4. 撰写工程量清单总说明

按照工程量清单编制规则的要求，结合拟建工程的工程计量情况，认真撰写总说明。

5. 装订签章

填写封面、填表须知等内容后，按工程量清单编制规则的要求将所有清单文件按顺序装订成册，并由有关人员签字、盖章。

五、分部分项工程量清单的编制

分部分项工程中的分部工程是单位工程的组成部分，通常一个单位工程可按其工程实体的各部位划分为若干个分部工程，如房屋建筑单位工程，可按其部位划分为土石方工程、砖石工程、混凝土及钢筋混凝土工程、屋面工程等。分项工程是指分部工程的细分，是构成分部工程的基本项目，又称工程子目或子目，一般是按照选用的施工方法、所使用的材料、结构构件规格等不同因素划分施工分项。如在砖石工程中可划分为砖基础、砖墙、砖柱、砌块墙、钢筋砖过梁等，在土石方工程中可划分为挖土方、回填土、余土外运等分项工程。

《建设工程工程量清单计价规范》（GB 50500—2013）规定，分部分项工程量清单应载明项目编码、项目名称、项目特征、计量单位和工程量。本条为强制性条文，规定了构成一个分部分项工程量清单的五个要件——项目编码、项目名称、项目特征、计量单位和工程量，这五个要件在分部分项工程清单的组成中缺一不可。在编制工程量清单时应根据相关工程现行国家计量规范规定的项目编码、项目名称、项目特征、计量单位和工程量计算规则进行编制。分部分项工程量清单如表 2.4.1 所示。

表 2.4.1　分部分项工程和单价措施项目清单与计价表

序号	项目编码	项目名称	项目特征描述	计量单位	工程量	金额（元）		
						综合单价	合价	其中：暂估价
本页小计								
合计								

1. 项目编码

项目编码是指分部分项工程和措施项目清单名称的阿拉伯数字标识。工程量清单的项目编码采用十二位阿拉伯数字表示，一至九位为统一编码。其中，

一、二位为工程分类顺序码，如房屋建筑与装饰工程 01。

三、四位为专业工程分章顺序码，如第一章土石方工程 01，第二章地基处理与边坡支护工程 02。

五、六位为分部工程顺序码，如第一章土石方工程的分部，第一节土方工程 01，第二节石方工程 02，第三节回填 03。

七、八、九位为分项工程项目名称顺序码，如房屋建筑与装饰工程—第一章土石方工程—第一节土方工程—平整场地项目 010101001。

十至十二位为清单项目名称顺序码。

当同一标段（或合同段）的一份工程量清单中含有多个单位工程且工程量清单是以单位工程为编制对象时，在编制工程量清单时应特别注意项目编码十至十二位的设置不得有重码。

2. 项目名称

分部分项工程量清单的项目名称应按《房屋建筑与装饰工程工程量计算规范》（GB 50854—2013）及相关专业工程的工程量计算规范附录的项目名称结合拟建工程的实际确定。附录表中的"项目名称"为分项工程项目名称，是形成分部分项工程量清单项目名称的基础，在编制分部分项工程量清单时可予以适当调整或细化。特别是归并或综合较大的项目应区分项目名称，分别编码列项。例如：门窗工程中特殊门应区分冷藏门、冷冻间门、保温门、变电室门、隔声门、放射线门、人防门、金库门等。又如"墙面一般抹灰"这一分项工程在形成工程量清单项目名称时可以细化为"外墙面抹灰""内墙面抹灰"等。

3. 项目特征

项目特征是构成分部分项工程量清单项目、措施项目自身价值的本质特征，是确定一个清单项目综合单价不可缺少的重要依据。分部分项工程量清单的项目特征应按《房屋建筑与

装饰工程工程量计算规范》（GB 50854—2013）及相关专业工程的工程量计算规范附录中规定的项目特征，结合技术规范、标准图集、施工图纸、按照工程结构、使用材质及规格或安装位置等，予以详细而准确的表达和说明。但有些项目特征用文字往往又难以准确和全面地描述清楚。因此，为达到规范、简洁、准确、全面描述项目特征的要求，工程量清单项目特征描述时应按以下原则进行：

（1）项目特征描述的内容应按附录规定的内容，项目特征的表述按拟建工程的实际要求，能满足确定综合单价的需要。

（2）若采用标准图集或施工图纸能够全部或部分满足项目特征描述要求的，项目特征描述可直接采用详见××图集或××图号的方式对不能满足项目特征描述要求的部分，仍应用文字描述进行补充。

4. 计量单位

工程量清单的计量单位应按《房屋建筑与装饰工程工程量计算规范》（GB 50854—2013）及相关专业工程的工程量计算规范附录中规定的计量单位确定。计量单位应采用基本单位，除各专业另有特殊规定外均按以下单位计量：

（1）以质量计算的项目——吨或千克（t 或 kg）。

（2）以体积计算的项目——立方米（m³）。

（3）以面积计算的项目——平方米（m²）。

（4）以长度计算的项目——米（m）。

（5）以自然计量单位计算的项目——个、套、块、樘、组、台……

（6）没有具体数量的项目——宗、项……

各专业有特殊计量单位的，再另外加以说明，当计量单位有两个或两个以上时，应根据所编工程量清单项目的特征要求，选择最适宜表现该项目特征并方便计量的单位。

5. 工程量计算规则

依据《房屋建筑与装饰工程工程量计算规范》（GB 50854—2013）及相关专业工程的工程量计算规范确定工程量。本规范的适用范围是工业与民用的房屋建筑与装饰、装修工程施工发承包计价活动中的"工程计量和工程量清单编制"。为强制性条文，无论是国有资金投资还是非国有资金投资的工程建设项目，其工程计量必须执行本规范。工程计量活动除应遵守本规范外，还应遵守国家现行有关标准的规定。

6. 工作内容

分部分项工程量清单的五大要件分别是项目编码、项目名称、项目特征、计量单位和工程量，而工程内容不是必需的要件。规范中关于"工程内容"的规定来源于原工程预算定额，实行工程量清单计价后，由于两种计价方式的差异，清单计价对于项目特征的要求才是必需的。如计价规范在"实心砖墙"的"项目特征"及"工程内容"栏内均包含有勾缝，但两者的性质完全不同。"项目特征"栏的勾缝体现的是实心砖墙的实体特征，是个名词，体现的是用什么材料勾缝。而"工程内容"栏内的勾缝表达的是操作工序或操作行为，在此是个动词，体现的是怎么做。因此，如果需要勾缝，就必须在项目特征中描述，而不能以工程内容中有而不描述，否则，将视为清单项目漏项，而可能在施工中引起索赔。

决定分部分项工程量清单价格的是项目特征描述，工程内容不是分部分项工程量清单五大要素，不决定清单报价。

《房屋建筑与装饰工程工程量计算规范》（GB 50854—2013）中预制混凝土构件按现场制作编制项目，工作内容中包括模板工程，模板的措施费用不再单列。若采用成品预制混凝土构件时，成品价（包括模板、钢筋、混凝土等所有费用）计入综合单价中，即：成品的出厂价格及运杂费等进入综合单价。本规范中金属结构构件按照目前市场多以工厂成品化生产的实际按成品编制项目，成品价应计入综合单价，若采用现场制作，包括制作的所有费用应进入综合单价。按照目前门窗均以工厂化成品生产的市场情况，本规范门窗（橱窗除外）按成品编制项目，成品价（成品原价、运杂费等）应计入综合单价。若采用现场制作，包括制作的所有费用应计入综合单价。

六、措施项目清单的编制

1. 编制依据

措施项目清单必须根据相关工程现行国家规范的规定编制。

2. 列项要求

（1）措施项目中列出了项目编码、项目名称、项目特征、计量单位、工程量计算规则的项目，编制工程量清单时，应按照《房屋建筑与装饰工程工程量计算规范》（GB 50854—2013）及相关专业工程的工程量计算规范附录中分部分项工程的规定执行。

本条对措施项目能计量的且以清单形式列出的项目（即单价措施项目）做出了规定。

本条为强制性条文，规定了能计量的措施项目（即单价措施项目）编制工程量清单，也同分部分项工程一样，必须列出项目编码、项目名称、项目特征、计量单位。同时明确了措施项目的计量，项目编码、项目名称、项目特征、计量单位、工程量计算规则，按《建设工程工程量清单计价规范》（GB 50500—2013）4.2 分部分项工程的有关规定执行。

例如：综合脚手架（表 2.4.2）。

表 2.4.2　分部分项工程和单价措施项目清单与计价表

工程名称：××工程

序号	项目编码	项目名称	项目特征描述	计量单位	工程量	金额（元）	
						综合单价	合价
1	011701001001	综合脚手架	1. 建筑结构形式：框架 2. 檐口高度：60m	m²	18000		

（2）措施项目中仅列出项目编码、项目名称，但未列出项目特征、计量单位和工程量计算规则的措施项目，编制工程量清单时，应按《房屋建筑与装饰工程工程量计算规范》（GB 50854—2013）附录 S 措施项目规定的项目编码、项目名称确定清单项目。

本条对措施项目不能计量的且以清单形式列出的项目（即总价措施项目）做出了规定。

本条针对《建设工程工程量清单计价规范》（GB 50500—2013）对不能计量的仅列出项目编码、项目名称，但未列出项目特征、计量单位和工程量计算规则的措施项目

（即总价措施项目），编制工程量清单时，应按《建设工程工程量清单计价规范》（GB 50500—2013）规定的项目编码、项目名称确定清单项目，不必描述项目特征和确定计量单位。

例如：安全文明施工费、夜间施工增加费、二次搬运费（表2.4.3）。

表 2.4.3　总价措施项目清单与计价表

工程名称：××工程

序号	项目编码	项目名称	计算基础	费率（%）	金额	调整费率（%）	调整后金额	备注
1	011707001001	安全文明施工费	定额基价					
2	011707002001	夜间施工增加费	定额人工费					
3	011707003001	二次搬运费	定额人工费					

七、其他项目清单的编制

1. 项目内容

其他项目清单应按照下列内容列项：

（1）暂列金额。

（2）暂估价：包括材料暂估价、工程设备暂估价、专业工程暂估价。

（3）计日工。

（4）总承包服务费。

2. 列项要求

（1）暂列金额应根据工程特点按有关计价规定估算。

（2）暂估价中的材料、工程设备暂估单价应根据工程造价信息或参考市场价格估算，列出明细表；专业工程暂估价应分不同专业，按有关计价规定估算，列出明细表。

（3）计日工应列出项目名称、计量单位和暂估数量。

（4）总承包服务费应列出服务项目及其内容等。

（5）其他项目清单如出现未列的项目，可根据工程实际情况补充。

其他项目清单示例如表2.4.4～表2.4.9所示。

表 2.4.4　其他项目清单与计价汇总表

工程名称：××工程

序号	项目名称	金额（元）	结算金额（元）	备注
1	暂列金额	350000		明细详见表2.4.5
2	暂估价	200000		
2.1	材料（工程设备）暂估价/结算价	—		明细详见表2.4.6
2.2	专业工程暂估价/结算价	200000		明细详见表2.4.7
3	计日工	26528		明细详见表2.4.8
4	总承包服务费	20760		明细详见表表2.4.9
5				
	合计		—	

表 2.4.5　暂列金额明细表

工程名称：××工程

序号	项目名称	计量单位	暂定金额（元）	备注
1	自行车棚工程	项	100000	正在设计图纸
2	工程量偏差和设计变更	项	100000	
3	政策性调整和材料价格波动	项	100000	
4	其他	项	50000	
5				
	合计		350000	—

表 2.4.6　材料（工程设备）暂估单价表

工程名称：××工程

序号	材料（工程设备）名称、规格、型号	计量单位	数量		暂估（元）		确认（元）		差额±（元）		备注
			暂估	确认	单价	合价	单价	合价	单价	合价	
1	钢筋（规格见施工图）	t	200		4000	800000					用于现浇钢筋混凝土项目
2	低压开关柜（CGD190380/220V）	台	1		45000	45000					用于低压开关柜安装项目
	合计					845000					

表 2.4.7　专业工程暂估价表

工程名称：××工程

序号	工程名称	工程内容	暂估金额（元）	结算金额（元）	差额±（元）	备注
1	消防工程	合同图纸中标明的以及消防工程规范和技术说明中规定的各系统中的设备、管道、阀门、线缆等的供应、安装和调试工作	200000			
	合计		200000			

表 2.4.8　计日工表

工程名称：××工程

编号	项目名称	单位	暂定数量	实际数量	综合单价（元）	合价（元）	
						暂定	实际
一	人工						
1	普工	工日	100		80	8000	

续表2.4.8

编号	项目名称	单位	暂定数量	实际数量	综合单价（元）	合价（元）	
						暂定	实际
2	技工	工日	60		110	6600	
3							
人工小计						14600	
二	材料						
1	钢筋（规格见施工图）	t	1		4000	4000	
2	水泥42.5	t	2		600	1200	
3	中砂	m³	10		80	800	
4	砾石（5～40mm）	m³	5		42	210	
5	页岩砖（240mm×115mm×53mm）	千匹	1		300	300	
材料小计						6510	
三	施工机具						
1	自升式塔吊起重机	台班	5		550	2750	
2	灰浆搅拌机（400L）	台班	2		20	40	
3							
施工机具小计						2790	
四、企业管理费和利润 按人工费18%计						2628	
总计						26528	

表2.4.9 总承包服务费计价表

工程名称：××工程

序号	项目名称	项目价值（元）	服务内容	计算基础	费率（%）	金额（元）
1	发包人发包专业工程	200000	1. 按专业工程承包人的要求提供施工工作面并对施工现场进行统一管理，对竣工资料进行统一整理汇总。 2. 为专业工程承包人提供垂直运输机械和焊接电源接入点，并承担垂直运输费和电费	项目价值	7	14000
2	发包人提供材料	845000	对发包人供应的材料进行验收及保管和使用发放	项目价值	0.8	6760
合计	—		—		—	20760

八、规费

规费项目清单应按照下列内容列项：

（1）社会保险费：包括养老保险费、失业保险费、医疗保险费、工伤保险费、生育保险费。

（2）住房公积金。

（3）工程排污费。

出现《建设工程工程量清单计价规范》（GB 50500—2013）规费中未列的项目，应根据省级政府或省级有关部门的规定列项。

九、税金

税金是指按照国家税法规定的应计入建筑安装工程造价的增值税。

规费及税金清单如表 2.4.10 所示。

表 2.4.10　规费、税金项目计价表

工程名称：××工程

序号	项目名称	计算基础	计算基数	费率（%）	金额（元）
1	规费				
1.1	社会保险费				
（1）	养老保险费	定额人工费			
（2）	失业保险费	定额人工费			
（3）	医疗保险费	定额人工费			
（4）	工伤保险费	定额人工费			
（5）	生育保险费	定额人工费			
1.2	住房公积金	定额人工费			
1.3	工程排污费	按工程所在地环境保护部门收取标准、按实计入			
2	税金	人工费＋材料费＋施工机具使用费＋企业管理费＋利润＋规费			
合计					

第五节　计算机辅助工程量计算

一、计算机辅助工程量计算概述

随着科学技术的进步，计算机在建筑工程领域的运用越来越广泛。在工程造价中，由于招标时间的紧迫性，手工计算已经远远不能满足需求，取而代之的是各种各样的造价软件。目前计量软件很多，常用的有广联达、斯维尔、鲁班、品茗等。

广联达造价计量软件是由工程量软件和钢筋统计软件，通过数字网站询价，然后用清单计价软件进行组价，可以将历史工程通过企业定额生成系统形成企业定额。广联达造价计量软件目前结合 BIM 技术推出了量筋合一软件。

斯维尔软件包括三大系列：商务标软件由三维算量、清单计价组成，技术标系列软件由标书编制软件、施工平面图软件组成，还有技术资料软件、材料管理软件、合同管理软件、办公自动化软件、建设监理软件等。斯维尔算量软件较早把工程量和钢筋整合在一个软件中，在建筑构件图上直接布置钢筋，可输出钢筋施工图。

鲁班算量软件的易用性、适用性较好，可以使用构件向导方便地完成钢筋输入工作，较早实现了识别CAD电子文档的功能，能够输出工程量标注图和算量平面图。

目前计算机辅助工程量软件功能趋于一致化，区别在于细节处理和模型通用性上。现在主流的计量软件都可以实现CAD识图建模、工程量和钢筋统一平台计算、Revit模型图导入、输出可视化建筑模型等。

二、计算机辅助工程量计算软件原理

1. 算量软件能算什么量

算量软件能够计算的工程量包括：土石方工程量、砌体工程量、混凝土及模板工程量、屋面工程量、天棚及其楼地面工程量、墙柱面工程量等。

2. 算量软件是如何算量的

软件算量并不是说完全抛弃了手工算量的思想。实际上，软件算量是将手工的思路完全内置在软件中，只是将过程利用软件实现，依靠已有的计算扣减规则，利用计算机这个高效的运算工具快速、完整地计算出所有的细部工程量，让大家从繁琐的背规则、列式子、按计算器中解脱出来。

3. 用软件做工程的顺序

一般按施工图的顺序：先结构后建筑，先地上后地下，先主体后屋面、先室内后室外。将一套图分成若干部分，再把每部分的构件分组，分别一次性处理完每组构件的所有内容，做到清楚、完整。

三、计算机辅助工程量计算软件一般流程（以广联达为例）

（1）启动软件。

（2）新建工程，输入工程名称，选择清单规则和定额规则，输入工程信息、编制信息。

（3）楼层信息：如图2.5.1所示。

模块导航栏	插入楼层	删除楼层	上移	下移				
工程设置		编码	名称	层高(m)	首层	底标高(m)	相同层数	现浇板厚(mm)
工程信息	1	4	第4层	3.000	□	9.000	1	120
楼层信息	2	3	第3层	3.000	□	6.000	1	120
工程量表	3	2	第2层	3.000	□	3.000	1	120
外部清单	4	1	首层	3.000	☑	0.000	1	120
计算设置	5	0	基础层	3.000	□	-3.000	1	120
计算规则								

图2.5.1 楼层信息

（4）建立轴网：如图2.5.2所示。

（5）建立构件，套用做法，以构件墙为例，如图2.5.3所示。

（6）绘制构件。

（7）汇总计算。

（8）报表打印：如图2.5.4所示。

（9）保存工程。

（10）退出软件。

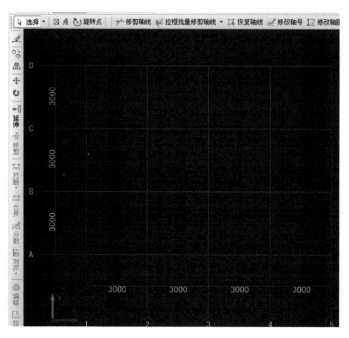

图 2.5.2　轴网

图 2.5.3　构件墙

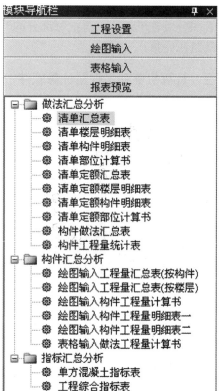

图 2.5.4　报表

第三章　工程计价

第一节　施工图预算编制的常用方法

施工图预算是由单位工程施工图预算、单项工程施工图预算和建设项目施工图预算三级逐级综合汇总而成的。由于施工图预算是以单位工程为单位编制的，按单项工程汇总而成，所以施工图预算编制的关键在于编制好单位工程施工图预算。

一、施工图预算编制的基本方法

施工图预算编制的方法有多种，各有差异，但施工图预算编制的基本过程和原理是相同的。从工程费用计算角度分析，施工图预算编制的顺序是：分部分项工程造价— 单位工程造价— 单项工程造价— 建设项目总造价。影响施工图预算工程造价的主要因素是两个，即单位价格和实物工程数量，可用式（3.1.1）表达：

$$工程预算造价 = \sum_{i=1}^{n}（工程量 \times 单位价格）_i \qquad (3.1.1)$$

式中　i——第 i 个工程子项；

　　　n——工程结构分解得到的工程子项数。

可见，工程子项的单位价格高，工程预算造价就高；工程子项的实物工程数量大，工程预算造价也就大。

对工程子项的单位价格分析，可以有两种形式：

（1）人工、材料、施工机械台班单价：如果工程项目单位价格仅仅考虑人工、材料、施工机具资源要素的消耗量和价格形成，即单位价格＝∑（工程子项的资源要素消耗量×资源要素的价格）。至于人工、材料、机械资源要素消耗量定额，它是工程计价的重要依据，与劳动生产率、社会生产力水平、技术和管理水平密切相关。发包人工程估价的定额反映的是社会平均生产力水平，而承包人进行估价的定额反映的是该企业技术与管理水平。资源要素的价格是影响工程造价的关键因素。在市场经济体制下，工程计价时采用的资源要素的价格应该是市场价格。

（2）综合单价：综合单价主要适用于工程量清单计价。我国的工程量清单计价的综合单价为非完全综合单价。根据我国 2013 年 7 月 1 日起实施的国家标准《建设工程工程量清单计价规范》（GB 50500—2013）的规定，综合单价是完成工程量清单中一个规定计量单位项目所需的人工费、材料费、施工机具使用费、管理费和利润，以及一定范围的风险费用组成。而规费和税金，是在求出单位工程分部分项工程费、措施项目费和其他项目费后再统一计取，最后汇总得出单位工程造价。

需要注意，按照《建设工程工程量清单计价规范》（GB 50500—2013）第 3.1.4 条的规定：工程量清单应采用综合单价计价。

二、工程定额计价法

1. 第一阶段：收集资料

（1）设计图纸：设计图纸要求成套不缺，附带说明书以及必需的通用设计图。在计价前要完成设计交底和图纸会审程序。

（2）现行计价依据、材料单价、人工工资标准、施工机械台班使用定额以及有关费用调整的文件等。

（3）工程协议或合同。

（4）施工组织设计（施工方案）或技术组织措施等。

（5）工程计价手册：如各种材料手册、常用计算公式和数据、概算指标等各种资料。

2. 第二阶段：熟悉图纸和现场

（1）熟悉图纸。看图计量是计价的基本工作，只有看懂图纸和熟悉图纸后，才能对工程内容、结构特征、技术要求有清晰的概念，才能在计价时做到项目全、计量准、速度快。因此，在计价之前，应该留有一定时间，专门用来阅读图纸，特别是一些大型复杂民用建筑，如果在没有弄清图纸之前，就急于下手计算，常常会徒劳无益，欲速而不达。阅读图纸重点应了解：

1）对照图纸目录，检查图纸是否齐全。

2）采用的标准图集是否已经具备。

3）对设计说明或附注要仔细阅读。因为，有些分章图纸中不再表示的项目或设计要求，往往在说明和附注中可以找到，稍不注意，容易漏项。

4）设计上有无特殊的施工质量要求，事先列出需要另编补充定额的项目。

5）平面坐标和竖向布置标高的控制点。

6）本工程与总图的关系。

（2）注意施工组织设计有关内容。施工组织设计是由施工单位根据施工特点、现场情况、施工工期等有关条件编制的，用来确定施工方案，布置现场，安排进度计价时应注意施工组织设计中影响工程费用的因素。例如，土方工程中的余土外运或缺土的来源，大宗材料的堆放地点，预制构件的运输，地下工程或高层工程的垂直运输方法，设备构件的吊装方法，特殊构筑物的机具制作，安全防火措施等，单凭图纸和定额是无法提供的，只有按照施工组织设计的要求来具体补充项目和计算。

（3）结合现场实际情况。在图纸和施工组织设计仍不能完全表示时，必须深入现场，进行实际观察，以补充上述的不足。例如，土方工程的土壤类别，现场有无障碍物需要拆除和清理。在新建和扩建工程中，有些项目或工程量，依据图纸无法计算时，必须到现场实际测量。

总之，对各种资料和情况掌握得越全面、越具体，工程计价就越准确、越可靠，并且尽可能地将可能考虑到的因素列入计价范围内，以减少开工以后频繁的现场签证

3. 第三阶段：计算工程量

计算工程量是一项工作量很大，而又十分细致的工作。工程量是计价的基本数据，计算的精确程度不仅影响到工程造价，而且影响到与之关联的一系列数据，如计划、统计、劳动

力、材料等。因此，决不能把工程量看成单纯的技术计算，它对整个企业的经营管理都有重要的意义。

（1）计算工程量一般可按下列具体步骤进行：

1）根据施工图示的工程内容和定额项目，列出需计算工程量的分部分项。

2）根据一定的计算顺序和计算规则，列出计算式。

3）根据施工图示尺寸及有关数据，代入计算式进行数学计算。

4）按照定额中的分部分项的计量单位对相应的计算结果的计量单位进行调整，使之一致。

（2）工程量的计算，要根据图纸所标明的尺寸、数量以及附有的设备明细表、构件明细表来计算。一般应注意下列几点：

1）要严格按照计价依据的规定和工程量计算规则，结合图纸尺寸进行计算，不能随意地加大或缩小各部位的尺寸。

2）为了便于核对，计算工程量一定要注明层次、部位、轴线编号及断面符号。计算式要力求简单明了，按一定程序排列，填入工程量计算表，以便查对。

3）尽量采用图中已经通过计算注明的数量和附表。如门窗表、预制构件表、钢筋表、设备表、安装主材表等，必要时查阅图纸进行核对。因为，设计人员往往是从设计角度来计算材料和构件的数量，除了口径不尽一致外，常常有遗漏和误差现象，要加以改正。

4）计算时要防止重复计算和漏算。在比较复杂的工程或工作经验不足时，最容易发生的是漏项漏算或重项重算。因此，在计价之前先看懂图纸，弄清各页图纸的关系及细部说明。一般也可按照施工次序，由上而下，由外而内，由左而右，事先草列分部分项名称，依次进行计算。在计算中发现有新的项目，随时补充进去，防止遗忘也可以采用分页图纸逐张清算的办法，以便先减少一部分图纸数量，集中精力计算比较复杂的部分计算工程量，有条件的尽量分层、分段、分部位来计算，最后将同类项加以合并，编制工程量汇总表。

4. 第四阶段：套定额单价

在计价过程中，如果工程量已经核对无误，项目不漏不重，则余下的问题就是如何正确套价，计算人材机费套价应注意以下事项：

（1）分项工程名称、规格和计算单位必须与定额中所列内容完全一致。即以定额中找出与之相适应的项目编号，查出该项工程的单价。套单价要求准确、适用，否则得出的结果就会偏高或偏低。熟练的专业人员，往往在计算工程量划分项目时，就考虑到如何与定额项目相符合。如混凝土要注明强度等级等等，以免在套价时，仍需查找图纸和重新计算。

（2）定额换算。任何定额本身的制定，都是按照一般情况综合考虑的，存在有许多缺项和不完全符合图纸要求的地方，因此，必须根据定额进行换算，即以某分项定额为基础进行局部调整。如材料品种改变，混凝土和砂浆强度等级与定额规定不同，使用的施工机具种类型号不同，原定额工日需增加的系数等等。有的项目允许换算，有的项目不允许换算，均按定额规定执行。

（3）补充定额编制。当施工图纸的某些设计要求与定额项目特征相差甚远，既不能直接套用也不能换算、调整时，必须编制补充定额。

5. 第五阶段：编制工料分析表

根据各分部分项工程的实物工程量和相应定额中的项目所列的用工工日及材料数量，计算出各分部分项工程所需的人工及材料数量，相加汇总便得出该单位工程所需要的各类人工和材料的数量。

6. 第六阶段：费用计算

在项目、工程量、单价经复查无误后，将所列项工程实物量全部计算出来后，就可以按所套用的相应定额单价计算人材机费，进而计算企业管理费、利润、规费及税金等各种费用，并汇总得出工程造价。

7. 第七阶段：复核

工程计价完成后，需对工程计价结果进行复核，以便及时发现差错，提高成果质量复核时，应对工程量计算公式和结果、套价、各项费用的取费及计算基础和计算结果、材料和人工价格及其价格调整等方面是否正确进行全面复核。

8. 第八阶段：编制说明

编制说明是说明工程计价的有关情况，包括编制依据、工程性质、内容范围、设计图纸号、所用计价依据、有关部门的调价文件号、套用单价或补充定额子目的情况及其他需要说明的问题。封面填写应写明工程名称、工程编号、工程量（建筑面积）、工程总造价、编制单位名称、法定代表人、编制人及其资格证号和编制日期等。

三、工程量清单计价法

工程量清单计价法的程序和方法与工程量定额计价法基本一致，只是第四、五、六阶段有所不同。具体如下：

1. 第四阶段：工程量清单项目组价

组价的方法和注意事项与工程定额计价法相同，每个工程量清单项目包括一个或几个子目，每个子目相当于一个定额子目。所不同的是，工程量清单项目套价的结果是计算该清单项目的综合单价。

2. 第五阶段：分析综合单价

工程量清单的工程数量，按照国家标准及相应专业的计量规范如《房屋建筑与装饰工程工程量清单计算规范》《通用安装工程工程量清单计算规范》等规定的工程量计算规则计算。一个工程量清单项目由一个或几个定额子目组成，将各定额子目的综合单价汇总累加，再除以该清单项目的工程数量，即可求得该清单项目的综合单价。

3. 第六阶段：费用计算

在工程量计算、综合单价分析经复查无误后，即可进行分部分项工程费、措施项目费、其他项目费、规费和税金的计算，从而汇总得出工程造价。

其具体计算原则和方法如下：

$$分部分项工程费 = \sum（分部分项工程量 \times 分部分项工程项目综合单价） \quad (3.1.2)$$

其中，分部分项工程项目综合单价由人工费、材料费、机械费、管理费和利润组成，并考虑风险因素。

措施项目费分为两种，即按国家计量规范规定应予计量措施项目（单价措施项目）和不宜计量的措施项目（总价措施项目）。

$$单价措施项目费 = \sum（措施项目工程量 \times 措施项目综合单价） \quad (3.1.3)$$

$$总价措施项目 = \sum (措施项目 \times 费率) \tag{3.1.4}$$

其中，单价措施项目综合单价的构成与分部分项工程项目综合单价构成类似。

$$单位工程造价 = 分部分项工程费 + 措施项目费 + 其他项目费 + 规费 + 税金 \tag{3.1.5}$$

第二节 预算定额的分类、适用范围、调整与应用

预算定额，是在正常的施工条件下，完成一定计量单位合格分项工程和结构构件所需消耗的人工、材料、施工机械台班数量及其费用标准。预算定额是一种计价性定额，基本反映完成分项工程或结构构件的人、材、机消耗量及其相应费用，以施工定额为基础综合扩大编制而成，主要用于施工图预算的编制，也可用于工程量清单计价中综合单价的计算，是施工发承包阶段工程计价的基础。

一、预算定额的分类

（1）按专业性质区分，预算定额有建筑工程定额和安装工作定额两大类。建筑工程预算定额按专业对象又分建筑工程预算定额、市政工程预算定额、铁路工程预算定额、公路工程预算定额、房屋修缮工程预算定额、矿山井巷工程预算定额等。安装工程预算定额按专业对象又分为电气设备安装工程预算定额、机械设备安装工程预算定额、通信设备安装工作定额、化学工业设备安装工程预算定额、工业管道安装工程预算定额、工艺金属结构安装工程预算定额、热力设备安装工程预算定额等。

（2）按管理权限和执行范围区分，预算定额可分为全国统一定额、行业统一定额和地区统一定额等。

（3）按物资要素区分，预算定额可分为劳动定额、机械定额和材料消耗定额，但它们相互依存形成一个整体，作为编制预算定额依据，各自不具有独立性。

二、预算定额的适用范围

预算定额按工程基本构造要素规定劳动力、材料和机械的消耗数量，以满足编制施工图预算、确定和控制工程造价的要求。编制施工图预算时，需要按照施工图纸和工程量计算规则计算工程量，还需要借助于某些可靠的参数计算工人、材料和机械（台班）的消耗量，并在此基础上计算出资金的需要量，计出建筑安装工程的价格。

通常情况下，预算定额有以下用途和作用：

（1）预算定额是编制施工图预算、确定建筑安装工程造价的基础。施工图设计一经确定，工程预算造价就取决于预算定额水平和人工、材料及机械台班的价格。预算定额起着控制劳动消耗、材料消耗和机械台班使用的作用，进而起着控制建筑产品价格的作用。

（2）预算定额是编制施工组织设计的依据。施工组织设计的重要任务之一，是确定施工中所需人力、物力的供求量，并做出最佳安排。施工单位在缺乏本企业的施工定额的情况下，根据预算定额，亦能够比较精确地计算出施工中各项资源的需要量，为有计划地组织材料采购和预制件加工、劳动力和施工机具的调配，提供了可靠的计算依据。

（3）预算定额是工程结算的依据。工程结算是建设单位和施工单位按照工程进度对已完成的分部分项工程实现货币支付的行为。按进度支付工程款，需要根据预算定额将已完分项

工程的造价算出。单位工程验收后，再按竣工工程量、预算定额和施工合同规定进行结算，以保证建设单位建设资金的合理使用和施工单位的经济收入。

（4）预算定额是施工单位进行经济活动分析的依据。预算定额规定的物化劳动和劳动消耗指标，是施工单位在生产经营中允许消耗的最高标准。施工单位必须以预算定额作为评价企业工作的重要标准，作为努力实现的目标。施工单位可根据预算定额对施工中的劳动、材料、机械的消耗情况进行具体的分析，以便找出并克服低功效、高消耗的薄弱环节，提高竞争能力。只有在施工中尽量降低劳动消耗，采用新技术、提高劳动者素质，提高劳动生产率，才能取得较好的经济效益。

（5）预算定额是编制概算定额的基础。概算定额是在预算定额基础上综合扩大编制的。利用预算定额作为编制依据，不但可以节省编制工作的大量人力、物力和时间，收到事半功倍的效果，还可以使概算定额在水平上与预算定额保持一致，以免造成执行中的不一致。

（6）预算定额是合理编制最高投标限价、投标报价的基础。在深化改革中，预算定额的指令性作用将日益削弱，而对施工单位按照工程个别成本报价的指导性作用仍然存在，因此预算定额作为编制最高投标限价的依据和施工企业报价的基础性作用仍将存在，这也是由于预算定额本身的科学性和指导性决定的。

三、预算定额的调整与应用

（一）预算定额的组成

预算定额一般由文字说明、定额项目表、定额附录组成。

1. 文字说明

（1）预算定额的总说明。

1）预算定额的适用范围、指导思想、目的和作用。

2）编制定额的编制原则、主要依据及上级下达的有关定额修编文件。

3）使用本定额所必须遵守的规则及适用范围。

4）定额所采用的材料规格、材质标准，允许换算的原则。

5）定额在编制过程中已经包括及未包括的内容。

6）各分部工程定额的共性问题的有关统一规定及使用方法。

（2）建筑面积的计算规则。建筑面积是核算工程造价的基础，是分析建筑工程技术经济指标的重要数据，是编制计划和统计工作的指导依据。必须根据国家有关规定，对建筑面积的计算做出统一的规定。

（3）分部工程定额说明。

1）分部工程所包括的定额项目内容。

2）分部工程定额项目工程量的计算方法。

3）分部工程定额内综合的内容及允许换算和不得换算的界限及其他规定。

4）使用本分部工程允许增减系数范围的界定。

2. 分项工程定额项目表

（1）分项工程定额表头说明。

1）在定额项目表表头上方说明分项工程工作内容。

2）本分项工程包括的主要工序及操作方法。

3）相应的计量单位。

（2）定额项目表。定额项目表主要内容（表3.2.1）：

1）分部工程定额编号（子目号）。

2）分项工程定额名称。

3）人工表现形式。综合工日数量。

4）材料（含构配件）表现形式。材料栏内列出所使用材料名称及消耗数量。

5）施工机械表现形式。机械栏内列出所使用机械名称、规格及消耗数量。

6）附注。在定额表下说明应调整、换算的内容和方法。

表3.2.1 现浇混凝土基础定额项目表

工作内容：1. 混凝土水平运输。

2. 混凝土搅拌、捣固、养护。

计量单位：10m³

定额编号			5-392	5-393	5-394
项目		单位	人工挖土桩护井壁混凝土	带形基础	
				毛石混凝土	混凝土
人工	综合工日	工日	18.69	8.37	9.56
材料	现浇混凝土 C20	m³	10.15	8.63	10.15
	草袋子	m³	2.30	2.39	2.52
	水	m³	9.39	7.89	9.19
	毛石	m³	—	2.72	—
机械	混凝土搅拌机	台班	1.00	0.33	0.39
	混凝土振捣器（插入式）	台班	2.00	0.66	0.77
	机动翻斗车 1t	台班	—	0.66	0.78

3. 定额附录

放在预算定额的最后，主要内容有：

（1）各种不同强度等级或配合比的砂浆、混凝土等单方材料用量表。

（2）各种材料成品或半成品场内运输及操作损耗系数表。

（3）常用的建筑材料名称及规格容量换算表。

附录的作用是供分析定额、换算定额和补充定额时使用。

（二）预算定额的应用

1. 直接套用定额

当分项工程的工程内容与定额规定的工程内容完全一致时，可以直接套用定额。

2. 套用换算后的定额

当分项工程的工程内容与定额规定的工程内容不完全一致，定额规定允许换算时，套用换算后的定额。

3. 套用相应定额

当分项工程的工程内容与定额规定的不完全一致，定额规定又不允许换算时，可以套用相应的定额。

4. 编制补充定额

当分项工程在定额中缺项时，可以编制补充定额，但需要报当地工程造价管理部门审批及备案。

5. 预算定额的换算

预算定额的换算就是将分项工程定额中与设计要求不一致的内容进行调整，取得一致的过程。预算定额换算的基本思路是将设计要求的内容拿进来，把设计不需要的内容（原来的定额内容）拿出去，从而确定与设计要求一致的分项工程基价，换算后的项目应在项目编号（或定额编号）的右下角注明"换"字，以示区别，如 3-2 换。

预算定额换算的类型很多，常见的换算类别有：

（1）运距的换算。

（2）断面的换算。

（3）混凝土、砂浆的换算。

当混凝土强度等级或混凝土中粗骨料的最大粒径与定额规定的不同时，允许换算。换算的基本公式是：

换算后的预算基价＝换算前的预算基价＋定额混凝土消耗量×（换入混凝土单价－换出混凝土单价）

$$(3.2.1)$$

当砌筑砂浆的种类或砌筑砂浆的强度等级与定额规定的不同时，允许换算。

换算后的预算基价＝换算前的预算基价＋定额砂浆消耗量×（换入砂浆单价－换出砂浆单价）

$$(3.2.2)$$

（4）厚度的换算。

第三节　建筑安装工程费用定额

一、建筑安装工程费用定额的编制原则

（一）合理确定定额水平的原则

建设安装工程费用定额的水平应按照社会必要劳动量确定。建筑安装工程费用定额的编制工作是一项政策性很强的技术经济工作。合理的定额水平，应该从实际出发。在确定建筑安装工程费用定额时，一方面要及时准确地反映企业技术和施工管理水平，促进企业管理水平不断完善提高，这些因素会对建筑安装工程费用支出的减少产生积极的影响；另一方面也应考虑由于材料价格上涨，定额人工费的变化会使建筑安装工程费用定额有关费用支出发生变化的因素。各项费用开支标准应符合国务院、行业主管部门以及各省、自治区、直辖市人民政府的有关规定

（二）简明、适用性原则

确定建筑安装工程费用定额，应在尽可能地反映实际消耗水平的前提下，做到形式简明，方便适用。要结合工程建设的技术经济特点，在认真分析各项费用属性的基础上，理顺费用定额的项目划分，有关部门可以按照统一的费用项目划分，制定相应的费率，费率的划分应与不同类型的工程和不同企业等级承担工程的范围相适应，按工程类型划分费率，实行

同一工程，同一费率，运用定额计取各项费用的方法应力求简单易行。

（三）定性与定量分析相结合的原则

建筑安装工程费用定额的编制，要充分考虑可能对工程造价造成影响的各种因素。在确定各种费率如总价措施项目费、企业管理费费率时，既要充分考虑现场的施工条件对某个具体工程的影响，要对各种因素进行定性、定量的分析研究后制定出合理的费用标准，又要贯彻勤俭节约的原则，在满足施工生产和经营管理需要的基础上，尽量压缩非生产人员的人数，以节约企业管理费中的有关费用支出。

二、规费与企业管理费费率的确定

（一）规费费率

1. 根据本地区典型工程发承包价的分析资料综合取定规费计算中所需数据

（1）每万元发承包价中人工费含量和机械费含量。

（2）人工费占人材机费的比例。

（3）每万元发承包价中所含规费缴纳标准的各项基数。

2. 规费费率的计算公式

（1）以人材机费之和为计算基础。

$$规费费率(\%)=\frac{\sum 规费缴纳标准 \times 每万元发承包价计算基数}{每万元发承包价中的人工费含量} \times 人工费占人材机费的比例(\%)$$

$$(3.3.1)$$

（2）以人工费和机械费合计为计算基础。

$$规费费率(\%)=\frac{\sum 规费缴纳标准 \times 每万元发承包价计算基数}{每万元发承包价中的人工费含量和机械费含量} \times 100\% \quad (3.3.2)$$

（3）以人工费为计算基础。

$$规费费率(\%)=\frac{\sum 规费缴纳标准 \times 每万元发承包价计算基数}{每万元发承包价中的人工费含量} \times 100\% \quad (3.3.3)$$

（二）企业管理费费率

企业管理费由承包人投标报价时自主确定，其费率计算公式如下：

1. 以人材机费为计算基础

$$企业管理费费率(\%)=\frac{生产工人年平均管理费}{年有效施工天数 \times 人工单价} \times 人工费占直接费比例(\%)$$

$$(3.3.4)$$

2. 以人工费和机械费合计为计算基础

$$企业管理费费率(\%)=\frac{生产工人年平均管理费}{年有效施工天数 \times (人工单价+每日机械使用费)} \times 100\%$$

$$(3.3.5)$$

3. 以人工费为计算基础

$$企业管理费费率(\%)=\frac{生产工人年平均管理费}{年有效施工天数 \times 人工单价} \times 100\% \quad (3.3.6)$$

三、利润

1. 以人工费与机械费之和为计算基础

$$利润＝（人工费＋施工机具使用费）×相应利润率 \tag{3.3.7}$$

2. 以人工费为计算基础

$$利润＝人工费×相应利润率 \tag{3.3.8}$$

四、税金

建筑安装工程费用中的税金是指按照国家税法规定应计入建筑安装工程造价内的销项税额，按税前造价乘以增值税税率确定。

1. 采用一般计税方法时增值税的计算

当采用一般计税方法时，建筑业增值税税率为10％。计算公式为：

$$增值税＝税前造价×10％ \tag{3.3.9}$$

税前造价为人工费、材料费、施工机具使用费、企业管理费、利润和规费之和，各费用项目均以不包含增值税可抵扣进项税额的价格计算。

2. 采用简易计税方法时增值税的计算

简易计税的计算方法。当采用简易计税方法时，建筑业增值税税率为3％。计算公式为：

$$增值税＝税前造价×3％ \tag{3.3.10}$$

税前造价为人工费、材料费、施工机具使用费、企业管理费、利润和规费之和，各费用项目均以包含增值税进项税额的含税价格计算。

第四节 土建工程最高投标限价的编制

《中华人民共和国招标投标法实施条例》规定，招标人设有最高投标限价的，应当在招标文件中明确最高投标限价或者最高投标限价的计算方法，招标人不得规定最低投标限价。

一、最高投标限价的编制规定与依据

最高投标限价是招标人根据国家或省级、行业建设主管部门颁发的有关计价依据和办法，依据拟订的招标文件和招标工程量清单，结合工程具体情况发布的招标工程的最高投标限价。根据住房与城乡建设部颁布的《建筑工程施工发包与承包计价管理办法》（住建部令第16号）的规定，国有资金投资的建筑工程招标的，应当设有最高投标限价；非国有资金投资的建筑工程招标的，可以设有最高投标限价或者招标标底。

《建设工程工程量清单计价规范》（GB 50500—2013）中将招标工程量清单表与工程量清单计价表两表合一，编制最高投标限价时，其项目编码、项目名称、项目特征、计量单位、工程量栏与招标工程量清单一致，对"综合单价""合价"以及"其中：暂估价"按计价规范规定填写，如表3.4.1所示。

表 3.4.1　分部分项工程量清单与计价表

工程名称：××保障房一期住宅工程　　　　　　标段：　　　　　　　　　　第×页　共×页

序号	项目编码	项目名称	项目特征	计量单位	工程量	金额（元）		
						综合单价	合价	其中：暂估价
			...					
		0105 混凝土及钢筋混凝土工程						
6	010503001001	基础梁	C30 预拌混凝土，梁底标高−1.55m	m³	208	367.05	76346	
7	010515001001	现浇构件钢筋	螺纹钢 Q235，φ14	t	200	4821.35	964270	800000
			...					
		分部小计					2496270	800000

1. 最高投标限价与标底的关系

最高投标限价是推行工程量清单计价过程中对传统标底概念的性质进行界定后所设置的专业术语，它使招标时评标定价的管理方式发生了很大的变化。设标底招标、无标底招标以及最高投标限价招标的利弊分析如下：

（1）设标底招标：

1）设标底时易发生泄露标底及暗箱操作的现象，失去招标的公平公正性，容易诱发违法违规行为。

2）编制的标底价是预期价格，因较难考虑施工方案、技术措施对造价的影响，容易与市场造价水平脱节，不利于引导投标人理性竞争。

3）标底在评标过程的特殊地位使标底价成为左右工程造价的杠杆，不合理的标底会使合理的投标报价在评标中显得不合理，有可能成为地方或行业保护的手段。

4）将标底作为衡量投标人报价的基准，导致投标人尽力地去迎合标底，往往招标投标过程反映的不是投标人实力的竞争，而是投标人编制预算文件能力的竞争，或者各种合法或非法的"投标策略"的竞争。

（2）无标底招标：

1）容易出现围标串标现象，各投标人哄抬价格，给招标人带来投资失控的风险。

2）容易出现低价中标后偷工减料，以牺牲工程质量来降低工程成本，或产生先低价中标，后高额索赔等不良后果。

3）评标时，招标人对投标人的报价没有参考依据和评判基准。

4）如果发生投标人串标围标，容易导致中标价远远高于建设工程真实价格。

（3）最高投标限价招标：

1）采用最高投标限价招标的优点如下：

① 可有效控制投资，防止恶性哄抬报价带来的投资风险。

② 提高了透明度，避免了暗箱操作等违法活动的产生。

③ 可使各投标人自主报价、公平竞争，符合市场规律。投标人自主报价，不受标底的左右。

④ 既设置了控制上限又尽量地减少了业主依赖评标基准价的影响。

2）采用最高投标限价招标也可能出现如下问题：

① 若"最高限价"大大高于市场平均价时，就预示中标后利润很丰厚，只要投标不超过公布的限额都是有效投标，从而可能诱导投标人串标围标。

② 若公布的最高限价远远低于市场平均价，就会影响招标效率。即可能出现只有1~2人投标或出现无人投标情况，因为按此限额投标将无利可图，超出此限额投标又成为无效投标，结果使招标人不得不修改最高投标限价进行二次招标。

2. 编制最高投标限价的规定

（1）国有资金投资的工程建设项目应实行工程量清单招标，招标人应编制最高投标限价，并应当拒绝高于最高投标限价的投标报价，即投标人的投标报价若超过公布的最高投标限价，则其投标作为废标处理。

（2）最高投标限价应由具有编制能力的招标人或受其委托、具有相应资质的工程造价咨询人编制。工程造价咨询人不得同时接受招标人和投标人对同一工程的最高投标限价和投标报价的编制。

（3）最高投标限价应在招标文件中公布，对所编制的最高投标限价不得进行上浮或下调。在公布最高投标限价时，除公布最高投标限价的总价外，还应公布各单位工程的分部分项工程费、措施项目费、其他项目费、规费和税金。

（4）最高投标限价超过批准的概算时，招标人应将其报原概算审批部门审核。这是由于我国对国有资金投资项目的投资控制实行的是设计概算审批制度，国有资金投资的工程原则上不能超过批准的设计概算。

（5）投标人经复核认为招标人公布的最高投标限价未按照《建设工程工程量清单计价规范》（GB 50500—2013）的规定进行编制的，应在最高投标限价公布后5d内向招标投标监督机构和工程造价管理机构投诉。工程造价管理机构受理投诉后，应立即对最高投标限价进行复查，组织投诉人、被投诉人或其委托的最高投标限价编制人等单位人员对投诉问题逐一核对。当最高投标限价复查结论与原公布的最高投标限价误差大于±3%时，应责成招标人改正。当重新公布最高投标限价时，若重新公布之日起至原投标截止时间不足15d的，应延长投标截止期。

（6）招标人应将最高投标限价及有关资料报送工程所在地工程造价管理机构备查。

3. 最高投标限价的编制依据

最高投标限价的编制依据是指在编制最高投标限价时需要进行工程量计量、价格确认、工程计价的有关参数、率值的确定等工作时所需的基础性资料，主要包括：

（1）《建设工程工程量清单计价规范》（GB 50500—2013）与专业工程计算规范。

（2）国家或省级、行业建设主管部门颁发的计价定额和计价办法。

（3）建设工程设计文件及相关资料。

（4）拟定的招标文件及招标工程量清单。

（5）与建设项目相关的标准、规范、技术资料。

（6）施工现场情况、工程特点及常规施工方案。

（7）工程造价管理机构发布的工程造价信息；工程造价信息没有发布的，参照市场价。

（8）其他的相关资料。

二、最高投标限价的编制内容

最高投标限价的编制内容包括分部分项工程费、措施项目费、其他项目费、规费和税金，各个部分有不同的计价要求。

1. 分部分项工程费的编制要求

（1）分部分项工程费应根据招标文件中的分部分项工程量清单及有关要求，按《建设工程工程量清单计价规范》（GB 50500—2013）有关规定确定综合单价计价。

（2）工程量依据招标文件中提供的分部分项工程量清单确定。

（3）招标文件提供了暂估单价的材料，应按暂估单价计入综合单价。

（4）为使最高投标限价与投标报价所包含的内容一致，综合单价中应包括招标文件中要求投标人所承担的风险内容及其范围（幅度）产生的风险费用。

2. 措施项目费的编制要求

（1）措施项目费中的安全文明施工费应当按照国家或省级、行业建设主管部门的规定标准计价，该部分不得作为竞争性费用。

（2）措施项目应按招标文件中提供的措施项目清单确定，措施项目分为以"量"计算和以"项"计算两种。对于可精确计量的措施项目，以"量"计算即按其工程量用与分部分项工程量清单单价相同的方式确定综合单价；对于不可精确计量的措施项目，则以"项"为单位，采用费率法按有关规定综合取定，采用费率法时需确定某项费用的计费基数及其费率，结果应是包括除规费、税金以外的全部费用。

3. 其他项目费的编制要求

（1）暂列金额：暂列金额可根据工程的复杂程度、设计深度、工程环境条件（包括地质、水文、气候条件等）进行估算。

（2）暂估价：暂估价中的材料单价应按照工程造价管理机构发布的工程造价信息中的材料单价计算，工程造价信息未发布的材料单价，其单价参考市场价格估算；暂估价中的专业工程暂估价应分不同专业，按有关计价规定估算。

（3）计日工：在编制最高投标限价时，对计日工中的人工单价和施工机械台班单价应按省级、行业建设主管部门或其授权的工程造价管理机构公布的单价计算；材料应按工程造价管理机构发布的工程造价信息中的材料单价计算，工程造价信息未发布单价的材料，其价格应按市场调查确定的单价计算。

（4）总承包服务费：总承包服务费应按照省级或行业建设主管部门的规定计算，在计算时可参考以下标准：

1）招标人仅要求对分包的专业工程进行总承包管理和协调时，按分包的专业工程估算造价的 1.5% 计算。

2）招标人要求对分包的专业工程进行总承包管理和协调，并同时要求提供配合服务时，根据招标文件中列出的配合服务内容和提出的要求，按分包的专业工程估算造价的 3%～5% 计算。

3）招标人自行供应材料、工程设备的，按招标人供应材料、工程设备价值的 1% 计算。

4. 规费和税金的编制要求

规费和税金必须按国家或省级、行业建设主管部门的规定计算。税金计算式如下：

税金＝（分部分项工程量清单费＋措施项目清单费＋其他项目清单费＋规费）×综合税率

$$(3.4.1)$$

三、最高投标限价的计价程序与综合单价的确定

1. 最高投标限价计价程序

建设工程的最高投标限价反映的是单位工程费用，各单位工程费用是由分部分项工程费、措施项目费、其他项目费、规费和税金组成。单位工程最高投标限价计价程序如表3.4.2所示。

由于投标人（施工企业）投标报价计价程序与招标人（建设单位）最高投标限价计价程序具有相同的表格，为便于对比分析，此处将两种表格合并列出，其中表格栏目中斜线后带括号的内容用于投标报价，其余为通用栏目。

表 3.4.2　建设单位工程最高投标限价计价程序（施工企业投标报价计价程序）表

工程名称：　　　　　　　　　　　　　　标段：　　　　　　　　　　　第　页　共　页

序号	汇总内容	计算方法	金额（元）
1	分部分项工程	按计价规定计算/（自主报价）	
1.1			
1.2			
2	措施项目	按计价规定计算/（自主报价）	
2.1	其中：安全文明施工费	按规定标准估算/（按规定标准计算）	
3	其他项目		
3.1	其中：暂列金额	按计价规定估算/（按招标文件提供金额计列）	
3.2	其中：专业工程暂估价	按计价规定估算/（按招标文件提供金额计列）	
3.3	其中：计日工	按计价规定估算/（自主报价）	
3.4	其中：总承包服务费	按计价规定估算/（自主报价）	
4	规费	按规定标准计算	
5	税金（扣除不列入计税范围的工程设备金额）	（1＋2＋3＋4）×规定税率	
	最高投标限价/（投标报价） 合计＝1＋2＋3＋4＋5		

注：本表适用于单位工程最高投标限价计算或投标报价计算，如无单位工程划分，单项工程也使用本表。

2. 综合单价的确定

最高投标限价的分部分项工程费应由各单位工程的招标工程量清单乘以其相应综合单价汇总而成。综合单价的确定，应按照招标文件中的分部分项工程量清单的项目名称、工程量、项目特征描述，依据工程所在地区颁发的计价定额和人工、材料、机械台班价格信息等进行编制，并应编制工程量清单综合单价分析表。

编制最高投标限价在确定其综合单价时，应考虑一定范围内的风险因素。在招标文件中应通过预留一定的风险费用，或明确说明风险所包括的范围及超出该范围的价格调整方法。

对于招标文件中未做要求的可按以下原则确定：

（1）对于技术难度较大和管理复杂的项目，可考虑一定的风险费用，并纳入到综合单价中。

（2）对于工程设备、材料价格的市场风险，应依据招标文件的规定，工程所在地或行业工程造价管理机构的有关规定，以及市场价格趋势考虑一定率值的风险费用，纳入到综合单价中。

（3）税金、规费等法律、法规、规章和政策变化的风险和人工单价等风险费用不应纳入综合单价。

四、编制最高投标限价时应注意的问题

（1）采用的材料价格应是工程造价管理机构通过工程造价信息发布的材料价格，工程造价信息未发布材料单价的材料，其材料价格应通过市场调查确定。采用的市场价格则应通过调查、分析确定，有可靠的信息来源。

（2）施工机械设备的选型直接关系到综合单价水平，应根据工程项目特点和施工条件，本着经济实用、先进高效的原则确定。

（3）应该正确、全面地使用行业和地方的计价定额与相关文件。

（4）不可竞争的措施项目和规费、税金等费用的计算均属于强制性的条款，编制最高投标限价时应按国家有关规定计算。

（5）不同工程项目、不同施工单位会有不同的施工组织方法，所发生的措施费也会有所不同，因此，对于竞争性的措施费用的确定，招标人应首先编制常规的施工组织设计或施工方案，然后经专家论证确认后再进行合理确定措施项目与费用。

第五节　土建工程投标报价的编制

投标是一种要约，需要严格遵守关于招投标的法律规定及程序，还需对招标文件作出实质性响应，并符合招标文件的各项要求，科学规范地编制投标文件与合理策略地提出报价，直接关系到承揽工程项目的中标率。

一、投标报价的编制程序

（一）施工投标前期工作

1. 施工投标报价流程

任何一个施工项目的投标报价都是一项复杂的系统工程，需要周密思考，统筹安排。在取得招标信息后，投标人首先要决定是否参加投标，如果参加投标，即进行前期工作：准备资料，申请并参加资格预审；获取招标文件；组建投标报价班子；然后进入询价与编制阶段，整个投标过程需遵循一定的程序进行，如图 3.5.1 所示。

2. 研究招标文件

投标人取得招标文件后，为保证工程量清单报价的合理性，应对投标人须知、合同条件、技术规范、图纸和工程量清单等重点内容进行分析，深刻而正确地理解招标文件和业主的意图。

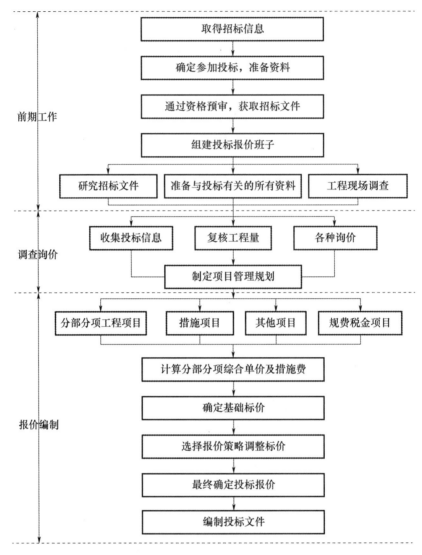

图 3.5.1　施工投标报价流程

（1）投标人须知：反映了招标人对投标的要求，特别要注意项目的资金来源、投标书的编制和递交、投标保证金、更改或备选方案、评标方法等，重点在于防止废标。

（2）合同分析：

1）合同背景分析：投标人有必要了解与自己承包的工程内容有关的合同背景，了解监理方式，了解合同的法律依据，为报价和合同实施及索赔提供依据。

2）合同形式分析：主要分析承包方式（如分项承包、施工承包、设计与施工总承包和管理承包等），计价方式（如固定合同价格、可调合同价格和成本加酬金确定的合同价格等）。

3）合同条款分析：

① 承包商的任务、工作范围和责任。

② 工程变更及相应的合同价款调整。

③ 付款方式、时间：应注意合同条款中关于工程预付款、材料预付款的规定。根据这些规定和预计的施工进度计划，计算出占用资金的数额和时间，从而计算出需要支付的利息数额并计入投标报价。

④ 施工工期：合同条款中关于合同工期、竣工日期、部分工程分期交付工期等规定，这是投标人制定施工进度计划的依据，也是报价的重要依据。要注意合同条款中有无工期奖罚的规定，尽可能做到在工期符合要求的前提下报价有竞争力，或在报价合理的前提下工期有竞争力。

⑤ 业主责任：投标人所制定的施工进度计划和做出的报价，都是以业主履行责任为前提的。所以应注意合同条款中关于业主责任措辞的严密性，以及关于索赔的有关规定。

4）技术标准和要求分析：工程技术标准是按工程类型来描述工程技术和工艺内容特点，对设备、材料、施工和安装方法等所规定的技术要求，有的是对工程质量进行检验、试验和验收所规定的方法和要求。它们与工程量清单中各子项工作密不可分，报价人员应在准确理解招标人要求的基础上对有关工程内容进行报价。任何忽视技术标准的报价都是不完整、不可靠的，有时可能导致工程承包重大失误和亏损。

5）图纸分析：图纸是确定工程范围、内容和技术要求的重要文件，也是投标者确定施工方法等施工计划的主要依据。

图纸的详细程度取决于招标人提供的施工图设计所达到的深度和所采用的合同形式。详细的设计图纸可使投标人比较准确地估价，而不够详细的图纸则需要估价人员采用综合估价方法，进行估价。

3. 调查工程现场

招标人在招标文件中一般会明确进行工程现场踏勘的时间和地点。投标人对一般区域调查重点注意以下几个方面：

（1）自然条件调查：如气象资料，水文资料，地震、洪水及其他自然灾害情况，地质情况等。

（2）施工条件调查：主要包括工程现场的用地范围、地形、地貌、地物、高程，地上或地下障碍物，现场的三通一平情况；工程现场周围的道路、进出场条件、有无特殊交通限制；工程现场施工临时设施、大型施工机具、材料堆放场地安排的可能性，是否需要二次搬运；工程现场邻近建筑物与招标工程的间距、结构形式、基础埋深、新旧程度、高度；市政给水及污水、雨水排放管线位置、高程、管径、压力、废水、污水处理方式，市政、消防供水管道管径、压力、位置等；当地供电方式、方位、距离、电压等；当地燃气供应能力，管线位置、高程等；工程现场通信线路的连接和铺设；当地政府有关部门对施工现场管理的一般要求、特殊要求及规定，是否允许节假日和夜间施工等。

（3）其他条件调查：主要包括各种构件、半成品及商品混凝土的供应能力和价格，以及现场附近的生活设施、治安情况等等。

（二）询价与核量

1. 询价

投标报价之前，投标人必须通过各种渠道，采用多种方式对工程所需各种材料、设备等的价格、质量、供应时间、供应数量等进行系统全面的调查，同时还要了解分包项目的分包形式、分包范围、分包人报价、分包人履约能力及信誉等。询价是投标报价的基础，它为投标报价提供可靠的依据。询价时要特别注意两个问题，一是产品质量必须可靠，并满足招标文件的有关规定；二是供货方式、时间、地点，有无附加条件和费用。

（1）询价的渠道：

1）直接与生产厂商联系。

2）了解生产厂商的代理人或从事该项业务的经纪人。

3）了解经营该项产品的销售商。

4）向咨询公司进行询价。通过咨询公司所得到的询价资料比较可靠，但需要支付一定的咨询费用，也可向同行了解。

5）通过互联网查询。

6）自行进行市场调查或信函询价。

（2）生产要素询价：

1）材料询价：材料询价的内容包括调查对比材料价格、供应数量、运输方式、保险和有效期、不同买卖条件下的支付方式等。询价人员在施工方案初步确定后，立即发出材料询价单，并催促材料供应商及时报价。收到询价单后，询价人员应将从各种渠道所询得的材料报价及其他有关资料汇总整理。对同种材料从不同经销部门所得到的所有资料进行比较分析，选择合适、可靠的材料供应商的报价，提供给工程报价人员使用。

2）施工机械设备询价：在外地施工需用的机械设备，有时在当地租赁或采购可能更为有利，因此，事前有必要进行施工机械设备的询价。必须采购的机械设备，可向供应厂商询价。对于租赁的机械设备，可向专门从事租赁业务的机构询价，并应详细了解其计价方法。

3）劳务询价：劳务询价主要有两种情况：一是成建制的劳务公司，相当于劳务分包，一般费用较高，但素质较可靠，工效较高，承包商的管理工作较轻松；另一种是劳务市场招募零散劳动力，根据需要进行选择，这种方式虽然劳务价格低廉，但有时素质达不到要求或工效降低，且承包商的管理工作较繁重。投标人应在对劳务市场充分了解的基础上决定采用哪种方式，并以此为依据进行投标报价。

（3）分包询价：总承包商在确定了分包工作内容后，就将分包专业的工程施工图纸和技术说明送交预先选定的分包单位，请他们在约定的时间内报价，以便进行比较选择，最终选择合适的分包人。对分包人询价应注意以下几点：分包标函是否完整，分包工程单价所包含的内容，分包人的工程质量、信誉及可信赖程度，质量保证措施，分包报价。

2. 复核工程量

实行工程量清单招标，招标人在招标文件中提供工程量清单，应当被认为是准确的和完整的，其目的是使各投标人在投标报价中具有共同的竞争平台。因此要求投标人在投标报价中填写的工程数量必须与招标工程量清单一致。

工程量的大小对投标报价时编制综合单价有一定影响。在投标时间允许的情况下可以对主要项目的工程量进行复核，对比与招标文件提供的工程量差距，从而考虑相应的投标策略，决定报价尺度；也可根据工程量的大小采取合适的施工方法，选择适用、经济的施工机具设备、投入使用相应的劳动力数量；还能确定大宗物资的预定及采购的数量，防止由于超量或少购等带来的浪费、积压或停工待料。

3. 制定项目管理规划

项目管理规划是工程投标报价的重要依据，项目管理规划应分为项目管理规划大纲和项目管理实施规划。根据《建设工程项目管理规范》(GB/T 50326—2017)当承包商以编制施工组织设计代替项目管理规划时，施工组织设计应满足项目管理规划的要求。

(1) 项目管理规划大纲：项目管理规划大纲是投标人管理层在投标之前编制的，旨在作为投标依据、满足招标文件要求及签订合同要求的文件。可包括下列内容（根据需要选定）：项目概况、项目范围管理规划、项目管理目标规划、项目管理组织规划、项目成本管理规划、项目进度管理规划、项目质量管理规划、项目职业健康安全与环境管理规划、项目采购与资源管理规划、项目信息管理规划、项目沟通管理规划、项目风险管理规划、项目收尾管理规划。

(2) 项目管理实施规划：项目管理实施规划是指在开工之前由项目经理主持编制，旨在指导施工项目实施阶段管理的文件。项目管理实施规划必须由项目经理组织项目经理部在工程开工之前编制完成。应包括下列内容：项目概况、总体工作计划、组织方案、技术方案、进度计划、质量计划、职业健康安全与环境管理计划、成本计划、资源需求计划、风险管理规划、信息管理计划、项目沟通管理计划、项目收尾管理计划、项目现场平面布置图、项目目标控制措施、技术经济指标。

(三) 编制投标文件

1. 投标文件编制的内容

投标人应当按照招标文件的要求编制投标文件。投标文件应当包括下列内容：

(1) 投标函及投标函附录。

(2) 法定代表人身份证明或附有法定代表人身份证明的授权委托书。

(3) 联合体协议书（如工程允许采用联合体投标）。

(4) 投标保证金。

(5) 已标价工程量清单。

(6) 施工组织设计。

(7) 项目管理机构。

(8) 拟分包项目情况表。

(9) 资格审查资料。

(10) 规定的其他材料。

2. 投标文件编制时应遵循的规定

(1) 投标文件应按"投标文件格式"进行编写，如有必要，可以增加附页，作为投标文件的组成部分。其中，投标函附录在满足招标文件实质性要求的基础上，可以提出比招标文件要求更能吸引招标人的承诺。

(2) 投标文件应当对招标文件有关工期、投标有效期、质量要求、技术标准和要求、招标范围等实质性内容做出响应。

(3) 投标文件应由投标人的法定代表人或其委托代理人签字和单位盖章。委托代理人签字的，投标文件应附法定代表人签署的授权委托书。投标文件应尽量避免涂改、行间插字或删除。如果出现上述情况，改动之处应加盖单位印章或由投标人的法定代表人或其授权的代理人签字确认。

(4) 投标文件正本一份，副本份数按招标文件有关规定。正本和副本的封面上应清楚地标记"正本"或"副本"的字样。投标文件的正本与副本应分别装订成册，并编制目录。当副本和正本不一致时，以正本为准。

（5）除招标文件另有规定外，投标人不得递交备选投标方案。允许投标人递交备选投标方案的，只有中标人所递交的备选投标方案方可予以考虑。评标委员会认为中标人的备选投标方案优于其按照招标文件要求编制的投标方案的，招标人可以接受该备选投标方案。

3. 投标文件的递交

投标人应当在招标文件规定的提交投标文件的截止时间前，将投标文件密封送达投标地点。招标人收到投标文件后，应当向投标人出具标明签收人和签收时间的凭证，在开标前任何单位和个人不得开启投标文件。在招标文件要求提交投标文件的截止时间后送达或未送达指定地点的投标文件，为无效的投标文件，招标人不予受理。

4. 联合体投标

两个以上法人或者其他组织可以组成一个联合体，以一个投标人的身份共同投标。联合体投标需遵循以下规定：

（1）联合体各方应按招标文件提供的格式签订联合体协议书，联合体各方应当指定牵头人，授权其代表所有联合体成员负责投标和合同实施阶段的主办、协调工作，并应当向招标人提交由所有联合体成员法定代表人签署的授权书。

（2）联合体各方签订共同投标协议后，不得再以自己名义单独投标，也不得组成新的联合体或参加其他联合体在同一项目中投标。联合体各方在同一招标项目中以自己名义单独投标或者参加其他联合体投标的，相关投标均无效。

（3）招标人接受联合体投标并进行资格预审的，联合体应当在提交资格预审申请文件前组成。资格预审后联合体增减、更换成员的，其投标无效。

（4）由同一专业的单位组成的联合体，按照资质等级较低的单位确定资质等级。

（5）联合体投标的，应当以联合体各方或者联合体中牵头人的名义提交投标保证金。以联合体中牵头人名义提交的投标保证金，对联合体各成员具有约束力。

二、投标报价编制的原则与依据

投标报价是在工程招标发包过程中，由投标人按照招标文件的要求，根据工程特点，并结合自身的施工技术、装备和管理水平，参照相关计价依据自主确定的工程造价。投标报价是投标人希望达成工程承包交易的期望价格，它不能高于招标人设定的最高投标限价，也不能低于工程成本价。

（一）投标报价的编制原则

报价是投标的关键性工作，报价是否合理不仅直接关系到投标的成败，还关系到中标后企业的盈亏。投标报价编制原则如下：

（1）投标报价由投标人自主确定，但必须执行工程量清单计价规范和各专业工程量清单计算规范的强制性规定。投标价应由投标人或受其委托具有相应资质的工程造价咨询人编制。

（2）《建设工程工程量清单计价规范》（GB 50500—2013）第 6.1.3 条规定"投标报价不得低于工程成本"。《招标投标法》第四十一条规定："中标人的投标应当符合下列条件……（二）能够满足招标文件的实质性要求，并且经评审的投标价格最低；但是投标价格低于成本的除外。"《评标委员会和评标方法暂行规定》（七部委第 12 号令）第二十一条规定："在评标过程中，评标委员会发现投标人的报价明显低于其他投标报价或者在设有标底时明显低于标底的，使得其投标报价可能低于其个别成本的，应当要求该投标人做出书面说明并提供相关证明材料。投标人不能合理说明或者不能提供相关证明材料的，由评标委员会认定该投标人以低于成本报价竞标，其投标应作为废标处理。"根据上述规范、规章的规定，特别要求投标人的投标报价不得低于工程成本。

（3）招标文件中设定的发承包双方责任划分，是投标报价费用计算必须考虑的因素。投标人根据其所承担的责任考虑要分摊的风险范围和相应费用，而选择不同的报价；根据工程发承包模式考虑投标报价的费用内容和计算深度。

（4）以施工方案、技术措施等作为投标报价计算的基本条件，以反映企业技术和管理水平的企业定额作为计算人工、材料和机械台班消耗量的基本依据，充分利用现场考察、调研成果、市场价格信息和行情资料，编制基础报价。

（5）报价计算方法要科学严谨，简明适用。

（二）投标报价的编制依据

《建设工程工程量清单计价规范》（GB 50500—2013）规定，投标报价应根据下列依据编制：

（1）工程量清单计价规范。

（2）国家或省级、行业建设主管部门颁发的计价办法。

（3）企业定额，国家或省级、行业建设主管部门颁发的计价定额。

（4）招标文件、工程量清单及其补充通知、答疑纪要。

（5）建设工程设计文件及相关资料。

（6）施工现场情况、工程特点及拟定的投标施工组织设计或施工方案。

（7）与建设项目相关的标准、规范等技术资料。

（8）市场价格信息或工程造价管理机构发布的工程造价信息。

（9）其他的相关资料。

三、投标报价的编制方法和内容

投标报价的编制过程，应首先根据招标人提供的工程量清单编制分部分项工程项目计价表、措施项目计价表、其他项目计价表、规费、税金项目计价表，计算完毕逐层汇总，分别得到单位工程投标报价汇总表、单项工程投标报价汇总表和工程项目投标总价汇总表，投标总价的组成，如图3.5.2所示。在编制过程中，投标人应按招标人提供的工程量清单填报价格。填写的项目编码、项目名称、项目特征、计量单位及工程量必须与招标人提供的一致。

（一）分部分项工程和单价措施项目清单与计价表的编制

投标报价编制工作中最主要的内容是确定综合单价。

1. 确定综合单价

综合单价包括完成一个规定工程量清单项目所需的人工费、材料费和工程设备费、施工机械使用费、企业管理费、利润，以及一定范围内的风险费用的分摊。

综合单价＝人工费＋材料和工程设备费＋施工机具使用费＋管理费＋利润（含风险费用）

$$(3.5.1)$$

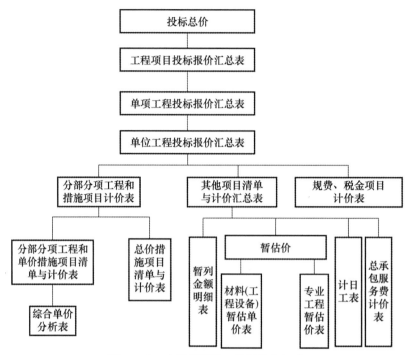

图 3.5.2　建设项目施工投标总价组成

（1）确定综合单价时的注意事项：

1）以项目特征描述为依据。项目特征是确定综合单价的重要依据之一，投标人投标报价时应依据招标文件中清单项目的特征描述确定综合单价。在招标投标过程中，当出现招标工程量清单特征描述与设计图纸不符时，投标人应以招标工程量清单的项目特征描述为准，确定投标报价的综合单价。在工程实施阶段施工图纸或设计变更与招标工程量清单项目特征描述不一致时，发承包双方应按实际施工的项目特征，依据合同约定重新确定综合单价。

2）材料、工程设备暂估价的处理。招标文件的其他项目清单中提供了暂估单价的材料和工程设备，应按其暂估的单价计入清单项目的综合单价。

3）考虑合理的风险。招标文件中要求投标人承担的风险费用，投标人应考虑列入综合单价。在施工过程中，当出现的风险内容及其范围（幅度）在招标文件规定的范围（幅度）内时，综合单价不得变动，合同价款不作调整。发承包双方对合同履行阶段的风险分摊可参照以下原则：

① 对于主要由市场价格波动导致的价格风险，如工程造价中的建筑材料、燃料等价格风险，发承包双方应当在招标文件中或在合同中对此类风险的范围和幅度予以明确约定，进行合理分摊。根据工程特点和工期要求，一般采取的方式是承包人承担 5％以内的材料、工程设备价格风险，10％以内的施工机具使用费风险。

② 对于法律、法规、规章或有关政策出台导致工程税金、规费、人工费发生变化，并由省级、行业建设行政主管部门或其授权的工程造价管理机构根据上述变化发布的政策性调整，以及由政府定价或政府指导价管理的原材料等价格进行了调整，承包人不应承担此类风险，应按照有关调整规定执行。

③ 对于承包人根据自身技术水平、管理、经营状况能够自主控制的风险，如承包人的管理费、利润的风险，承包人应结合市场情况，根据企业自身的实际合理确定、自主报价，

该部分风险由承包人全部承担。

(2) 确定综合单价的步骤和方法:

1) 确定计算基础。计算基础主要包括消耗量指标和生产要素单价。应根据本企业的企业消耗量定额,并结合拟定的施工方案确定完成清单项目需要消耗的各种人工、材料、机械台班的数量。若没有企业定额或企业定额缺项时,可参照与本企业实际水平相近的国家、地区、行业定额,并通过调整来确定清单项目的人、材、机单位用量。各种人工、材料、机械台班的单价,则应根据询价的结果和市场行情综合确定。

2) 分析每一清单项目的工程内容。在招标工程量清单中,招标人已对项目特征进行了准确、详细的描述,投标人根据这一描述,再结合施工现场情况和拟定的施工方案确定完成各清单项目实际应发生的工程内容。必要时可参照各专业工程工程量清单计算规范中提供的工程内容,有些特殊的工程也可能出现规范列表之外的工程内容。

3) 计算工程内容的工程数量与清单单位的含量。每一项工程内容都应根据所选定额的工程量计算规则计算其工程数量,当定额的工程量计算规则与清单的工程量计算规则相一致时,可直接以工程量清单中的工程量作为工程内容的工程数量。

当采用清单单位含量计算人工费、材料费、施工机具使用费时,还需要计算每一计量单位的清单项目所分摊的工程内容的工程数量,即清单单位含量。

$$清单单位含量 = \frac{某工程内容的定额工程量}{清单工程量} \tag{3.5.2}$$

4) 计算分部分项工程人工、材料、机械费用。以完成每一计量单位的清单项目所需的人工、材料、机械用量为基础计算,即:

$$\begin{matrix} 每一计量单位清单项目 \\ 某种资源的使用量 \end{matrix} = 该种资源的定额单位用量 \times 相应定额条目的清单单位含量$$

$$\tag{3.5.3}$$

再根据预先确定的各种生产要素的单位价格可计算出每一计量单位清单项目的分部分项工程的人工费、材料费与施工机具使用费。

$$人工费 = 完成单位清单项目所需人工的工日数量 \times 人工工日单价 \tag{3.5.4}$$

$$材料费 = \sum 完成单位清单项目所需各种材料、半成品的数量 \times 各种材料、半成品单价$$

$$\tag{3.5.5}$$

$$机械使用费 = \sum 完成单位清单项目所需各种机械的台班数量 \times 各种机械的台班单价$$

$$\tag{3.5.6}$$

当招标人提供的其他项目清单中列示了材料暂估价时,应根据招标人提供的价格计算材料费,并在分部分项工程量清单与计价表中表现出来。

5) 计算综合单价。企业管理费和利润的计算可按照人工费、材料费、机械费之和按照一定的费率取费计算。

$$企业管理费 = (人工费 + 材料费 + 施工机具使用费) \times 企业管理费费率 \tag{3.5.7}$$

$$利润 = (人工费 + 材料费 + 施工机具使用费 + 企业管理费) \times 利润率 \tag{3.5.8}$$

将上述五项费用汇总并考虑合理的风险费用后,即可得到清单综合单价。

2. 编制分部分项工程量清单与计价表

根据计算出的综合单价,可编制分部分项工程量清单与计价表,如表 3.5.1 所示,表中暂估价为招标人在招标工程量清单中给定的。

表 3.5.1　分部分项工程清单与计价表（投标报价）

工程名称：××保障房一期住宅工程　　　　　　　标段：　　　　　　　第×页　共×页

序号	项目编码	项目名称	项目特征	计量单位	工程量	综合单价	合价	其中：暂估价
						金额（元）		
		...						
		0105 混凝土及钢筋混凝土工程						
6	010503001001	基础梁	C30 预拌混凝土，梁底标高−1.55m	m³	208	356.14	74077	
7	010515001001	现浇构件钢筋	螺纹钢 Q235，φ14	t	200	4787.16	957432	800000
		...						
		分部小计					2432419	800000

3. 编制工程量清单综合单价分析表

为表明综合单价的合理性，投标人应对其进行单价分析，以作为评标时的判断依据。综合单价分析表的编制应反映上述综合单价的编制过程，并按照规定的格式进行，如表 3.5.2 所示。

表 3.5.2　工程量清单综合单价分析表

工程名称：××保障房一期住宅工程　　　　　　　标段：　　　　　　　第×页　共×页

项目编码	010515001001		项目名称	现浇构件钢筋	计量单位	t	工程量	200
清单综合单价组成明细								

定额编号	定额名称	定额单位	数量	单价				合价			
				人工费	材料费	机械费	管理费和利润	人工费	材料费	机械费	管理费和利润
AD0899	现浇构件钢筋制安	t	1.07	293.75	4327.70	62.42	102.29	293.75	4327.70	62.42	102.29
人工单价			小计					293.75	4327.70	62.42	102.29
80 元／工日			未计价材料费								
清单项目综合单价								4787.16			

	主要材料名称、规格、型号	单位	数量	单价（元）	合价（元）	暂估单价（元）	暂估合价（元）
材料费明细	螺纹钢 Q235，φ14	t	1.07			4000.00	4280.00
	焊条	kg	8.64	4.00	33.56		
	其他材料费			—	13.14	—	
	材料费小计			—	47.70	—	4280.00

（二）总价措施项目清单与计价表的编制

对于不能精确计量的措施项目，应编制总价措施项目清单与计价表。投标人对措施项目中的总价项目投标报价应遵循以下原则：

（1）措施项目的内容应依据招标人提供的措施项目清单和投标人投标时拟定的施工组织设计或施工方案；

（2）措施项目费由投标人自主确定，但其中安全文明施工费必须按照国家或省级、行业建设主管部门的规定计价，不得作为竞争性费用。招标人不得要求投标人对该项费用进行优惠，投标人也不得将该项费用参与市场竞争。

投标报价时总价措施项目清单与计价表的编制如 3.5.3 所示。

表 3.5.3　总价措施项目清单与计价表

工程名称：××保障房一期住宅工程　　　　　　　　标段：　　　　　　　　　　　第×页　共×页

序号	项目编码	项目名称	计算基础	费率（%）	金额（元）	调整费率（%）	调整后金额（元）	备注
1	011707001001	安全文明施工费	定额人工费	25	209650			
2	011707002001	夜间施工增加费	定额人工费	1.5	12479			
3	011707004001	二次搬运费	定额人工费	1	8386			
4	011707005001	冬雨季施工增加费	定额人工费	0.6	5032			
5	011707007001	已完工程及设备保护费	估算		6000			
		...						
合计					241547			

（三）其他项目清单与计价表的编制

其他项目费主要由暂列金额、暂估价、计日工以及总承包服务费组成。

投标人对其他项目费投标报价时应遵循以下原则：

（1）暂列金额应按照招标人提供的其他项目清单中列出的金额填写，不得变动。

（2）暂估价不得变动和更改。招标文件暂估单价表中列出的材料、工程设备必须按招标人提供的暂估单价计入清单项目的综合单价，专业工程暂估价必须按照招标人提供的其他项目清单中列出的金额填写。

（3）计日工应按照其他项目清单列出的项目和估算的数量，自主确定各项综合单价并计算费用，如表 3.5.4 所示。

表 3.5.4　计日工表

工程名称：××保障房一期住宅工程　　　　　　　　标段：　　　　　　　　　　　第×页　共×页

编号	项目名称	单位	暂定数量	实际数量	综合单价（元）	合价（元） 暂定	合价（元） 实际
一	人工						
1	普工	工日	100		80	8000	

续表 3.5.4

编号	项目名称	单位	暂定数量	实际数量	综合单价（元）	合价（元）	
						暂定	实际
2	技工	工日	60		110	6600	
3							
	人工小计					14600	
二	材料						
1	钢筋（规格见施工图）	t	1		4000	4000	
2	水泥 42.5	t	2		600	1200	
3	中砂	m³	10		80	800	
4	砾门（5～40mm）	m³	5		42	210	
5	页岩砖（240mm×115mm×53mm）	千匹	1		300	300	
	材料小计					6510	
三	施工机械						
1	自升式塔吊起重机	台班	5		550	2750	
2	灰浆搅拌机（400L）	台班	2		20	40	
3							
	施工机械小计					2790	
四、企业管理费和利润　按人工费18%计						2628	
总计						26528	

（4）总承包服务费应根据招标人在招标文件中列出的分包专业工程内容和供应材料、设备情况，按照招标人提出的协调、配合与服务要求和施工现场管理需要自主确定，如表3.5.5 所示。

表 3.5.5　总承包服务费计价表

序号	项目名称	项目价值（元）	服务内容	计算基础	费率（％）	金额（元）
1	发包人发包专业工程	200000	1. 按专业工程承包人的要求提供施工工作面并对施工现场进行统一管理，对竣工资料进行统一整理汇总。 2. 为专业工程承包人提供垂直运输机械和焊接电源接入点，并承担垂直运输费和电费	项目价值	7	14000
2	发包人提供材料	845000	对发包人供应的材料进行验收及保管和使用发放	项目价值	0.8	6760
	合计	—	—	—	—	20760

（四）规费、税金项目清单与计价表的编制

规费和税金应按国家或省级、行业建设主管部门的规定计算，不得作为竞争性费用。这是由于规费和税金的计取标准是依据有关法律、法规和政策规定制定的，具有强制性。因此，投标人在投标报价时必须按照上述有关规定计算规费和税金。规费、税金项目清单与计价表的编制如表 3.5.6 所示。

表 3.5.6　规费、税金项目清单与计价表

工程名称：××保障房一期住宅工程　　　　　　　　标段：　　　　　　　　　第×页　共×页

序号	项目名称	计算基础	计算基数	费率（%）	金额（元）
1	规费	人工费			239001
1.1	社会保险费	人工费			188685
（1）	养老保险费	人工费		14	117404
（2）	失业保险费	人工费		2	16772
（3）	医疗保险费	人工费		6	50316
（4）	工伤保险费	人工费		0.25	2096.5
（5）	生育保险费	人工费		0.25	2096.5
1.2	住房公积金	人工费		6	50316
1.3	工程排污费	按工程所在地环境保护部门收取标准、按实计入			
2	税金	分部分项工程费＋措施项目费＋其他项目费＋规费－按规定不计税的工程设备金额		3.48	268284
	合计				507285

（五）投标价的汇总

投标人的投标总价应当与组成工程量清单的分部分项工程费、措施项目费、其他项目费和规费、税金的合计金额相一致，即投标人在进行工程量清单招标的投标报价时，不能进行投标总价优惠（或降价、让利），投标人对投标报价的任何优惠（或降价、让利）均应反映在相应清单项目的综合单价中。

施工企业某单位工程投标报价汇总表如表 3.5.7 所示。

表 3.5.7　投标报价计价汇总表

工程名称：××保障房一期住宅工程　　　　　　　　标段：　　　　　　　　　第×页　共×页

序号	汇总内容	金额（元）	其中：暂估价
1	分部分项工程	6318410	845000
…			
1.2	混凝土及钢筋混凝土工程	2432419	800000
…			
2	措施项目	738257	

续表 3.5.7

序号	汇总内容	金额（元）	其中：暂估价
2.1	其中：安全文明施工费	209650	
3	其他项目	597288	
3.1	其中：暂列金额	350000	
3.2	其中：专业工程暂估价	200000	
3.3	其中：计日工	26528	
3.4	其中：总承包服务费	20760	
4	规费	239001	
5	税金	268284	
投标报价合计＝1＋2＋3＋4＋5		8161240	845000

第六节 土建工程价款结算和合同价款的调整

一、预付款

工程预付款又称材料备料款或材料预付款，是建设工程施工合同订立后由发包人按照合同约定，在正式开工前预先支付给承包人的用于购买工程所需的材料和设备以及组织施工机械和人员进场所需款项。

1. 预付款的支付

（1）工程预付款额度：各地区、各部门的规定不完全相同，主要是保证施工所需材料和构件的正常储备。工程预付款额度一般是根据施工工期、建安工作量、主要材料和构件费用占建安工程费的比例以及材料储备周期等因素经测算来确定。

1）百分比法：发包人根据工程的特点、工期长短、市场行情、供求规律等因素，招标时在合同条件中约定工程预付款的百分比。根据财政部《建设工程价款结算暂行办法》的规定，预付款的比例原则上不低于合同金额的 10%，不高于合同金额的 30%。

2）公式计算法：公式计算法是根据主要材料（含结构件等）占年度承包工程总价的比重，材料储备定额天数和年度施工天数等因素，通过公式计算预付款额度的一种方法。

其计算公式为：

$$工程预付款数额＝\frac{工程总价×材料比例（\%）}{年度施工天数}×材料储备定额天数 \quad (3.6.1)$$

式中，年度施工天数按 365d 日历天计算，材料储备定额天数由当地材料供应的在途天数、加工天数、整理天数、供应间隔天数、保险天数等因素决定。

（2）预付款的支付时间：根据财政部《建设工程价款结算暂行办法》的规定，在具备施工条件的前提下，发包人应在双方签订合同后的一个月内或不迟于约定的开工日期前的 7d 内预付工程款，发包人不按约定预付，承包人应在预付时间到期后 10d 内向发包人发出要求预付的通知，发包人收到通知后仍不按要求预付，承包人可在发出通知 14d 后停止施工，发包人应从约定应付之日起向承包人支付应付款的利息（利率按同期银行贷款利率计），并承担违约责任。

1）承包人应在签订合同或向发包人提供与预付款等额的预付款保函（如有）后向发包人提交预付款支付申请。

2）发包人应在收到支付申请的 7d 内进行核实后向承包人发出预付款支付证书，并在签发支付证书后的 7d 内向承包人支付预付款。

3）发包人没有按合同约定按时支付预付款的，承包人可催告发包人支付；发包人在预付款期满后的 7d 内仍未支付的，承包人可在付款期满后的第 8d 起暂停施工。发包人应承担由此增加的费用和（或）延误的工期，并向承包人支付合理利润。

2. 预付款的扣回

发包人支付给承包人的工程预付款属于预支性质，随着工程的逐步实施后，原已支付的预付款应以充抵工程价款的方式陆续扣回，抵扣方式应当由双方当事人在合同中明确约定。扣款的方法主要有以下两种：

（1）按合同约定扣款：预付款的扣款方法由发包人和承包人通过洽商后在合同中予以确定，一般是在承包人完成金额累计达到合同总价的一定比例后，由承包人开始向发包人还款，发包方从每次应付给承包人的金额中扣回工程预付款，发包人至少在合同规定的完工期前将工程预付款的总金额逐次扣回。国际工程中的扣款方法一般为：当工程进度款累计金额超过合同价格的 $10\% \sim 20\%$ 时开始起扣，每月从进度款中按一定比例扣回。

（2）起扣点计算法：从未施工工程尚需的主要材料及构件的价值相当于工程预付款数额时起扣，此后每次结算工程价款时，按材料所占比重扣减工程价款，至工程竣工前全部扣清。起扣点的计算公式如下：

$$T = P - \frac{M}{N} \tag{3.6.2}$$

式中　T——起扣点（即工程预付款开始扣回时）的累计完成工程金额；

$\quad\quad M$——工程预付款总额；

$\quad\quad N$——主要材料及构件所占比重；

$\quad\quad P$——承包工程合同总额。

该方法对承包人比较有利，最大限度的占用了发包人的流动资金，但是，显然不利于发包人资金使用。

3. 预付款担保

（1）预付款担保的概念及作用：预付款担保是指承包人与发包人签订合同后领取预付款前，承包人正确、合理使用发包人支付的预付款而提供的担保。其主要作用是保证承包人能够按合同规定的目的使用并及时偿还发包人已支付的全部预付金额。如果承包人中途毁约，中止工程，使发包人不能在规定期限内从应付工程款中扣除全部预付款，则发包人有权从该项担保金额中获得补偿。

（2）预付款担保的形式：预付款担保的主要形式为银行保函。预付款担保的担保金额通常与发包人的预付款是等值的。预付款一般逐月从工程预付款中扣除，预付款担保的担保金额也相应逐月减少。承包人在施工期间，应当定期从发包人处取得同意此保函减值的文件，并送交银行确认。承包人还清全部预付款后，发包人应退还预付款担保，承包人将其退回银行注销，解除担保责任。

4. 安全文明施工费

发包人应在工程开工后的 28d 内预付不低于当年施工进度计划的安全文明施工费总额的 60%，其余部分按照提前安排的原则进行分解，与进度款同期支付。

发包人没有按时支付安全文明施工费的，承包人可催告发包人支付；发包人在付款期满后的 7d 内仍未支付的，若发生安全事故，发包人应承担连带责任。

二、期中支付

合同价款的期中支付，是指发包人在合同工程施工过程中，按照合同约定对付款周期内承包人完成的合同价款给予支付的款项，也就是工程进度款的结算支付。发、承包双方应按照合同约定的时间、程序和方法，根据工程计量结果，办理期中价款结算，支付进度款。进度款支付周期，应与合同约定的工程计量周期一致。

1. 期中支付价款的计算

（1）已完工程的结算价款：已标价工程量清单中的单价项目，承包人应按工程计量确认的工程量与综合单价计算。如综合单价发生调整，以发、承包双方确认调整的综合单价计算进度款。

已标价工程量清单中的总价项目，承包人应按合同中约定的进度款支付分解，分别列入进度款支付申请中的安全文明施工费和本周期应支付的总价项目的金额中。

（2）结算价款的调整：承包人现场签证和得到发包人确认的索赔金额列入本周期应增加的金额中。由发包人提供的材料、工程设备金额，应按照发包人签约提供的单价和数量从进度款支付中扣出，列入本周期应扣减的金额中。

（3）进度款的支付比例：进度款的支付比例按照合同约定，按期中结算价款总额计，不低于 60%，不高于 90%。

2. 期中支付的程序

（1）进度款支付申请：承包人应在每个计量周期到期后向发包人提交已完工程进度款支付申请一式四份，详细说明此周期认为有权得到的款额，包括分包人已完工程的价款。支付申请的内容包括：

1）累计已完成的合同价款。

2）累计已实际支付的合同价款。

3）本周期合计完成的合同价款包括：①本周期已完成单价项目的金额；②本周期应支付的总价项目的金额；③本周期已完成的计日工价款；④本周期应支付的安全文明施工费；⑤本周期应增加的金额。

4）本周期合计应扣减的金额包括：①本周期应扣回的预付款；②本周期应扣减的金额。

5）本周期实际应支付的合同价款。

（2）进度款支付证书：发包人应在收到承包人进度款支付申请后，根据计量结果和合同约定对申请内容予以核实，确认后向承包人出具进度款支付证书。若发、承包双方对有的清单项目的计量结果出现争议，发包人应对无争议部分的工程计量结果向承包人出具进度款支付证书。

（3）支付证书的修正：发现已签发的任何支付证书有错、漏或重复的数额，发包人有权予以修正，承包人也有权提出修正申请。经发、承包双方复核同意修正的，应在本次到期的进度款中支付或扣除。

三、竣工结算

竣工结算是指发承包双方根据国家有关法律、法规规定和合同约定，在承包人完成合同约定的全部工作后，对最终工程价款的调整和确定。竣工结算包括建设项目竣工结算、单项工程竣工结算和单位工程竣工结算。单项工程竣工结算由单位工程竣工结算组成，建设项目竣工结算由单项工程竣工结算组成。

1. 工程竣工结算的编制依据

工程竣工结算由承包人或受其委托具有相应资质的工程造价咨询人编制，由发包人或受其委托具有相应资质的工程造价咨询人核对。工程竣工结算编制的主要依据有：

（1）建设工程工程量清单计价规范以及各专业工程工程量清单计算规范。

（2）工程合同。

（3）发承包双方实施过程中已确认的工程量及其结算的合同价款。

（4）发承包双方实施过程中已确认调整后追加（减）的合同价款。

（5）建设工程设计文件及相关资料。

（6）投标文件。

（7）其他依据。

2. 工程竣工结算的计价原则

在采用工程量清单计价的方式下，工程竣工结算的编制应当规定的计价原则：

（1）分部分项工程和措施项目中的单价项目应依据双方确认的工程量与已标价工程量清单的综合单价计算；如发生调整，以发、承包双方确认调整的综合单价计算。

（2）措施项目中的总价项目应依据合同约定的项目和金额计算；发生调整的，以发承包双方确认调整的金额计算，其中安全文明施工费必须按照国家或省级、行业建设主管部门的规定计算。

（3）其他项目应按下列规定计价：

1）计日工应按发包人实际签证确认的事项计算。

2）暂估价应按发、承包双方按照《建设工程工程量清单计价规范》（GB 50500—2013）的相关规定计算。

3）总承包服务费应依据合同约定金额计算；如发生调整，以发、承包双方确认调整的金额计算。

4）施工索赔费用应依据发、承包双方确认的索赔事项和金额计算。

5）现场签证费用应依据发、承包双方签证资料确认的金额计算。

6）暂列金额应减去工程价款调整（包括索赔、现场签证）金额计算，如有余额归发包人。

（4）规费和税金应按照国家或省级、行业建设主管部门的规定计算。规费中的工程排污费应按工程所在地环境保护部门规定标准缴纳后按实列入。

此外，发、承包双方在合同工程实施过程中已经确认的工程计量结果和合同价款，在竣工结算办理中应直接进入结算。

3. 竣工结算款的支付

工程竣工结算文件经发承包双方签字确认的，应当作为工程结算的依据；未经对方同意，另一方不得就已生效的竣工结算文件委托工程造价咨询机构重复审核。发包方应当按照竣工结算文件及时支付竣工结算款。竣工结算款的支付流程如下：

（1）承包人提交竣工结算款支付申请。

（2）发包人签发竣工结算支付证书。

（3）支付竣工结算款，发包人签发竣工结算支付证书后的 14d 内，按照竣工结算支付证书列明的金额向承包人支付结算款。

发包人在收到承包人提交的竣工结算款支付申请后 7d 内不予核实，不向承包人签发竣工结算支付证书的，视为承包人的竣工结算款支付申请已被发包人认可；发包人应在收到承包人提交的竣工结算款支付申请 7d 后的 14d 内，按照承包人提交的竣工结算款支付申请列明的金额向承包人支付结算款。

发包人未按照规定的程序支付竣工结算款的，承包人可催告发包人支付，并有权获得延迟支付的利息。发包人在竣工结算支付证书签发后或者在收到承包人提交的竣工结算款支付申请 7d 后的 56d 内仍未支付的，除法律另有规定外，承包人可与发包人协商将该工程折价，也可直接向人民法院申请将该工程依法拍卖。承包人就该工程折价或拍卖的价款优先受偿。

4. 合同解除的价款结算与支付

发承包双方协商一致解除合同的，按照达成的协议办理结算和支付合同价款。

由于不可抗力解除合同的，发包人除应向承包人支付合同解除之日前已完成工程但尚未支付的合同价款，还应支付下列金额：

（1）合同中约定应由发包人承担的费用。

（2）已实施或部分实施的措施项目应付价款。

（3）承包人为合同工程合理订购且已交付的材料和工程设备货款。发包人一经支付此项货款，该材料和工程设备即成为发包人的财产。

（4）承包人撤离现场所需的合理费用，包括员工遣送费和临时工程拆除、施工设备运离现场的费用。

（5）承包人为完成合同工程而预期开支的任何合理费用，且该项费用未包括在本款其他各项支付之内。

发承包双方办理结算合同价款时，应扣除合同解除之日前发包人应向承包人收回的价款。当发包人应扣除的金额超过了应支付的金额，则承包人应在合同解除后的 56d 内将其差额退还给发包人。

四、最终结清

最终结清，是指合同约定的缺陷责任期终止后，承包人已按合同规定完成全部剩余工作且质量合格的，发包人与承包人结清全部剩余款项的活动。

1. 最终结清申请单

缺陷责任期终止后，承包人已按合同规定完成全部剩余工作且质量合格的，发包人签发缺陷责任期终止证书，承包人可按合同约定的份数和期限向发包人提交最终结清申请单，并提供相关证明材料，详细说明承包人根据合同规定已经完成的全部工程价款金额以及承包人认为根据合同规定应进一步支付给他的其他款项。发包人对最终结清申请单内容有异议的，有权要求承包人进行修正和提供补充资料，由承包人向发包人提交修正后的最终结清申请单。

2. 最终支付证书

发包人收到承包人提交的最终结清申请单后的 14d 内予以核实，向承包人签发最终支付证书。发包人未在约定时间内核实，又未提出具体意见的，视为承包人提交的最终结清申请单已被发包人认可。

发包人应在收到最终结清支付申请后的 14d 内予以核实，向承包人签发最终结清支付证书。若发包人未在约定的时间内核实，又未提出具体意见的，视为承包人提交的最终结清支付申请已被发包人认可。

3. 最终结清付款

发包人应在签发最终结清支付证书后的 14d 内，按照最终结清支付证书列明的金额向承包人支付最终结清款。最终结清付款后，承包人在合同内享有的索赔权利也自行终止。发包人未按期支付的，承包人可催告发包人在合理的期限内支付，并有权获得延迟支付的利息。

最终结清时，如果承包人被扣留的质量保证金不足以抵减发包人工程缺陷修复费用的，承包人应承担不足部分的补偿责任。

最终结清付款涉及政府投资资金的，按照国库集中支付等国家相关规定和专用合同条款的约定办理。

承包人对发包人支付的最终结清款有异议的，按照合同约定的争议解决方式处理。

五、索赔的处理

(一) 工程索赔的分类

1. 按索赔的当事人分类

根据索赔的合同当事人不同，可以将工程索赔分为：

(1) 承包人与发包人之间的索赔：该类索赔发生在建设工程施工合同的双方当事人之间，既包括承包人向发包人的索赔，也包括发包人向承包人的索赔。但是在工程实践中，经常发生的索赔事件，大都是承包人向发包人提出的，本书中所提及的索赔，如果未做特别说明，即是指此类情形。

(2) 总承包人和分包人之间的索赔：在建设工程分包合同履行过程中，索赔事件发生后，无论是发包人的原因还是总承包人的原因所致，分包人都只能向总承包人提出索赔要求，而不能直接向发包人提出。

2. 按索赔目的和要求分类

根据索赔的目的和要求不同，可以将工程索赔分为工期索赔和费用索赔。

(1) 工期索赔：工期索赔是指工程承包合同履行中，由于非承包人原因造成工期延误，按照合同约定或法律规定，承包人向发包人提出合同工期补偿要求的行为。

(2) 费用索赔：费用索赔是指工程承包合同履行中，当事人一方因非己方的原因而遭受费用损失，按照合同约定或法律规定应由对方承担责任，而向对方提出增加费用要求的行为。

3. 按索赔事件的性质分类

根据索赔事件的性质不同，可以将工程索赔分为：

（1）工程延误索赔：因发包人未按合同要求提供施工条件，或因发包人指令工程暂停等原因造成工期拖延的，承包人可以向发包人提出索赔；如果由于承包人原因导致工期拖延，发包人可以向承包人提出索赔。

（2）加速施工索赔：由于发包人指令承包人加快施工速度，缩短工期，引起承包人的人力、物力、财力的额外开支，承包人提出的索赔。

（3）工程变更索赔：由于发包人指令增加或减少工程量或增加附加工程、修改设计、变更工程顺序等，造成工期延长和（或）费用增加，承包人就此提出索赔。

（4）合同终止的索赔：由于发包人违约及非承包人原因造成合同非正常终止，承包人因其遭受经济损失而提出索赔。如果由于承包人的原因导致合同非正常终止，或者合同无法继续履行，发包人可以就此提出索赔。

（5）不可预见的不利条件索赔：承包人在工程施工期间，施工现场遇到一个有经验的承包人通常不能合理预见的不利施工条件或外界障碍，例如地质条件与发包人提供的资料不符，出现不可预见的地下水、地质断层、溶洞、地下障碍物等，承包人可以就因此遭受的损失提出索赔。

（6）不可抗力事件的索赔：工程施工期间，因不可抗力事件的发生而遭受损失的一方，可以根据合同中对不可抗力风险分担的约定，向对方当事人提出索赔。

（7）其他索赔：如因货币贬值、汇率变化、物价上涨、政策法令变化等原因引起的索赔。

引起索赔事件的原因不同，对一方当事人提出的索赔可能给予合理补偿工期、费用和（或）利润的情况也有所不同。其中，引起承包人索赔的事件以及可能得到的合理补偿内容如表 3.6.1 所示。

表 3.6.1　承包人的索赔事件及可补偿内容

序号	条款号	索赔事件	可补偿内容		
			工期	费用	利润
1	1.6.1	迟延提供图纸	√	√	√
2	1.10.1	施工中发现文物、古迹	√	√	
3	2.3	迟延提供施工场地	√	√	√
4	3.3.5	监理人指令迟延或错误	√	√	
5	3.11	施工中遇到不利物质条件	√	√	
6	5.2.4	提前向承包人提供材料、工程设备		√	
7	5.2.6	发包人提供材料、工程设备不合格或迟延提供或变更交货地点	√	√	√
8	5.3.3	发包人更换其提供的不合格材料、工程设备	√	√	
9	8.3	承包人依据发包人提供的错误资料导致测量放线错误	√	√	√
10	9.2.6	因发包人原因造成承包人人员工伤事故		√	
11	11.3	因发包人原因造成工期延误	√	√	√

续表 3.6.1

序号	条款号	索赔事件	工期	费用	利润
			可补偿内容		
12	11.4	异常恶劣的气候条件导致工期延误	√		
13	11.6	承包人提前竣工		√	
14	12.2	发包人暂停施工造成工期延误	√	√	√
15	12.3.2	工程暂停后因发包人原因无法按时复工	√	√	√
16	13.1.3	因发包人原因导致承包人工程返工	√	√	√
17	13.5.3	监理人对已经覆盖的隐蔽工程要求重新检查且检查结果合格	√	√	√
18	13.6.2	因发包人提供的材料、工程设备造成工程不合格	√	√	√
19	13.1.3	承包人应监理人要求对材料、工程设备和工程重新检验且检验结果合格	√	√	√
20	16.2	基准日后法律的变化		√	
21	18.3.2	发包人在工程竣工前提前占用工程	√	√	√
22	18.6.2	因发包人的原因导致工程试运行失败		√	√
23	19.2.3	工程移交后因发包人原因出现新的缺陷或损坏的修复		√	√
24	19.4	工程移交后因发包人原因出现的缺陷修复后的试验和试运行		√	
25	21.3.1 (4)	因不可抗力停工期间应监理人要求照管、清理、修复工程		√	
26	21.3.1 (4)	因不可抗力造成工期延误	√		
27	22.2.2	因发包人违约导致承包人暂停施工	√	√	√

（二）索赔的依据和前提条件

1. 索赔的依据

提出索赔和处理索赔都要依据下列文件或凭证：

（1）工程施工合同文件：工程施工合同是工程索赔中最关键和最主要的依据，工程施工期间，发、承包双方关于工程的洽商、变更等书面协议或文件，也是索赔的重要依据。

（2）国家法律、法规：国家制定的相关法律、行政法规，是工程索赔的法律依据。工程项目所在地的地方性法规或地方政府规章，也可以作为工程索赔的依据，但应当在施工合同专用条款中约定为工程合同的适用法律。

（3）国家、部门和地方有关的标准、规范和定额：对于工程建设的强制性标准，是合同双方必须严格执行的；对于非强制性标准，必须在合同中有明确规定的情况下，才能作为索赔的依据。

（4）工程施工合同履行过程中与索赔事件有关的各种凭证：这是承包人因索赔事件所遭受费用或工期损失的事实依据，它反映了工程的计划情况和实际情况。

2. 索赔成立的条件

承包人工程索赔成立的基本条件包括：

（1）索赔事件已造成了承包人直接经济损失或工期延误。

（2）造成费用增加或工期延误的索赔事件是非因承包人的原因发生的。

（3）承包人已经按照工程施工合同规定的期限和程序提交了索赔意向通知、索赔报告及相关证明材料。

（三）费用索赔的组成

对于不同原因引起的索赔，承包人可索赔的具体费用内容是不完全一样的。但归纳起来，索赔费用的要素与工程造价的构成基本类似，一般可归结为人工费、材料费、施工机械使用费、分包费、施工管理费、利息、利润、保险费等。

（1）人工费：人工费的索赔包括由于完成合同之外的额外工作所花费的人工费用，超过法定工作时间加班劳动，法定人工费增长，非因承包商原因导致工效降低所增加的人工费用，非因承包商原因导致工程停工的人员窝工费和工资上涨费等。

（2）材料费：材料费的索赔包括由于索赔事件的发生造成材料实际用量超过计划用量而增加的材料费，由于发包人原因导致工程延期期间的材料价格上涨和超期储存费用。材料费中应包括运输费、仓储费以及合理的损耗费用。如果由于承包商管理不善，造成材料损坏、失效，则不能列入索赔款项内。

（3）施工机械使用费：施工机械使用费的索赔包括由于完成合同之外的额外工作所增加的机械使用费，非因承包人原因导致工效降低所增加的机械使用费，由于发包人或工程师指令错误或迟延导致机械停工的台班停滞费。

（4）现场管理费：现场管理费的索赔包括承包人完成合同之外的额外工作以及由于发包人原因导致工期延期期间的现场管理费，包括管理人员工资、办公费、通讯费、交通费等。

（5）总部（企业）管理费：总部管理费的索赔主要指的是由于发包人原因导致工程延期期间所增加的承包人向公司总部提交的管理费，包括总部职工工资、办公大楼折旧、办公用品、财务管理、通信设施以及总部领导人员赴工地检查指导工作等开支。

（6）保险费：因发包人原因导致工程延期时，承包人必须办理工程保险、施工人员意外伤害保险等各项保险的延期手续，对于由此而增加的费用，承包人可以提出索赔。

（7）保函手续费：因发包人原因导致工程延期时，承包人必须办理相关履约保函的延期手续，对于由此而增加的手续费，承包人可以提出索赔。

（8）利息：利息的索赔包括发包人拖延支付工程款利息，发包人迟延退还工程质量保证金的利息，承包人垫资施工的垫资利息，发包人错误扣款的利息等。

（9）利润：一般来说，由于工程范围的变更、发包人提供的文件有缺陷或错误、发包人未能提供施工场地以及因发包人违约导致的合同终止等事件引起的索赔，承包人都可以列入利润。另外，对于因发包人原因暂停施工导致的工期延误，承包人也有权要求发包人支付合理的利润。

（10）分包费用：由于发包人的原因导致分包工程费用增加时，分包人只能向总承包人提出索赔，但分包人的索赔款项应当列入总承包人对发包人的索赔款项中。分包费用索赔指的是分包人的索赔费用，一般也包括与上述费用类似的内容索赔。

（四）工期索赔的依据及处理

1. 工期索赔的具体依据

承包人向发包人提出工期索赔的具体依据主要包括：

（1）合同约定或双方认可的施工总进度规划。

（2）合同双方认可的详细进度计划。

（3）合同双方认可的对工期的修改文件。

（4）施工日志、气象资料。

（5）业主或工程师的变更指令。

（6）影响工期的干扰事件。

（7）受干扰后的实际工程进度等。

2. 共同延误的处理

在实际施工过程中，工期拖期很少是只由一方造成的，往往是两、三种原因同时发生（或相互作用）而形成的，故称为"共同延误"。在这种情况下，要具体分析哪一种情况延误是有效的，应依据以下原则：

（1）首先判断造成拖期的哪一种原因是最先发生的，即确定"初始延误"者，它应对工程拖期负责。在初始延误发生作用期间，其他并发的延误者不承担拖期责任。

（2）如果初始延误者是发包人原因，则在发包人原因造成的延误期内，承包人既可得到工期延长，又可得到经济补偿。

（3）如果初始延误者是客观原因，则在客观因素发生影响的延误期内，承包人可以得到工期延长，但很难得到费用补偿。

（4）如果初始延误者是承包人原因，则在承包人原因造成的延误期内，承包人既不能得到工期补偿，也不能得到费用补偿。

3. 工期索赔中应当注意的问题

（1）划清施工进度拖延的责任。因承包人的原因造成施工进度滞后，属于不可原谅的延期；只有承包人不应承担任何责任的延误，才是可原谅的延期。有时工程延期的原因中可能包含有双方责任，此时监理人应进行详细分析，分清责任比例，只有可原谅延期部分才能批准顺延合同工期。可原谅延期，又可细分为可原谅并给予补偿费用的延期和可原谅但不给予补偿费用的延期，后者是指非承包人责任的影响并未导致施工成本的额外支出，大多属于发包人应承担风险责任事件的影响，如异常恶劣的气候条件影响的停工等。

（2）被延误的工作应是处于施工进度计划关键线路上的施工内容。只有位于关键线路上工作内容的滞后，才会影响到竣工日期。但有时也应注意，既要看被延误的工作是否在批准进度计划的关键路线上，又要详细分析这一延误对后续工作的可能影响。因为若对非关键路线工作的影响时间较长，超过了该工作可用于自由支配的时间，也会导致进度计划中非关键路线转化为关键路线，其滞后将影响总工期的拖延。此时，应充分考虑该工作的自由时间，给予相应的工期顺延，并要求承包人修改施工进度计划。

第七节　土建工程竣工决算价款的编制

一、竣工决算的基本概念

（一）竣工决算的含义

竣工决算是以实物数量和货币形式，对工程建设项目建设期的总投资、投资效果、新增资产价值及财务状况进行的综合测算和分析。竣工决算的成果文件称作竣工决算书。竣工决算书是正确核定新增固定资产价值，考核分析投资效果，建立健全经济责任制的依据，是反映建设项目实际造价和投资效果的文件。通过竣工决算，既能够正确反映建设工程的实际造价和投资结果，又可以通过竣工决算与概算、预算的对比分析，考核投资控制的工作成效，为工程建设提供重要的技术经济方面的基础资料，提高未来工程建设的投资效益。

（二）竣工决算书的作用

（1）建设项目竣工决算书是综合全面地反映竣工项目建设成果及财务情况的总结性文件，它采用货币指标、实物数量、建设工期和各种技术经济指标综合、全面地反映建设项目自开始建设到竣工为止全部建设成果和财务状况。

（2）建设项目竣工决算书是办理交付使用资产的依据，也是竣工验收报告的重要组成部分。建设单位与使用单位在办理交付资产的验收交接手续时，通过竣工决算反映了交付使用资产的全部价值，包括固定资产、流动资产、无形资产和其他资产的价值。及时编制竣工决算可以正确核定固定资产价值并及时办理交付使用，可准确考核和分析投资效果。

（3）建设项目竣工决算书是分析和检查设计概算的执行情况，考核建设项目管理水平和投资效果的依据。竣工决算反映了竣工项目计划、实际的建设规模、建设工期以及设计和实际的生产能力，反映了概算总投资和实际的建设成本，同时还反映了所达到的主要技术经济指标。通过对这些指标计划数、概算数与实际数进行对比分析，不仅可以全面掌握建设项目计划和概算执行情况，而且可以考核建设项目投资效果，为今后制订建设项目计划，降低建设成本，提高投资效果提供必要的参考资料。

二、竣工决算书的内容

建设项目竣工决算应包括从筹集到竣工投产全过程的全部实际费用，即包括建筑工程费、安装工程费、设备工器具购置费用及预备费等费用。按照财政部、国家发改委和住房和城乡建设部的有关文件规定，竣工决算书是由竣工财务决算说明书、竣工财务决算报表、工程竣工图和工程竣工造价对比分析四部分组成。其中竣工财务决算说明书和竣工财务决算报表两部分又称建设项目竣工财务决算，是竣工决算的核心内容。

（一）竣工财务决算说明书

竣工财务决算说明书主要反映竣工工程建设成果和经验，是对竣工决算报表进行分析和补充说明的文件，是全面考核分析工程投资与造价的书面总结，是竣工决算报告的重要组成部分，其内容主要包括：

（1）建设项目概况，对工程总的评价：一般从进度、质量、安全和造价方面进行分析说明。进度方面主要说明开工和竣工时间，对照合理工期和要求工期分析是提前还是延期；质量方面主要根据竣工验收委员会或相当一级质量监督部门的验收评定等级、合格率和优良品率；安全方面主要根据劳动工资和施工部门的记录，对有无设备和人身事故进行说明；造价方面主要对照概算造价，说明节约或超支的情况，用金额和百分率进行分析说明。

（2）资金来源及运用等财务分析：主要包括工程价款结算、会计账务的处理、财产物资情况及债权债务的清偿情况。

（3）基本建设收入、投资包干结余、竣工结余资金的上交分配情况：通过对基本建设投资包干情况的分析，说明投资包干数、实际支用数和节约额、投资包干节余的有机构成和包干节余的分配情况。

（4）各项经济技术指标的分析：概算执行情况分析，根据实际投资完成额与概算进行对比分析；新增生产能力的效益分析等。

（5）工程建设的经验及项目管理和财务管理工作以及竣工财务决算中有待解决的问题。

（6）决算与概算的差异和原因分析。

（7）需要说明的其他事项。

（二）竣工财务决算报表

建设项目竣工财务决算报表根据大、中型建设项目和小型建设项目分别制定。基本建设项目竣工决算报表一般包括：基本建设项目概况表、基本建设项目竣工财务决算表、基本建设项目交付使用资产总表、基本建设项目交付使用资产明细表。管理规定中对基本建设项目竣工财务决算大中小型划分标准为：经营性项目投资额在 5000 万元（含 5000 万元）以上、非经营性项目投资额在 3000 万元（含 3000 万元）以上的为大、中型项目，在上述标准之下的为小型项目。

（1）基本建设项目概况表：以大、中型基本建设项目示例，如表 3.7.1 所示。该表综合反映大、中型基本建设项目的基本概况，内容包括该项目总投资、建设起止时间、新增生产能力、主要材料消耗、建设成本、完成主要工程量和主要技术经济指标，为全面考核和分析投资效果提供依据。

表 3.7.1　大、中型基本建设项目概况表

建设项目（单项工程）名称			建设地址			项目		概算（元）	实际（元）	备注
主要设计单位			主要施工单位			基本建设支出	建筑安装工程投资			
							设备、工具、器具			
占地面积	设计	实际	总投资（万元）	设计	实际		待摊投资			
							其中：建设单位管理费			
新增生产能力	能力（效益）名称		设计	实际			其他投资			
							待核销基建支出			
建设起止时间	设计	从　年　月开工至　年　月竣工					非经验项目转出投资			
	实际	从　年　月开工至　年　月竣工					合计			
设计概算批准文号										
完成主要工程量		建设规模				设备（台、套、t）				
		设计		实际		设计		实际		
收尾工程		工程项目、内容		已完成投资额		尚需投资额		完成时间		

（2）基本建设项目竣工财务决算表：以大、中型基本建设项目示例，如表 3.7.2 所示。竣工财务决算表是竣工财务决算报表中的一项，此表是用来反映建设项目的全部资金来源和资金占用情况，是考核和分析投资效果的依据。该表反映竣工的大、中型基本建设项目从开工到竣工为止全部资金来源和资金运用的情况。它是考核和分析投资效果，落实节余资金，

并作为报告上级核销基本建设支出和基本建设拨款的依据。在编制该表前，应先编制出项目竣工年度财务决算，根据编制出的竣工年度财务决算和历年财务决算编制项目的竣工财务决算。此表采用平衡表形式，即资金来源合计等于资金支出合计。

表 3.7.2　大、中型基本基本建设项目竣工财务决算表　　　　　　　　　（元）

资金来源	金额	资金占用	金额	补充资料
一、基建拨款		一、基本建设支出		1. 基建投资借款期末余额
1. 预算拨款		1. 交付使用资产		
2. 基建基金拨款		2. 在建工程		
其中：国债专项资金拨款		3. 待核销基建支出		
3. 专项建设基金拨款		4. 非经营性项目转出投资		
4. 进口设备转账拨款		二、应收生产单位投资借款		2. 应收生产单位投资借款期末数
5. 器材转账拨款		三、拨付所属投资借款		
6. 煤代油专用基金拨款		四、器材		
7. 自筹资金拨款		其中：待处理器材损失		
8. 其他拨款		五、货币资金		
二、项目资本金		六、预付及应收款		3. 基建结余资金
1. 国家资本		七、有价证券		
2. 法人资本		八、固定资产		
3. 个人资本		固定资产原价		
三、项目资本公积		减：累计折旧		
四、基建借款		固定资产净值		
其中：国债转贷		固定资产清理		
五、上级拨入投资借款		待处理固定资产损失		
六、企业债券资金				
七、待冲基建支出				
八、应付款				
九、未交款				
1. 未交税金				
2. 其他未交款				
十、上级拨入资金				
十一、留成收入				
合计		合计		

（3）基本建设项目交付使用资产总表：以大、中型基本建设项目示例，如表 3.7.3 所示。该表反映建设项目建成后新增固定资产、流动资产、无形资产和其他资产价值的情况和价值，作为财产交接、检查投资计划完成情况和分析投资效果的依据。小型项目不编制"交付使用资产总表"。直接编制"交付使用资产明细表"，大中型项目在编制"交付使用资产总表"的同时，还需编制"交付使用资产明细表"。

表 3.7.3　大、中型基本建设项目交付使用资产总表　　　　（元）

序号	单项工程项目名称	总计	固定资产				流动资产	无形资产	其他资产
			合计	建安工程	设备	其他			

交付单位：　　　　　负责人：　　　　　接受单位：　　　　　负责人：
盖　章　　　　　　　年　月　日　　　　　盖　章　　　　　　　年　月　日

（4）基本建设项目交付使用资产明细表：如表 3.7.4 所示，该表反映交付使用的固定资产、流动资产、无形资产和其他资产及其价值的明细情况，是办理资产交接和接收单位登记资产账目的依据，是使用单位建立资产明细账和登记新增资产价值的依据。大、中型和小型建设项目均需编制此表。编制时要做到齐全完整，数字准确，各栏目价值应与会计账目中相应科目的数据保持一致。

表 3.7.4　基本建设项目交付使用资产明细表

单项工程名称	建筑工程			设备、工具、器具、家具						流动资产		无形资产		其他资产	
	结构	面积（m²）	价值（元）	名称	规格型号	单位	数量	价值（元）	设备安装费（元）	名称	价值（元）	名称	价值（元）	名称	价值（元）

（三）建设工程竣工图

建设工程竣工图是真实地记录各种地上、地下建筑物、构筑物等情况的技术文件，是工程进行交工验收、维护、改建和扩建的依据，是国家的重要技术档案。全国各建设、设计、施工单位和各主管部门都要认真做好竣工图的编制工作。各项新建、扩建、改建的基本建设工程，特别是基础、地下建筑、管线、结构、井巷、桥梁、隧道、港口、水坝以及设备安装等隐蔽部位，都要编制竣工图。为确保竣工图质量，必须在施工过程中（不能在竣工后）及时做好隐蔽工程检查记录，整理好设计变更文件。编制竣工图的形式和深度，应根据不同情况区别对待，其具体要求包括：

（1）凡按图竣工没有变动的，由承包人（包括总包和分包承包人，下同）在原施工图上加盖"竣工图"标志后，即作为竣工图。

（2）凡在施工过程中，虽有一般性设计变更，但能将原施工图加以修改补充作为竣工图的，可不重新绘制，由承包人负责在原施工图（必须是新蓝图）上注明修改的部分，并附以设计变更通知单和施工说明，加盖"竣工图"标志后，作为竣工图。

（3）凡结构形式改变、施工工艺改变、平面布置改变、项目改变以及有其他重大改变，不宜再在原施工图上修改、补充时，应重新绘制改变后的竣工图。由原设计原因造成的，由设计单位负责重新绘制；由施工原因造成的，由承包人负责重新绘图；由其他原因造成的，由建设单位自行绘制或委托设计单位绘制。承包人负责在新图上加盖"竣工图"标志，并附以有关记录和说明，作为竣工图。

（4）为了满足竣工验收和竣工决算需要，还应绘制反映竣工工程全部内容的工程设计平面示意图。

（5）重大的改建、扩建工程项目涉及原有的工程项目变更时，应将相关项目的竣工图资料统一整理归档，并在原图案卷内增补必要的说明。

（四）工程造价对比分析

对控制工程造价所采取的措施、效果及其动态的变化需要认真地比较对比，总结经验教训。批准的概算是考核建设工程造价的依据。在分析时，可先对比整个项目的总概算，然后将建筑安装工程费、设备工器具费和其他工程费用逐一与竣工决算表中所提供的实际数据和相关资料及批准的概算、预算指标、实际的工程造价进行对比分析，以确定竣工项目总造价是节约还是超支，并在对比的基础上，总结先进经验，找出节约和超支的内容和原因，提出改进措施。在实际工作中，应主要分析以下内容：

（1）主要实物工程量：对于实物工程量出入比较大的情况，必须查明原因。

（2）主要材料消耗量：考核主要材料消耗量，要按照竣工决算表中所列明的主要材料实际超概算的消耗量，查明是在工程的哪个环节超出量最大，再进一步查明超耗的原因。

（3）考核建设单位管理费、措施费和间接费的取费标准：建设单位管理费、措施费和间接费的取费标准要按照国家和各地的有关规定，根据竣工决算报表中所列的建设单位管理费与概预算所列的建设单位管理费数额进行比较，依据规定查明是否多列或少列的费用项目，确定其节约超支的数额，并查明原因。

三、竣工决算的编制

（一）竣工决算的编制依据

（1）经批准的可行性研究报告、投资估算书，初步设计或扩大初步设计，修正总概算及其批复文件。

（2）经批准的施工图设计及其施工图预算书。

（3）设计交底或图纸会审会议纪要。

（4）设计变更记录、施工记录或施工签证单及其他施工发生的费用记录。

（5）招标控制价，承包合同、工程结算等有关资料。

（6）竣工图及各种竣工验收资料。

（7）历年基建计划、历年财务决算及批复文件。

（8）设备、材料调价文件和调价记录。

（9）有关财务核算制度、办法和其他有关资料。

（二）竣工决算的编制步骤

（1）收集、整理和分析有关依据资料。在编制竣工决算文件之前，应系统地整理所有的技术资料、工料结算的经济文件、施工图纸和各种变更与签证资料，并分析它们的准确性。完整、齐全的资料，是准确而迅速编制竣工决算的必要条件。

（2）清理各项债权、债务和结余物资。在收集、整理和分析有关资料中，要特别注意建设工程从筹建到竣工投产或使用的全部费用的各项账务，债权和债务的清理，做到工程完毕账目清晰，既要核对账目，又要查点库存实物的数量，做到账与物相等，账与账相符。对结余的各种材料、工器具和设备，要逐项清点核实，妥善管理，并按规定及时处理，收回资金。对各种往来款项要及时进行全面清理，为编制竣工决算提供准确的数据和结果。

（3）核实工程变动情况。重新核实各单位工程、单项工程造价，将竣工资料与原设计图纸进行查对、核实，必要时可实地测量，确认实际变更情况。根据经审定的承包人竣工结算等原始资料，按照有关规定对原概、预算进行增减调整，重新核定工程造价。

（4）编制建设工程竣工决算说明。按照建设工程竣工决算说明的内容要求，根据编制依据材料填写在报表中的结果，编写文字说明。

（5）填写竣工决算报表。按照建设工程决算表格中的内容，根据编制依据中的有关资料进行统计或计算各个项目和数量，并将其结果填到相应表格的栏目内，完成所有报表的填写。

（6）做好工程造价对比分析。

（7）清理、装订好竣工图。

（8）上报主管部门审查存档。

将上述编写的文字说明和填写的表格经核对无误，装订成册，即为建设工程竣工决算文件。将其上报主管部门审查，并把其中财务成本部分送交开户银行签证。竣工决算在上报主管部门的同时，抄送有关设计单位。大中型建设项目的竣工决算还应抄送财政部、建设银行总行和省、市、自治区的财政局和建设银行分行各一份。

四、新增资产价值的确定

（一）新增资产价值的分类

建设项目竣工投入运营后，所花费的总投资形成相应的资产。按照新的财务制度和企业会计准则，新增资产按资产性质可分为固定资产、流动资产、无形资产和其他资产等四大类。

（二）新增资产价值的确定方法

1. 新增固定资产价值的确定

新增固定资产价值是建设项目竣工投产后所增加的固定资产的价值，它是以价值形态表示的固定资产投资最终成果的综合性指标。新增固定资产价值的计算是以独立发挥生产能力的单项工程为对象的。单项工程建成经有关部门验收鉴定合格，正式移交生产或使用，即应计算新增固定资产价值。一次交付生产或使用的工程一次计算新增固定资产价值；分期分批交付生产或使用的工程，应分期分批计算新增固定资产价值。新增固定资产价值的内容包括：已投入生产或交付使用的建筑、安装工程造价，达到固定资产标准的设备、工器具的购置费用，增加固定资产价值的其他费用。

在计算时应注意以下几种情况：

（1）对于为了提高产品质量、改善劳动条件、节约材料消耗、保护环境而建设的附属辅助工程，只要全部建成，正式验收交付使用后就要计入新增固定资产价值。

（2）对于单项工程中不构成生产系统，但能独立发挥效益的非生产性项目，如住宅、食堂、医务所、托儿所、生活服务网点等，在建成并交付使用后，也要计算新增固定资产价值。

（3）凡购置达到固定资产标准不需安装的设备、工器具，应在交付使用后计入新增固定资产价值。

（4）属于新增固定资产价值的其他投资，应随同受益工程交付使用的同时一并计入。

（5）交付使用资产的成本，应按下列内容计算：

1）房屋、建筑物、管道、线路等固定资产的成本包括：建筑工程成果和待分摊的待摊投资。

2）动力设备和生产设备等固定资产的成本包括：需要安装设备的采购成本，安装工程成本，设备基础支柱等建筑工程成本或砌筑锅炉及各种特殊炉的建筑工程成本，应分摊的待摊投资。

3）运输设备及其他不需要安装的设备、工具、器具、家具等固定资产一般仅计算采购成本，不计分摊的"待摊投资"。

（6）共同费用的分摊方法：新增固定资产的其他费用，如果是属于整个建设项目或两个以上单项工程的，在计算新增固定资产价值时，应在各单项工程中按比例分摊。一般情况下，建设单位管理费按建筑工程、安装工程、需安装设备价值总额作比例分摊，而土地征用费、地质勘察和建筑工程设计费等费用则按建筑工程造价比例分摊，生产工艺流程系统设计费按安装工程造价比例分摊。

【例 3.7.1】 某工业建设项目及其总装车间的建筑工程费、安装工程费，需安装设备费以及应摊入费用如表 3.7.5 所示，计算总装车间新增固定资产价值。

表 3.7.5 分摊费用计算 （万元）

项目名称	建筑工程	安装工程	需安装设备	建设单位管理费	土地征用费	建筑设计费	工艺设计费
建设单位竣工决算	3000	600	900	70	80	40	20
总装车间竣工决算	600	300	450				

解： 应分摊的建设单位管理费 $=\dfrac{600+300+450}{3000+600+900}\times70=21$（万元）

应分摊的土地征用费 $=\dfrac{600}{3000}\times80=16$（万元）

应分摊的建筑设计费 $=\dfrac{600}{3000}\times40=8$（万元）

应分摊的工艺设计费 $=\dfrac{300}{600}\times20=10$（万元）

总装车间新增固定资产价值 $=(600+300+450)+(21+16+8+10)=1350+55=1405$

（万元）

2. 新增流动资产价值的确定

流动资产是指可以在一年内或者超过一年的一个营业周期内变现或者运用的资产，包括现金及各种存款以及其他货币资金、短期投资、存货、应收及预付款项以及其他流动资产等。

（1）货币性资金：货币性资金是指现金、各种银行存款及其他货币资金。其中现金是指企业的库存现金，包括企业内部各部门用于周转使用的备用金；各种存款是指企业的各种不同类型的银行存款；其他货币资金是指除现金和银行存款以外的其他货币资金，根据实际入账价值核定。

（2）应收及预付款项：应收账款是指企业因销售商品、提供劳务等应向购货单位或受益单位收取的款项，预付款项是指企业按照购货合同预付给供货单位的购货定金或部分货款。应收及预付款项包括应收票据、应收款项、其他应收款、预付货款和待摊费用。一般情况下，应收及预付款项按企业销售商品、产品或提供劳务时的实际成交金额入账核算。

（3）短期投资：包括股票、债券、基金。股票和债券根据是否可以上市流通分别采用市场法和收益法确定其价值。

（4）存货：存货是指企业的库存材料、在产品、产成品等。各种存货应当按照取得时的实际成本计价。存货的形成，主要有外购和自制两个途径。外购的存货，按照买价加运输费、装卸费、保险费、途中合理损耗、入库前加工、整理及挑选费用以及缴纳的税金等计价；自制的存货，按照制造过程中的各项实际支出计价。

3. 新增无形资产价值的确定

根据财政部《关于印发〈资产评估准则——无形资产〉的通知》（财会〔2001〕1051号）规定，无形资产，是指特定主体所控制的，不具有实物形态，对生产经营长期发挥作用且能带来经济利益的资源。无形资产分为可辨认无形资产和不可辨认无形资产。可辨认无形资产包括专利权、专有技术、商标权、著作权、土地使用权、特许权等；不可辨认无形资产是指商誉。

（1）无形资产的计价原则：

1）投资者按无形资产作为资本金或者合作条件投入时，按评估确认或合同协议约定的金额计价。

2）购入的无形资产，按照实际支付的价款计价。

3）企业自创并依法申请取得的，按开发过程中的实际支出计价。

4）企业接受捐赠的无形资产，按照发票账单所载金额或者同类无形资产市场价作价。

5）无形资产计价入账后，应在其有效使用期内分期摊销，即企业为无形资产支出的费用应在无形资产的有效期内得到及时补偿。

（2）无形资产的计价方法：

1）专利权的计价：专利权分为自创和外购两类。自创专利权的价值为开发过程中的实际支出，主要包括专利的研制成本和交易成本。研制成本包括直接成本和间接成本：直接成本是指研制过程中直接投入发生的费用（主要包括材料费用、工资费用、专用设备费、资料费、咨询鉴定费、协作费、培训费和差旅费等）；间接成本是指与研制开发有关的费用（主要包括管理费、非专用设备折旧费、应分摊的公共费用及能源费用）。交易成本是指在交易过程中的费用支出（主要包括技术服务费、交易过程中的差旅费及管理费、手续费、税金）。由于专利权是具有独占性并能带来超额利润的生产要素，因此，专利权转让价格不按成本估价，而是按照其所能带来的超额收益计价。

2）专有技术的计价：专有技术具有使用价值和价值，使用价值是专有技术本身应具有的，专有技术的价值在于专有技术的使用所能产生的超额获利能力，应在研究分析其直接和间接的获利能力的基础上，准确计算出其价值。如果专有技术是自创的，一般不作为无形资产入账，自创过程中发生的费用，按当期费用处理。对于外购专有技术，应由法定评估机构确认后再进行估价，其方法往往通过能产生的收益采用收益法进行估价。

3）商标权的计价：如果商标权是自创的，一般不作为无形资产入账，而将商标设计、制作、注册、广告宣传等发生的费用直接作为销售费用计入当期损益。只有当企业购入或转让商标时，才需要对商标权计价。商标权的计价一般根据被许可方新增的收益确定。

4）土地使用权的计价：根据取得土地使用权的方式不同，土地使用权可有以下几种计价方式：当建设单位向土地管理部门申请土地使用权并为之支付一笔出让金时，土地使用权作为无形资产核算；当建设单位获得土地使用权是通过行政划拨的，这时土地使用权就不能作为无形资产核算；在将土地使用权有偿转让、出租、抵押、作价入股和投资，按规定补交土地出让价款时，才作为无形资产核算。

五、保修费用的处理

（一）工程质量保证（保修）金的含义

建设工程质量保证（保修）金是指合同约定的从承包人的工程款中预留，用以保证在缺陷责任期内履行缺陷修复义务的资金。缺陷是指建设工程质量不符合工程建设强制标准、设计文件，以及承包合同的约定。缺陷责任期是承包人对已交付使用的合同工程承担合同约定的缺陷修复责任的期限。一般为六个月、十二个月或二十四个月，具体可由发、承包双方在合同中约定。

在《建设工程质量保证金管理暂行办法》（建质〔2017〕138号）中规定：缺陷责任期从工程通过竣（交）工验收之日起计算。由于承包人原因导致工程无法按规定期限进行竣工验收的，缺陷责任期从实际通过竣（交）工验收之日起计算。由于发包人原因导致工程无法按规定期限竣（交）工验收的，在承包人提交竣（交）工验收报告90d后，工程自动进入缺陷责任期。

（二）工程质量保修范围和内容

发、承包双方在工程质量保修书中约定的建设工程的保修范围包括：地基基础工程、主体结构工程，屋面防水工程、有防水要求的卫生间、房间和外墙面的防渗漏，供热与供冷系统，电气管线、给排水管道、设备安装和装修工程，以及双方约定的其他项目。

具体保修的内容，双方在工程质量保修书中约定。

由于用户使用不当或自行修饰装修、改动结构、擅自添置设施或设备而造成建筑功能不良或损坏者，以及对因自然灾害等不可抗力造成的质量损害，不属于保修范围。

（三）工程质量保证（保修）金的预留、使用及管理

1. 保证（保修）金的预留

在《建设工程质量保证金管理暂行办法》中规定：建设工程竣工结算后，发包人应按照合同约定及时向承包人支付工程结算价款并预留保证金。全部或者部分使用政府投资的建设

项目，按工程价款结算总额5%左右的比例预留保证金。社会投资项目采用预留保证金方式的，预留保证金的比例可以参照执行。

《中华人民共和国标准施工招标文件》合同条件中通用条款规定：监理人应从第一个付款周期开始，在发包人的进度付款中，按专用合同条款的约定扣留质量保证金，直至扣留的质量保证金总额达到专用合同条款约定的金额或比例为止。质量保证金的计算额度不包括预付款的支付、扣回以及价格调整的金额。

2. 保证（保修）金的使用及返还

缺陷责任期内，承包人应对已交付使用的工程承担缺陷责任。发包人对已接收使用的工程负责日常维护工作。发包人在使用过程中，发现已接收的工程存在新的缺陷或已修复的缺陷部位或部件又遭损坏的，监理人和承包人应共同查清缺陷和（或）损坏的原因。经查明属承包人原因造成的，应由承包人负责维修，并承担修复和查验的费用。如果承包人不维修也不承担费用，或承包人不能在合理时间内修复缺陷的，发包人可自行修复或委托其他人修复，所需费用可按合同约定在保证金中扣除，并由承包人承担违约责任。承包人维修并承担相应费用后，不免除对工程的一般损失赔偿责任。经查明属发包人原因造成的，发包人应承担修复和查验的费用，并支付承包人合理利润。经查明属他人原因造成的缺陷，发包人负责组织维修，承包人不承担费用，且发包人不得从保证金中扣除费用。

由于承包人原因造成某项缺陷或损坏使某项工程或工程设备不能按原定目标使用而需要再次检查、检验和修复的，发包人有权要求承包人相应延长缺陷责任期，但缺陷责任期最长不超过2年。此延长的期限终止后14d内，由监理人向承包人出具经发包人签认的缺陷责任期终止证书，并退还剩余的质量保证金。

缺陷责任期内，承包人认真履行合同约定的责任，到期后，承包人向发包人申请返还保证金。发包人在接到承包人返还保证金申请后，应于14d内会同承包人按照会同约定的内容进行核实。如无异议，发包人应当在核实后14d内将保证金返还承包人，逾期支付的，从逾期之日起，按照同期银行贷款利率计付利息，并承担违约责任。发包人在接到承包人返还保证金申请后14d内不予答复，经催告后14d内仍不予答复，视同认可承包人的返还保证金申请。如果承包人没有认真履行合同约定的保修责任，则发包人可以按照合同约定扣除保证金，并要求承包人赔偿相应的损失。

发包人和承包人对保证金预留、返还以及工程维修质量、费用有争议，按照合同约定的争议和纠纷解决程序处理。

涉外工程的保修问题，除参照上述办法进行处理外，还应依照原合同条款的有关规定执行。

3. 保证（保修）金的管理

缺陷责任期内，实行国库集中支付的政府投资项目，保证金的管理应按国库集中支付的有关规定执行。其他政府投资项目，保证金可以预留在财政部门或发包方。缺陷责任期内，如发包方被撤销，保证金随交付使用资产一并移交使用单位，由使用单位代行发包人职责。

社会投资项目采用预留保证金方式的，发、承包双方可以约定将保证金交由金融机构托管；采用工程质量保证担保、工程质量保险等其他方式的，发包人不得再预留保证金，并按照有关规定执行。

附录　全国二级造价工程师职业资格考试大纲（节选）

前　言

根据人力资源社会保障部《关于公布国家职业资格目录的通知》（人社部发〔2017〕68号），住房城乡建设部、交通运输部、水利部、人力资源社会保障部联合印发的《造价工程师职业资格制度规定》和《造价工程师职业资格考试实施办法》（建人〔2018〕67号），住房和城乡建设部、交通运输部、水利部组织有关专家制定了2019年版《全国二级造价工程师职业资格考试大纲》，并经人力资源和社会保障部审定。

本考试大纲是2019年及以后一段时期全国二级造价工程师考试命题和应考人员备考的依据。

2018年12月

考试说明

一、全国二级造价工程师职业资格考试分为两个科目："建设工程造价管理基础知识"和"建设工程计量与计价实务"。

以上两个科目分别单独考试、单独计分。参加全部2个科目考试的人员，必须在连续的2个考试年度内通过全部科目，方可取得二级造价工程师职业资格证书。

二、第二科目《建设工程计量与计价实务》分为土木建筑工程、交通运输工程、水利工程和安装工程4个专业类别，考生在报名时可根据实际工作需要选择其中一个专业。

三、各科目考试试题类型及时间。

各科目考试试题类型、时间安排

科目名称 项目名称	建设工程造价管理基础知识	建设工程计量与计价实务
考试时间（小时）	2.5	3.0
满分记分	100	100
试题类型	客观题	客观和主观题

说明：客观题指单项选择题、多项选择题等题型，主观题指问答题及计算题等题型。

《建设工程计量与计价实务》

【考试目的】

通过本科目考试，主要检验应试人员对建设工程专业基础知识的掌握情况，以及应用专业技术知识对建设工程进行计量和工程量清单编制的能力，利用计价依据和价格信息对建设工程进行计价的能力，综合运用建设工程造价知识，分析和解决建设工程造价实际问题的职业能力。

【考试内容】

A. 土木建筑工程

一、专业基础知识

1. 工业与民用建筑工程的分类、组成及构造；

2. 土建工程常用材料的分类、基本性能及用途；

3. 土建工程主要施工工艺与方法；

4. 土建工程常用施工机械的类型及应用；

5. 土建工程施工组织设计的编制原理、内容及方法。

二、工程计量

1. 建筑工程识图基本原理与方法；

2. 建筑面积计算规则及应用；

3. 土建工程工程量计算规则及应用；

4. 土建工程工程量清单的编制；

5. 计算机辅助工程量计算。

三、工程计价

1. 施工图预算编制的常用方法；

2. 预算定额的分类、适用范围、调整与应用；

3. 建筑工程费用定额的适用范围及应用；

4. 土建工程最高投标限价的编制；

5. 土建工程投标报价的编制；

6. 土建工程价款结算和合同价款的调整；

7. 土建工程竣工决算价款的编制。

参考文献

［1］全国造价工程师执业资格考试培训教材编审委员会．建设工程技术与计量（土木建筑工程）[M]．北京：中国计划出版社，2017．

［2］中华人民共和国住房和城乡建设部．建筑工程建筑面积计算规范：GB/T 50353—2013[S]．北京：中国计划出版社，2013．

［3］中华人民共和国住房和城乡建设部．房屋建筑与装饰工程消耗量定额：TY01-31-2015[S]．北京：中国计划出版社，2013．

［4］中华人民共和国住房和城乡建设部．建设工程工程量清单计价规范：GB 50500—2013[S]．北京：中国计划出版社，2013．

［5］张建平．建筑工程计量与计价[M]．北京：机械工业出版社，2016．